# 周秦伦理文化丛书

陕西省社会科学基金（08c003）
以及宝鸡文理学院省级哲学重点学科赞助

———

# 秦国责任伦理研究

王兴尚 著

人民出版社

责任编辑:李椒元
装帧设计:文　冉
责任校对:文　正

**图书在版编目(CIP)数据**

秦国责任伦理研究/王兴尚 著.-北京:人民出版社,2011.12
ISBN 978 - 7 - 01 - 010481 - 2

Ⅰ.①秦…　Ⅱ.①王…　Ⅲ.①责任感-研究-中国-秦代　Ⅳ.①B82-092

中国版本图书馆 CIP 数据核字(2011)第 259728 号

**秦国责任伦理研究**

QINGUO ZEREN LUNLI YANJIU

王兴尚　著

人民出版社 出版发行
(100706　北京朝阳门内大街 166 号)

北京新魏印刷厂印刷　新华书店经销

2011 年 12 月第 1 版　2011 年 12 月北京第 1 次印刷
开本:700 毫米×1000 毫米 1/16　印张:19.25
字数:308 千字　印数:0,001-3,000 册

ISBN 978 - 7 - 01 - 010481 - 2　定价:36.00 元

邮购地址 100706　北京朝阳门内大街 166 号
人民东方图书销售中心　电话 (010)65250042　65289539

# 目　录

# 导言 秦国崛起的伦理原因研究

## 引 言

古今学术界关于秦国崛起原因有三类代表性观点:一是司马迁提出的,秦襄公立国后,秦国在关中特有的天时、地理、人和条件;① 二是林剑鸣提出的,秦国用商鞅变法,实现了经济、政治、军事制度的历史性变革;② 三是王子今提出的,战国时期秦国在水利、交通、军械等科学技术层次的优越。③ 本书则在上述三类观点的基础上提出,秦国宗教观念从天命信念宗教转变为五帝志业宗教,秦国哲学观念从仁义道德哲学转变为国家公利哲学,是秦国崛起的精神条件。尤其是在上述宗教、哲学观念转变的条件下,秦国社会行动的伦理类型从西周的信念伦理转变为秦国特有的责任伦理,是秦国崛起的根本社会原因。秦国特有的社会行动方式,即秦国责任伦理结构,激发出巨大的社会能量,从而使得秦国崛起于西方,扫平六国,一统天下,成就了霸王之业。

黑格尔在《法哲学原理》中指出,伦理关系是客观的、形式的法与主观的、内在的道德的统一。世界上一个民族与另一个民族的伦理关系的不同,意味着不同的法(客观的、外在的法)、不同的道德(主观的、内在的法),换句话说,不同的法、不同的道德的结合就是不同的伦理关系。一个民族与另一个民族伦理关系的区别,意味着不同的精神气质、不同的民族精神的区别。一个弱势民族被一个强势民族征服,就是强势的民族精神代替了弱势的民族精神! 所以,新文化运动的领军人物陈独秀在 20 世纪初期就指出

① 司马迁:《史记》,上海古籍出版社 2005 年版。
② 林剑鸣:《秦史稿》,上海人民出版社 1981 年版。
③ 王子今:《秦统一原因的技术层面考察》,《社会科学战线》2009 年第 9 期。

"吾人最后觉悟之最后觉悟,乃是伦理的觉悟!"陈独秀认为,西方的伦理关系是个人本位,中国的伦理关系是家族本位。要用历史的观点看待中国与西方不同的伦理本位,需要对中国伦理文化的根源进行实证考察。那么,从什么地方考察中国伦理文化的根源呢? 我认为,周秦伦理文化是中国伦理文化的真正根源!

## 第一节　人类活动的伦理结构特点

20世纪上叶,德国社会学家马克斯·韦伯指出:一切有伦理取向的行为,都受着两种不同类型的准则支配,一是信念伦理,二是责任伦理。根据马克斯·韦伯的观点,按照信念伦理的准则行动,并不是说就可以不负责任,只是说这种伦理类型的行动者是把某种宗教信念或道德准则作为最高价值权威。因此,只要这种信念或准则是崇高的、正义的,行动者便认为只能如此去行动。与此相对应,按照责任伦理准则行动,并非"毫无信念的机会主义",[①] 并非没有宗教信念或道德准则,只是说这种伦理类型要求行动者对行动的后果承担责任。因此,责任伦理的行动者要求以理性的态度对行动的手段及其结果之间的关联作出考察,客观的估计各种可能因素对结果的影响。

周秦伦理是两种不同类型的伦理:西周主要是信念伦理,它的基本内容是天命信念宗教、德性价值观念、礼乐制度体系;秦国主要是责任伦理,它的基本内容是五帝志业宗教、国家公利哲学、法术势管理体系。周秦的诸子百家哲学、伦理学也区分为两大谱系:其一,儒家作为西周文化的继承者、墨家作为其改革者、道家作为其批判者而归属于信念伦理体系;其二,法家作为法治文化的奠基者、刑名家作为其同盟者、黄老学家作为其发展者而归属于责任伦理体系。汉代董仲舒综合周秦时代的信念伦理和责任伦理,形成了"阳儒阴法"、"德主刑辅"的综合伦理体系。中国古代社会从兴盛到衰落的社会伦理生活,一直受到这种对立统一的伦理体系的支配。

---

① ［德］马克斯·韦伯:《学术与政治》,冯克利译,三联书店1998年版,第107页。

## 第二节　西周信念伦理结构的特点

王国维在《殷周制度论》中指出,"周代是旧制度废而新制度兴,旧文化废而新文化兴",① 西周确立了一套全新的伦理观念。这套全新的伦理观念是什么? 美籍华裔历史学家许倬云在《西周史》(增补本)中指出,周文化"在形成期就具有超越部族的天命观念以及随着道德性天命而衍生的理性主义",这使得周文化具有伦理上的"包容性与开放性";② 他还指出西周"天命靡常"、"唯德是辅"的天命观念,"第一次给予生活在世上的意义,也使人的生活有了一定的道德标准"。③ 西周信念伦理中所信仰的内容,就是具有变易性的天命观念,以及与之相配的德性准则。北京大学陈来在《古代宗教与伦理——儒家思想的根源》中分析了西周的巫觋、卜筮、祭祀,以及天命、德行、礼乐等西周信念伦理的内容,并给出了西周信念伦理的德目表。④ 还在《古代思想文化的世界》中研究了西周礼乐文化的展开过程,认为从西周到春秋的理性主义不同于希腊米利都学派注重科学知识、技术文明,而是注重政治理性、人文德性。⑤ 梁漱溟在《中国文化要义》中也指出西周以来宗法社会中亲属关系的准则和原理支配着整个社会,这使得这种社会成为一种既重差等秩序,又重义务、重情意的"伦理本位的社会"。⑥ 关于西周信念伦理的创始人和继承者,杨向奎在《宗周社会和礼乐文明》中指出,没有周公就"不会有传世的礼乐文明","就没有儒家的历史渊源"。⑦ 所以,宗周的礼乐文明体系离不开文王、周公的开明设施,春秋时代继续发展,管仲、老子、孔子及墨子四大家出,遂使中国的传统文明,由浩瀚的洪波,汇成几支巨流。中国人民大学许启贤在《炎帝与汉民族论集》中指出周公是中国第一位伦理思想家,《尚书》的《周

---

① 王国维:《殷周制度论》,《观堂集林》第 2 册,中华书局 1984 年版,第 453 页。
② 许倬云:《西周史》(增补本),三联书店 2001 年版,第 323 页。
③ 许倬云:《历史分光镜》,上海文艺出版社 1998 年版,第 263 页。
④ 陈来:《古代宗教与伦理》,三联书店 1995 年版,第 306–308 页。
⑤ 陈来:《古代思想文化的世界》,三联书店 2002 年版,第 12 页。
⑥ 杨向奎:《宗周社会和礼乐文明》,人民出版社 1992 年版,第 141 页。
⑦ 梁漱溟:《中国文化要义》,《梁漱溟文选》(上),中国文联出版公司 1996 年版,第 100 页。

书》19 篇中有 11 篇周公的诰辞是前无古人的,它为周公的伦理思想打下了坚实的史料基础。"周公开创了中国伦理思想的先河","周公是儒家真正的祖先"。① 综上所述,笔者认为西周信念伦理具有以下特点:

首先,西周信念伦理中的信仰对象是普世性的天命信仰。西周的天命信仰继承了殷人对上帝天神以及对祖宗神灵的崇拜。不过,西周天命信仰的重心逐渐从对于某种具体的、形象的、人格化的天神的膜拜,转入了对昊天上帝的一种普遍的、公正的、绝对的道德命令,即具有一定道德意志的普世性天命的信仰,形成了天命信念宗教。周人认为,一个国家、族群、君主得到了天命,就意味着上天将天下授予了这个国家、族群、君主。但是周人特别强调"惟命不于常",② 即天命是变化无常的、随时转移的。过去商朝曾接受了天命,得了天下,可是殷纣王无道,失去了民众,天命就发生变化了,转移了。这个天命被周人得到了,周文王成了受命之君,周人就得了天下。但是,这个降给周人的天命也是变化无常的,随时转移的。周公告诉周人"不敢宁于上帝命",③即不要以为得了天命就可以万事大吉了。《诗经·文王》也告诫说:"殷之未丧师,克配上帝。宜鉴于殷,骏命不易"。④ 即当初殷商没有丧失民众,能够配合上帝。应该以殷商为鉴,知道保持天命的不容易!周代的统治者认识了"天命靡常"的事实,于是便警告西周的臣民时刻不忘敬天、孝祖、保民,永葆天命不要转移到别人那里去。于是,天命就成为西周的信仰对象,成为牵系着周人灵魂朝向彼岸的"天钩"。西周的先贤们,小心翼翼,昭事上帝,战战兢兢,如履薄冰,丝毫不敢懈怠,抱着忧患意识,未雨绸缪,拓展周朝的事业。

其次,西周信念伦理中的社会行动准则是德性价值观念。周人的德性价值观念是与天命信仰联系在一起的。周人认为,"惟天不畀,不明厥德"。⑤ 即上天不会把大命给予不明德性的人。"皇天无亲,唯德是辅"。⑥ 能否获得天

---

① 许启贤:《周公是第一位伦理思想家》,《炎帝与汉民族论集》,三秦出版社 2003 年版,第308—314 页。

② 《书经·康诰》,上海古籍出版社 1987 年版,第 90 页。

③ 《书经·君奭》,上海古籍出版社 1987 年版,第 107 页。

④ 陈子展:《诗经直解·文王》,复旦大学出版社 1983 年版,第 860 页。

⑤ 《书经·多士》,上海古籍出版社 1987 年版,第 102 页。

⑥ 《书经·蔡仲之命》,上海古籍出版社 1987 年版,第 111 页。

命,关键取决于一个国家、族群、君主有没有德性。周公认为,以前的夏朝、商朝"惟不敬厥德,乃早坠厥命"。① 夏商两朝的历史告诉人们,如果有德性,就会享有天命,如果失去德性,天命就会转移。而一个国家、族群、君主有没有德性,关键看他们是不是敬天、孝祖、保民。尤其是保民,以民为本、明德慎罚,这是最重要的德性。因为,"天视自我民视,天听自我民听";②"民之所欲,天必从之"。③ 天命是否降临,原来是由天下的人民说了算的。要让人民满意,统治者就必须"无康好逸豫";④"无淫于观、于逸、于游、于田";"知稼穑之艰难","知小民之依(隐)"。⑤ 尊重人民、爱护人民,就有了德性,就能赢得天命;轻视人民、伤害人民,丧失了德性,就会失掉天命。所以,周文王看待老百姓,好像他们受到伤害一样,只加抚慰,不加侵扰。对于鳏寡孤独这些在社会上无依无靠的人,周文王一定最先考虑到他们。这就是周文王、周公等人的德性。孟子将周人的德性价值观念概括为:以"仁心"从事"仁政";"民为贵,社稷次之,君为轻";⑥ 得民心者得天下。

第三,西周信念伦理的实施方式是礼乐制度体系。西周的天命信仰、德性价值观念是通过礼乐制度体系来表达的,通过礼乐制度体系来规范此岸的秩序,以与彼岸的秩序相沟通。西周的礼有吉礼、凶礼、军礼、宾礼、嘉礼。如吉礼就是祭祀的典礼,周公认为祭祀是国之大事,列在五礼之首。不同等级的人,只能按照规定祭祀不同的对象。天子祭祀天地,诸侯可以祭五祀,士只能祭先人。周礼的功能是区别尊卑等级,达到"尊尊"的目的。西周的乐,就是音乐、舞蹈等艺术形式。周人认为音乐通神灵,音乐通伦理,音乐能使不同等级的人彼此沟通,达到"亲亲"的目的。周代的礼乐制度体系体现了一种人文精神。孔子比较了夏、商、周的礼乐文化,称道西周的礼乐制度体系:"周监于二代,郁郁乎文哉! 吾从周。"⑦ 可是,随着诸侯势力的增强,周朝的势力相对

① 《书经·召诰》,上海古籍出版社 1987 年版,第 97 页。
② 《书经·泰誓中》,上海古籍出版社 1987 年版,第 67 页。
③ 《书经·泰誓上》,上海古籍出版社 1987 年版,第 66—67 页。
④ 《书经·康诰》,上海古籍出版社 1987 年版,第 87 页。
⑤ 《书经·无逸》,上海古籍出版社 1987 年版,第 106 页。
⑥ 孟轲:《孟子·尽心下》,参看《四书集注》,岳麓书社 1985 年版,第 464 页。
⑦ 《论语·八佾》,参看《四书集注》,岳麓书社 1985 年版,第 89 页。

衰落下去,春秋战国出现了"礼崩乐坏"的形势,西周的信念伦理逐渐衰落了,秦国的责任伦理逐渐兴起。

## 第三节　秦国责任伦理结构的特点

王国维认为,秦国的政治文化"皆自用而不徇人,主今而不师古",① 秦国从秦的周化即从"穆公礼贤"到秦的法家化即"孝公变法",完成了一次重大的意识形态转型:即从天命信念宗教转变为五帝志业宗教,从仁义道德哲学转变为国家公利哲学,从信念伦理转变为责任伦理。秦国经过商鞅变法,其行为目标已不是彼岸的天命信仰,而是成就现世的霸王之业;不是追求仁义道德价值,而是追求国家公利价值。因而,秦人的行动方式不再是信念伦理而是责任伦理。秦人崇尚"首功"战功,"非有文德",寡义趋利,"不别亲疏",超越了以亲缘关系为基础的天命德性信念伦理,也扬弃了周人的天命信念宗教。一切事情都按理性化的法律规范处理:在权力继承上,不采用嫡长子继承制而是"择勇猛者立之",形成集权的政体;在耕战智术上,重视理性的计算和操作,以致富强起来了;综合国力的发展,使秦国迅速崛起于西方。

关于秦国责任伦理的产生,马克斯·韦伯指出:战国诸侯为争夺政治权力的竞争,导致了秦人经济政策的理性化、政治体制的理性化和军事组织的理性化。在秦国的理性化过程中,文人是理性化政策的执行者。作为文人的一个代表,商鞅被认为是理性化内政的创始者;作为文人的另一个代表,魏冉被认为是理性的国家军队制度的创造者;这使秦国后来得以凌驾于他国之上。秦始皇接受了另一个文人韩非的学说,"以吏为师,以法为教",以法术势统御臣民,一举扫平六国,统一天下。② 谭嗣同认为,中国两千年之政皆秦政。黄留珠在《秦汉史论丛》中指出:秦文化是两千年中国文化的基础,秦国所建立的皇帝制度、三公九卿制度、郡县制度、家产官僚制度,为汉之后历代王朝所继承;秦国的大一统国家及其大一统国家观念被中国人认为是"天地之常经,古

---

① 王国维:《说文今叙篆文合以古籀说》,《观堂集林》卷七,中华书局 1984 年版。
② [德]马克斯·韦伯:《儒教与道教》,洪天富译,江苏人民出版社 1995 年版,第 53 页。

今之通谊"。① 而这一切制度，都是与秦国的责任伦理结构联系在一起的。

苏秉琦在 20 世纪 90 年代初《国家起源与民族文化传统》中提出了中国古代国家起源从古国、方国到帝国发展阶段的三部曲以及原生型、次生型、继生型发展模式三类型的观点，指出在中原地区的次生型中秦国最具典型性，自秦襄公（古国）、秦穆公（方国）到秦始皇（帝国）的三部曲，② 这一发展过程也是责任伦理不断发展完善的过程。滕铭予在《秦文化：从封国到帝国的考古学观察》中以考古学资料揭示出秦的国家制度从封国到帝国转变的两个重要方面：一是维系社会基层组织成员间的关系从血缘宗法关系维系族群到以地缘关系维系族群的变化；二是管理人员进入统治集团内部的途径由世袭继承到选贤任能的变化；这为责任伦理的产生提供了社会条件。③ 综上所述，笔者认为秦代责任伦理具有以下特点：

首先，秦国责任伦理的信仰前提是五帝志业宗教。当初，秦国作为周王朝的诸侯，自然认同西周的天命信念宗教体系，但是，春秋战国时代，礼崩乐坏、周德已衰，西周的天命信念宗教体系也随之沦丧。于是，秦国就开始了宗教信仰体系的重建工作，这就是秦国五帝崇拜的志业宗教体系的建立。五帝本是"方帝"，是华夏族地方性的五位祖先神。秦国君主作为祭祀主持人，直接与华夏祖先神灵相通，让华夏祖先神灵承担统治天下的光荣任务，华夏祖先神成为镇守四方中央的至上神。在宗教学上，这是一种楷模型预言先知的信仰体系，可是，秦国楷模型预言先知信仰体系中的至上神并不具有西周预言先知信仰体系中昊天上帝的那种伦理"德性"的道德本质，被秦国楷模预言先知信仰体系尊为至上神的"五帝"只是主宰着四方中央的五位华夏族祖先神，他们具有主宰四方中央地域"空间"的权能，并没有明显的道德本质。秦国君主的作用就是实现华夏族祖先神的意志，即实现统治四方中央的"志业"而已："事在四方，要在中央。圣人执要，四方来效"。④ 秦国五帝志业宗教的本质就是成就霸王之业。

① 黄留珠：《秦文化琐议》，《秦汉史论丛》第 5 辑，法律出版社 1992 年版，第 7、11 页。

② 苏秉琦：《国家起源与民族文化传统》，《华人·龙的传人·中国人》，辽宁大学出版社 1994 年版。

③ 滕铭予：《秦文化：从封国到帝国的考古学观察》，学苑出版社 2002 年版，第 156 页。

④ 韩非：《韩非子·扬权》，参看《二十二子》，上海古籍出版社 1986 年版，第 1185 页。

其次，秦国哲学思想的目标取向是国家公利价值。李斯说："秦四世有胜，兵强海内，威行诸侯，非以仁义为之也，以便从事而已"。① 在秦国，以德性与天命相配的信仰逐渐消失了，取而代之的是现世的物质利益，即国家公利。秦国的官僚统治者发现，人情自私自利，趋利避害，人心充满着贪婪和恐惧。这正好适合精明的官僚统治集团对人民实施管理控制的需要，通过个人的自私自利行动实现国家公利目标。秦国从商鞅变法起，就颁布法令，鼓励耕战，利用爵禄的厚赏和刑律的重罚刺激秦人在战场上拼命杀敌，在农田上躬身耕作。这一追求富贵爵禄现实利益的驱动力激发出巨大的社会能量，终于使秦国实现了国富兵强的国家公利价值目的，并且一举扫平六国，统一了天下。

其三，秦国在伦理关系上形成特有的责任伦理结构。秦国官僚统治者坚信，通过责任伦理的手段进行周密设计就能达到经济、军事上富国强兵的国家公利目的。在这一实用理性精神支配下，秦国逐步创造了理性的法律体系、理性的行政体系、理性的财政体系。秦国的法律具有理性的特点：一是明法，就是将法律公之于众，让人相信此法必行无疑；二是壹刑，就是不分等级，不分贵贱，在法律面前任何人一样对待。秦国的政体也具有理性的特点，一是废除分封制而用郡县制，加强了君主集权的力量；二是废除世卿世禄的贵族制而采用官僚制，吸收了大批东方人才，大大提高了行政效率。秦国的财政体系也具有理性的特点，这就是较好地实行了所谓"上计"制度，通过这种办法考核地方官吏的成绩，控制各地财政。荀子考察了秦国，曾赞叹说："佚而治，约而详，不烦而功，治之至也。秦类之矣。"② 就是说，君主任贤使能而不是自己亲自办事；政策很简单，但一切都能做得周到；办事不麻烦，但效率却很高。秦国就是这样的。可见，秦国不是依血缘感情办事的，是按责任伦理办事的。秦国责任伦理的实施方式是法术势体系。秦国的国家公利价值目标，秦国理性的法律、行政、财政体系，都是通过法、术、势来实现的。"法"是公开的，用图文、书籍公之于众，让妇孺皆知。"术"是根据任务而授予权力，根据责任的约定而考核实效；"术"是不公开的，藏于君主心中；用"术"来审合形名，循名责实，控制管理臣下。"势"是权力，君主掌握了权力，就可以使用赏罚这"二柄"来驾

---

① 荀况：《荀子·议兵》，参看《二十二子》，上海古籍出版社1986年版，第323页。
② 荀况：《荀子·强国》，参看《二十二子》，上海古籍出版社1986年版，第326页。

驭天下。秦的统治者重视用法、术、势这一套理性管理方法来治理秦国,实现了韩非提出的法治国家理想:"明主之国,无书简之文,以法为教;无先王之语,以吏为师。"① 由此形成的秦国责任伦理结构使得秦国最终完成了霸王之业。但是,统一之后的秦国不懂得在列国竞争的环境下要重视武力,严刑峻法,而守天下还要讲究文德,讲究"内事文而和,外事武而义"② 的道理;更不懂得将秦国的责任伦理与西周的信念伦理结合起来,达到长治久安的道理,结果导致二世而亡。

## 第四节　秦国责任伦理结构的构成

考察秦国从方国、封国、帝国的国家形态发展过程,可以发现秦国的国家意识形态也有一个从信念宗教转变为志业宗教,从仁义道德哲学转变为国家公利哲学,从信念伦理转变为责任伦理的发展过程。周孝王时,大骆获得犬丘土地;非子养马于汧渭之会,马大蕃息,周孝王封非子为附庸,邑之秦,号曰秦嬴;周宣王时,以秦仲为大夫,诛西戎,战死沙场;秦仲长子庄公伐西戎,破之,周宣王给予其先祖大骆地犬丘并有之,为西垂大夫;秦襄公护送周平王有功,被封为诸侯,建立国家;秦德公迁都于雍,秦穆公称霸西戎。在秦人的早期历史中,作为当时主流文化的西周文化起了重要作用。一方面,西周上帝天命信仰对秦人政治生活具有重要影响,另一方面,西周文化中的德性价值观念及其礼乐制度对当时秦国的社会生活也具有重大影响。1978 年在宝鸡县杨家沟出土八件窖藏春秋秦国青铜器。其中《秦公及王姬编钟、镈钟》铭文有:"秦公曰:我先祖受天命,赏宅受国"。从这句话,可以看出西周上帝天命信仰对秦人的影响。从秦穆公与西戎使者由余的谈话、秦穆公善待"食马肉者"以及秦国救济晋国饥荒的"泛舟之役",就可以看出西周德性价值观念以及礼乐制度对秦国的影响。但是,秦国这种以天命信仰为特征的德性价值观念,在秦穆公去世之后就衰落下去了。正如秦孝公所言:"会往者厉、躁、简公、出子之不宁"! 直到秦献公在秦国实行变革,秦国才逐渐由弱变强。秦献公善用赏罚,

---

① 韩非:《韩非子·五蠹》,参看《二十二子》,上海古籍出版社 1986 年版,第 1185 页。

② 黄怀信:《逸周书校补注译·武纪》(修订本),三秦出版社 2006 年版。

在历史上传为美谈。① 何炳棣认为，"从献公起秦国开始转弱为强，主要应该归功于墨者的帮助"。墨家"尚同"、"尚贤"、"贵义"的治国思想以及"兴天下之利，除天下之害"注重功利的责任伦理价值观对秦国产生了一定影响，同时，墨者在工程技术方面对秦国发展的贡献亦有不可估量的作用。② 真正使秦国富强的是秦孝公任用商鞅进行变法，确立了理性的责任伦理，这时的秦国以国家公利为目标，奖励耕战，崇尚法治，实行连坐责任制，实行国家功勋制，终于使秦国崛起于西方而雄视天下。此后，秦王政运用韩非子法术势思想治理国家，让秦国全体人民人人承担社会责任，这就为秦国扫平六国、统一天下奠定了基础。

秦国国家伦理从重视天命德性的信念伦理向重视国家公利的责任伦理的转变发生在春秋战国之际。从秦襄公立国至秦穆公称霸的那个阶段，秦国借鉴西周的信念伦理文化，建立了上帝天命信仰体系，此时秦国的各代君主并没有像殷纣王那样迷信"我生不有命在天？"恣意妄为不考虑行动的后果，沉迷于用天命来保护自己，而是以周文王、周公为楷模先知，执著信赖天降明德，以虔诚之心敬祖保民，以明德上配昊天上帝以求得子孙后代的福祉。《秦公钟》铭文、《秦公镈》铭文就是证明。进入战国以后，秦国扬弃了西周的信念伦理文化，尤其是秦孝公任用商鞅实行变法，为了成就霸王之业，实现天下公利价值目标，秦国抛弃传统的血缘宗法道德规范，以实用态度对采用的手段与可能的结果进行理性的计算，建立了以国家公利为价值取向的责任伦理结构。在宗教信仰上，秦国创造了白、青、黄、赤、黑五帝信仰体系，以理性的态度将五帝信仰体系转化成为驾驭四方、主宰中央、成就霸王之业，为天下统一服务的国

---

① 据《吕氏春秋》记载：秦小主夫人用奄变，群贤不说自匿，百姓郁怨非上。公子连亡在魏，闻之，欲入，因群臣与民从郑所之塞。右主然守塞，弗入，曰："臣有义，不两主。公子勉去矣。"公子连去，入翟，从焉氏塞，菌改入之。夫人闻之，大骇，令吏兴卒，奉命曰："寇在边。"卒与吏其始发也，皆曰"往击寇"，中道因变曰："非击寇也，迎主君也。"公子连因与卒俱来，至雍，围夫人，夫人自杀。公子连立，是为献公，怨右主然而将重罪之，德菌改而欲厚赏之。监突争之曰："不可。秦公子之在外者众，若此则人臣争入亡公子矣。此不便主。"献公以为然，故复右主然之罪，而赐菌改官大夫，赐守塞者人米二十石。献公可谓能用赏罚矣。凡赏非以爱也，罚非以恶之也，用观归也。参见吕不韦：《吕氏春秋·当赏》。

② 何炳棣：《国史上的"大事因缘"解谜——从重建秦墨史实入手》，《光明日报》2010 年 6 月 3 日。

家理想使命,并且不达目的,誓不罢休! 总之,可以把商鞅变法之后秦国各代君主的行为模式概括为一种特有的责任伦理结构。马克斯·韦伯指出,按照责任伦理行动,要求行动者对行动的后果承担责任。因此,必须以理性的态度对行动的手段及其结果之间的关系作出考察,客观的估计各种可能因素对结果的影响。当然,各种可能因素在数量、范围上都是不确定的,因此对行动的外在后果的承担并没有绝对必然的保证。在一定时候还会要求信仰体系的内在支持。所以,秦国责任伦理结构并不排斥五帝志业宗教的信仰体系,相反,秦国五帝志业宗教信仰体系成为秦国责任伦理的信仰前提。(参看本书第一章《秦国责任伦理的宗教前提:五帝志业宗教》)

秦国责任伦理结构由责任伦理主体、责任伦理对象以及相应的责任伦理规范构成。

其一、责任伦理主体。在秦国责任伦理中,承担责任的主体有君主、各级官吏、普通百姓,当然国家、郡县、乡邑、家庭也可以成为责任伦理主体。本书通过考察实证材料发现,秦国的责任伦理主体具有三重本质:这就是秦国责任伦理主体特有的生存意志,特有的计算理性,特有的霸道气质。

其二、责任伦理对象。秦国的责任对象主要是农业生产,军事斗争,成就霸王之业。农业富国,从"垦草令"开始,这是一个产业革命,由此形成中国古代伟大的农业富国。军事强国,从"尚首功"开始,这是一种军事革命,由此形成中国古代的伟大军事强国。农耕和军战的结合成就了秦国的霸王之业。农耕和军战是人和自然交往关系以及人和人交往关系的方式,对非生产领域的诗、书、礼、乐等道德价值以及审美价值的限制,使秦国责任伦理的对象具有三重性质:这就是最高统治者政治控制权力的最大化,国家对最重要的生产要素即土地的国家所有权的最大化,通过军事外交手段在国际关系中追求秦国国家利益的最大化。由于秦国极其重视政治、经济、军事等国家公利价值,由此铸就了秦国的霸王之业!

其三、责任伦理规范。这包括责任手段以及相应的责任标准、责任监督、责任结果。责任手段是为落实责任所采用的方案、方法、制度等。如,秦国秦穆公任用百里奚、由余的人才方案,商鞅变法的各项改革方案,范雎的远交近攻战略,韩非子的法术势国家治理方案都是责任手段。责任标准是责任伦理主体对自己的行为是否引起后果的判定依据。如,秦国有什伍连坐的连带责任法,有"物勒工名,以考其诚"的生产责任标准。责任监督是指为责任主体履行责任提供有效保障的责任监督机制。主观的监督机制是指行为主体的良心。客观的责任监督机制是指政府、社会、法庭、舆论、宗教等监督机制。责任结果指相应的责任行为的正负反馈,包括奖励或惩罚。在秦国就是赏罚"二柄"的运用,如秦国的治爵制、粟爵制、军爵制就是对有功者的奖励;秦国的法律,如1995年12月,在湖北省云梦县城关睡虎地十一号秦墓发掘中,出土了大量记载秦国法律的竹简,称之为"云梦秦简"。其中有《秦律十八种》、《效律》、《秦律杂抄》。《秦律十八种》主要包括刑事、民事、经济方面的法律。《效律》是核查各县和都官物资账目的制度规定。《秦律杂抄》是多种行政法规。这些法律、法规就是对损害国家利益、侵犯财产、伤害人权,如降敌、盗窃、奸淫等罪犯的惩罚。

在秦国责任伦理结构中,有个人责任、家庭责任、国家责任。秦国责任伦理结构要求本国人民努力耕战,对国家负责任;同时要求国家对本国人民负责任,为人民及其家庭提供安全、治安秩序等公共产品,保护人民生命安全、财产安全。从责任追究来说,国家是否可能犯错,甚至犯罪?这在历史上曾是有争议的问题。有所谓"君主无过论"理论,很少有人追究君主的政治责任,或者君主自觉追究自己的政治责任的事情。一个有趣的故事:"孟子谓齐宣王曰:'王之臣有托其妻子与其友而之楚游者,比其反也,则冻馁其妻子,则如之何?'王曰:'弃之。'曰:'士师不能治士,则如之何?'王曰:'已之。'曰:'四境之内不治,则如之何?'王顾左右而言他"。① 涉及到追究朋友的责任、臣民的责任,齐宣王毫不含糊的表示要给予惩罚,涉及君主自己的政治责任,便王顾左右而言他了!秦穆公则是一位敢于主动承担政治责任的君主。如公元前627年,秦穆公派遣大将孟明视、西乞术、白乙丙率领军队远道袭击郑国。老臣蹇叔和百里奚进谏,穆公不听。部队行进到崤山(今河南洛宁县西北),遭到了晋军的伏击,竟至全军覆灭。当秦军将帅回国时,秦穆公作了一篇自我责备的诰辞向受害者道歉。秦国有几代明君还要极力承担天下责任,他们追求的天下统一,就是一种天下责任意识。这种天下责任意识就是一种中国古代的"全球责任意识"。

---

① 孟轲:《孟子·梁惠王下》,参看《四书集注》,岳麓书社1985年版。

秦国责任伦理还可以按照责任伦理主体承担责任的后果划分为法律责任与道德责任。道德责任是一种约束力相对软弱的责任后果追究形式。道德责任有两个极限：一是至善伦理，它依靠的是主体自身的崇高的道德情感，而达到道德上的至善。二是底线伦理，它是代表道德下限的约束性规范，违反这些规范的责任后果导致社会秩序混乱或社会利益损失。越过底线伦理就成为触犯法律的不法行为，不法行为必须追究法律责任。法律责任是一种带有强制约束力并且与惩罚联系在一起的责任后果追究形式。秦国重视法律责任的实施，制定了严密的法律体系，试图通过严刑峻法来达到"以刑去刑"的目的。秦国责任伦理实际上就是道德责任软约束与法律责任强约束的统一。

## 第五节　秦国责任伦理结构的意义

研究秦国责任伦理结构具有重要现实意义。从周秦两种伦理文化类型的特点可以看出，西周信念伦理与秦国责任伦理各有长短，一个重视彼岸的天命，一个重视此岸的志业；一个重视德性价值，一个重视公利价值；一个重视礼乐文化，一个重视法术势管理。如果取长补短，就能达到一种完美的效果，做到彼岸与此岸的统一，德性与公利的并进，柔性与刚性的互补。汉代董仲舒综合信念伦理和责任伦理，形成了"阳儒阴法"、"德主刑辅"的综合伦理体系。唐代兼容儒、道、释的信念伦理，同时，也重视刑名法治以及相关的责任伦理，在一定程度上实践了两种伦理的互补统一。中国古代社会从兴盛到衰落的社会伦理生活，一直受着这种互补统一的伦理体系的支配，积累了丰富的经验。新文化运动以来，随科学、民主精神引进的西方伦理实质上是一种规范伦理，随马克思主义引进的共产主义伦理实质是一种信念伦理；在中国特色的社会主义现代化建设中借鉴西周的信念伦理、秦国的责任伦理内容，对于重建现代道德价值体系具有重要意义。①

研究秦国责任伦理的现代启示在于，秦国作为立国较晚的西方小国，其所以能够由弱到强并最终统一天下，我们发现除了天时、地利、人和诸多条件之外，从伦理关系上说关键是形成了一套责任伦理结构。这使得秦国人有不同

---

① 王兴尚：《论周秦两种伦理类型的特征》，《人文杂志》2007 年第 1 期。

于东方六国人的特殊生命意志、计算理性、霸道气质及其民族精神。虽然秦国人的志气、霸气、豪气随着历史的变迁，逐渐远离我们而去，可是，秦国责任伦理结构则对我们有深刻启示：

其一，国家富强与责任伦理之间存在密切关系。"天下兴亡，匹夫有责"，不是一句空话，而要通过实实在在的责任伦理结构的建立落到实处。秦国责任伦理结构建立之后，秦国就富强了。中国改革开放三十多年取得的成就，也与农村实行联产承包责任制、企业实行有限责任制、政府实行干部问责制有一定关系，这已经为社会实践所印证。

其二，责任伦理结构与社会权利结构之间的关系，必须有一定规范进行合理调节。赏罚"二柄"虽然是责任伦理结构形成的根源，但是，责任伦理结构与社会权利结构之间的关系，必须有一定规范进行合理调节。秦国取消宗族世袭特权，以军功、粟功、治功授爵位，体现了承担责任与享受权利之间的平等关系，体现一种公正的责任伦理规范，秦国由此而兴；承担责任与享受权利的不平等往往导致社会矛盾、对立，造成组织涣散甚至瓦解，秦帝国的灭亡也与此有关。

其三，秦国的志气、霸气、豪气是农业实力与军事实力形成的国家综合实力的表现，而国家综合实力的实现要靠理性的政治、理性的法律、理性的经济、理性的文化等责任伦理结构及其配套制度来保证。以国家公利为价值取向的责任伦理制度，可以集中全民力量迅速富国强兵，这是秦国取得极大成功的历史经验。同时也要看到，以国家公利为价值取向的责任伦理制度，也往往使得人民陷入官僚统治铸成的"铁笼"，所以，必须有人文德性价值化解和扬弃工具理性责任伦理制度带来的过高成本。在中华民族复兴和国家崛起的艰难历史征程上，我们不能漠视秦国责任伦理结构的历史作用，不能漠视秦国崛起与衰落的历史经验教训。

# 第一章　秦国责任伦理的宗教前提：
## 五帝志业宗教

### 引　言

中国历史上有没有统一的宗教？牟钟鉴在《中国宗法性传统宗教试探》一文中指出："在中国历史上有没有一种大的宗教一直作为正宗信仰而为社会上下普遍接受并绵延数千年而不绝呢？我认为是有的，这就是宗法性传统宗教。中国宗法性传统宗教以天神崇拜和祖先崇拜为核心，以社稷、日月、山川等自然崇拜为翼羽，以其他多种鬼神崇拜为补充，形成相对稳固的郊社制度、宗庙制度以及其他祭祀制度，成为中国宗法等级社会礼俗的重要组成部分，是维系社会秩序和家族体系的精神力量，是慰藉中国人心灵的精神源泉。不了解这种宗教和它的思想传统，就难以正确把握中华民族的性格特征和文化特征，也难以认识各种外来宗教在顺化以后所具有的中国精神。"① 牟先生的观点，对于认识中国宗教问题具有重要的学术启发意义。牟钟鉴和张践先生在 2000 年由社会科学文献出版社出版的《中国宗教通史》一书中，运用历史材料对上述观点作了具体阐释，受到学术界关注。郭沂先生认为，对于上述"中国宗法性传统宗教"的名称还可再加以斟酌，因为这种宗教的核心是天神崇拜和祖先崇拜，祖先崇拜固然是宗法性的体现，但天神崇拜恐怕已经超越了宗法性了。郭沂先生用"中华元教"一词（元者，始也，大也）来称呼这一中国宗教，意思就是，这一宗教是中国历史上最早的国家宗教，也是中国历史上最大的宗教。② 我

———————————

① 牟钟鉴：《中国宗法性传统宗教试探》，《世界宗教研究》1990 年第 1 期。

② 郭沂：《第三个儒学范式与全球视野下的中国民族意识形态》，中国人民大学孔子研究院：《2006·国际儒学论坛论文集》。

认为,郭沂先生用"中华元教"这一名称也不能完全揭示这一中国宗教的本质特征,而且容易和中国历史上的一个朝代名称发生误解和歧义。所以,干脆就用"中华宗教"一词指称中国历史上这一宗教,"中华"特指这一宗教为华夏族所创立;"宗教"表示对超人间力量或者超验对象的信仰和崇拜。从词源上看,许慎《说文》解释:"宗,尊祖庙也"即尊祭神灵。"教,上所施,下所效也。"① 即传授师说。佛教传入中国后,以佛祖所说为"教",佛徒所说为"宗"。从"宗教"一词表示对超人间力量或者超验对象的信仰和崇拜来看,在中国历史上的这种"宗教",与西文的"religion"一词具有相似意义。如果按照佛教的用语习惯,以"中华宗教"为专有名词,表示华夏族所创立的源远流长的"教",那么,所谓的"儒"、"道"、"墨"、"法",只能分别是它的一个"宗",即"儒宗"、"道宗"、"墨宗"、"法宗"等,或者按照约定俗成的说法,把他们仍称为"儒教"、"道教"、"墨教"、"法教"等。与这些宗教思想相对应,还有相应的哲学思想,即"儒家"、"道家"、"墨教"、"法家"哲学,这是对"中华宗教"哲理的阐释。而与上述各"宗"组成的"中华宗教"相对应,则有中国以外其他各民族所创立的"犹太教"、"基督教"、"伊斯兰教"等等外来宗教。

中华宗教与世界其他宗教相比有什么特点呢? 秦家懿、孔汉思在《中国宗教与基督教》一书中按照宗教形态和特点把世界主要宗教分成三大河系。孔汉思先生指出,第一大河系是亚伯拉罕系三大宗教,即犹太教、基督教、伊斯兰教,它源出闪米特人,以先知预言为其特点。这三个宗教没有平行的发展,反倒呈现出散发状差异,它们的共同特点是"信仰虔诚"。首先是犹太教,它是以色列"长老"、法律和先知的宗教。基督教从犹太教脱颖而出,其特点是信仰耶稣、基督或弥赛亚。最后是伊斯兰教,它是先知穆罕默德的宗教,它的圣经《可兰经》提到以色列的先知和弥赛亚或耶稣。第二大河系是印度宗教,以神秘主义为其特点。这个常常是禁欲苦行的神秘宗教是后"吠陀"时期僧侣信奉的过度发达的偶像崇拜宗教的反动。它的教义的中心是体验万物合一。通过冥想自省顿悟一统和《奥义书》里首先阐发的一统信念形成了后来印度宗教的基础。以后出现了筏驮摩那的改革运动,又叫"耆那"(Jina),意为"胜利者",他是耆那教的创始人。释迦牟尼的改革运动一直传入中国和日

---

① 许慎:《说文解字》,段玉裁注,上海古籍出版社1981年版。

本——虽然基本范式有所改变。最后是更晚出一些的印度教各教派，其中有一种崇拜也有信奉一个主神但也不否队他神存在的宗教信仰。其三是远东宗教，这个宗教河系源出中国，其中心形象既不是先知也不是神秘主义者，而是圣贤，这是一个哲人宗教。秦家懿女士特别强调她所说的"中国宗教"不单指儒教、佛教、道教，还应该包括一个更古老的传统。这一古代传统一度十分活跃，现在只能从古籍中重新发掘出来。这就是"原始宗教"，它包括神话、占卜、祭祀，有着浓厚的狂热或巫术宗教的色彩。① 她还说"中国宗教包括自然崇拜的一面，而后来分别被儒教和道教容纳改化。因此，以祭天被儒家传统接纳来看，天坛可算是一座儒教的庙宇。而儒家经典之一的《礼记》中亦详尽地记载了祭天礼仪的种种细节。"② 看来，秦家懿认为这种"原始宗教"已经融入儒教、道教之中，已经被"容纳改化"了。"容纳改化"之后形成的第三宗教系统会要求重新界定宗教定义。在她看来，"宗教"不仅仅是信仰上帝或神（佛教已表明这一点是可行的），而且特别是一种自我超越的努力，并且同时对天、太极、真我或西方净土敞开心灵。这样，这个第三宗教系统就要求我们重新理解宗教的含义，因为人本主义敦促其信徒不仅要在人际关系中超越自我，更要指向另一个实体：最高的现实：儒，最深的现实：道，最终的现实：佛。③ 我认为，此外还有被人们熟视无睹的现实：阴阳，胸怀最广博的现实：墨，最理性化的现实：法。这样看来，在中国古代历史上，西周的中华宗教是以昊天上帝为信仰的天命信念宗教；在西周天命信念宗教的基础上，秦国创立了特有的白青黄赤黑五帝志业宗教。所以，秦国五帝志业宗教与西周的天命信念宗教，以及后来的儒教、道教一样都属于中华宗教的范围。

## 第一节　秦国五帝志业宗教的界定

秦国在宗教方面"一花开五出"，把西周昊天上帝一神崇拜的天命信念宗教转变为白青黄赤黑五神崇拜的五帝志业宗教。西周的昊天上帝一神崇拜，

---

① 秦家懿、孔汉思：《中国宗教与基督教》，吴华译，三联书店1990年版，第10页。
② 秦家懿、孔汉思：《中国宗教与基督教》，吴华译，三联书店1990年版，第61页。
③ 秦家懿、孔汉思：《中国宗教与基督教》，吴华译，三联书店1990年版，第206页。

在宗教上是一种信念宗教,西周天命信念宗教的基本教义:敬天法祖,敬德保民。西周的宗教观念是:周王的德性与天命相通,有德性就会得天命,得天命就会得天下;失德性就会失天命,失天命就会失天下。所以,希望人们成为有德性的人,天下成为有德性的天下。尤其要求周王朝的君主能够达到"德配天地,兼利万物,与日月并明"① 的境界,并且,能够永葆周人的后代子子孙孙恒久延续天命。秦国的白青黄赤黑五神崇拜在宗教上是一种志业宗教,秦国五帝志业宗教的基本教义:重法尚功,富国强兵。秦国的宗教观念是:让华夏族祖先神五帝在天界统治中央东南西北四方,秦国君臣百姓通过祭祀白青黄赤黑五帝,农耕、军战都能得到五帝的保佑;并且事事谨慎不犯五帝诸神禁忌。让秦国占据中央并且向东南西北四方扩张,从而完成霸王之业,结束诸侯纷争,实现天下永久和平。

关于"信念宗教"与"志业宗教"的界定。"信念宗教",一般说来,在价值观上与现实世界存在矛盾对立,并且以德性至善或者灵魂救赎为其价值取向。马克斯·韦伯指出:"直至目前的讨论里,我们一直认定为自明的前提是:一切先知或救世主的宗教,在许多方面,特别是在历史发展上尤具重要性的这个层面,与现世及其秩序之间,存在着一种不仅尖锐而且持续不绝的紧张关系。当然,这是根据我们此处的术语用法而言,越是带有纯正救赎宗教之性格者,这种紧张关系就越是激烈。每当救赎意义及先知教示的内容一旦发展成一种伦理之际,就会产生这种情形;此一伦理原则上越是合理性,越是指向以内面性的救赎作为其救赎手段,紧张性也就越大。以日常用语来说,意思就是:当宗教越是从仪式主义升华为'心志的(或信念的)宗教意识'(Gesinnungsreligiosität)之时,紧张性就越是剧烈。另一方面,'属世事物'(就最广义而言)之内在、外在的拥有,越是向理性化与升华的历程迈进,便会与宗教之间产生越大的紧张性"。② 从西方的宗教史来看,"信念宗教"往往对世俗的现实世界抱着怨恨的态度,把世俗共同体看成是罪恶的渊薮,所以,他们要构造一套与现实世界不同的价值体系,并以此为最高信念。在他们看来,

---

① 杨天宇:《礼记译注·经解》,上海古籍出版社 2007 年版。
② [德]马克斯·韦伯:《韦伯作品集》(Ⅴ),康乐、简惠美译,广西师范大学出版社 2004 年版,第 512 页。

人类生命本身是没有任何意义的，只有宗教信仰才能赋予人类生命以终极意义。置身于这种信仰的人，常常由于面临对人类所处宇宙空间无限性而产生的终极虚空恐惧，以及对个体生命有限性必然面临死亡而产生的终极灭没恐惧，所以享受不到内心的和谐安宁，他们会一直受到内在紧张性的侵扰。希望一位救世主的出现，得到宗教的救赎，并且衍生出"选民"的意识，希望自己得到拣选而获得永生。从中国宗教史来看，西周哲人认为，天命决定人的心性，人的心灵本来善良，天生秉有上天的懿德，只是陷于世俗生活不能自觉，只有得到圣人的教化，发明本来的良心，率性而行才能达到至善境界。所以，中国没有西方宗教的救赎概念，也没有"选民"意识，在中国哲人看来，人人可以为尧舜，达到德性的至善就是天堂。周人的宗教是天命德性的"信念宗教"。与此相反，"志业宗教"一般说来，则是接受现世且试图适应现世为取向的，表现为纯粹仪式性或律法性的宗教。"行动的禁欲则施展于尘世生活中，以成其为世界之理性的缔造者，亦即是：试图通过此世的'志业'（Beruf）之功，以驯化被造物的堕落状态；此即入世的禁欲（Innerweltliche Askese）。与此恰成极端对比的是，以逃离现世为其彻底结论的神秘论；此即出世的冥思（Weltflüchtige Kontemplation）。"① 从西方宗教史来看，经过宗教改革以后的基督教新教，相信命定论、天职观、禁欲观，以入世禁欲主义态度对待世俗生活，把成就现世的志业，看成增加上帝荣耀的机会。基督新教是一种典型的"志业宗教"。从中国宗教史来看，秦国从秦襄公立国之后，也进行着宗教改革，秦国以时间空间特性的五帝取代了具有德性本质的昊天上帝，逐渐建立起为富国强兵服务的五帝志业宗教。可见，无论西方或者中国，信念宗教都以彼岸性的超世理想主义为取向，通过宗教形式对世俗灵魂进行拯救，试图将信众灵魂引入至善的道德王国或者完美的天国神界。然而，志业宗教则以现世功利主义为取向，通过宗教形式感召并组织信众在现实世界建立理性王国。

　　世界上的宗教是人类历史发展到一定阶段出现的文化现象，是支配着人们日常生活的外部力量在人们头脑中的幻想的反映，所以，宗教是一种特殊的社会意识形态。与物质生活资料生产过程构成的经济基础相对应，宗教作为

---

① ［德］马克斯·韦伯：《韦伯作品集》（Ⅴ），康乐、简惠美译，广西师范大学出版社2004年版，第509页。

意识形态属于上层建筑,是为特定社会的经济基础服务的,无论是西周的天命信念宗教,还是秦国的志业宗教,概莫能外。不过,从宗教与世俗共同体的关系来看,西周人崇拜昊天上帝,信仰天命和天德,重视仁义道德价值,追求完美、和谐的天命德性信念伦理境界。其理想人格是圣人和君子,并主张通过圣人和君子的礼乐教化提升世俗血缘宗法家族共同体的伦理水准,使人们的生活具有崇高的德性价值。秦国的志业宗教则崇拜地域空间性的中央四方至上神白青黄赤黑五帝,试图以地缘关系和选贤任能制度改造血缘宗法制度和世卿世禄制度,否定贵族社会的家族共同体私利价值体系,倡导官僚社会的国家公利价值体系,推崇法家哲学,运用法术势管理,实现其兼并诸侯,统一天下的霸王之业。

秦国五帝志业宗教是中华宗教在秦国发展出的一种重要形态。中华宗教伴随着炎黄文化的产生而产生,经过夏、商、周三代礼制因革的奠基性发展,真正的中华宗教开始形成,不过,这种中华宗教当时分别以夏礼、殷礼、周礼的形态出现。因为中国古代的礼制是与对昊天上帝以及有功德的祖先神的祭祀活动联系在一起的。后代的史书编撰,常把对昊天上帝、祖先神的祭祀归之于五礼中的吉礼。尤其是在商周之际,经过周文王、周公旦等人的宗教改革,把中华宗教从巫术神魅形态推向了以德性价值为取向的天命信念宗教形态。正像陈来先生指出的:"夏以前是巫觋时代,商殷已是典型的祭祀时代,周代是礼乐时代。西周的信仰已不是多神论的自然宗教,最高价值与社会价值已建立了根本关联"。① 作为德性价值形态的西周礼乐文化,其核心信仰是敬天法祖,敬德保民。因为,殷人失德亡国,以殷为鉴,西周崇拜昊天上帝的天命信念宗教得以建立。可是,春秋战国时代,诸侯国"尾大不掉",周天子的控制权力悄然旁落。在周王室凌迟,礼崩乐坏的状态下,原来西周时代建立的天命信念宗教以及德性价值形态遇到空前危机。正是在这个时候,秦国开始了中华宗教的重建,这就是秦国五帝志业宗教体系的建立。

秦国五帝志业宗教的产生,是西周天命信念宗教解构引起的一种宗教形态的转型。周人认为天命的力量决定天下的兴亡,决定国家的存废,决定家族盛衰,决定人的生死。周人称之为"天命"的这种超人神秘力量,是与"德性"

---

① 陈来:《古代宗教与伦理》,三联书店 2009 年版,第 12 页。

联系在一起的。"天命"与"德性"的联系，使得西周的宗教具有崇高的人文价值，周文王、周公旦成为伟大的使命型预言先知者。西周的使命型预言先知的天命信念宗教不同于殷人，殷纣王说"我生不有命在天？"认为有一个上帝时时保佑着殷人。可以看出，殷纣王的思想是一种宿命论，是一种非理性的、主观任性的对上帝的迷信。殷朝统治者为了现世的大小事情，往往通过巫术的形式贿赂上帝，驱使上帝，以求达到自己的目的；当达不到目的时，则往往诅咒上帝，亵渎上帝，毁弃上帝，任由主观的任性来胡作非为：对内荒于酒色，对外穷兵黩武。按照西周的使命型先知预言，原来天命的本质就是德性，一个王朝有德性则得天命，无德性则失天命。所以，周人非常重视德性，时时不忘尊天法祖，敬德保民。周人创造了一套重视"天命"与"德性"相统一的使命型预言先知的天命信念宗教体系。

秦人的祖先早年在东方虽然与商朝有密切关系，受到殷商文化的影响，武王克商后，秦人的祖先被迫西迁，成为周王朝的附庸。此后，秦人立国，成为周王朝的诸侯国，秦国曾经认同周王朝的使命型预言先知的天命信念宗教体系，但是，春秋战国时代，礼崩乐坏，周德衰落，西周使命型预言先知的天命信念宗教体系也随之沦丧。于是，秦国就开始了宗教信仰体系的重建工作，这就是秦国五帝志业宗教信仰体系的建立。如上所言，五帝本是"方帝"，是华夏族地方性的五位祖先神。秦国君主作为祭祀主持人，自认为直接与华夏祖先神灵相通，试图让华夏祖先神承担统治天下的光荣任务，于是，华夏族的祖先神便成为镇守四方中央的至上神。在宗教学上，秦国五帝志业宗教作为一种楷模型预言先知的信仰体系具有自身的特点。秦国的楷模型预言先知者并不要求具有与"天命"相通的"德性"，西周的衰落使秦人不再相信使命型预言先知者"天命"与"德性"相配的说教。被秦国尊为华夏族至上神的五帝，并不是被崇奉为具有仁义道德的"德性"的超凡圣人，而是被崇奉为具有高超智慧、强大武力、能控制四方中央空间时间的"权力"楷模。秦国君主崇拜五帝，让华夏族的祖先神首先在天国控制中央四方，实际上就是以宗教信仰的形式宣告秦国要用高超智慧、强大武力、控制四方中央，以至高无上的权力终结诸侯混战的天下乱局，完成统一天下的"志业"。秦国五帝志业宗教的本质就是成就"霸王之业"。

秦国五帝志业宗教中的五位华夏族至上神并非与世俗官僚共同体相对

立,而是与国家共同体非常一致,秦国势力向西发展则祭祀白帝,向东发展则祭祀青帝,占有关中则祭祀黄帝,向南发展则祭祀炎帝,向北发展则祭祀黑帝。五帝成了秦国崇拜的智慧之神,战争之神,权力之神。秦国在五帝信仰的感召下,涌现出众多实现五帝志业的军事楷模、政治楷模、外交楷模。总之,秦国的五帝志业宗教同世俗家庭追求的富贵爵禄,以及世俗国家追求的霸王之业并无对立和矛盾。在秦国社会当中,并没有那一个阶层试图伪造一套与世俗家庭和国家官僚共同体相对立和矛盾的宗教价值体系来反对世俗家庭和国家共同体,相反,秦国的统治阶级完全排斥与世俗家庭和国家官僚共同体相对立的其他共同体的价值体系,如"焚书坑儒"等运动,就是把儒生共同体及其带有使命型预言先知者所宣扬的"德性"伦理及其天命信念宗教体系彻底铲除掉!

由此可见,作为秦国楷模型预言先知的五帝志业宗教其所以能被秦人认同,关键就是因为它是为世俗家庭追求富贵爵禄,以及为世俗国家追求霸王之业服务的。所以,它不同于以往西周那种异化了的把昊天上帝看成具有仁义道德本质,而要求世俗社会的道德伦理与之相一致的天命和德性相统一的信念宗教。它也不同于天主教那样的欧洲信念宗教,即以上帝耶和华为造物主,把世俗的人类看成犯有原罪的罪人,把世俗社会看成充满诱惑和堕落的罪恶的社会,宣传人类救赎福音的信念宗教。相反,秦国的志业宗教则与欧洲宗教改革之后基督新教以世俗事业的成功荣耀上帝的志业宗教非常类似。

春秋战国时代,秦国产生了五帝志业宗教核心教义。虽然,齐国、鲁国,宋国、楚国,以及魏国、晋国,赵国的宗教信仰体系都可以归之于中华宗教,但是,这些诸侯国往往以西周天命信念宗教为皈依,并且产生了儒、道、墨、阴阳诸教的理论体系,然而,在秦国,则是五帝志业宗教教义及其信仰体系占据统治地位。秦帝国灭亡之后,五帝志业宗教信仰体系经过汉帝国改化之后重新登上历史舞台,同时,以西周使命型预言先知的天命信念宗教教义及其信仰体系在新儒家的经学运动中也重新登上历史舞台。中华宗教发展到一个以新法家的楷模型预言先知崇拜五帝志业宗教与新儒家的使命型预言先知崇拜天命信念宗教相结合的新形态。即"阳儒阴法"或"外儒内法"的新形态。这种综合的宗教观念,以儒家天命信念宗教为标帜,传遍整个中华文化圈以及周边诸国。到了魏晋南北朝时期,中华宗教当中的各个宗派以及外来的各个宗教随之兴起和发展。在隋唐时代已经形成儒、道、释三教鼎立的状态,世界上其他诸教,如拜火教、伊斯兰教、摩尼教、景教也曾来到过中国，并且有不同程度的发展。

## 第二节 秦国五帝志业宗教的渊源

秦国五帝志业宗教最深远的渊源是夏商周宗教信仰体系。在类型上，秦国五帝志业宗教属于中华宗教体系，它与商周上帝信仰体系类型相同，属于一主多神的信仰形态。"一主"就是有一个主宰神。"多神"就是在主宰神统帅下的各种天神、祖先神、自然神。商代的主宰神是上帝，从甲骨文来看，在商代武丁时期的上帝信仰体系中就有天神崇拜、祖先崇拜和自然崇拜。西周的主宰神与商代一样也是上帝，不过，西周的上帝比商代的上帝具有了更多的伦理道德属性，同时，在西周的上帝信仰体系中，已经将天神崇拜、祖先崇拜和自然崇拜概括综合，抽象为"天"的范畴。周人强调对"天"的信仰，同时也称"天"为"昊天上帝"，表示与商人的"上帝"信仰的区别。并由"天"的范畴衍生出"天命"、"天意"、"天德"、"天道"等带有理性色彩的观念。尤其是春秋战国时代，随着社会生活的理性化，理性化的哲学观念兴起，对西周时期"昊天上帝"的信仰反而淡薄。秦人在西周文化的故地立国，这个新兴的诸侯国继承殷商和西周的上帝信仰体系，并根据秦人的意识形态创造出白青黄赤黑五帝志业宗教体系。然而，与五帝相配的秦国之德，已经不是仁义道德，而是宇宙的自然本质：金木水火土五德以及国家的社会本质："公利"之德。秦国的"五帝"就是以官僚政治代替贵族政治之后秦国意识形态中的金木水火土五德以及天下国家"公利"的人格化代表。

### 一、秦国的五帝志业宗教与殷人宗教的渊源关系

殷人的上帝信仰体系属于一主多神的信仰形态，上帝统御着各种天神、祖先神、自然神。晁福林认为，殷人信仰的主要有三大神系统，即以上帝为代表的天神，以列祖列宗、先妣先母为主的祖先神，以土社、河、岳为主的自然神，其中祖先神占有突出的地位。[①] 殷人的主宰神是上帝，天界的"上帝"与人间的"下帝"即"人王"相对应，"人王"高踞于众民之上，"上帝"高踞于众神之上。

---

① 晁福林：《论殷代神权》，《中国社会科学》1990 年第 1 期。

首先，殷人认为上帝是天神。胡厚宣指出，殷人认为上帝居住在天上却能主宰人间的社会生活。上帝在天上，能够下降人间，入于城邑宫室，带来灾祸困穷。因而殷人凡是辟建城邑，有所兴筑，必先贞卜是否能够得到上帝的允诺。殷人以为上帝虽在天上，但能降福祸于人间。除令雨、降堇之外，还能够降若、降不若、降唯、降不唯、降祸、降弗祸、降灾、降不灾，它掌握着人间的祸福。殷人以为上帝在天上，还能够下降人间，直接作福祸于商王。上帝能够保王、佑王、诺王、辅王、灾王、它王，能够作王祸、作王孽、授王佑、戎王疾。上帝掌握着商王的福祸和命运。殷人认为邻族方国来侵，乃由于上帝令作祸；而每次征伐，必先贞卜是否得到上帝的保佑。殷人以为举凡征伐军事的成败，都是上帝作主宰。卜辞中有所谓帝五臣和帝五工臣，也许即是指这五方之神而言。殷人称地有五方，以为五方各有神明，都是帝的臣使，掌握着人事的命运。

其次，殷人以为先祖死后能够配天，也可以称帝，所以先祖同天帝一样，也能够降下祸福，授佑作孽于商王，几乎同天帝是一样的。所以，天帝叫上帝，人王叫下帝或王帝，都称作帝，他们共同掌握着人间的一切。殷人以为上帝是至上神，有无限尊严，虽然它的权能很大，举凡人间的雨水和年收，以及方国的侵犯和征伐，都由它来掌握，但遇有祷告所求，则多向先祖神行之，请先祖神在上帝左右转向上帝祈祷，而绝不敢直接向上帝有所祈求。这便是上帝和王帝的主要分野。

其三，殷人认为上帝还主宰着自然界的各种神灵，风云雷虹雨水被看成是一种神灵，在上帝左右而受其命令驱使，以为它们掌握着人间农作年成丰歉的命运，又注意到风云雷虹雨水来自东南西北四方，因而也就把四方和四方风当成了一种神灵："东方曰析，南方曰凯，西方曰彝，北方曰宛"。求年祈雨，生产大事，都要祷告四方和四方风，殷人除了祭祀天神上帝、日月星辰之外，还有很隆重的关于四方和四方风神的崇拜。① 殷人对四方风神的祭祀同于先公先祖，其地位仅次于上帝。最初与中央四方风联系在一起的是五气观念。刘熙《释名·释天》指出："五行者，五气也。于其方各施行也"。"五气"就是"五行之气"，实际就是以中原地区为坐标，感受到的四方季风。一般来说，东风

---

① 胡厚宣、胡振宇：《中国断代史系列——殷商史》，世纪出版集团、上海人民出版社2003年版。

来时,春季降临;南风来时,夏季降临;中央风之时,无风之季夏降临;西风来时,秋季降临;北风来时,冬季降临。殷人对"五气"加以形象化、神话化,就有了中央和四方风神的观念。

《尚书·洪范》将这一"五气"提升为"五行"哲学观念。商朝的箕子告诉周武王,早在夏朝的时候,他听说从前鲧堵塞洪水,胡乱处理了五行之间的关系。上帝震怒,不赐给鲧"洪范九法",治国的常理因此败坏了。后来,鲧被流放死了。于是禹继位,上帝就把"洪范九法",赐给了禹,治国的常理因此定了下来。"洪范九法"第一大法就是"五行":"一曰水,二曰火,三曰木,四曰金,五曰土。水曰润下,火曰炎上,木曰曲直,金曰从革,土爰稼穑。润下作咸,炎上作苦,曲直作酸,从革作辛,稼穑作甘。"① 意思是,一是水,二是火,三是木,四是金,五是土。水向下湿润,火向上燃烧,木可以弯曲、伸直,金属可以顺从人意改变形状,土壤可以种植百谷。向下湿润的水产生咸味,向上燃烧的火产生苦味,可曲可直的木产生酸味,顺从人意而改变形状的金属产生辛辣味,种植的百谷产生甘甜味道。"五行"成为夏商时代治世大法,即"洪范九法"中的首要哲学思维方法原则。

可见,夏商时代中央四方神观念以及五行学说成为秦国五帝志业宗教的一个重要理论根源。周新芳认为,秦人五帝崇拜源于殷人的上帝及四方神观念。卜辞中记载的四方神的地位仅次于上帝,商代的四方、四方风神观念,到春秋时秦国为了制造称霸四方的舆论,把四方神上升为至上神。至战国中后期,秦人根据当时流行的阴阳五行说,将"四方之帝"与"金木水火土"五行学说结合起来,创立了新的关于中央四方之神的观念"白、青、黄、赤、黑"五帝说。② 可见,夏禹时代流传到殷商的五行观念,以及殷人创造的上帝四方神观念是秦国五帝志业宗教中五帝崇拜的重要理论渊源。

## 二、秦国五帝志业宗教与西周信念宗教的渊源关系

秦国五帝志业宗教是从西周天命信念宗教体系中演变而来的。周礼中对"天"或"昊天上帝"和"五帝"的祭祀有明确规定。关于"昊天上帝"的祭祀,

---

① 《书经·洪范》,上海古籍出版社 1997 年版。
② 周新芳:《"皇帝"称号与先秦信仰崇拜》,《孔子研究》2003 年第 5 期。

《周礼·春官宗伯》指出："大宗伯之职，掌建邦之天神、人鬼、地示之礼，以佐王建保邦国。以吉礼事邦国之鬼神示，以禋祀祀昊天上帝，以实柴祀日月星辰，以槱燎祀司中、司命、飌师、雨师，以血祭祭社稷、五祀、五岳。"① 就是说，大宗伯的职责，是掌管建立王国对于天神、人鬼、地神的祭祀之礼，以辅佐王建立和安定天下各国。用吉礼祭祀天下邦国的天神、人鬼和地神。用禋祀来祭祀昊天上帝，用实柴来祭祀日、月、星、辰，用槱燎来祭祀司中、司命、风师、雨师，用血祭来祭祀社稷、五祀、五岳。关于对"五帝"的祭祀，《周礼·春官宗伯》指出："小宗伯之职，掌建国之神位，右社稷、左宗庙，兆五帝于四郊。四望、四类亦如之。兆山川丘陵坟衍，各因其方。掌五礼之禁令，与其用等。"② 就是说，小宗伯的职责，掌管建立王国祭祀的神位：右边建社稷坛，左边建宗庙。在四郊确定五帝祭祀坛场的范围。望祀四方名山大川，类祭日、月、星、辰，也这样做。为山川丘陵坟衍确定祭祀坛场的范围，各依它们所在的方位。掌管有关吉、凶、宾、军、嘉五礼的禁令，以及所用牲和礼器的等差。周礼规定大宗伯祭祀昊天上帝，小宗伯祭祀五帝的意义何在呢？《礼记·礼运》指出："故祭帝于郊，所以定天位也。祀社于国，所以列地利也。祖庙，所以本仁也。山川，所以傧鬼神也。五祀，所以本事也。"③ 就是说，周礼中的吉礼规定了对天神、人鬼、地示的全面系统的祭祀，其中"以禋祀祀昊天上帝"、"兆五帝于四郊"，二者居于吉礼的第一位，具有"定天位"的重要作用，天位既定，人鬼、地示的地位才可以确定。周人用不同的宗教方式来祭祀不同的神祇，并规定各种神祇在神界的等级地位。

首先，西周信仰的主宰神是昊天上帝。周武王征伐殷纣王，周武王声讨殷纣王的罪状之一就是"昏弃厥肆祀弗答"。④ 也就是殷纣王废弃了对昊天上帝的祭祀。尹逸策曰："殷末孙受德，迷先成汤之明，侮灭神祇不祀，昏暴商邑百姓，其章显闻于昊天上帝。"⑤ 意思是，尹逸拿着祝文念到："殷的末代子孙季纣，完全败坏了先王的明德，侮慢诸神而不进行祭祀，欺凌商邑的百姓，他昭彰

① 吕友仁：《周礼译注》，中州古籍出版社 2004 年版，第 274 页。
② 吕友仁：《周礼译注》，中州古籍出版社 2004 年版，第 284 页。
③ 杨天宇：《礼记译注·礼运》，上海古籍出版社 2007 年版。
④ 《书经·牧誓》，上海古籍出版社 1987 年版。
⑤ 黄怀信：《逸周书校补注译·克殷》（修订本），三秦出版社 2006 年版。

的罪恶昊天上帝全都知道"！武王克商后，"辛亥，荐俘殷王鼎，武王乃翼矢圭、矢宪，告天宗上帝"。① 就是说，辛亥这天，武王献上所获商之九鼎，恭敬地手捧玉圭，身穿法服，敬告天宗上帝。可见，西周对于"昊天上帝"或"天宗上帝"有极深的信仰。另外，周武王选中洛水、伊水流域的洛邑作为东都的原因之一，就是"毋远天室"、"依天室"。在洛邑建立东都就可以来天室祭祀上帝。天室即指嵩山，有祭祀昊天上帝的明堂，在古代神话中，嵩山就是天神居住的地方。大丰簋铭文载："王祀于天室，降。天亡又（佑）王，衣（殷）祀于王丕显考文王，事喜（禧）上帝。"就是说，周王在臣僚辅佐下去天室山祭祀，举行了殷祭仪式，祭祀伟大的文王，祭祀昊天上帝。周公姬旦和召公姬奭开始营建东都洛邑的时候，就郊祭、社祭昊天上帝。《尚书·召诰》记载："若翼日乙卯，周公朝至于洛，则达观新邑营。越三日丁巳，用牲于郊，牛二。越翼日戊午，乃社于新邑，牛一、羊一、豕一。越七日甲子，周公乃朝用书命庶殷侯、甸、男邦伯。厥既命殷庶，庶殷丕作"。② 意思是，到了明日乙卯，周公早晨到达洛地，就全面视察新邑的区域。到第三天丁巳，在南郊用牲祭祀昊天上帝，用了两头牛。到明日戊午，又在新邑举行祭地的典礼，用了一头牛、一头羊和一头猪。到第七天甲子，周公就在早晨用诰书命令殷民以及侯、甸、男各国诸侯营建洛邑。已经命令了殷民之后，殷民就大举动工。在洛邑建成之后也郊祭、社祭昊天上帝。《逸周书·作雒解》描写道："乃设丘兆于南郊，以祀上帝，配以后稷，日、月、星、辰，先王皆与食"。③《史记·封禅书》说："周公既相成王，郊祀后稷以配天，宗祀文王于明堂以配上帝"。西周初年发生武庚之乱，面对严峻的局势，周公旦认为是"天降割（害）于我家"。于是"用宁（文）王遗我大宝龟，绍天明"，得到吉兆。军队东征的时候周公旦对臣下说："予惟小子，不敢替上帝命。天休于宁王，兴我小邦周。宁王惟卜用，克绥受兹命。今天其相民，矧亦惟卜用。呜呼！天明畏，弼我丕丕基！"④ 意思是，我小子不敢废弃昊天上帝的天命。昊天上帝嘉惠文王，振兴我们小小的周国，当年文王只使用龟卜，就

---

①　黄怀信：《逸周书校补注译·世俘》（修订本），三秦出版社 2006 年版。
②　《书经·召诰》，上海古籍出版社 1987 年版。
③　黄怀信：《逸周书校补注译·作雒解》（修订本），三秦出版社 2006 年版。
④　《书经·大诰》，上海古籍出版社 1987 年版。

能够承受这天命。现在天帝帮助老百姓,何况也是使用龟卜呢? 天命可畏,你们辅助我们伟大的事业吧! 商代祭祀上帝于"方",周代祭祀上帝于"郊"。对上帝的祭祀是王权的象征,在通常情况下,西周一年四季都在城南郊祭祀昊天上帝等神灵。《诗经》说:"吉蠲为饎,是用孝享。禴祠烝尝,于公先王。"①《礼记·祭统》称:"春祭曰礿,夏祭曰禘,秋祭曰尝,冬祭曰烝"。西周的祭祀体系和殷商一样,也划分为天神、祖先神、自然神三大神权体系。周礼规定"天子祭天地,祭四方","诸侯方祀,祭山川"。② 但是,殷商、西周对四方神的祭祀是模糊的,还没有四方神的具体名称,秦人则给四方神以颜色命名,并发展为白青黄赤黑五帝志业宗教信仰体系。

其二,西周有功德的祖先神与昊天上帝一起配祀。如果祖先具有德性,祖先神灵可以与昊天上帝一起配祀。西周的祖先神祭祀体系具有泛道德化的价值取向,所有祖先神都是德性的模范人物。《礼记·祭法》指出:"夫圣王之制祭祀也,法施于民则祀之,以死勤事则祀之,以劳定国则祀之,能御大菑则祀之,能捍大患则祀之,是故厉山氏之有天下也,其子曰农,能殖百谷;夏之衰也,周弃继之,故祀以为稷。共工氏之霸九州也,其子曰后土,能平九州,故祀以为社。帝喾能序星辰以著众,尧能赏均刑法以义终,舜勤众事而野死,鲧鄣鸿水而殛死,禹能修鲧之功,黄帝正名百物以明民共财,颛顼能修之,契为司徒而民成,冥勤其官而水死,汤以宽治民而除其虐,文王以文治,武王以武功去民之菑,此皆有功烈于民者也。及夫日月星辰,民所瞻仰也;山林、川谷、丘陵,民所取财用也。非此族也,不在祀典。"③ 就是说,圣明君王制定祭祀的制度:凡是制定礼法造福于民的就要祭祀,保卫国家殉职的就要祭祀,有开国定邦功勋的就要祭祀,为大众抗御大灾的就要祭祀,捍卫庶民不受大患的就要祭祀。厉山氏的时候,他有一个儿子叫农,能指导人民种植各种谷物;到了夏代衰亡的时候,周人始祖弃继承了农的未竟之业被崇奉为稷神来祭祀。共工氏称霸九州,他有一个儿子叫后土,能够区划九州风土,被崇拜为社神受到祭祀。帝喾能够根据星辰划分四时,使民作息各有定时。帝尧能够使刑法公正,为民表率;帝

---

① 陈子展:《诗经直解·小雅·天保》,复旦大学出版社1983年版。
② 杨天宇:《礼记译注·曲礼》,上海古籍出版社2007年版。
③ 杨天宇:《礼记译注·祭法》,上海古籍出版社2007年版。

舜为人民的事效力，死在苍梧的郊外。鲧为堵截洪水未成而被流放，他的儿子禹能够完成鲧的未竟之业，治水成功。黄帝为百物正名，使人们各有其职分，各有其财富。颛顼又改进了黄帝的办法。契为司徒使人民得到教育。冥恪尽职守而被水淹死。汤让人民宽松自由，除暴安良。文王用文治，以礼乐法度文章教化施政于民。武王用武功为民扫除殷纣王这个祸患。这都是为人民立下功劳勋业的。此外，日月星辰，是人民仰赖以识别四季的。山川、林谷、丘陵是人民生活资料的来源。不属于这一类的，不在祭祀之列。如果具有上面这些功勋德性就可以与昊天上帝相配在一起来祭祀。

其三，昊天上帝根据邦国德性的有无决定权力得失——"受命"与"坠命"。天下邦国权力的取得——"受命"，由上帝决定。周文王的其所以能取得天下的权力，是由于"受命"于昊天上帝，所以，《诗经》称赞文王："有命自天，命此文王"。"维此文王，小心翼翼，昭事上帝，聿怀多福"。[①] "昊天有成命，二后受之"。[②] 《尚书》指出：上帝还能"命哲、命吉凶、命历年"。"王其德之用，祈天永命"。[③] "皇天既付中国民越厥疆土于先王"，[④] "丕显文武，克慎明德，昭升于上，敷闻在下。惟是上帝，集厥命于文王"。[⑤] 天下邦国权力的丧失——"坠命"也是由昊天上帝决定的。殷纣王的暴虐导致商王朝的灭亡，也是由于上帝的惩罚。《尚书》说："皇天上帝改厥元子，兹大国殷之命"，[⑥] "天乃大命文王殪戎殷"，[⑦] "天既遐终大邦殷之命"。[⑧] "殷命终于帝"。[⑨] "故天降丧于殷"[⑩] 周公曾经告诉康叔，无论是夏商王朝，还是周王朝自身，如果违背上帝的意志就会受到天的惩罚：这种惩罚不仅体现在人事上的

---

① 陈子展：《诗经直解·大明》，复旦大学出版社 1983 年版。
② 陈子展：《诗经直解·昊天有成命》，复旦大学出版社 1983 年版。
③ 《书经·召诰》，上海古籍出版社 1987 年版。
④ 《书经·梓材》，上海古籍出版社 1987 年版。
⑤ 《书经·文侯之命》，上海古籍出版社 1987 年版。
⑥ 《书经·召诰》，上海古籍出版社 1987 年版。
⑦ 《书经·康诰》，上海古籍出版社 1987 年版。
⑧ 《书经·召诰》，上海古籍出版社 1987 年版。
⑨ 《书经·多士》，上海古籍出版社 1987 年版。
⑩ 《书经·酒诰》，上海古籍出版社 1987 年版。

"天其罚殛我"，① 而且，还会以自然灾害的形式谴告，"天降丧乱，饥馑荐臻"。② 周人还认为昊天上帝具有"天监"的能力。皇天在上，目光如炬，明察秋毫，上帝时时监督着天下君主臣民的一举一动："皇矣上帝，临下有赫。监视四方，求民之莫"。③ "天命降监"。④ "惟上帝监民"。⑤ 周人认为天命不是永恒不变的，天命是变化的："天命靡常"。上帝其所以让一个王朝"受命"，让另一个"坠命"，是因为上帝根据这个邦国或王朝的道德本质的情况——天德的有无来决定权力得失的。"唯克天德"，⑥ "黍稷非馨，明德唯馨"，⑦ "皇天无亲，唯德是辅"。⑧ 天不是以祭祀物品的馨香作为"受命"与"坠命"的准则，而是以天的道德本质——天德来判断的，丧失天德者即使祭品馨香，上帝也会拒绝享用。商王朝遭受天罚的原因是不敬天德，"惟不敬厥德，乃早坠厥命"。⑨ 天是绝对公正的，"非天不中"、"天非虐，唯民自速辜"，⑩ 关键是殷人自己丧失了天德。周人还指出，周人自己如果丧失了天德，也会受到天罚，失去政治权力。

可见，西周的天命信念宗教成为秦国五帝志业宗教的又一个思想理论根源。这是因为，西周的天命信念宗教体系本身就包含自我否定的思想：一是天命靡常理论，按照这一理论，一个王朝的天命不是永恒不变的，天命是可以转移的。秦襄公立国之后，秦人认为自己"赏宅受国"，一定是昊天上帝从周王室转移过来的天命。二是以德性配天命的理论，按照这一理论，天命的得失，不只是根据血缘关系、地缘关系，不只是军事的征服、政治的铁腕，而是在此基础上的最本质的东西：德性。但是，秦人继承并且改造了周人以德性配天命的观念。秦国的德性价值观念不是仁义道德的意思，在更广泛的意义上，秦国的

---

① 《书经·康诰》，上海古籍出版社1987年版。
② 陈子展：《诗经直解·云汉》，复旦大学出版社1983年版。
③ 陈子展：《诗经直解·皇矣》，复旦大学出版社1983年版。
④ 黄怀信：《逸周书校补注译·殷武》（修订本），三秦出版社2006年版。
⑤ 《书经·吕刑》，上海古籍出版社1987年版。
⑥ 《书经·吕刑》，上海古籍出版社1987年版。
⑦ 《书经·君陈》，上海古籍出版社1987年版。
⑧ 《书经·蔡仲之命》，左丘明：《左传·僖公五年》，上海古籍出版社1987年版。
⑨ 《书经·召诰》，上海古籍出版社1987年版。
⑩ 《书经·酒诰》，上海古籍出版社1987年版。

德性是国家公利价值之德,按照法术势治理国家之德:富国强兵,蚕食六国的土地,扩展秦国郡县的空间;消灭六国的有生力量,增加秦国"虎狼之师"军事威慑力就是德性。由于西周的天命信念宗教成为秦国五帝志业宗教的又一个重要渊源,所以,秦国在秦襄公立国、穆公称霸、孝公变法、始皇统一的过程中,新的上帝"受命"意识,以及新的"五德"观念就在周王朝不断衰落的时候崛然而起,勃然而兴!

## 第三节　秦国五帝志业宗教的形成

秦国的五帝志业宗教究竟是怎样具体形成的呢? 秦国由于长期受到西周天命信念宗教的影响,秦国从立国开始就有了"受命"于昊天上帝的宗教意识形态,不过,此时已经延续了将近三百年的西周天命信念宗教逐渐衰落。尤其是经历了幽王之祸,西周的天下已经大乱了。由于秦襄公护送周平王有功被封为诸侯,秦襄公自信"受天之命",开始作为主持人祭祀"少皞之神"。"少皞之神"被秦人称为白帝,在空间上是主宰西方的上帝。在嬴秦族群从秦族、秦国、秦朝的历史发展过程中,秦国历代君主一方面是政治领袖,另一方面又扮演着宗教主祭的角色。秦国历代君主与巫史们逐步创造了自己独特的五帝志业宗教信仰结构:少皞氏白帝、太皞氏青帝、轩辕氏黄帝、烈山氏炎帝(赤帝)、高阳氏黑帝。秦国五帝志业宗教信仰体系的创造过程,就是华夏族秦人的祖先神逐渐由地方神上升到至上神,即天神上帝地位的过程,同时也是秦国从一个西垂方国、到封国、再到伟大帝国的不断缔造过程。

据司马迁《史记·秦本纪》记载,秦人本是黄帝之孙高阳氏颛顼的后裔,著名者有大费即伯益,佐舜调驯鸟兽,参与大禹平水土,舜赐姓嬴氏。夏朝末年,嬴氏费昌去夏归商,为汤御以败桀于鸣条。中潏在殷被封为西垂诸侯,其后人蜚廉善走、恶来有力,父子二人服侍殷纣王。周武王伐纣,恶来被杀,蜚廉发誓奉上帝之命,不参与殷乱。根据新发现的清华简资料记载,蜚廉带领族人投奔了东方故土嬴氏的商奄之民,周成王时,商奄之民反叛周王室,被周公平叛的军队征服,蜚廉等嬴氏商奄之民被迫西迁。[1] 此后,嬴秦族转而依附于周

---

① 李学勤:《清华简关于秦人始源的重要发现》,《光明日报》2011 年 9 月 8 日。

王朝,造父为周穆王御车,非子为周孝王养马被封为附庸。秦仲为周王室诛伐西戎被害,周宣王召其子庄公昆弟五人,与兵七千人,伐西戎破之,庄公被封为西垂大夫。周幽王犬戎之祸以后,秦襄公因护送周平王东迁有功被封为诸侯。① 秦襄公七年(公元前 770 年)开始建立新国家——秦国。秦国建立的次年,秦襄公就在西垂宫立時祭祀少皞氏白帝,步其后尘的秦宣公在雍之渭南立密時祭祀太皞氏青帝。此后,秦灵公在周人的故地吴阳又恢复了对烈山氏炎帝、轩辕氏黄帝的祭祀。高阳氏颛顼被秦人奉为黑帝。秦国历经 500 多年,逐渐建构了独特的五帝信仰体系:白、青、黄、赤、黑五帝志业宗教体系。

秦国五帝志业宗教体系有清楚的衍生过程。司马迁在《史记·封禅书》中,通过记载秦国历代国君立時祭祀上帝的历史事实,对五帝志业宗教体系的形成作了清楚的记载:

第一件事,"秦襄公攻戎救周,始列为诸侯。秦襄公既侯,居西垂,自以为主少皞之神,作西時,祠白帝,其牲用骝驹、黄牛、羝羊各一云"。② 这就是秦襄公攻打西戎救了周王室,于周平王元年被封为诸侯,也就是秦襄公七年秦国建立,次年即秦襄公八年,就开始在西垂宫即今甘肃省礼县东部、西和县北部一带作西時,用西周祭祀中最高规格的三牲之物:马、牛、羊,祭祀少皞氏白帝。

第二件事,"秦文公东猎汧渭之间,卜居之而吉。文公梦黄蛇自天下属地,其口止于鄜衍。文公问史敦,敦曰:'此上帝之徵,君其祠之'。于是作鄜時,用三牲郊祭白帝焉。"③ 这就是秦文公的势力从西垂之地扩展到汧渭之会,即今陕西省宝鸡市东北部汧河与渭河交汇的大片地区,秦国君臣们以为得到上帝神力之助,于是在平阳作鄜時祭祀白帝。

第三件事,"作鄜時后七十八年,秦德公既立,卜居雍,'后子孙饮马于河',遂都雍。雍之诸祠自此兴。用三百牢于鄜時""德公立二年卒。其后年,秦宣公作密時于渭南,祭青帝"。④ 就是说秦德公为了继续往东方拓展,迁都雍城,企望让后世子孙饮马于黄河,于是,用三百牢于鄜時祭祀白帝。由于

① 司马迁:《史记·秦本纪》,上海古籍出版社 2005 年版。
② 司马迁:《史记·封禅书》,上海古籍出版社 2005 年版。
③ 司马迁:《史记·封禅书》,上海古籍出版社 2005 年版。
④ 司马迁:《史记·封禅书》,上海古籍出版社 2005 年版。

雍城在渭河北岸，秦德公死后，其子秦宣公为继承其父遗志，于公元前762年在渭河南岸作密畤，祭祀太皞氏青帝。表明秦国已不满足主宰西方的少皞氏白帝，还要祭祀主宰东方的太皞氏青帝，意在从渭河南岸直接剑指东方。

第四件事，"秦穆公立，病卧五日不寤；寤，乃言梦见上帝，上帝命穆公平晋乱。史书而记藏之府。而后世皆曰秦穆公上天"。① 就是说，秦国势力到达黄河西岸之后，秦穆公试图继续将秦国势力向东方诸侯国渗透，这时晋国发生内乱，秦穆公便假托自己在梦中得到了上帝的指示，于是出兵平定晋国之乱。

第五件事，"其后百余年，秦灵公作吴阳上畤，祭黄帝；作下畤，祭炎帝"。② 就是说，秦穆公霸西戎之后，秦国国土面积迅速扩大，公元前422年，秦灵公在雍城的吴阳一带，分别设立了上畤、下畤祭祀代表中央之帝的轩辕氏黄帝和代表南方之帝的烈山氏炎帝。根据王学礼先生实地考察与文献研究，肯定吴阳上畤、下畤在今甘肃省华亭县境西南陇山即现在的五台山南麓麻庵乡境之莲花台。③ 吴阳上畤、下畤的建立，应该说是秦人除了为自己的宗祖神少皞氏白帝、太皞氏青帝立畤祭祀之外，第一次把华夏始祖神炎帝和黄帝推上了天帝的宝座。炎帝，姜姓；黄帝，姬姓，是包括周、秦在内的华夏族的共同祖先。《国语·晋语四》记载有季子对重耳说的一段话："昔少典娶于有蟜氏，生黄帝、炎帝。黄帝以姬水成，炎帝以姜水成。成而异德，故黄帝为姬，炎帝为姜。二帝用师，以相济也"。④ 周人是黄帝的后裔为姬姓，在周代姬姜两姓世代联姻，周人祭奠炎、黄二帝也就是理所必然。司马迁在《史记·封禅书》中指出："自未作鄜畤也，而雍旁故有吴阳武畤，雍东有好畤，皆废无祠。或曰：自古以雍州积高，神明之隩，故立畤郊上帝，诸神祠皆聚云。盖黄帝时尝用事，虽晚周亦郊焉。其语不经见，缙绅者不道"。⑤ 秦人来到周人的故地，就恢复了周人原来对炎帝、黄帝的祭祀。炎帝，南方烈山之神；黄帝，中央轩辕之神。云梦睡虎地秦简《日书》（简1028）："四月上旬丑，五月上旬戌……凡是日赤帝恒以开临下民而降其央（殃），不可具为，百皆毋所利。节以有为也，其央（殃）不出岁，

---

①　司马迁：《史记·封禅书》，上海古籍出版社2005年版。

②　司马迁：《史记·封禅书》，上海古籍出版社2005年版。

③　王学礼：《陇山秦汉寻踪——古上畤下畤的发现》，《社科纵横》1994年3期。

④　黄永堂：《国语全译·晋语四》，贵州人民出版社1995年版。

⑤　司马迁：《史记·封禅书》，上海古籍出版社2005年版。

大小必至。有为也而遇雨命之央（殃）。蚤至不出三月，有死亡之志致。凡且有为也，必先计月中间日，□□直赤帝临"。① 《日书》（简578）："凡是有为也，必先计月中间日，毋直赤帝临日，它日（指触犯其他神灵的时日）虽有不吉之名，毋所大害"。② 这说明在秦人看来，作为至上神赤帝即炎帝是不可触犯的，赤帝降临的日子，不可胡作非为，否则就会招致祸殃。《日书》（简830）："毋以子卜筮害于上皇"。③ "上皇"就是上帝。据此推测，白帝、青帝、黄帝、黑帝降临的日子也同样具有不可触犯性。

第六件事，"周太史儋见秦献公曰：'秦始与周合，合而离，五百岁当复合，合十七年而霸王出焉。'栎阳雨金，秦献公以为得金瑞，故作畦畤栎阳而祀白帝"。④ 秦献公听了周太史儋讲的秦国将要有霸王出现的预言，正好栎阳地方降雨落下金子，便自以为得金瑞，于是在公元前368年前后，又作畦畤祭祀在五行中代表"金"的少皞氏白帝。唐代的张守节《史记正义》解释说："秦、周俱黄帝之后，至非子末别封，是合也。合而离者，谓非子末年，周封非子为附庸，邑之秦，是离也。五百岁当复合者，谓从非子邑秦后二十九君，至秦孝公二年五百岁，周显王致文武胙于秦孝公，复与之亲，是复合也。十七年霸王出焉者，谓从秦孝公三年至十九年，周显王致伯于秦孝公，是霸出也；至惠王称王，王者出焉。然五百岁者，非子生秦侯已下二十八君，至孝公二年，合四百八十六年，兼非子邑秦之后十四年，则五百岁矣。诸家解皆非也。"

第七件事，秦昭王五十二年夺取西周，秦庄襄王元年夺取东周，秦国尽有两周之地，周赧王老死，周天子绝灭。秦昭王五十四年，秦国郊见上帝于雍，以示取代周王室取得对上帝的主祭权。据司马迁《史记·封禅书》记载："五十四年，王郊见上帝于雍"。⑤

第八件事，"秦始皇既并天下而帝，或曰：'黄帝得土德，黄龙地螾见。夏得木德，青龙止于郊，草木暢茂。殷得金德，银自山溢。周得火德，有赤乌之符。今秦变周，水德之时。昔秦文公出猎，获黑龙，此其水德之瑞。'于是秦更

---

① 《睡虎地秦墓竹简·日书》，文物出版社1990年版。
② 《睡虎地秦墓竹简·日书》，文物出版社1990年版。
③ 《睡虎地秦墓竹简·日书》，文物出版社1990年版。
④ 司马迁：《史记·封禅书》，上海古籍出版社2005年版。
⑤ 司马迁：《史记·封禅书》，上海古籍出版社2005年版。

命河曰'德水'，以冬十月为年首，色上黑，度以六为名，音上大吕，事统上法"。① 就是说，秦始皇兼并天下而称始皇帝，有人告诉说，黄帝朝为土德，夏朝为木德，商朝为金德，西周为火德，过去秦文公得北方之帝黑帝颛顼氏的化身黑龙，由于黑在五行中属"水"，使秦国具有了水德。秦始皇便以水德统一天下，历法以十月为岁首，服色以黑色为上，度量以六进制为单位，音律以大吕为上，处理事情以法律为上。邹衍之徒根据秦国的五帝信仰与阴阳五行学说，提出五德终始学说，将四方空间的五帝志业宗教体系发展为历史时间的五德终始信仰的志业宗教体系。

第九件事，秦国除了在西垂、雍城、咸阳等地祭祀五帝、天神星宿、山川地祇，秦始皇称帝以后还在泰山举行封禅大典。"封禅"的意思，根据《史记·正义》的说法，"此泰山上筑土为坛以祭天，报天之功，故曰封。此泰山下小山上除地，报地之功，故曰禅。言禅者，神之也"。封禅意味着受命于天，并且昭示着对天下的拥有。秦始皇举行封禅大典的内容主要有：封泰山，禅梁父，祭祀天皇、地皇、泰皇，行礼祠名山大川及八神之属，"八神"本是齐国的天神信仰体系，其信仰对象是天主、地主、兵主、阴主、阳主、月主、日主、时主之神。统一之后的秦汉帝国信仰体系都把天神太一奉为至上神，把五帝降格为太一之佐。《史记·封禅书》指出，汉武帝定郊祀之礼，祠太一于甘泉，就乾位也；祭后土于汾阴，泽中方丘也。其信仰体系排序太一、后土、五帝。秦国五帝志业宗教体系结构的形成过程体现了逻辑思路与其历史发展的统一！

可见，秦国五帝志业宗教体系来源于东夷原始神话与华夏原始神话的融合，并逐步发展完善为五帝配五方、五时、五色等的五行体系。《左传·昭公十七年》云："秋，郯子来朝，公与之宴。昭公问焉，曰：'少皞鸟名官，何故也？'郯子曰：'吾祖也，昔者黄帝以云纪，故为云师而云名，炎帝以火纪，故为火师而火名，共工氏以水纪，故为水师而水名，太皞氏以龙纪，故为龙师而龙名，我高祖少皞挚之立也，凤鸟适至，故纪于鸟，为鸟师而鸟名。……'仲尼闻之，见于郯子而学之，既而告人曰：'吾闻之，天子失官，学在四夷，犹信。'"② 郯为东夷，此以黄帝云纪，炎帝火纪，共工水纪，太皞龙纪，少皞鸟纪，实为东夷较为

---

① 司马迁：《史记·封禅书》，上海古籍出版社2005年版。
② 左丘明：《左传·昭公十七年》，杜预集解，上海古籍出版社1997年版。

原始神话。杨宽先生在《月令考》中指出:"以五帝配四方五色之说似秦襄公时早已有成说,以五帝配五行之说,亦秦献公时已存在。秦献公以前遍祭白青黄赤四帝而不及黑帝者,盖颛顼为黑帝之说晚起,是时黑帝之偶像属谁,或尚无定说也。颛顼为黑帝之说既起于战国,则《吕纪》、《月令》似当为战国时之作品。"①

从上述历史资料可以看出,从秦襄公立国开始,历代秦国君主并没有公然僭越周礼去郊祭昊天上帝,而是祭祀方帝即空间地域之神"白、青、黄、炎、黑"五帝。首先,是把秦人原来在东方的祖先少皞之神从东方请到秦国,做了西方的地方主宰神——白帝。随着秦人势力不断由西向东扩展,秦宣公又把另一位东方的祖先太皞之神从东方请到秦国,来做东方主宰神——青帝。白帝是少皞氏、青帝是太皞氏,它们都是秦人祖先所在的东夷神,秦人立国后就首先让他们做了国家的至上神。当秦灵公的势力在周人的故地扎下根之后,包括周人、秦人在内的华夏祖先神炎帝、黄帝的主宰神地位同时被恢复了,于是炎帝、黄帝也成了秦国的主宰神。

司马迁《史记·封禅书》对此有详细记载:"唯雍四畤,上帝为尊"。"故雍四畤,春以为岁祷,因泮冻,秋涸冻,冬塞祠,五月尝驹,及四仲之月月祠,陈宝节来一祠。春夏用骍,秋冬用骝。畤驹四匹,木禺龙栾车一驷,木禺车马一驷,各如其帝色。黄犊羔各四,珪币各有数,皆生瘗埋,无俎豆之具。三年一郊。秦以冬十月为岁首,故常以十月上宿郊见,通权火,拜于咸阳之旁,而衣上白,其用如经祠云。西畤、畦畤,祠如其故,上不亲往。诸此祠皆太祝常主,以岁时奉祠之。至如他名山川诸鬼及八神之属,上过则祠,去则已。郡县远方神祠者,民各自奉祠,不领于天子之祝官。祝官有祕祝,即有菑祥,辄祝祠移过于下"。② 就是说,诸神祠中唯有雍州四畤的上帝祠地位最尊贵,祭祀场面最激动人心的要数陈宝祠。所以雍州四畤,春季举行岁祷,此外还有由于不封冻、秋季河川干涸和早寒冰冻,冬季寒冷引起的冰雪塞途的祭祀,五月的尝驹,以及四仲月举行的月祀;而陈宝祠只有陈宝应节降临时的一次祭祀。祭礼春夏季用骍牛,秋冬季用驹。每用驹四匹,由四匹木偶龙拉的木偶栾车一乘,四匹

---

① 杨宽:《月令考》,《齐鲁学报》1941 年第 2 期。
② 司马迁:《史记·封禅书》,上海古籍出版社 2005 年版。

木偶马拉的木偶马车一乘,颜色与各帝相应的五方色相同。黄牛犊和羔羊各四只,珪币各有定数,牛、羊等都是活埋于地下,没有俎豆等礼器。三年郊祭一次。秦国以冬季十月为每年的开头,所以,常以十月斋戒后郊祀上帝,由祭祀的地方以权火直达宫禁,皇帝拜于咸阳宫旁,衣服崇尚白色,其他用具与通常祭祀相同。西畤、畦畤的祭祀与秦国统一前相同,皇帝不亲身往祭。各类祠庙都由太祝主持常务,按年岁季节加以祭祀。至于其他名山川、诸鬼神以及八神之类,皇帝路过它们的祠庙时就加祭祀,离去时则停祭。郡县以及边远地区的神祠,百姓各自供奉祭祀,不归天子设置的祝官管辖。祝官中有一种秘祝,即遇有灾祸,每每祝祷祭祀,把过失转归到臣下身上。

可是,从现存资料看,秦国历代君主并没有为祭祀黑帝专门立畤,这是为什么？或者如杨宽所说,秦献公以前遍祭白青黄赤四帝而不及黑帝者,盖颛顼为黑帝之说晚起,是时黑帝之偶像属谁,或尚无定说也;或者是因为祭祀黑帝的神畤还没有造出来,秦王朝就被推翻了,最后的"颜色革命"只能由刘邦去完成？《史记·封禅书》这样记载的:"二年,东击项籍而还入关,问:'故秦时上帝祠何帝也？'对曰:'四帝有白、青、黄、赤帝之祠。'高祖曰:'吾闻天有五帝,而有四,何也？'莫知其说。于是高祖曰:'吾知之矣,乃待我而具五也。'乃立黑帝祠,命曰北畤。有司进祠,上不亲往。悉召故秦祝官,复置太祝、太宰,如其故仪礼"。① 秦国真的没有祭祀黑帝吗？王晖先生提出了一种观点,他认为既然秦代崇水德尚黑色,那么理应崇祀黑帝颛顼。但是,秦人自秦襄公起共作有六畤分别祭祀白帝、青帝、黄帝、炎帝,而反倒未立黑帝颛顼之畤,至秦国统一天下后仍是如此。其实,秦国为白帝、青帝、黄帝、炎帝立畤,都只是"郊"礼。至于黑帝颛顼,秦国未为他立畤,不能说他地位不重要。相反,颛顼是秦人始祖伯益所自出之帝,为秦人高祖,且为主司"水德"之帝,秦人当于始祖伯益太庙"禘"祭颛顼。这就是秦人以黑帝颛顼为高祖,却不为立"畤"郊祠的原因。② 王晖先生之说,言之有理,可供考古学进一步证明。

秦国的"白、青、黄、赤、黑"五帝志业宗教体系形成一个独特的能够统治

---

① 司马迁:《史记·封禅书》,上海古籍出版社2005年版。

② 王晖:《秦人崇尚水德之源与不立黑帝畤之谜》,《秦文化论丛》第3辑,西北大学出版社1994年版,第254页。

"西、东、中、南、北"五个地域空间方位的五帝志业宗教体系。秦国五帝志业宗教与秦国的领土扩张,地域空间扩大有直接关系。秦国于立国的次年即秦襄公八年(公元前 769 年)开始建立西畤祭白帝。此后,秦国势力不断向东方逼近,秦文公以兵七百人东猎到达汧渭之会以后,便于秦文公十年建立鄜畤祭白帝。秦武公伐彭戏氏,至于华山下,其弟秦德公继位之后,便卜居于雍。并于秦德公元年以牺三百牢于鄜畤祭白帝;秦宣公建立密畤祭青帝,便与晋国战于河阳,胜之。秦穆公用由余谋伐戎王,益国十二,开地千里,遂霸西戎。到公元前 422 年,即秦灵公三年建立吴阳上畤祭黄帝、建立吴阳下畤祭炎帝;祭黄帝、炎帝比西畤晚 348 年,比立密畤晚 250 年,在二三百年后,并祭炎、黄,是因为周王朝故地人民的信仰所致。秦献公建立畦畤祭白帝,并与晋国战于石门而获胜;秦惠王统治巴蜀,消灭义渠;秦昭王长平之战大破赵军,灭西周公国。秦昭王五十四年郊祭上帝于雍。秦王政九年四月郊祭上帝于雍,此后扫平六国,并天下为三十六郡,完成统一大业。从理论看,秦国在意识形态上构建了分别代表"西、东、中、南、北"地域空间方位主宰神的五帝志业宗教体系:西方金,白帝;东方木,青帝;中央土,黄帝;南方火,赤帝;北方水,黑帝。在众神的世界里,"唯雍四畤,上帝为尊"。从祭祀上帝的祭坛雍四畤所处的方位看,秦襄公祭祀白帝的西畤在陇西的西县、秦文公祭祀白帝的鄜畤在汧渭之会,都位于秦国西部。秦宣公祠青帝的密畤在渭南,位于秦国东部。秦灵公祠黄帝的上畤在吴阳位于秦国中部,祭祀炎帝的下畤也在吴阳,位于秦国中部偏南。后来,邹衍的五行说与秦国五帝的颜色、方位搭配完全一致。在秦国统一天下之后,就地域空间方位而言,秦已经拥有了五方之土,正如秦始皇琅邪台石刻所说:"六合之内,皇帝之土。西涉流沙,南尽比户。东有东海,北过大夏。人迹所至,无不臣者"。① 当地域空间方位拓展的任务完成之后,这一五帝志业宗教结构紧接着就发生了一次从地域空间方位到历史时间序列的结构转化。因为,已经统治了"西、东、中、南、北"的秦帝国,现在的问题是要为秦王朝取代周王朝提供统治的合法性信仰依据,并在时间上延续统一之后的统治秩序,保持秦王朝天下的长治久安。

于是,秦国接受邹衍之徒"五德终始说",完成了信仰体系从地域空间方

---

① 司马迁:《史记·秦始皇本纪》,上海古籍出版社 2005 年版。

位到历史时间序列的结构进化："白、青、黄、赤、黑"五帝的信仰变成了依次更替的五个朝代的"五德终始"的教义：黄帝朝，以土为德，尚黄；夏王朝，以木为德，尚青；殷王朝，以金为德，尚白；周王朝，以火为德，尚赤；秦王朝，以水为德，尚黑。在"五德终始"的信仰体系之中，秦始皇以为历史发展到秦王朝的水德就可以终结历史了。于是，废除了周王朝延续了八百年的谥法，法定自己为始皇帝，其后皇帝都以数计，从二世、三世一直传之万世。据《史记·秦始皇本纪》记载："始皇推终始五德之传，以为周得火德，秦代周德，从所不胜。方今水德之始，改年始，朝贺皆自十月朔。衣服旄旌节旗皆上黑。数以六为纪，符、法冠皆六寸，而舆六尺，六尺为步，乘六马。更名河曰德水，以为水德之始。刚毅戾深，事皆决于法，刻削毋仁恩和义，然后合五德之数。于是急法，久者不赦。"① 意思是，秦始皇按照五行的原理进行推求，认为周朝占有火德的属性，秦朝要取代周朝，就必须取周朝的火德所抵不过的水德。现在是水德开始之年，为顺天意，要更改一年的开始。群臣朝见拜贺都在十月初一这一天。衣服、符节和旗帜的装饰，都崇尚黑色。因为水德属阴，而《易》卦中表示阴的符号阴爻叫做"元"，就把数目以十为终极改成以六为终极，所以符节和御史所戴的法冠都规定为六寸，车宽为六尺，六尺为一步，一辆车驾六匹马。把黄河改名为"德水"，以此来表示水德的开始。刚毅严厉，一切事情都依法律决定，刻薄而不讲仁爱、恩惠、和善、情义，这样才符合五德中水主阴的命数。于是把法令搞得极为严酷，犯了法久久不能得到宽赦。这就是秦始皇的五帝志业宗教的信仰。

　　秦始皇听信齐鲁儒生建议举行封禅大典，重演上古王朝君权神授的天命信仰戏剧。其实，这场热闹的封禅大典，就是一场将秦国统一之后完成了使命的以地域空间方位为内容的五帝志业宗教结构，转换为以历史时间序列结构为内容的五德终始天命信仰体系的宣示仪式！

　　可见，秦国对五帝的祭祀虔诚恭敬、祭品丰盛、声势浩大，并且形成完善的祭祀制度。秦国君主们通过祭祀、占卜、思考甚至做梦来与这些白、青、黄、炎、黑五帝发生神秘联系，并为之承担责任。白、青、黄、炎、黑组成的五帝作为秦国的最高神圣——至上神，是智慧之神，战争之神，权力之神，成为秦国国家命

---

① 司马迁：《史记·秦始皇本纪》，上海古籍出版社 2005 年版。

运的主宰神,秦国君臣民众生灵的保护神。秦国历代君主的战略决策以及现实的政治、军事、外交活动都与对白、青、黄、炎、黑五帝的崇拜直接联系在一起。

秦国创造的五帝志业宗教,在汉帝国建立之后得到继承与发展。对于秦国五帝志业宗教体系的理论解释,刘向《五经通义》指出:"神之大者,曰昊天上帝,天皇大帝,亦曰太一。其佐曰五帝:苍帝灵威仰,赤帝赤熛怒,黄帝含枢纽,白帝白招拒,黑帝叶光纪。"① 相对于周王朝的天命信仰体系,秦汉帝国创造的诸位上帝各就其位、各司其职,结成了统一战线,昊天上帝作为太一(泰一),重新登上了至上神的宝座,从意识形态上对人们生活于其中的社会现象、宇宙图景作出统一的解释。所以,在汉代除了汉高祖建立北畤祭祀黑帝颛顼氏,将雍四畤变为雍五畤之外,汉承秦制,汉文帝不但提高了西畤、畦畤、雍五畤的祭祀规格,而且在公元前164年亲自祭祀雍五畤,祠太一(泰一)。《汉书》记载:"孝文十六年用新垣平,初起渭阳五帝庙,祭泰一、地祇,以太祖高皇帝配。日冬至祠泰一,夏至祠地祇,皆并祠五帝,而共一特,上亲郊拜。后平伏诛,乃不复自亲,而使有司行事"。② 公元前139年汉武帝即位的第二年,首次到雍城郊祠五畤,此后三年一郊,前后达八次之多。又听亳人谬忌的建言:"天神贵者太一,太一佐曰五帝。古者天子以春秋祭太一东南郊,用太牢七日为坛,开八通之鬼道"。③ 认为太一的地位高于五帝,代表了"大一统"对至上神的政治需要,汉武帝在公元前112年祭祀太一,并在云阳,即今陕西省淳化县西北部建立泰畤祭祀太一。西汉末年,汉平帝在元始五年即公元5年,听从王莽建议,将泰畤、雍五畤移至长安城郊,畤祭演变为郊祭,畤祭这一祭天仪式便成为过去,逐渐被人们淡忘了。

## 第四节　秦国五帝志业宗教的结构

秦国五帝志业宗教结构是如何构造出来的呢? 这一五帝志业宗教信仰体

---

① 刘向:《五经通义》,《汉魏遗书钞经翼四集》,嘉庆三年刻本,第6页。
② 班固:《汉书·郊祀志》,颜师古注,中华书局2005年版。
③ 司马迁:《史记·封禅书》,上海古籍出版社2005年版。

系是根据殷商西周时代的上帝天命学说以及阴阳五行学说，并伴随秦国领土扩张的需要，逐步被构造出来的。秦国历史发展中的侯业、霸业、王业、帝业与秦国白、青、黄、赤、黑五帝志业宗教的逻辑构造是同步进行的，具有历史与逻辑的惊人一致性。秦国的五帝通过主宰时间、空间，将整个当时秦国人已知的宇宙全部囊括于其中：以当时的秦国地域作为地理学上的空间坐标中心，一切尽在东、南、西、北的空间之中；以当时的秦国地域作为天文学上的时间坐标中心，一切尽在春、夏、秋、冬时间之中。近有人身体的五藏、六腑、十四经络，远有天上日、月、五星、四象、二十八宿，六合之内无所不包！

从秦国五帝志业宗教结构的理论建构来说，吕不韦《吕氏春秋》对秦国五帝志业宗教结构的理论建构有很大贡献。吕不韦召集门客著《吕氏春秋》，这部著作将秦国的五帝信仰体系与《逸周书·月令》体系相结合，并运用阴阳五行学说构造了一套以五帝、五神、五祀为信仰的世界图式体系。杨宽先生指出："《月令》一篇，当早有成说，吕不韦宾客乃割裂十二月以为《十二纪》之首章耳。《吕纪》每章以后俱附文四篇以发挥其哲理。春木德，正万物生长之时，故'禁止伐木，无覆巢，无杀孩虫'（《孟春纪》），'无焚山林'（《仲春纪》），'无伐桑柘'（《季春纪》），'不可以称兵……无变天之道，无绝地之理，无乱人之纪'（《孟春纪》），而其所附论诸篇若《本生》、《重己》、《贵生》、《情欲》、《尽数》、《先己》，亦多言养生之理，用道家言。由于木生火，春木德转变为夏火德，正万物旺盛之时，故必盛礼乐以教导之，而其所附论诸篇若《劝学》、《尊师》、《大乐》、《侈乐》、《音律》、《音初》，无非言教学作乐之理，用儒家言。由于火生土，夏秋之间为土德。由于土生金，秋金德，多肃杀之气，正修治兵刑之时，故必'选士厉兵，简练桀隽，专任有功，以征不义，诘诛暴慢'（《孟秋纪》），而其所附论诸篇若《荡兵》、《振乱》、《论威》、《简选》、《顺民》、《知士》，无非言选厉简练之理，用兵家言。由于金生水，冬水德，正万物闭藏之时，故必'戒门闾，修楗闭，慎关籥，固封玺，备边境，完要塞，谨关梁，塞蹊径，饬丧纪'（《孟冬纪》），而其所附论诸篇若《节丧》、《安死》、《至忠》、《忠廉》、《士节》、《介立》，无非言丧葬忠廉之理，用墨家言。其组织至为周密（此徐时栋《烟雨楼读书志》尝论之）。盖吕不韦宾客杂取道、儒、兵、墨四家之说以分释《月令》也"。① 可见，吕不韦在《吕氏春秋》中，

_____

① 杨宽：《月令考》，《齐鲁学报》1941 年第 2 期。

为秦国设计了包含五帝、五神、五祀信仰，以及包含星象律历、车马仪仗等内容的世界图式体系，又博采道家养生之道、儒家礼乐之教、法家兵刑之言、墨家忠廉之理，为秦国五帝志业宗教构造了一套意识形态理论体系。

《吕氏春秋·序意》指出："维秦八年，岁在涒滩，秋，甲子朔，朔之日，良人请问十二纪。（根据张闻玉考证，实际是秦昭王六年，即公元前301年岁在庚申，八月甲子朔。①）文信侯曰：'尝得学黄帝之所以诲颛顼矣，爰有大圜在上，大矩在下，汝能法之，为民父母。盖闻古之清世，是法天地。凡十二纪者，所以纪治乱存亡也，所以知寿夭吉凶也。上揆之天，下验之地，中审之人，若此则是非、可不可无所遁矣'"。②

《吕氏春秋》十二纪的五帝、五神、五祀体系是：1. 东方木，春之月：其主宰之帝是太皞，其佐帝之神是句芒，要举行的祭祀是祀户；2. 南方火，夏之月：其主宰之帝是炎帝，其佐帝之神是祝融，要举行的祭祀是祀灶；3. 中央土：其主宰之帝是黄帝，其佐帝之神是后土，要举行的祭祀是祀中雷；4. 西方金，秋之月：其主宰之帝是少皞，其佐帝之神是蓐收，要举行的祭祀是祀门；5. 北方水，冬之月：其主宰之帝是颛顼，其佐帝之神是玄冥，要举行的祭祀是祀行。由此看来，秦国创造的五帝志业宗教体系就形成一个独立的神圣谱系：东方青帝太皞氏配木，西方白帝少皞氏配金，中央黄帝轩辕氏配土，南方炎帝烈山氏配火，北方黑帝颛顼高阳氏配水，属于天神信仰体系；相应的佐帝之神东方是句芒，南方是祝融，中央是后土，西方是蓐收，北方是玄冥，属于人神崇拜体系；五祀的户、灶、中雷、门、行属于物神祭祀体系。秦国五帝志业宗教体系与东方六国的五帝信仰体系大异其趣：秦国是以五帝天神为至上神的信仰体系；六国则是五人王，是政治历史体系。据历代学者考证，六国的人王五帝之名是孔子所答宰我五帝德之名：黄帝，颛顼，帝喾，尧，舜。太史公就是按照五人王来作《五帝纪》的。尤其是在秦国完成统一战争过程之中，齐国人邹衍根据古老秦国的五帝志业宗教创造了"五德终始学说"，被用来作为秦王朝存在合法性信仰的基础。传统的阴阳五行相生相克的自然哲学，被改造为人类历史运行阶段的五德终始历史哲学。看来，秦国建立五帝信仰体系并不是在回顾历史，发思

---

① 张闻玉：《古代天文历法论集》，贵州人民出版社1975年版，第215页。
② 吕不韦：《吕氏春秋·序意》，李双棣等译注，吉林文书出版社1986年版。

古之幽情，而是在上帝信仰体系上的一次宗教改革与宗教创新。这一改革与创新将整个宇宙时空包括四方、四时、四象、二十八星宿、名山大川、甚至日常生活中与人类相关的鸡、犬、马、牛等等都囊括无遗，并且完全加以神化，使秦国成为神的世界：

### 一、五帝主宰四象二十八宿

在秦国五帝志业宗教信仰中，五帝在天上的神位，就是四象二十八星宿，由此产生了五帝星宿崇拜。在中国古代，人们已经观察到斗柄指向与季节的关系，北斗星的斗柄在每天同一时刻里，如果指示方位不同，那么季节就不同。鹖冠子说："唯道之法，公政以明。斗柄东指，天下皆春；斗柄南指，天下皆夏；斗柄西指，天下皆秋；斗柄北指，天下皆冬。斗柄运于上，事立于下。斗柄指一方，四塞俱成，此道之用法也。"[①] 古人以斗柄的四个指向为标志区分一年四季，并且以北极星即北极紫微为中心，定出东、南、西、北的天象，即四象二十八星宿。所谓"四象"是将二十八宿平分成四份的名称，东方苍龙七宿为苍帝，南方朱雀七宿为赤帝，西方白虎七宿为白帝，北方玄武七宿为黑帝。四象二十八宿分布在黄道附近，各有自己的座位，而且它们都在围绕着象征天帝的北极星运行。[②] 在《睡虎地秦墓竹简·日书》（甲种）中有《星》一篇，所讲的是二十八宿所主的吉凶，按简文所述四象二十八宿的排列，其顺序是东方苍龙七宿、北方玄武七宿、西方白虎七宿，最后到南方朱雀七宿。东方苍龙七宿：角、亢、氐、房、心、尾、箕。北方的玄武七宿：斗、牛、女、虚、危、室、壁。西方的白虎七宿：奎、娄、胃、昴、毕、觜、参。南方的朱雀七宿：井、鬼、柳、星、张、翼、轸。这一排列顺序与古文献中所见二十八宿的排列顺序相同。《日书》甲种（简730）开首的《除》篇中第一栏的内容就是十二个月与十二星宿的对应关系，内容为"正月营室，二月奎，三月胃，四月毕，五月东井，六月柳，七月张，八月角，九月氐，十月心，十一月斗，十二月须（女）"[③] 在乙种《日书》（简975—1002）中二十八宿出现的顺序采用了与月次相对应的形式，正月对营室、东壁，二月对奎、

---

① 黄怀信：《鹖冠子汇校集注》，鹖冠子原著，中华书局2004年版。
② 李维宝、陈久金：《传统星座的五帝座考证》，《天文研究与技术》2010年第2期。
③ 《睡虎地秦墓竹简·日书》，文物出版社1990年版。

娄,三月对胃、卯,四月对毕、觜、参,五月对东井、舆鬼,六月对柳、七星,七月对张、翼、轸,八月对角、亢,九月对氐、房,十月对心、尾、箕,十一月对斗、牵牛,十二月对婺女、虚、危。① 在《日书》甲、乙两种中,对二十八宿所主的事物吉凶都有记载,而且内容基本相同。如《日书》(甲种·980 反面):"凡取(娶)妻之日,冬三月奎、娄,吉。以奎夫爱妻,以类妻爱夫。凡参、翼、轸以出女,丁巳以出女,皆弃之"。②《日书》证明,秦人认为,天上的五帝星宿所在的时间空间方位,能够对应的决定特定时间空间当中人类社会的吉凶祸福。

在秦国五帝志业宗教信仰中,由五帝崇拜衍生出的星宿崇拜,出现了星宿天神祭祀体系。司马迁在《史记》中记载了秦国的星宿天神祭祀体系,包括日、月、五星、二十八宿在内的庙宇仅在雍城就有一百余座,另外,西垂也有数十座:"雍有日、月、参、辰、南北斗、荧惑、太白、岁星、填星、二十八宿、风伯、雨师、四海、九臣、十四臣、诸布、诸严、诸逑之属,百有余庙。西亦有数十祠。于湖有周天子祠,于下邽有天神。沣、滈有昭明、天子辟池。于〔杜〕、亳有三杜主之祠、寿星祠;而雍菅庙亦有杜主。杜主,故周之右将军,其在秦中,最小鬼之神者。各以岁时奉祠。"③ 意思是,雍州有日、月、参、辰、南北斗、荧惑星、太白星、岁星、填星、二十八宿、风伯、雨师、四海、九臣、十四臣、诸布、诸严、诸逑之类,凡一百多个祠庙。西县也有数十座祠庙。在湖县有周天子祠,下邽有天神祠,沣、滈二地有昭明庙、天子辟池庙,在〔杜〕、亳二县有三杜主的祠庙、寿星庙;而雍城的菅庙中也有杜主庙。杜主,原是周朝的右将军,在秦中地区,是小庙中最有灵验的庙宇。以上种种各自都按年岁、季节供奉和祭祀。

### 二、五帝主宰十二分野

在秦国五帝志业宗教信仰中,作为五帝化身的四象二十八宿与地上各个诸侯国疆域的分野产生了映射对应关系。于是,诸侯国运的兴衰就与五帝天神星宿联系在一起。司马迁指出:"二十八舍主十二州,斗秉兼之,所从来久矣。秦之疆也,候在太白,占于狼、弧。吴、楚之疆,候在荧惑,占于鸟衡。燕、

---

① 《睡虎地秦墓竹简·日书》,文物出版社 1990 年版。
② 尚民杰:《云梦〈日书〉星宿记日探讨》,《文博》1999 年第 2 期。
③ 司马迁:《史记·封禅书》,上海古籍出版社 2005 年版。

齐之疆,候在辰星,占于虚、危。宋、郑之疆,候在岁星,占于房、心。晋之疆,亦候在辰星,占于参罚"。① 意思是,占卜以二十八宿分主十二州,而北斗兼主十二州,自很久以前就是这样了。秦国疆域内的吉凶,候望于太白星,占卜于狼、弧星。吴国、楚国疆域内的吉凶,候望于荧惑星,占卜于鸟衡星。燕国、齐国疆域内的吉凶,候望于辰星,占卜于虚、危星。宋国、郑国疆域内的吉凶,候望于岁星,占卜于房、心星。晋国疆域内的吉凶,也是候望于辰星,占卜于参、罚星。另外《史记正义》引用《星经》二十八舍主十二州的分法如下:"角亢,郑之分野,兖州;氐房心,宋之分野,豫州;尾箕,燕之分野,幽州;南斗牵牛,吴越之分野,扬州;须女虚,齐之分野,青州;危室壁,卫之分野,并州;奎娄,鲁之分野,徐州;胃昴,赵之分野,冀州;毕觜参,魏之分野,益州;东井舆鬼,秦之分野,雍州;柳星张,周之分野,三河;翼轸,楚之分野,荆州也。"②《史记·天官书》记载:"及秦并吞三晋、燕、代,自河山以南者中国。中国于四海内则在东南,为阳;阳则日、岁星、荧惑、填星;占于街南,毕主之。其西北则胡、貉、月氏诸衣旃裘引弓之民,为阴;阴则月、太白、辰星;占于街北,昴主之。故中国山川东北流,其维,首在陇、蜀,尾没于勃、碣。是以秦、晋好用兵,复占太白,太白主中国;而胡、貉数侵掠,独占辰星,辰星出入躁疾,常主夷狄:其大经也。此更为客主人。荧惑为李③,外则理兵,内则理政。故曰'虽有明天子,必视荧惑所在'。诸侯更强,时灾异记,无可录者"。④ 意思是,秦国并吞三晋和燕、代地区以后,华山与黄河以南的地区称为中国。中国在四海之中为东南方向,东南方属阳;阳则与日、岁星、荧惑、填星相对应;占于天街星以南诸星,以毕宿为主。中国西北是胡、貉、月氏等穿毡裘、以射猎为生的百姓,西北为阴,阴则与月、太白、辰星相对应,占于天街星以北诸星,以昴星为主。所以中国的山脉、河流多是自西南向东北的走向,山川的源头在陇蜀地区,而末尾消失在渤海、碣石一带。秦、晋好用兵,有夷狄风,复占太白星,而秦、晋为中国地,所以,中国不但占日、岁等星,也占太白星,太白星也主中国域内的祸福吉凶;而胡、貉经常侵掠中国,

---

① 司马迁:《史记·天官书》,上海古籍出版社 2005 年版。
② 司马迁:《史记·天官书》,上海古籍出版社 2005 年版。
③ 王元启以为"字字误,当作理,盖因理讹李,李又讹为字"。
④ 司马迁:《史记·天官书》,上海古籍出版社 2005 年版。

只占辰星,因为辰星出入轻躁、疾速,类夷狄,所以常主夷狄人的吉凶。这是大致情形。是前文所说辰星与太白星更相为客、主的原因。荧惑星为李星,李与理同音,外理兵事,内理政事。所以文献说,"虽然有明天子在位,也必须时常观察荧惑星的位置"。诸侯更为强大,当时的灾难记录,没有可以录用的。秦人认为,天上的五帝星宿所在的时间空间方位,能够对应的决定特定时间空间各个国家的兴衰存亡。

### 三、五帝主宰名山大川

在秦国五帝志业宗教信仰中,五帝崇拜除了与四象二十八宿以及诸侯疆域的分野联系在一起,而且还与国中名山大川的地上神祇联系在一起。司马迁对此作了清楚记载:"昔三代之居,皆在河洛之间,故嵩高为中岳,而四岳各如其方,四渎咸在山东。至秦称帝,都咸阳,则五岳、四渎皆并在东方。自五帝以至秦,轶兴轶衰,名山大川或在诸侯,或在天子,其礼损益世殊,不可胜记。及秦并天下,令祠官所常奉天地名山大川鬼神可得而序也"。① 就是说,以往三代建国都在河、洛二水之间,所以以嵩高山为中岳,其他四岳名也都与各自的方位相合,而四渎都在崤山以东。到秦称帝,建都咸阳,则五岳、四渎都在都城东方。自五帝到秦朝一代代的迭兴迭衰,名山大川或在诸侯境内,或在天子国中,祭祀的礼仪有损有益,随世而异,不可胜计。及秦朝统一天下后,命令祠官经常供奉的天地名山大川诸鬼神,便能按次序记述下来了。《史记·封禅书》记载:"于是自殽以东,名山五,大川祠二。曰太室。太室,嵩高也。恒山,泰山,会稽,湘山。水曰济,曰淮。春以脯酒为岁祠,因泮冻,秋涸冻,冬塞祷祠。其牲用牛犊各一,牢具珪币各异。自华以西,名山七,名川四。曰华山,薄山。薄山者,衰山也。岳山,岐山,吴岳,鸿冢,渎山。渎山,蜀之汶山。水曰河,祠临晋;沔,祠汉中;湫渊,祠朝;江水,祠蜀。亦春秋泮涸祷塞,如东方名山川;而牲牛犊牢具珪币各异。而四大冢鸿、岐、吴、岳,皆有尝禾。陈宝节来祠。其河加有尝醪。此皆在雍州之域,近天子之都,故加车一乘,骝驹四。霸、产、长水、沣、涝、泾、渭皆非大川,以近咸阳,尽得比山川祠,而无诸加。

---

① 司马迁:《史记·封禅书》,上海古籍出版社 2005 年版。

汧、洛二渊，鸣泽、蒲山、岳巀山之属，为小山川，亦皆岁祷塞泮涸祠，礼不必同"。① 意思是，于是知道那时自崤山以东，有名山五个，大川二个加以祭祀。名山为太室，太室就是嵩高山。恒山，泰山，会稽山，湘山。名川是济水，淮水。春季以干肉、酒醴举行岁祭，此外由于岁暖不能封冻，或秋季因干旱而河床涸落、因早寒而冰冻，或冬季寒而冰雪塞途等异常现象，随时祈祷祭祀。祭祀牺牲用牛犊各一头，与牛犊相配的礼器以及珪币等各不相同。自华县以西名山有七个，名川有四个。名山为华山，薄山。薄山，就是衰山。岳山，岐山，吴岳，鸿冢，渎山。渎山，就是蜀中的汶山。名川为河水，祀于临晋；沔水，祭祀于汉中；湫渊，祭祀于朝；江水，祭祀于蜀中。也是在春秋天不结冰，河川干涸及冰雪塞途时祷祭，与东方名山川相同，但祭祀所用牺牲牛犊以及配用礼具和珪币等各不相同。此外四大冢鸿冢、岐冢、吴冢、岳冢，都有尝禾的祭祀。遇到陈宝神应节降临祠庙，河水增加尝醪的祭祀。这些都由于在雍州地域以内，靠近天子的都城，所以祭祀增加车一辆，马驹四匹。霸水、产水、长水、沣水、涝水、泾水、渭水都不是大川，由于邻近咸阳，都得到与名山川相同的祭祀，但没有加祭的诸项内容。汧水、洛水二渊，鸣泽、蒲山、岳山之类，是小山川，也都有每年的祷祭、冰雪塞途、河川干涸、不封冻等祀，但礼仪不必相同。看来，天上的五帝也与山川地祇相通，秦国通过五帝志业宗教信仰体系来实现对天下名山大川的主宰，从而统治整个中国的地理空间。

在秦国五帝志业宗教信仰中，五帝及其天象星宿的崇拜甚至与首都咸阳的设计结构也是联系在一起的。据《三辅黄图》记载："自秦孝公至始皇帝、胡亥，并都此城。按孝公十二年作咸阳，筑冀阙，徙都之。始皇二十六年，徙天下高赀富豪于咸阳十二万户。诸庙及台苑，皆在渭南。秦每破诸侯，彻其宫室，作之咸阳北坂上。南临渭，自雍门以东至泾，渭，殿屋复道周阁相属，所得诸侯美人钟鼓以充之。二十七年作信宫渭南，已而更命信宫为极庙，像天极。自极庙道骊山，作甘泉前殿，筑甬道，自咸阳属之。始皇穷极奢侈，筑咸阳宫，因北陵营殿，端门四达，以则紫宫，像帝居。渭水贯都，以像天汉；横桥南渡，以法牵牛"。② 就是说，咸阳城的设计以渭水象征天汉即银河，把冬至前后傍晚位于

---

① 司马迁：《史记·封禅书》，上海古籍出版社 2005 年版。

② 《三辅黄图校注》，何清谷校注，三秦出版社 2006 年版，第 22—27 页。

咸阳天顶的天汉(即银河)和牵牛(即仙后座)附近的星宿作为参照,与渭河横桥南北两岸宫殿苑囿布局对应起来,使首都咸阳形成建筑物布局与天上星相位置的对应关系,而最高统治者居住的宫殿对应着天极即北极紫微宫,那是上帝太一(泰一)的常居之所,"北辰居其所,而众星拱之",① 就像太一居住在北极紫微宫驾驭四象二十八宿一样,秦国君主作为上天之子,居天枢之位,君临天下,"周阁复道比附围绕它的星宿,象征三公、后妃和其他大臣"。② 这种天人一体的设计理念该是何等气势!

### 四、五帝主宰万物

在秦国五帝志业宗教信仰中,秦国对生活世界各种物神的祭祀还延伸到广阔领域。相对与物神而言,秦国人对自己祖先的祭祀则是淡薄的,《日书》中甚至把祖先看成作祟危害子孙的魔鬼。所以,秦国举行对祖先的腊祭活动时间出现的很晚:秦国在公元前326年,"秦惠文王十二年,初腊"。③《史记·秦本纪正义》说:"十二月腊日也,秦惠文王始效中国为之,故云初腊。猎禽兽以岁终祭先祖,因立此日也"。腊是年终祭祖。"初腊,会龙门",④ 秦惠文王十二年,秦国在今陕西省韩城东北的龙门举行盛大集会,开始举行腊祭。根据古代传说,龙门为夏禹治水时所开凿,根据《穆天子传》记载,黄河上游是古老的河宗氏等部族游居之地,秦国从魏国新得的河西郡和上郡就是河宗氏等部族后裔的游居之地,秦人采用腊祭的形式主要是为了加强与他们的精神联系,从而巩固秦国在这一地区的政治统治。此后六年(秦惠文王更元五年)"王北游戎地至河上"。⑤ 秦国在秦惠文王时通过举行腊祭以扩展统治空间才是其真实用意。后来秦昭王于昭王二十年又到上郡、北河腊祭。(《史记·秦本纪》)秦始皇三十一年十二月,"更名腊曰'嘉平'"。在秦国五帝志业宗教中,对宗族祖先的崇拜,与东方六国相对照,已经是相当淡薄了。从天人关系角度来说,秦国对天神、地神、物神祭祀的高度发达,说明了秦国人与对象世界的亲

---

① 《论语·为政》,参看《四书集注》,岳麓书社1985年版。
② 王学理主编:《秦物质文化史》,三秦出版社1994年版。
③ 司马迁:《史记·秦本纪》,上海古籍出版社2005年版。
④ 司马迁:《史记·六国年表》,上海古籍出版社2005年版。
⑤ 司马迁:《史记·六国年表》,上海古籍出版社2005年版。

善关系，这是秦国人政治管理知识、科学技术知识发达的重要原因！以下是秦国的一些重要物神祭祀：

1. 鸟神崇拜的陈宝祭祀。《史记·封禅书》云："文公获若石云，于陈仓北阪城祠之。其神或岁不至，或岁数来，来也常以夜，光辉若流星，从东南来集于祠城，则若雄鸡，其声殷云，野鸡夜雊。以一牢祠，命曰陈宝"。① 意思是，秦文公获得一块由天上飞来的若石，把它祭祀在陈仓山北坡的城邑中。若石的神灵有时经岁不至，有时一年之中数次降临，降临常在夜晚，有光辉似流星，从东南方来，汇集在祠城中，声音如雄鸡一样，鸣叫声殷殷然，引得野鸡纷纷夜啼，用牲畜一头祭祀，名为陈宝。据《汉书·郊祀志》记载"陈宝祠，自秦文公至今，七百余年矣。汉兴，世世常来，光色赤黄，长四五丈，自祠而息，音声砰隐，野鸡夜鸣，雍太祝祠以太牢。遣候者承传，驰诣行在，所以为福祥。高祖时，五来。文帝时，二十六来。武帝时，七十五来。宣帝时，二十五来。初元元年以来，亦二十来。此阳气归祠"。② 意思是，至于陈宝祠，从秦文公到现在有七百多年了，汉朝建立后，代代都来，光的颜色赤黄，长四五丈，直到祭祀后才停止，声音砰然作响，野鸡都啼叫。每次见到雍城太祝用太牢祭祀，派遣迎候的人乘着一辆驿站的马车到天子所在之地报告神灵的到来，都以之为吉祥。高祖时来了五次，文帝时来了二十六次，武帝时来了七十五次，宣帝时来了二十五次，初元元年以来也来了二十次，这些都是阳气归祠。中国古代都把自然现象的变化与国家政治的兴衰联系在一起。周人为了代殷取天下，曾创造出了"凤鸣岐山"的神话故事。《竹书纪年》："十二年（周文王元年）有凤集于岐山。"《国语·周语》："周之兴也，鸑鷟（即凤凰）鸣于岐山"。③ 秦人也有受命于天的思想，宝鸡县杨家沟出土的秦武公时期的秦公钟、镈铭文中就有"我先祖受天命，赏宅受国"的语句。由于受周人"凤鸣岐山"天命呈祥神话故事的影响，秦人受命为诸侯，也就创造出了"陈宝鸡神"，受命于天的神话故事。《搜神记》记载："彼二童子名陈宝，得雄者王，得雌者霸。"《晋太康地志》也记载："亦语曰：'二童子名陈宝，得雄者王，得雌者霸。'陈仓之民乃逐二童子，化

---

①　司马迁：《史记·封禅书》，上海古籍出版社 2005 年版。

②　班固：《汉书·郊祀志》，颜师古注，中华书局 2005 年版。

③　黄永堂：《国语全译·周语》，贵州人民出版社 1995 年版。

为雄,雌上陈仓北阪,秦祠之"。"陈宝鸡神"的神话隐约可以发现秦人很早就有建立霸王之业的思想意图。另外,《左传·昭公十七年》郯子说:"我高祖少皞挚之立也,凤鸟适止,故纪于鸟,为鸟师而鸟名"。① 高次若认为,秦人高祖少皞"纪于鸟",以大鸟为图腾。秦文公祭祀"陈宝鸡神"表现了对大鸟图腾的崇拜,同时也暗示着"陈宝鸡神"就是少皞祖先神在显灵。② 秦国作为大鸟的形象在战国时代也有反映,《史记·楚世家》引楚人之言:"秦为大鸟,负海内而处,东面而立,左臂据赵之西南,右臂傅楚都鄢郢,膺击韩魏,垂头中国,处既形便,势有地利,奋翼鼓翅,方三千里,则秦未可得独招而夜射也。"③ 意思是,秦国是只大鸟,背靠大陆居住,面向东方屹立,左面靠近赵国的西南,右面紧挨楚国的鄢郢,正面对着韩国、魏国,妄想独吞中原,它的位置处于优势,地势又有利,展翅翱翔,方圆三千里,可见秦国不可能单独缚住而一夜射得了。秦国的"陈宝鸡神"信仰取代了周人的"凤鸣岐山"神话,"雄鸡一唱天下白",秦国的开拓为中华雄鸡版图奠定了基础。

2. 马神祭祀的马禖祝辞。《睡虎地秦墓竹简·日书》(反面简 740—736)保存了秦人祭祀马禖神的祝辞:"马禖,祝曰:先牧日丙,马禖合神。东乡、南乡各一马,□□□□□中土,以为马禖。穿壁直中,中三腏,四厩行大夫,先耙兕席,今日良日,肥豚清酒美白粱,到主君所。主君笥屏调马,毆(驱)其央(殃),去其不羊(祥),令其□耆(嗜)□,□耆(嗜)饮,律律弗御自行,弗毆(驱)自出,令其鼻能糗(嗅)乡(香),令耳匆(聪)目明,令头为身衡,□(脊)为身刚,脚为身□(长),尾善毆(驱)□(虻),腹为百草囊,四足善行。主君勉饮勉食,吾岁不敢忘"。从马禖祝辞可以知道,秦人祭祀马神毕恭毕敬,非常虔诚。秦人祖先造父善御,非子善养马,秦人的马神崇拜反映了养马在秦人生活中的重要作用。《战国策·韩一》记载,张仪为秦连横说韩王:"秦马之良,戎兵之众,探前趹后,蹄间三寻者,不可称数也"。④ 贺润坤先生认为,《马禖篇》是中国古代的相马经。伯乐是秦国人,其相马经以对良马的全局整体考察而

---

① 左丘明:《左传·昭公十七年》,杜预集解,上海古籍出版社 1997 年版。
② 高次若:《古陈仓秦人"祠鸡"热渊源初探》,《秦俑秦文化研究》,陕西人民出版社 2000 年版。
③ 司马迁:《史记·楚世家》,上海古籍出版社 2005 年版。
④ 刘向:《战国策·韩策》,缪文远等译注,中华书局 2006 年版。

闻名,秦人在马神的隆重祭祀仪式中,根据伯乐相马经向马神提出了理想良马的标准,这应该是顺理成章的事情。如果这个推测成立的话,《马禖篇》即是早已失传的伯乐《相马经》的核心内容,也是秦国民间挑选良马的一部通俗实用的相马法。①

3. 牛神崇拜的怒特祭祀。《史记·秦本纪》记载,秦文公"二十七年,伐南山大梓,丰大特"。徐广曰:"今武都故道有怒特祠,图大牛,上生树本,有牛从木中出,后见于丰水之中。"《史记·秦本纪正义》曰:《括地志》云:"大梓树在岐州陈仓县南十里仓山上"。《录异传》云:"秦文公时,雍南山有大梓树,文公伐之,辄有大风雨,树生合不断。时有一人病,夜往山中,闻有鬼语树神曰:'秦若使人被发,以朱丝绕树伐汝,汝得不困耶?'树神无言。明日,病人语闻,公如其言伐树,断,中有一青牛出,走入丰水中。其后牛出丰水中,使骑击之,不胜。有骑堕地复上,发解,牛畏之,入不出,故置髦头。汉、魏、晋因之。武都郡立怒特祠,是大梓牛神也。"

## 第五节　秦国五帝志业宗教的本质

秦国被列为诸侯,虽未称霸,然而秦襄公西畤祭白帝,已经在神圣的天国称霸一方了;秦国虽未称王,然而秦灵公在吴阳上、下畤祭炎帝、黄帝,已经在神圣的天国称王了;秦虽未称帝,然而秦昭襄王郊见上帝于雍郊,已经在神圣的天国称帝了! 秦国在宗教信仰领域先行,在精神信仰上形成的宏大愿景,成为秦国在政治、经济、军事领域成就霸王之业的思想先导! 那么,秦国五帝志业宗教体系的本质是什么呢? 秦国的五帝志业宗教的本质就是为秦国的霸王之业提供合法性信仰根据:秦国的"受命"意识——天将降大命于秦国的信仰;秦国的"五帝"祭祀——霸业必成,天下归秦的"王天下"信仰。秦国五帝志业宗教提供的合法性信仰使得秦国的历代君主及其臣民具有了现实的主体责任感和强烈的历史使命感!

①　贺润坤:《中国古代最早的相马经——云梦秦简〈日书·马〉篇》,《西北农业大学学报》1998 年第 3 期。

## 一、秦国五帝志业宗教中的"受命"意识

秦国五帝志业宗教中的"受命"意识,为秦国提供了天将降大命于秦国的合法性信仰。司马迁在《史记·六国年表序》说:"太史公读《秦记》,至犬戎败幽王,周东徙洛邑,秦襄公始封为诸侯,作西畤用事上帝,僭端见矣。《礼》曰:天子祭天地,诸侯祭其域内名山大川。今秦杂戎狄之俗,先暴戾后仁义,位在藩臣而胪于郊祀,君子惧焉。"① 意思是,太史公阅览《秦记》,读到犬戎打败周幽王,周王室东迁洛邑,秦襄公由于护驾有功开始被封为诸侯,作西畤来祭祀上帝,僭越周礼的苗头就表现出来了。《礼》书上说:"天子祭祀天地,诸侯祭祀国境内的名山大川"。秦国夹杂戎狄的风俗,飞扬跋扈,不把仁义道德放在眼里。处在藩臣的位置,竟然采用天子郊祭天帝的礼节,君子为此感到恐惧! 君子为什么恐惧? 因为按照周王朝礼乐制度的规定,秦襄公在藩臣的地位而采用天子郊祭天帝的礼节,是典型的以下僭上的越轨行为,是明目张胆破坏周王朝制定的礼乐制度秩序!《扬子·法言》评论道:"秦伯列为侯卫,卒吞天下,而赧曾无以制乎?"曰:"天子制公、侯、伯、子、男也,庸节。节莫差于僭,僭莫重于祭,祭莫重于地,地莫重于天,则襄、文、宣、灵其兆也。昔者襄公始僭,西畤以祭白帝;文、宣、灵宗,兴鄜、密、上、下,用事四帝,而天王不匡,反致文、武胙。是以四疆之内各以其力来侵,攘肌及骨,而赧独何以制秦乎?"② 在扬雄看来,"节莫差于僭,僭莫重于祭,祭莫重于地,地莫重于天"。秦国既盗土地,又盗祭天,严重破坏了天下礼乐制度体系的秩序,为什么周赧王不去制止秦国呢? 孔子早有明言:"唯器与名,不可以假人!"司马光指出:"夫礼,辨贵贱,序亲疏,裁群物,制庶事。非名不著,非器不形。名以命之,器以别之,然后上下粲然有伦,此礼之大经也。名器既亡,则礼安得独在哉? 昔仲叔于奚有功于卫,辞邑而请繁缨,③ 孔子以为不如多与之邑。唯器与名,不可以假人,君之所司也。政亡,则国家从之"。④ 就像一个现代企业的品牌商标不能轻易被别人无偿冒用,标志着拥有排他性国家权力的古代器物与名称符号怎么能

---

① 司马迁:《史记·六国年表序》,上海古籍出版社 2005 年版。
② 扬雄:《扬子法言》,李守奎、洪玉琴译注,黑龙江人民出版社 2003 年版。
③ "繁缨",是一种套在马颈上的革带。
④ 司马光:《资治通鉴》,中华书局 2006 年版。

够轻易给予别人呢，更不用说祭祀上帝的权力？所以，秦国公然祭祀五帝，挑战的是人们对周王朝以及周礼的合法性信仰！

　　春秋战国时代，周王朝政治、经济、军事实力衰落，但是凭什么还具有天下"共主"的地位呢？那就是周礼所规定的礼仪、纲纪的名分，这种名分就是周王朝存在的合法性信仰的根据。一旦这种名分消失，人们对周王朝存在的合法性信仰就丧失了。司马光评论道："呜呼！幽、厉失德，周道日衰，纲纪散坏，下陵上替，诸侯专征，大夫擅政。礼之大体，什丧七八矣。然文、武之祀犹绵绵相属者，盖以周之子孙尚能守其名分故也。何以言之？昔晋文公有大功于王室，请隧① 于襄王，襄王不许，曰：'王章也。未有代德而有二王，亦叔父之所恶也。不然，叔父有地而隧，又何请焉！'文公于是乎惧而不敢违。是故以周之地则不大于曹、滕，以周之民则不众于邾、莒，然历数百年，宗主天下，虽以晋、楚、齐、秦之强，不敢加者，何哉？徒以名分尚存故也。至于季氏之于鲁，田常之于齐，白公之于楚，智伯之于晋，其势皆足以逐君而自为，然而卒不敢者，岂其力不足而心不忍哉？乃畏奸名犯分而天下共诛之也。"②

　　"请缨"就是请求增加一种套在马颈上的革带，也叫做"繁缨"。"请隧"就是要求死后墓坑有一墓道，这是天子葬礼。这些都是区区小事，周天子都不轻易表示同意让别人去做，那么，秦国为什么敢冒天下之大不韪，去祭祀天神上帝呢？春秋末年，有人就"禘礼"问孔子。他回答说："不知。知禘之说，其于天下也视其掌。"意思是说，一旦取得祭祀天神上帝的权力，那么驾驭统治天下的事情就容易得像是在自己的手掌当中一样！上帝天神信仰的问题，事关国家安危存亡，祭祀上帝天神的礼乐制度关系到天下国家的安危存亡。神圣的上帝天神祭祀仪式作为政治文化符号不可轻易让他人染指。周天子为什么置若罔闻？周天子为什么不发动诸侯对秦国群起而讨之，天下共诛之呢？

　　真是此一时也，彼一时也！原来，西周的奠基者们强调"文王受命"、"天命靡常"、"敬德保民"、"明德慎罚"的道理，那是以当时周人的政治、经济、军事实力做保证的。可是，到了西周末期，虽然上层贵族中，仍然对上帝天命深信不疑，如，作于周平王时期的《文侯之命》中讲"丕显文武，克慎明德。昭升

---

① "请隧"：要求死后墓坑有一墓道，这是天子葬礼。
② 司马光：《资治通鉴》，中华书局2006年版。

于上,敷闻在下。惟时上帝集命于文王"。又如,出土于陕西岐山周原的周宣王、周平王时代的青铜器《毛公鼎》铭文:"丕显文武,皇天弘厌厥德,配我有周,膺受大命"。但是,历史是无情的。由于周昭王征讨楚国的无礼,南征而不复。周厉王的王室专利政策引起国人暴动。周宣王"中兴"只是昙花一现。周幽王二年大地震,岐山崩、三川竭。周幽王宠爱褒氏导致犬戎之乱,死于犬戎之手。周天子作为天下"共主"的军事实力以及政治地位迅速衰落了,周王室发现自己大势已去,不得不放弃宗周迁都成周,"天命靡常"的历史预言也在西周王朝应验了。虽然,周王室及其贵族们信仰上帝天神仍然保佑着他们,然而在社会上人们对上帝天命信仰体系却发生严重质疑。于是,在整个西周晚期的社会意识中,发生了对昊天上帝天命的怀疑。在《诗经》的变雅诗中,斥责昊天上帝的诗有18篇之多。政治家子产曾明确表示:"天道远,人道迩,非所及也"。① 重人事、轻天命的理性思想侵蚀着传统的上帝天命信仰体系。可是,这些怀疑昊天上帝天命信仰体系的人怎么懂得神道设教的意义呢?!

此时立国不久的秦人,积极拥戴周天子,护送周平王到洛邑,而且举起了维护上帝天命信仰体系的旗帜。秦国多次立時郊祭、禘祭五帝。正如孔子回答禘祭问题时说的:"知禘之说,其于天下也视其掌"。历代的秦国君主深谙此道,他们认为秦国的事业都是受到上帝天神以及祖先神灵的护佑,这里有考古资料为证:1982年,在陕西凤翔县南指挥村秦公一号墓出土了公元前573年即秦景公四年残磬,其中的铭文一写道:"天子燕喜,共桓是嗣,高阳有灵,四方以宓平。"② 意思是,秦国的新君秦景公宴乐周天子,在得到周天子认可后,继承了秦共公、秦桓公两位的事业。秦公宣称,祖先神高阳氏在天之神灵,可以保佑秦公国祚绵延,四方边境和平。秦景公四年残磬中的铭文九写到:"□□宜政,不廷镇静。上帝是瞵,佐以灵神。"③ 意思是,秦公说现在政治适宜,过去不来王廷行礼的戎狄安定,这是由于有上帝监视,神灵的帮助。1978年在宝鸡县杨家沟公社太公庙大队出土八件窖藏春秋秦国青铜器。计有钟五件,镈三件,五件铜钟均有铭文,其中《秦公及王姬编钟、镈钟》铭文:"秦公曰:

---

① 左丘明:《左传·昭公十八年》,杜预集解,上海古籍出版社1997年版。
② 饶宗颐主编,王辉著:《秦出土文献编年》,台北新文丰出版公司2000年版。
③ 饶宗颐主编,王辉著:《秦出土文献编年》,台北新文丰出版公司2000年版。

我先祖受天命，赏宅受国。烈烈邵文公、静公、宪公不坠于上，邵合皇天，以虩事蛮方。公及王姬曰：余小子，余夙夕虔敬朕祀，以受多福，克明又心。盩龢胤士，咸畜左右。蔼蔼允义，冀受德明，以康奠协朕国，盗百蛮，具即其服。"① 民国初年出土甘肃天水的《秦公簋》铭文有："秦公曰：丕显朕皇祖受天命，肇有下国。十有二公，不坠于上，严龚夤天命。保乂厥秦，虩事蛮夏。曰：余虽小子，穆穆帅秉明德，叡敷明型，虔敬朕祀，以受多福。协和万民。唬夙夕，烈烈桓桓，万姓是敕。"② 从以上铭文可以看出，认为秦国有上帝天神以及祖先神护佑，并且已经膺受天命的观念已经成为秦人的共识！其实，西周的天命信念宗教本身就包含"天命靡常"，"以德配命"的理论观点，按照这一理论观点，一个王朝的天命不是永恒不变的，天命是可以转移的，有德性就可以接受天命。秦襄公立国之后，秦人认为自己接受了上帝天神的天命，所以才能得到"赏宅受国"、"肇有下国"的钟爱，昊天上帝既然授予秦国天命，秦国君主认为自己就必须"帅秉明德"，"叡敷明型，"不辜负上帝天神的期望，努力开拓疆土为上帝天神争光！

**二、秦国五帝志业宗教中的"五帝"祭祀**

秦国通过巧妙地祭祀"方帝"，构造了五帝志业宗教体系，取得了政治合法性信仰的根据。本来，西周是一个礼乐文明高度发达的社会，按照《周礼·春官宗伯》的规定，大宗伯的职责之一，就是佐王"以禋祀祀昊天上帝"；小宗伯的职责之一，就是佐王"兆五帝于四郊"。郑玄注解的"天帝"，就是东方青帝、西方白帝、南方炎帝，北方黑帝、中央黄帝。所以，无论祭祀"昊天上帝"还是"五帝"，佐祭的人虽然有大小宗伯的不同，但主祭人只能是周天子。所以，周天子郊祀天地，诸侯只能祭祀领地内的名山大川。可是，秦国立国后一年，作为诸侯的秦襄公，就去祭祀天帝之一的白帝。此后的秦国君主变本加厉，不断祭祀白帝、青帝、黄帝、赤帝、黑帝。其实，秦人很精明，为了躲避与周王室的昊天上帝信念宗教发生直接冲突，秦国把殷人的四方神信仰，周人的天命信仰做了巧妙的嫁接，通过祭祀"方帝"，也就是华夏族的地方神，把白帝、青帝、黄

---

① 饶宗颐主编，王辉著：《秦出土文献编年》，台北新文丰出版公司 2000 年版。
② 饶宗颐主编，王辉著：《秦出土文献编年》，台北新文丰出版公司 2000 年版。

帝、赤帝、黑帝五帝提升到至高无上的天神地位了。从而取得了只有周天子才能享有的天神上帝祭祀权。其实,这也是利用信息不对称,也就是扬雄所说的"盗"祭天,在国家上帝信仰上搞"上有政策,下有对策"而已。从祭祀对象上看,秦人祭祀的不是那最高的、唯一的、抽象的昊天上帝,而是地方的、民族的、具体的有颜色伪装的白、青、黄、赤、黑五帝;在祭祀过程中,秦人是通盘考虑,从开始的祭祀一神发展到祭祀五神,逐步升级。在祭祀的形式上,秦人运用的是一种特殊的形式:畤祭。在殷人的宗教体系中早有祭祀上帝四方风、四方神的观念;在商周之际,箕子传授给周武王的"洪范九畴"中也有水火木金土五行学说。秦国通过祭祀"方帝",在殷周宗教信仰的基础上,将中央四方神观念与五行学说相结合,创造了五帝志业宗教体系。

在秦国五帝志业宗教中,"五帝"祭祀体系的创造,秦人有开拓之功。例如,秦国五帝祭祀音乐中的五声系统就逐步背离了周王室的传统,按照自己宗教体系的需要自行其是。周人的祭祀音乐不用"商"音,只有四声系统。秦国在春秋后期则根据自己宗教体系的需要,认为"商"为金瑞,主西方,是少暤氏白帝的祥瑞之兆,所以,坚持在祭祀中使用五声系统。梁云在《甘肃礼县大堡子山青铜乐器坑探讨》一文中指出,在音乐中有"五声"之说,《周礼·春官·大师》:"皆文之以五声:宫、商、角、徵、羽。"周人编甬钟只有四声,缺"商"。研究者认为青铜乐钟结构庞大,发音绵长,连续敲击会造成不同音频的干扰,出现"混响"现象,当时演奏旋律的主要是丝竹类乐器,编钟主要用来演奏骨干音,加强节奏,烘托庄严、肃穆的气氛,其礼仪政治需要超过了对音乐性能的要求;而且周钟不用"商"音,反映了周人对商王朝的敌视态度。此说可以得到文献的印证,《周礼·春官·大司乐》讲,在地上圜丘祭天神,在泽中方丘祭地示,在宗庙之中祭人鬼,演奏的都只有宫、角、徵、羽四声,唯独缺"商"。春秋早期秦武公钟的音阶也缺"商",秦人因袭了周人旧制。但是春秋晚期秦景公大墓的石磬铭文却表现出对"商"声异乎寻常的重视。凤翔秦公一号大墓的石磬至少有三套,带铭文的多枚,其中 85 凤南 M1:300,M1:299,M1:253 的铭文重复,应分属三套,都说:"汤汤乌商。百乐咸奏,允乐孔煌"。磬铭描述了秦景公行冠礼祭祀宗庙的场景,当时各种乐器或独奏或合奏,气氛热烈,"汤汤乌商"是说以"商"音为主声调,其音响如流水一样浩浩荡荡。《玉篇》:"商,五音金音也。"秦国居西方,祭少暤氏白帝,主金瑞,秦襄公开国后"作西時,祠白帝";秦献公都栎阳后,"栎阳雨金,秦献公自以为得金瑞,故作畦畤而祀白帝"。按照五方、五帝、五行、五声相配的观念,秦国重视"商"音有很强的政治象征意义。磬铭中的多次强调,可视作一种关乎统治合法性的隐喻。①可见,秦人崇拜具有"金瑞"的祖先神——西方白帝的良苦用心!以后,随着秦国领土向东方扩张,又祭出了另一个祖先神——东方青帝。当秦国实力发展壮大之后,还在周人的故地供奉华夏共祖炎帝、黄帝作镇守中央和南方的神圣来凝聚天下人心。当然,秦国还以五行学说为依据,禘祭自己的另一位祖先神——北方水德之神:黑帝顓顼。当"西、东、中、南、北"中央四方之帝集合完毕之后,这时候的秦始皇就跑到泰山真正去搞祭祀昊天上帝的封禅大典了。昊天上帝和白青黄赤黑五帝志业宗教体系为秦国翦灭六国、统一天下提供了政治合法性信仰的根据

### 三、秦国五帝志业宗教中的"天命所归"预示

秦国五帝志业宗教信仰体系的逐步建立,预示着"天命所归"是秦国。这就说明,为什么在春秋战国时代,周天子对秦国各代君主祭祀天神五帝的"僭越"行为以及秦国势力的逐步发展壮大,不但不加以阻止,反而对于秦国征战的胜利送去四次贺礼:这是因为,一方面周王室自知已经无力回天了,另一方面则是周王室对列国争霸中"天命所归"是秦国以及秦国五帝志业宗教信仰体系的默认。

第一次贺礼是在"穆公三十七年,秦用由余之谋伐戎王,益国十二,开地千里,遂霸西戎,天子使召公过贺穆公以金鼓"。金鼓,据《释名》:"金,禁也,为进退之禁也。"《吕氏春秋·不二》:"有金鼓,所以一耳",高诱注:"金,钟也。击金则退,击鼓则进。习战,作战时用之,可以助军威,壮声势"。按《周礼·地官·鼓人》记载:鼓人"掌教六鼓四金之音声,以节声乐,以和军旅,以正田役"。又据《左传》:"凡师有金鼓曰伐,无曰侵"。可以想见,周天子贺秦穆公金鼓,实际上在于对其征伐戎狄、称霸诸侯,开拓领地行为的公开承认和奖赏,并使其在以后的对外征战中更加有恃无恐。

第二次贺礼是在"献公二十一年,与魏战于石门,斩首六万,天子贺以黼

---

① 梁云:《甘肃礼县大堡子山青铜乐器坑探讨》,《中国历史文物》2008 年第 4 期。

黻"。黼黻为古代天子礼服十二章中的两种花纹,前者为亞字形,图案是两弓相背状,黑色与青色相次;后者图案为斧形,黑色与白色相次。一般也多见于诸侯的衣服旌旗之上。图案中的弓、斧都是古代兵器,周天子的黼黻之贺,意在对秦国所获军事胜利的一种肯定,也是对其诸侯国地位的进一步确认。

第三次贺礼是在秦孝公二年,天子致文、武胙。《史记集解》:胙,膰肉也。秦孝公十九年天子致伯,二十年诸侯毕贺。天子致伯是确立秦国在西部诸侯国中的领导地位,这证明秦国的霸业已经取得极大成功,并且受到各国诸侯的拥戴。

第四次贺礼是在"惠文君元年,楚、韩、赵、蜀人来朝,二年,天子贺"。"天子贺行钱"。① 这也是对秦国取得的政治、经济、军事、外交利益的进一步确认。在秦人看来,秦国先祖已经"受命",襄公、文公、静公、宪公直到十二位君主,依然天命不坠,秦国必然是天命所归了,秦国崛起于西方,周天子也不得不祝贺。

秦国得到周天子的祝贺,是秦国综合实力发展的结果,这是历史发展的大势所趋。看来不是秦人违背周礼,而是周天子自己违背!不是秦人在否定周天子,而是周天子自己自我否定!不是秦人消灭了周王室,而是周王室自己消灭了自己。贾谊在《过秦论》中说:"秦孝公据崤函之固,拥雍州之地,君臣固守而窥周室,有席卷天下,包举宇内,囊括四海之意,并吞八荒之心。"岂止秦孝公,其实,从秦襄公立国,秦穆公称霸,直到秦始皇扫平六国,秦国都是雄心勃勃,志向远大!连一贯主张克己复礼的孔子也赞扬秦穆公的霸业!"齐景公问于孔子曰:'秦穆公其国小,处僻而霸,何也?'对曰:'其国小而志大,虽处僻而其政中,其举果,其谋和,其令不偷,亲举五羖大夫于系缧之中,与之语三日而授之政。以此取之,虽王可也,霸则小矣'"。② 意思是,齐景公问孔子说:"从前秦穆公国家小而又处于偏僻的地方,他能够称霸,这是什么原因呢?"孔子回答说:"秦国虽小,志向却很大;所处地方虽然偏僻,但政策却很恰当。秦穆公行动果断,谋略正确,发布的命令不随便更改。秦穆公亲自从监牢中用五张黑公羊皮赎来百里奚,并且授给他大夫的官爵。不但把百里奚从拘禁中解

① 司马迁:《史记·六国年表》,上海古籍出版社2005年版。
② 司马迁:《史记·孔子世家》,上海古籍出版社2005年版。

救出来，随后就把执政大权交给他了。有这种精神治理国家，就是做统治天下的王也是可以的，他当个统治西戎的霸主还算是小的呢！看来，秦国精神就是五帝志业宗教及其国家公利价值观表现出来的伟大民族精神。

秦始皇其所以扫平六国，并不是师出无名，除了有理有节的战略战术，秦国五帝志业宗教及其国家公利价值观体现的民族精神至关重要。秦始皇说："异日韩王纳地效玺，请为藩臣。已而倍约，与赵、魏合从畔秦，故兴兵诛之，虏其王，寡人以为善，庶几息兵革。赵王使其相李牧来约盟，故归其质子。已而倍盟，反我太原，故兴兵诛之，得其王。赵公子嘉乃自立为代王，故举兵击灭之。魏王始约服入秦，已而与韩赵谋袭秦，秦兵吏诛，遂破之。荆王献青阳以西，已而畔约，击我南郡，故发兵诛，得其王，遂定其荆地。燕王昏乱，其太子丹乃阴令荆轲为贼，兵吏诛，灭其国。齐王用后胜计，绝秦使，欲为乱，兵吏诛，虏其王，平齐地。寡人以眇眇之身，兴兵除暴乱，赖宗庙之灵，六王咸伏其辜，天下大定。"[①] 看来，秦灭六国，都是师出有名；平定天下，原来是有赖宗庙之灵，这就是秦国五帝志业宗教的精神力量。

秦始皇的《传国玺》上面刻有："受天之命，既寿永昌。"（《后汉书·光武本纪》注引《玉玺谱》："传国玺是秦始皇初定天下初刻，其玉出蓝田山，丞相李斯所书，其文云云"。）这又是秦国五帝志业宗教天命信仰的公开表白！在《史记·六国年表序》指出："秦始小国僻远，诸夏宾之，比于戎狄，至献公之后常雄诸侯。论秦之德义不如鲁卫之暴戾者，量秦之兵不如三晋之强也。然卒并天下，非必险固便、形势利也，盖若天所助焉"。[②] 意思是，秦国开初是个偏僻的小国，中原各国排斥它，把它当成落后的戎狄看待。到秦献公以后，国力常常比其他国家强大。谈到秦国的德义，连鲁、卫两国中残暴凶恶的君主都不如，估量它的兵力，也不如三晋强大，但它终于吞并天下，未必是因为坚固的天险，形势的有利，好像是昊天上帝在暗中帮助啊！司马迁在《史记·魏世家》中又说："吾适故大梁之墟，墟中人曰：'秦之破梁，引河沟而灌大梁，三月城坏，王请降，遂灭魏。'说者皆曰魏以不用信陵君故，国削弱至于亡，余以为不然。天方令秦平海内，其业未成，魏虽得阿衡之佐，曷益乎？"这里的所谓"天

---

① 司马迁：《史记·秦始皇本纪》，上海古籍出版社 2005 年版。
② 司马迁：《史记·六国年表序》，上海古籍出版社 2005 年版。

方令秦平海内"、"盖若天所助焉!"一是春秋战国之时秦国"天命所归"的历史大趋势;二是秦国创建的五帝志业宗教体系的精神力量之助!

## 第六节　秦国五帝志业宗教的作用

秦国通过对天神、地祇、人鬼的祭祀表现出不同于东方诸国的特有的五帝志业宗教信仰价值观。关于祭祀的作用及其意义,《礼记·郊特牲》指出:"祭有祈焉,有报焉,有由辟焉"。[1]　就是说,祭祀有祈求、报答、消弭灾祸三种作用。《礼记·祭统》指出:"夫祭者,非物自外至者也,自中出生于心也。心怵而奉之以礼,是故唯贤者能尽祭之义"。[2]　意思是,祭祀并不是由外物决定的,而是发自人心中的信仰,通过祭祀来表达终极关怀,克服人生的终极恐惧,这就是祭祀的意义。秦国五帝志业宗教体系的作用和意义在于,首先,通过祭祀五帝为秦国确立了接受天命,成就"霸王之业"的崇高理想和使命。其次,通过祭祀为秦国君主和臣民明确了报答上帝之恩的责任和义务,并且赋予人生终极价值和意义。其三,通过祭祀上帝为秦人提供了不畏强敌、不畏凶险,战胜艰难险阻的巨大精神力量。

历史资料证明,在秦国的意识形态领域里,上帝天神没有明确的仁义道德本质,在总体上只具有一般的自然—社会本质,就秦国至上神白青黄赤黑五帝来说,其本质可以从不同层面上界定,五帝是宇宙之神,主宰着金木土火水五行;主宰着中央东西南北四方,主宰着季夏和春夏秋冬四季;主宰着天上的四象二十八宿,主宰着地上的十二分野;主宰着甲乙丙丁戊己庚辛壬癸十天干,主宰着子丑寅卯辰巳午未申酉戌亥十二地支,十二地支与十二辰相配,又有建除盈平定执破危成收开闭十二值的吉凶祸福差异,等等。由于五帝主宰了宇宙时间、空间,所以,五帝是最高权力的象征。五帝既是自然秩序的主宰者,又是社会秩序的主宰者。五帝所主宰的时间、空间的相应变化,就会引起社会秩序的相应变化,导致相应的吉、凶、祸、福。在秦国的五帝志业宗教体系中,由于五帝没有明确的仁义道德本质,所以,其他的天神、地祇、人鬼也多不具有仁

---

①　杨天宇:《礼记译注·郊特牲》,上海古籍出版社 2007 年版。
②　杨天宇:《礼记译注·祭统》,上海古籍出版社 2007 年版。

义道德本质,只具有自然—社会的本性。所以,秦人的核心价值观就是必须面对自然—社会的现实,时时处处敬事戒惧,趋利避害,逢凶化吉,如此才能成就霸王之业。

### 一、秦国五帝志业宗教赋予秦人成就"霸王之业"的崇高理想使命

周王室经历了幽王之祸,周平王将京都迁到洛邑。由于护送周平王有功,秦襄公被封为诸侯。周平王只是声言"戎无道,侵夺我岐、丰之地,秦能攻逐戎,即有其地"。① 这虽然是一张空头支票,但是这为新建立的秦国驱除西戎提供了政治合法性根据;更为重要的是这为新建立的秦国提供了"受命于天"合法性信仰根据。司马迁指出:"襄公于是始国,与诸侯通使聘享之礼,乃用骊驹、黄牛、羝羊各三,祠上帝西畤"。② 秦国立西畤祠白帝之神,从此秦国将政治权利的获得与五帝宗教信仰中天神崇拜联系在了一起。秦襄公还宣称他就是白帝的主祭人,直接与白帝之神相沟通,把国家命运交给西方主宰之神白帝来主宰,并且确立了秦国"受命于天"的宗教信仰意识。此后,秦文公如法炮制,东猎至汧渭之会祭祀西方主宰之神白帝;秦德公建都雍城也祭祀西方主宰之神白帝;随着秦国势力向东方、南方、关中中部推进,秦宣公祭祀东方主宰之神青帝;秦灵公祭祀南方主宰之神炎帝,还祭祀中央主宰之神黄帝;一直到秦始皇举行封禅大典祭祀太一、五帝、八神,天国的信仰与地上的霸王之业都是同步进行,实现了世俗政治、军事力量与神圣的宗教信仰力量的统一。五帝信仰为秦国成就"霸王之业"提供了神圣的理想使命。正如汉代扬雄所说,"赵世多神",因为秦与赵同祖,秦也称赵,说明秦国简直成了天神上帝的国度。通过祭祀祈祷向上帝表明秦国的理想使命,可以为秦国人确立共同信念,形成统一意志,凝聚天下人心。在秦国五帝宗教信仰下面,隐藏着成就"霸王之业"的雄心壮志!贾谊在《过秦论》中说:"秦孝公据崤函之固,拥雍州之地,君臣固守而窥周室,有席卷天下,包举宇内,囊括四海之意,并吞八荒之心。"③ 有此雄心壮志岂止秦孝公一人,秦襄公、秦穆公、秦昭王、一直到秦始皇,历代

---

① 司马迁:《史记·秦本纪》,上海古籍出版社 2005 年版。
② 司马迁:《史记·秦本纪》,上海古籍出版社 2005 年版。
③ 贾谊:《新书·过秦上》,上海人民出版社 1976 年版。

秦国君王不乏其人！秦国君主成就霸王之业的理想使命，就连后来消灭秦国的敌人也是望尘莫及。

秦国君主不仅是五帝的主祭人，甚至把自己当作中央四方之神五帝的化身，来和异教的神祇游戏甚至搏斗。例如，秦襄公就自以为主少皞之神，建立西畤，祭祀白帝。秦昭王也是如此，据《韩非子》记载："秦昭王令工施钩梯而上华山，以松柏之心为博，箭长八尺，棋长八寸，而勒之曰'昭王尝与天神博于此矣'"。① 意思是，秦昭王命令工匠使用带钩的梯子登上华山，用松树、柏树的树心做成博弈用的棋子，用来记时的漏壶上的指针就有八尺，棋子长约八寸，而且在上面刻字说："昭王尝与天神博于此矣"。看来秦昭王以此来表明他是一个能跟天神博弈的人，已经具有了与天神在一起游戏的超自然的法力！又如，秦始皇在祭祀天神五帝的同时，多次向天地鬼神夸耀自己功德。秦始皇封泰山，儒生提议不敢伤山之土石草木，要使用蒲车上山。始皇却干脆从山南开了一条车道，直达山顶，并且建立石碑，直接向天神五帝称颂自己的功德。这也表明了秦始皇受到天神五帝保佑之后的勇气和自信。这种勇气和自信尤其表现在他面对各地方自然界小神祇的时候。秦始皇二十八年东巡，"渡湘江，逢大风，几不得渡。上问博士：'湘君何神？'博士对曰：'闻之尧女舜之妻而葬此。'于是始皇大怒，使刑徒三千人皆伐湘山树，赭其山"。还有一次是秦始皇三十七年，他做了一个梦，梦见与海神进行战斗。于是，命令入海的人预备了捕猎巨鱼的工具，他自己手持连弩等候大鱼出现，当大鱼出现时，他用连弩射击，认为他杀死的是一个恶神。秦国历代君王认为自己是五帝主祭人，有五帝保佑，甚至认为自己就是天神的化身，承担主宰中央四方的理想使命。所以，秦国君主就有一种霸气、王气、帝气！

楚国人则缺乏秦国人那样信奉五帝志业宗教的神圣精神气质。《史记·项羽本纪》记载："项羽引兵西屠咸阳，杀秦降王子婴，烧秦宫室，火三月不灭，收其货宝、妇女而东。人或说项王曰：'关中阻山河四塞，地肥饶，可都以霸。'项王见秦宫室皆以烧残破，又心怀思欲东归，曰：'富贵不归故乡，如衣绣夜行，谁知之者？'说者曰：'人言楚人沐猴而冠耳，果然。'项王闻之，烹说者"。②

---

① 韩非：《韩非子·外储说左上》，参看《二十二子》，上海古籍出版社 1986 年版。
② 司马迁：《史记·项羽本纪》，上海古籍出版社 2005 年版。

本来关中这块地方，有山河为屏障，四方都有要塞，土地肥沃，可以在此建都成就统一天下的霸王之业。可是，项羽旧式宗法贵族的价值观中根本就缺少吞并四方诸侯，实现天下统一的思想，他看到秦朝宫室都被火烧得残破不堪，又思念家乡想回去，就说："富贵不回故乡，就像穿了锦绣衣裳而在黑夜中行走，别人谁知道呢？"秦国都城虽然被项羽焚烧了，但从理想使命和精神信仰来看，在胸怀帝业大志的秦国巨人面前，纵火焚烧秦国都城的楚国人简直就是戴着人帽子的丑陋猴子！

在秦国，由于五帝志业宗教是以成就霸王之业为价值取向的，天神五帝的仁义道德本质变得暗淡无光。秦国的天神披上了白、青、黄、赤、黑五种颜色的外衣降临宇宙中央以及四方，主宰着各自的空间和时间，木火土金水、东西南北中、季夏春夏秋冬、四象二十八星宿、十二分野，无不受五帝主宰。五帝各有其德，不过，五帝之德分别是木德、火德、土德、金德、水德，这五德不是仁义道德，而是以符号形式表示的一种宇宙原理，木、火、土、金、水彼此之间，比相生间相克，这种五行相生相克的五德关系原理可以类比映射到从人体的五藏到整个宇宙中的任何事物当中去，尤其在历史领域，这一原理也在发挥作用。《吕氏春秋·应同》指出："黄帝之时，天先见大螾大蝼，黄帝曰'土气胜'，土气胜，故其色尚黄，其事则土。及禹之时，天先见草木秋冬不杀，禹曰'木气胜'，木气胜，故其色尚青，其事则木。及汤之时，天先见金刃生于水，汤曰'金气胜'，金气胜，故其色尚白，其事则金。及文王之时，天先见火，赤乌衔丹书集于周社，文王曰'火气胜'，火气胜，故其色尚赤，其事则火。代火者必将水，天且先见水气胜，水气胜，故其色尚黑，其事则水"。① 这就是"五德终始说"对五帝之德的界定。《史记·封禅书》记载："秦始皇既并天下而帝，或曰：'黄帝得土德，黄龙地螾见。夏得木德，青龙止于郊，草木畅茂。殷得金德，银自山溢。周得火德，有赤乌之符。今秦变周，水德之时。昔秦文公出猎，获黑龙，此其水德之瑞"。② 从政治上来说，每一个王朝只要具有了其中一"德"，其统治就具有了政治合法性依据。不过，秦国的"德"，代表一种自然规律和历史法则的意义，具有工具理性的性质，而不是一种仁义道德的价值理性观念。在秦

---

① 吕不韦：《吕氏春秋·应同》，李双棣等译注，吉林文书出版社 1986 年版。
② 司马迁：《史记·封禅书》，上海古籍出版社 2005 年版。

国人看来,只有人的思想和行动与这种自然规律和历史法则相配,人的活动就能取得成功。秦国的这种将人的思想和行动与自然规律和历史法则相配的观念,比周人以君子"明德"价值理性与意志之天、义理之天相配的观念,具有了更为现实、更为丰富的历史内涵:秦国建立的霸王之业,是要开启一个不同于黄帝时代、大禹时代、商汤时代、周文王时代的新历史时代!

### 二、秦国五帝志业宗教赋予秦人实现生命本质的终极价值意义

在秦国立国之前,夏、商、西周三代都有报答上帝百神恩德的祭祀活动。《礼记·祭法》指出:"有虞氏禘黄帝而郊喾,祖颛顼而宗尧。夏后氏亦禘黄帝而郊鲧,祖颛顼而宗禹。殷人禘喾而郊冥,祖契而宗汤。周人禘喾而郊稷,祖文王而宗武王"。[①] 通过郊、禘之礼对上帝和祖先神进行祭祀,一方面是为了报答上帝祖先神的恩德,另一方面,是后代人对承担前辈祖先未竟事业的历史责任的承诺。通过对上帝祖先神的郊、禘之礼,使得世世代代薪火相传,赋予人的生命以终极价值意义。

可是,在西周王朝的礼乐规范中,不是什么人都可以享受祭祀的。只有具备了明德的祖先神,才可以享受到子孙后代的祭祀。周人认为具备了明德的祖先神,死后的神灵就会上升到天上,陪伴在上帝的左右。在祭祀上帝的时候,祖先神也会受到子孙后代的祭祀崇拜。周公通过制度化的祭祀之礼,将宗法伦理的"孝—祖"与天下伦理的"德—天"完美地统一起来,以德配天,以孝配祖,为周人世世代代的子孙们确立了报答上帝和祖先神的历史责任,同时为人为什么活着的问题,从深层次提供了合法性的精神依据,奠定了中国人主体性精神信仰的基础。从以孝享配祖,即"孝—祖"公理来说,在周人那里从天子到庶民,各自祭祀孝享自己的祖先,具有克服终极恐惧达成终极关怀的重要价值意义。《礼记·祭统》指出:"祭者,所以追养继孝也。孝者,畜也。顺于道,不逆于伦,是之谓畜。是故孝子之事亲也,有三道焉:生则养,没则丧,丧毕则祭。养则观其顺也,丧则观其哀也,祭则观其敬而时也。尽此三道者,孝子之行也"。[②] 刘燕舞认为:"古人为了国家的治理,是将生与死建构成相通的,

---

① 杨天宇:《礼记译注·祭法》,上海古籍出版社 2007 年版。
② 杨天宇:《礼记译注·祭统》,上海古籍出版社 2007 年版。

生、死、死后的三个阶段通过子女的赡养、服丧、祭祖连成了一个连续统。而赡养、服丧、祭祖都体现出一个'敬'字，我们可以统称为'敬祖'。所以，人的生命也因此而有了意义，在死者不视己已死，在生者不视死者死。故此，在祭祀时，要求大家要像文王一样：'事死者如事生，思死者如不欲生。忌日必哀，称讳如见亲。祀之忠也，如见亲之所爱，如欲色然。'因此，祖先其实是活在现世的。而作为现世的活人，实际上也看到了自己活着的意义，祖祖辈辈而来，子子孙孙而去，这整个一套意义系统都体现在敬祖文化里面，表面上看这是为了解决国家的治理问题，实质上却深层次的为中国人为什么活着提供了合法性的精神理据。这样，敬祖的逐步发达使得其最终得以成为中国人的主体性精神信仰，它与我们同时还侍奉其他各路神仙并行不悖"。① 可见，中国人以孝享配祖，即"孝—祖"文化赋予人的生存与死亡以终极价值意义。

可是，在秦国人的意识形态里，祖先神以明德配天的观念变得相对淡漠，同时，祖先神升天在上帝左右的观念也很少出现了。秦人在西垂、雍城等地立峙祭祀白、青、黄、炎、黑五帝，但是，却没有把死后的秦国君主与五帝一起相配进行祭祀，这是为什么呢？原来秦人缺少祖先神升天的观念，所以，死后的祖先也不会到上帝的左右去"傧与上帝"。相反，秦国人认为，祖先神、上帝的使臣、甚至上帝都会来到尘世间和人类交往，给人类赐福或者降祸。

据《墨子》记载，"昔者秦穆公，当昼日中处乎庙，有神入门而左，鸟身，素服三绝，面状正方。秦穆公见之，乃恐惧奔，神曰：'无惧！帝享女明德，使予锡女寿十年有九，使若国家蕃昌，子孙茂，毋失。秦穆公再拜稽首曰：'敢问神名？'曰：'予为句芒。'"② 句芒是东方青帝太皞氏的佐帝之神，秦穆公与东方的佐帝之神句芒直接对话意味深长，表明上帝的使者可以来到尘世间和人类交往。此时秦国军事力量已经剑指东方了，有东方的佐帝之神句芒来为秦穆公赐寿十九年，意味深长。秦国人还认为，不仅天神五帝或者佐帝之神可以降临人世，而且自己的祖先神也不会永远离开人世，他们还会经常回到人世参与人世的各种事情。所以秦国人对于死去的祖先是事死如事生。在他们的意识

① 刘燕舞：《中国宗教信仰的双层结构及其对外来宗教传播的反应机制》，《三农中国》2009 年第 1 期。

② 墨翟：《墨子·明鬼》，参看《二十二子》，上海古籍出版社 1986 年版。

中,认为死去祖先的神灵并没有离开墓地升到天上,他们在地下的另一个世界中生活,而且会随时来到尘世活动,所以,秦国墓葬中往往有大量陪葬品甚至是人殉以供死者的灵魂驱使享用,以安慰逝者的灵魂。秦德公、秦穆公、秦景公等墓葬都是如此。

《诗经·黄鸟》描写的就是秦穆公死后"三良"陪葬的情景:"交交黄鸟,止于棘。谁从穆公?子车奄息。维此奄息,百夫之特。临其穴,惴惴其慄。彼苍者天,歼我良人。如可赎兮,人百其身。交交黄鸟,止于桑。谁从穆公?子车仲行。维此仲行,百夫之防。临其穴,惴惴其慄。彼苍者天,歼我良人。如可赎兮,人百其身。交交黄鸟,止于楚。谁从穆公?子车针虎。维此针虎,百夫之御。临其穴,惴惴其慄。彼苍者天,歼我良人。如可赎兮,人百其身"。①《左传·文公五年》指出:"秦伯任好卒,以子车氏之三子奄息、仲行、针虎为殉。皆秦之良也!国人哀之,为之赋《黄鸟》。君子曰:'秦穆之不为盟主也,宜哉!死而弃民。先王违世,犹诒之法,而况夺之善人乎?'"②可见,秦穆公事死如事生的价值观对他死后秦国的政治产生了消极影响。

秦惠文王之妃、昭襄王之母宣太后甚至让她的情人魏丑夫陪葬。据《战国策》记载:"秦宣太后爱魏丑夫。太后病将死,出令曰:'为我葬,必以魏子为殉。'魏子患之。庸芮为魏子说太后曰:'以死者为有知乎?'太后曰:'无知也。'曰:'若太后之神灵,明知死者之无知矣,何为空以生所爱,葬于无知之死人哉!若死者有知,先王积怒之日久矣,太后救过不赡,何暇乃私魏丑夫乎?'太后曰:'善。'乃止。"③庸芮善于说理,从一个两难推理,表现出高超的逻辑智慧。看来,经庸芮一说,宣太后是因为惧怕其死去的丈夫秦惠文王地下灵魂的愤怒,才没有让魏丑夫去殉葬。

秦国事死如事生最典型的人物是秦始皇,"初即位,穿治骊山。及并天下,天下徒送诣七十余万人,穿三泉,下铜而致椁,宫观百官奇器珍怪徙臧满之。令匠作机弩矢,有所穿近者辄射之。以水银为百川江河大海,机相灌输,

---

① 陈子展:《诗经直解·黄鸟》,复旦大学出版社 1983 年版。
② 左丘明:《左传·文公五年》,杜预集解,上海古籍出版社 1997 年版。
③ 刘向:《战国策·秦策》,缪文远等译注,中华书局 2006 年版。

上具天文,下具地理。以人鱼膏为烛,度不灭者久之。"① 尤其是秦始皇陵兵马俑,除了显示秦国军事力量的威武强大之外,其主要用意就是作为秦始皇灵魂的守卫者。这些排列着整齐队伍,携带着锐利武器的大军团,保卫着阴间的秦始皇及其宫殿,防止山东六国亡灵对秦始皇灵魂的干扰,这就是举世闻名的兵马俑的宗教意义。

秦国还有寝殿制度,即在墓旁建设寝殿,定期供奉祭祀物品。《后汉书·祭祀志》记载:"古不墓祭,汉诸陵皆有园寝,承秦所为也。说者以为古宗庙前制庙,后制寝以像人之居前有朝,后有寝也。《月令》有'先荐寝庙',《诗》称'寝庙奕奕',言相通也。庙以藏主,以四时祭。寝有衣冠几杖像生之具,以荐新物。秦始出寝,起于墓侧,汉因而弗改,故陵上称寝殿,起居衣服像生人之具,古寝之意也"。② 秦国的寝殿制度表明,死去祖先的灵魂仍然活动在地下,甚至会来到凡世间,仍然有饮食男女的日常生活需要。

《睡虎地秦墓竹简·日书》中有:"凡鬼恒执匴以入人室,曰'气(饩)我食'云,是是饿鬼。以屦投之,则止矣"。"鬼婴儿恒为人号曰:'鼠(予)我食'。是哀乳之鬼。其骨有在外者,以黄土渍之,则已矣"。"鬼恒从人女,与居,曰:'上帝子下游。'欲去,自浴以犬矢,(系)以苇,则死矣。鬼恒胃(谓)人:'鼠(予)我而女。'不可辞。是上神下取(娶)妻,(系)以苇,则死矣。弗御,五来,女子死矣。"③ 看来在秦人的意识里,这些"饿鬼"、"鬼婴儿"、甚至"上帝子"也经常游荡在世间,随时求美食、求母乳、甚至向女子求欢。

《睡虎地秦墓竹简·日书》的资料证明,祭祀鬼神就像用饮食招待宾客,宾客喜悦就会报答主人的恩德;如果不去祭祀鬼神,鬼神得不到歆享就会作祟于活着的人。《睡虎地秦墓竹简·日书·病篇》(甲种)有:"祠父母良日,乙丑、乙亥、丁丑亥、辛丑、癸亥,不出三月有大得,三乃五。"如果不能很好祭祀祖先亡灵,就会给子孙带来不幸。《睡虎地秦墓竹简·日书·病篇》(甲种)还有:"甲乙有疾,父母为祟,得之于肉,从东方来,裹以桼(漆)器。戊己病,庚有闲,辛酢。若不酢,烦居东方,岁在东方,青色死。丙丁有疾,王父为祟,得之赤

---

① 司马迁:《史记·秦始皇本纪》,上海古籍出版社 2005 年版。
② 范晔:《后汉书·祭祀志》,张道勤校点,浙江人民出版社 2003 年版。
③ 《睡虎地秦墓竹简·日书》,文物出版社 1990 年版。

肉、雄鸡、酉(酒)。庚辛病,壬有闲,癸酢。若不酢,烦居南方,岁在南方,赤色死。"① 父母、祖父母、曾祖父母的亡灵作祟危害后代在秦简中的记载屡见不鲜。刘乐贤指出:"《日书》提到祭祀时往往不说用何种祭祀,也很少描述祭祀的方法。唯一述及的祭祀种类是甲种'病篇'和乙种'有疾篇'中的'酢'。《尚书·顾命》:'秉璋以酢。'注'报祭曰酢',从日书看来,'酢'是病者知道病是由祖先亡灵或鬼魂作祟引起的之后,为解祟而举行的一神祭祀。正与《尚书》往所释'报祭'相合"。② 看来"酢"祭祖先亡灵是秦人报答祖先恩情,同时防止祖灵作祟的祭祀方法。

秦人认为死后的世界究竟是如何的?甘肃出土放马滩简《墓主记》简文记述了一个名叫丹的人他在秦昭襄王三十八年因刺伤人被弃市后掩埋,三年以后死而复活,讲述他在阴间的故事,死后的世界似乎恍如人们生活的世界。既然秦人认为死后的世界似乎恍如人们生活的世界,所以,根据考古发掘秦国有独特的墓葬形式,一般是死者头朝西方,肢体蹲屈的屈肢葬。为什么要用屈肢葬?陈春慧指出,这一葬式的用意在于阻止死者灵魂走出墓室向活人来作祟。一方面是要取得祖先神灵的福佑,另一方面,更多的是害怕并且要时刻防止祖先神灵的作祟。这就是说,秦人认为在埋葬死者时,其灵魂同尸体一起被埋进了坟墓,为了避免死者灵魂出来为害生人,他们对其采取了制裁措施。如果我们把屈肢葬和《日书》拿到一起研究,就会发现一个有趣的现象:《日书》描绘的是一个鬼魂常常骚扰人们的恐怖世界。它们会栖居人家、迷惑人、戏弄人、纠缠人、夜敲入门、使人做噩梦、与人家妇女偷情等等。而屈肢葬正好是人们的复仇行为,是人们对于鬼魂的斗争。他们要把死者的灵魂扼制在墓室中,使其不得出来作祟。③

通过对秦国祭祀活动的考察可以发现,秦人把感性的现实生活,包括饮食男女、功名利禄作为其生命生存以及死亡的终极意义。由此看来,秦国五帝志业宗教信仰的性质,主要是以人们现实的物质生活及其物质享受过程,而不是抽象的仁义道德作为根本价值取向;由此看来,秦国五帝志业宗教信仰追求的

---

① 《睡虎地秦墓竹简·日书》,文物出版社1990年版。
② 刘乐贤:《睡虎地秦简日书研究》,台北文津出版社1994年版。
③ 陈春慧:《秦人灵魂观与秦始皇帝陵》,《秦文化论丛》第4辑,西北大学出版社1999年版,第319页。

美好境界并不是在遥远缥缈的苍苍昊天,而是在人们现实生活世界的美好享受中;由此看来,秦国五帝志业宗教认为,死者灵魂并不愿意离开尘世,人们对死者灵魂也必须是事死如事生;由此看来,秦国五帝志业宗教对人生意义的看法也就放在了人们现实生活世界,于是,重利、尚武、喜功成为秦国人的精神气质。正如《日书》所提到的"弋猎报仇,攻军围城";"饮食歌乐,临官立政";享用"肥豚清酒美白粱"成为人们认为的最有意义的生命活动。尤其是商鞅主张"壹言"、①"壹教",② 将人们的思想完全统一到农耕、军战上面,以耕战作为创造人生价值意义的来源。秦人正是通过对自然界、人类社会以及自身思维的对象化活动来实现人生的价值与意义的。这一信仰体系对中国人的宗教信仰取向具有重要影响。

### 三、秦国五帝志业宗教赋予秦人战胜艰难险阻巨大的精神力量

秦国五帝志业宗教的巨大精神力量,能够使秦人在面对敌对势力、自然灾害以及其他不确定性风险的时候,从心理上消除恐惧,凝聚人心,增强战胜困难的意志;然后,通过理性决策和精心计算,积极应对这些可怕事物,最后战而胜之。

在春秋战国时代的军事斗争中,真正智慧的人并不是通过巫术驱使诸神,而是通过祭祀祷告皇天上帝和中央四方百神,将我方战争的正义性加以神圣化,从而鼓舞士气凝聚人心,最终战胜敌人。据《司马法》记载,军队出征前要进行祭祀祷告:"将用师,乃告于皇天上帝、日月星辰,以祷于后土、四海神祇、山川家社,乃造于先王。然后家宰征师于诸侯曰:'某国为不道,征之'"。与《司马法》相似,《墨子·迎敌祠》的记载是,军队出征前要有一个誓师之礼,以祭告四方山川:"祝、史乃告于四望山川、社稷,先于戎,乃退。公素服誓于太庙,曰:'其人为不道,不修义详,唯力是上',曰:'予必坏亡尔社稷,灭尔百姓。二参子尚夜自厦(厉),以勤寡人,和心比力兼左右,各死而守'。"③ 意思是,太祝和太史在战前要祭祀祷告四周的山川和宗庙,然后才退出。诸侯穿着白

---

① 商鞅:《商君书·壹言第八》,中华书局 2009 年版。
② 商鞅:《商君书·赏刑》,中华书局 2009 年版。
③ 墨翟:《墨子·迎敌祠》,参看《二十二子》,上海古籍出版社 1986 年版。

色祭服在太庙誓师。誓词说："某某人干了不合乎道德的事情,不修仁义,唯力是尚"。还发誓:"我一定要灭掉你的国家,消灭你的百姓万民。我的几位大臣尚自我勉励,勤力辅助我,率领左右部下齐心协力,誓死保守国土"。这是一种宗教理性化的过程,显然,在秦国五帝志业宗教中,只是要求人们祭祀敬畏鬼神,事死如事生,而不是要求人们驱使神灵鬼魅来为自己服务。秦国祭祀的五帝百神只是让人们敬畏的对象,并为人们战胜艰难险阻提供精神力量。秦国五帝志业宗教已经实现了宗教理性化。

在这方面,秦国最著名的事例有《诅楚文》,这是公元前 312 年即秦惠文王二十六年,秦国面临楚军压境之时,祷告皇天上帝,还分别祷告代表天、地、水神灵的巫咸、大沈、久湫三神,"以底楚王熊相之多罪","不畏皇天上帝及丕显大神巫咸、大沈、久湫之光列威神"的诅文。① 因此,《诅楚文》一式三份,且在三处出土。一为宋初得告巫咸文于凤翔祈年宫,二为熙宁年间得告大沈久湫文于朝那湫,三为得告亚驼文于洛阳。以上三文除因所祀之神不同而首尾稍异外,内容皆同。当时,秦惠文王与楚怀王同时争霸,公元前 318 年,五国诸侯合纵攻秦,曾以楚怀王为纵长,诸侯陈兵秦国边境,但是实际出兵和秦国交战的,只魏、赵、韩三国,攻到函谷关,秦国出兵反击,五国于是纷纷退兵。此后五年,张仪以商于之地欺骗楚国与齐国绝交,楚国发兵直逼秦国边境。秦惠文王使宗祝作《诅楚文》向"皇天上帝及丕显大神巫咸、大沈、久湫之光列威神"控诉楚王熊相(楚怀王)倍盟犯诅,"却划伐我社稷,伐灭我百姓"的罪恶意图,使得秦军的虎狼之师抗击楚国军队出师有名。其实,在战国诸侯竞争的条件下,秦国君主对上帝百神的宗教信仰已经达到了很高的理性化程度。

如果迷信于祭祀祷告,妄想通过祭祀祷告来驱使上帝百神去消灭敌人,那在信仰上就还没有达到了宗教理性化的水准。桓谭在《新论·言体》指出:"昔楚灵王骄逸轻下,简贤务鬼,信巫祝之道,斋戒洁鲜,以祀上帝、礼群神,躬执羽绂,起舞坛前。吴人来攻,其国人告急,而灵王鼓舞自若,顾应之曰:'寡人方祭上帝,乐明神,当蒙福佑焉,不敢赴救。'而吴兵遂至,俘获其太子及后姬以下,甚可伤"。楚灵王不仅喜欢细腰美人,搞得宫中的人挨饿瘦身;而且喜欢巫祝之术,吴国进攻楚国,他不去组织楚国军队抗击敌人,而是搞起了隆重的

---

① 吴郁芳:《〈诅楚文〉三神考》,文博出版社 1987 年版。

祭祀祈祷仪式，将国家的希望寄托在皇天上帝和百神的身上，结果吴国军队攻入都城，连自己的太子和后姬都被敌人掳走了。所以，《韩非子》指出："龟策鬼神不足举胜，左右背乡不足以专战。然而恃之，愚莫大焉。古者先王尽力于亲民，加事于明法。彼法明则忠臣劝，罚必则邪臣止。忠劝邪止而地广主尊者，秦是也。群臣朋党比周以隐正道、行私曲而地削主卑者，山东是也。乱弱者亡，人之性也。治强者王，古之道也。"① 意思是，卜筮鬼神不足以推断战争胜负，星宿的方位变化不足以决定战争结果。既然如此，却还要依仗它们，没有什么比这更愚蠢的了。古代先王致力于亲近百姓，从事于彰明法度。他们的法度彰明了，忠臣就受到鼓励，刑罚坚决了，奸臣就停止作恶，忠臣受到鼓励，奸臣停止作恶，因而国土拓展、君主尊贵的，秦国正是这样；群臣结党拉派来背离正道营私舞弊，因而国土丧失，君主卑下，山东六国正是这样。原来秦国虽然以五帝志业宗教为最高信仰体系，但是，秦国却没有被他们所供奉的巫魅所支配，而只是把至上神五帝作为实现霸王之业的工具，依靠人的工具理性而不是依靠驱使鬼神的巫术来战胜自然灾害以及外来的敌人。

　　《韩非子·外储说右下》记载："秦昭王有病，百姓里买牛而家为王祷。公孙述出见之，入贺王曰：'百姓乃皆里买牛为王祷。'王使人问之，果有之。王曰：'訾之人二甲。夫非令而擅祷，是爱寡人也。夫爱寡人，寡人亦且改法而心与之相循者，是法不立；法不立，乱亡之道也。不如人罚二甲而复与为治。'"② 意思是，秦昭王生了病，每个乡里的百姓都买牛在家里为秦昭王祈祷。公孙述外出见到这种情况，就进宫祝贺秦昭王说："每个乡里的百姓都买牛在家为大王祈祷。"秦昭王就派人去查看，果然有这种情况。秦昭王说："依照法律衡量一下，给每人出两副铠甲的惩罚。没有命令而擅自祈祷，是热爱我。如果热爱我，我也将改变法令而使我的思想与他们一样，这就是法治不能建立；法治不能建立，就是导致国家混乱危亡之道。不如给每人两副铠甲价值的惩罚，而使大家回到用法律治理的道路上来"。秦昭王清醒认识到，百姓为他举行祈祷病愈并不是真正出于感情和热爱，而是出于他作为君主所具有生

---

① 韩非：《韩非子·饰邪》，参看《二十二子》，上海古籍出版社1986年版。
② 韩非：《韩非子·外储说右下》，参看《二十二子》，上海古籍出版社1986年版。

杀予夺的权势。所以,按照秦国法律规定,没有在社腊之时擅自杀牛是违法的。秦昭王依法办事,最后给了为他祈祷的里正与伍老"二甲"即相当于两副铠甲价值的罚金。在秦昭王看来,遵守国家法律的价值高于向上帝天神祈福祷告的价值。当然,秦国也有借助祭祀祷告为宗室子弟治病的记载:1999 年 4 月间,有两种《秦骃玉牍》铭文摹本面世。这是一件重要的秦国文书,该玉牍作一式两份,每牍两面都有文字,或以镌刻,或以朱书,其内容主要记载了秦曾孙骃在孟冬十月一次生病及生病后两次祭祀华大山明神,并在病愈后以圭、璧、牛、羊、豕、车、马等祭告于华大山明神的事情。这一发现可以证明,秦国上层社会也有生病祈求神灵保佑,病痊愈后报答神灵的习俗,这是一种巫医的习俗。从史书上看,秦人更重视科学的医学治疗方法,秦国有众多名医,如医缓、医和、扁鹊等人都在秦国行医。

可见,秦国的五帝志业宗教体系决定秦国人的意识倾向不是放在天国的幻想领域;不是煽起信徒的宗教痴迷和狂热,进而建立体制化的宗教组织;不是追求基督教那样的千年王国和灵魂救赎安息;秦国人的意识倾向也不是放在仁义道德价值领域追求以宗法大家族为基础的血缘家族亲情伦理;也不是用君臣有义、父子有亲、长幼有序、男女有别、朋友有信的一套仁义道德标准教化民众,建立君子理想国。秦国的五帝志业信仰体系决定了秦人的价值取向是在现实世界的富贵爵禄上面,要在现实世界实现霸王之业,建立郡县天下的统治秩序。所以,他们将力量倾注在现实的国家生活、家庭生活、个人生活上面,而且,事死如事生,要让鬼神也如同现实世界的人们一样来生活,这就是秦国责任伦理的宗教信仰之源。秦国的宗教信仰体系决定了其哲学思想不是超验哲学和道德哲学的说教,而是现实世界的理性哲学:法律哲学、政治哲学、管理哲学。由此也可以看出,秦国的哲学理论兼容并包,最终选择法家作为秦国的国家哲学,其重要原因在于五帝志业宗教信仰体系。

### 四、秦国五帝志业宗教表现出来的伟大民族精神

首先,由于五帝志业宗教的信仰取向,使得秦国民族精神具有重视"公利"的特点。秦国五帝志业宗教的信仰价值取向不是上帝的天堂,不是伊甸乐园,也不是仁义道德境界,而是现世富贵爵禄的美好生活享受,以及成就秦国的霸王之业。在秦国人的意识中,一个人死后,在阴间也要穿衣、饮食、居

住,也要游玩、交友,还有爱情、婚姻、性生活。① 所有这些物质生活条件都要由死者的家人提供,所以,阴间与阳世是相通的,一个人在阴间的贵贱贫富也是与其阳间的贵贱贫富息息相关的。富贵的人在阴间也能同样享乐,成为大神、上神,如成为句芒、少皞、后土、祝融、蓐收,成为青帝、白帝、黄帝、赤帝、黑帝,等等;贫贱的人到了阴间也会变为饿鬼、游鬼、病鬼等,《日书》中仅鬼的名称种类有 27 种之多。这些鬼也会跑到阳世间来作祟,必须用桃弓、棘矢等物驱除。所以,秦人事死如事生,只要在现世取得荣华富贵,即使到了阴间依然能够享受到家人美酒鲜肉的祭祀,依然可以过荣华富贵的生活。这就是对死者最大的终极关怀,这样一来,对死亡的终极恐惧就烟消云散了。

这种现世信仰使得秦国民族精神具有追求"公利"的性格,尤其在商鞅变法之后,秦人"好事"、"重利",在列国竞争中追求个人以及国家利益的最大化,将个人精力以及国家力量倾注到"公利"即现实的丰功伟业和强势生存条件的创造之中。与此相对对照,秦国人以淡漠的态度对待宗法血缘关系,以轻视的态度对待礼教仁义道德,这和山东六国有很大区别。从民俗来看,温情脉脉的传统家庭感情淡漠了,取而代之的是经济利益的计算:无忌曾对魏王说:"秦与戎翟同俗,有虎狼之心,贪戾好利无信,不识礼义德行"。贾谊指出:"商君违礼义,弃伦理,并心于进取,行之二岁,秦俗日败。"从国家来看,崇尚礼乐、仁义的人文情调消失了,取而代之的严酷的经济、政治、军事的竞争进取。

其次,由于五帝志业宗教的信仰取向,使得秦国民族精神还具有尚武主义的特点。秦人"勇于公战",以此取得社会地位;秦国成为"虎狼之国",以军事斗争的胜利成为王者。商鞅指出:"奚以知民之见用者也? 民之见战也,如饿狼之见肉,则民用矣。凡战者,民之所恶也;能使民乐战者,王。强国之民,父遗其子,兄遗其弟,妻遗其夫,皆曰:'不得,无返。'又曰:'失法离令,若死我死,乡治之。行间无所逃,迁徙无所入'。行间之治,连以五,辨之以章,束之以令,拙无所处,罢无所生。是以三军之众,从令如流,死而不旋踵"。② 意思是说,凭什么知道民众被君主使用了呢? 那就是民众看见打仗,就像饥饿的狼

---

① 吴小强:《论秦人宗教思维特征——云梦秦简〈日书〉的宗教学研究》,《江汉考古》1992年第 3 期。

② 商鞅:《商君书·画策》,中华书局 2009 年版。

看见了肉一样,那么民众就被使用了。一般说,战争是民众讨厌的东西。能让民众喜欢去打仗的君主就称王天下。强大国家的民众,父亲送他的儿子去当兵,哥哥送他的弟弟去当兵,妻子送他的丈夫去当兵,他们都说:"不能得到敌人的首级,不要回来!"又说:"不遵守法律,违抗了命令,你死,我也得死,乡里会治我们的罪,军队中又没有地方逃,就是跑回家,我们要搬迁也没什么地方可以去。"军队的管理办法,是将五个人编成一个队伍,实行连坐,用标记来区分他们,用军令来约束他们。逃走了也没有地方居住,失败了没有办法生存。所以,三军全体将士,听从军令就像流水一样,就是战死也不掉转脚跟向后退。荀子研究了魏、齐、秦三国的军事制度,指出秦人尚武的社会原因:"秦人其生民郏厄,其使民也酷烈,劫之以埶,隐之以厄,狃之以庆赏,酋之以刑罚,使天下之民,所以要利于上者,非斗无由也。厄而用之,得而后功之,功赏相长也,五甲首而隶五家,是最为众强长久,多地以正,故四世有胜,非幸也,数也。故齐之技击,不可以遇魏氏之武卒;魏氏之武卒,不可以遇秦之锐士"。① 就是说,秦国的君主,他使民众谋生的道路很狭窄、生活很穷窘,他使用民众残酷严厉,用权势威逼他们作战,用穷困使他们生计艰难而只能去作战,用奖赏使他们习惯于作战,用刑罚强迫他们去作战,使国内的民众向君主求取利禄的办法,除了作战就没有别的途径;使民众穷困后再使用他们,得胜后再给他们记功,对功劳的奖赏随着功绩而增长,得到五个敌人士兵的首级就可以役使本乡的五户人家。秦国要算是兵员最多、战斗力最强而又最为长久的了,又有很多土地可以征税。所以秦国四代都有胜利的战果,这并不是因为侥幸,而是有其必然性的。齐国的技击不可以用来对付魏国的武卒,魏国的武卒不可以用来对付秦国的锐士。由于整个民族的尚武精神,使得秦国成为"虎狼之国"。张仪在为秦连横献韩王书中称:"秦人捐甲徒裎以趋敌,左挈人头,右挟生虏。夫秦卒之与山东之卒也,犹孟贲之与怯夫也;以重力相压,犹乌获之与婴儿也。夫战孟贲、乌获之士,以攻不服之弱国,无以异于堕千钧之重,集于鸟卵之上,必无幸矣。"意思是,秦国的战士可以不穿铠甲赤身露体地冲锋上阵,左手提着人头,右手抓着俘虏。秦国的战士与山东六国的士兵相比,犹如勇士和懦夫相比;用重兵压服六国,就像大力士乌获对付婴儿一般容易。用孟贲和乌获这样

---

① 荀况:《荀子·议兵》,参看《二十二子》,上海古籍出版社1986年版。

的勇士去攻打不驯服的弱国,无异于把千钧重量砸在鸟蛋上,肯定无一幸免!

最后,由于五帝志业宗教的信仰取向,使得秦国的民族精神还具有"尚功"的特点,商鞅拒斥西周的礼乐、诗书教化以及孝悌、仁义伦理,在秦国建立了新的政治制度即国家功勋制度。制定爵级十八等,后来完善为二十等。斩一敌人首级赐爵一级,是为军爵,另外还有粟爵、治爵。鼓励人们通过农耕、作战、管理决策途径建立功勋,从而取得官爵俸禄。商鞅指出:"国有礼有乐,有诗有书,有善有修,有孝有弟,有廉有辩——国有十者,上无使战,必削至亡;国无十者,上有使战,必兴至王。国以善民治奸民者,必乱至削;国以奸民治善民者,必治至强。国用诗书礼乐孝弟善修治者,敌至必削国,不至必贫。不用八者治,敌不敢至,虽至,必却;兴兵而伐,必取,取必能有之;按兵而不攻,必富。"① 意思是,国家如果有礼、乐、诗、书、慈善、修养、孝敬父母、尊敬兄长、廉洁、智慧这十种东西。国家如果有了这十种东西,国君不让民众去打仗,国家也一定会被削弱,甚至灭亡;国家如果没有这十种东西,君主就是让民众去当兵打仗,国家也一定会兴旺,甚至称王天下。国家用所谓善良的民众来统治,国家就一定会发生动乱直到被削弱;国家用提倡改革的人来统治,就一定会治理好,一直到强大。国家采用诗、书、礼、乐、孝道、悌道、行善、修养等八种儒家思想来治理,敌人来了,国家一定被削弱;敌人不来入侵,国家也一定会穷。不采用这八种儒家思想治理国家,敌人就不敢来入侵;即使来入侵,也一定会被打退。如果发兵去讨伐别国,就一定能夺取土地;夺取了他的土地还能够占有它;如果按兵不动,不去攻打别国,就一定富足。商鞅反对空谈仁义道德、诗书礼乐,将个人的经济利益、政治地位与个人建立的功勋相联系。一个人要取得富贵爵禄,没有战功、粟功、治功就没有向上进取的捷径。当然,这一制度也为六国儒士所排斥,鲁仲连说,"彼秦者,弃礼义而上首功之国也。权使其士,虏使其民。彼则肆然而为帝,过而遂正于天下,则连有赴东海而死矣。吾不忍为之民也!"② 意思是,那秦国是一个抛弃了仁义礼制而崇尚杀敌斩首之功的国家,以权术驾驭臣下,像奴隶一样役使百姓。如果让秦国肆无忌惮地称了帝,然后再进一步以自己的政策号令天下,那么我鲁仲连只有跳东海自杀了,我不

---

① 商鞅:《商君书·去强》,中华书局 2009 年版。
② 刘向:《战国策·赵策》,缪文远等译注,中华书局 2006 年版。

能容忍做秦国的顺民。可是,《韩非子》则称赞秦国:"今秦出号令而行赏罚,有功无功相事也。出其父母怀衽之中,生未尝见寇耳。闻战,顿足徒裼,犯白刃,蹈炉炭,断死于前者皆是也。夫断死与断生者不同,而民为之者,是贵奋死也。夫一人奋死可以对十,十可以对百,百可以对千,千可以对万,万可以克天下矣。"① 意思是,如今秦国公布法令而实行赏罚,有功无功分别对待。百姓自从脱离父母怀抱,生平还不曾见过敌人,但一听说打仗,跺脚赤膊,迎着利刃,踏着炭火,上前拼死的比比皆是。拼死和贪生不同,而百姓之所以愿意死战,这是因为他们崇尚舍生忘死的精神。一人奋勇拼死可以抵挡十人,十可以当百,百可以当千,千可以当万,万可以战取天下了。这都是"尚功"精神的表现,即为了国家富强而耕战,建立丰功伟绩。

总之,秦国人的生命意向倾注在敬慎事业上面,追求公利,崇尚武力,建立功勋,以此实现个人生命的终极价值和意义。

---

① 韩非:《韩非子·初见秦》,参看《二十二子》,上海古籍出版社1986年版。

# 第二章　秦国责任伦理的哲学基础：
国家公利哲学

## 引　言

首先要对本章主题加以说明，"秦国责任伦理的哲学基础：国家公利哲学"，这里的"公利"相对于"私利"而言，指的是公室利益、国家利益、天下利益。"公利"与"公功"相并列，不同于一般的"功利"。商鞅指出："上开公利而塞私门，以致民力，私劳不显于国，私门不请于君。"① 韩非子也指出："匹夫有私便，人主有公利。不作而养足，不仕而名显，此私便也。息文学而明法度，塞私便而一功劳，此公利也。"② 可见，"公利"就是指公室利益、国家利益、天下利益。"公利"是一种"价值理性"。所谓"价值理性"，就是指建立在某些价值信念基础之上，以某种终极价值信念为依归的理性，这种价值理性具有实践理性的性质。与"价值理性"相对的概念是"工具理性"，即涉及手段与目的之间关系的理性，如奖赏、惩罚、计算等。在秦国的历史上，"公利"价值理性与"法术势"工具理性二者是相互配合的，也就是选择有效的法律、管理、政治手段去达到国家公利价值目标。

卡尔伯格（Kalberg，1980）曾就马克斯·韦伯对理性的用法进行整理和分析，并且归纳出四个主要类别，即实践理性、理论理性、实质理性和形式理性。任何纯粹以个人自身利益来定位的世俗活动，均属实践理性范围。这类生活方式强调权宜之计，讲求效益，即在既定的现实条件之下，用最有利的手段去解决困难，达到目标。所谓理论理性基本上是通过愈益精确的抽象概念（而

---

① 商鞅：《商君书·壹言》，中华书局 2009 年版。
② 韩非：《韩非子·八说》，参看《二十二子》，上海古籍出版社 1986 年版。

不是行动)去操控现实世界,所涉及的是人的认知思想活动,诸如逻辑论证、因果推断,乃至于意义体系的创设等。所谓实质理性有时又叫做价值理性、伦理理性或规范理性。它与实践理性一样,可以直接作为日常生活行动的指南,但不是为了解决日常问题而计算手段与目标的关系,而是建基于某些价值信条之上,以某种特定的终极的立场(或方向)为依归。所谓形式理性,就是指超越个别的、具体的,因而是有实质的经验(包括人、事、物和情境等),以普遍的、抽象的规则和可计算的程序为依归,在追求目标的过程中作出合理的安排。马克斯·韦伯认为,无论是实践理性、理论理性,还是实质理性,在所有人类社会都可以找到。唯有形式理性,只有在社会工业化之后才逐渐孕育出来,特别在经济、法律、行政管理和科学几方面最为明显。① 秦国选择的法家哲学就是一种强调国家公利的价值理性与重视法术势工具理性相统一的国家公利哲学。

## 第一节　诸子与秦国公利哲学的建立

秦国在其开拓发展中,先是利用,后来逐渐摆脱西周早期儒家以天命信仰、家族本位、仁义道德为基本理念的天命德性哲学,转而崇信法家以法理信仰、国家本位、法术势管理为基本理念的国家公利哲学。这种哲学理念的转变是秦国历史上的一场哲学革命。在人类文明史上,哲学革命往往是政治、经济革命的先声。秦国经过这场哲学革命,以国家公利哲学作为秦国社会意识形态,直接影响秦国国家政治制度、经济产权制度的选择。尤其是以商鞅变法为重要转折点,秦国从传统宗法社会快速进入新型法治官僚社会。由此在秦国形成了拒斥仁义道德,讲求公利,即追求公室、国家、天下整体利益;讲求公功,即为公室、国家、天下建立功勋,从而个人与家庭也能得到富贵爵禄的社会风尚。秦国的这场哲学革命,为秦国成就霸王之业奠定了理论基础。

---

① 张德胜等:《论中庸理性:工具理性、价值理性和沟通理性之外》,《社会学研究》2001 年第 2 期。

**一、秦国公利哲学的形成过程**

秦国公利哲学的形成，可以分为三个阶段：一是秦国接受早期儒家理念的西周化阶段；二是秦国商鞅变法之后的法家化阶段；三是秦国整合诸子百家形成新道家化与新法家化阶段。其形成过程的具体情况如下：

第一阶段，秦国接受早期儒家理念的西周化阶段。从秦襄公立国到秦穆公称霸，这是秦国接受早期儒家哲学即西周哲学理念阶段。秦国接受了西周天命信仰、德性价值观念以及礼乐文化制度，所以，这是以早期儒家哲学即仁义道德理念立国的阶段。新建立的秦国作为周王朝的诸侯国，自觉吸收西周哲学理念并加以发展，使得秦国哲学理念相对于戎狄之国的文化理念具有了一定优势。周宣王时任命秦仲为大夫，"秦仲始有车马礼乐"。周平王封秦襄公为诸侯，秦国开始祭祀白帝于西畤，实行礼乐制度。秦穆公任贤才、讲仁义、重德性，秦国成为礼仪之邦。例如，任用虞国人百里奚就堪称典范。当时，晋献公灭了虞国、虢国，俘虏了百里奚。百里奚逃到楚国。秦穆公闻其贤能，巧妙地用五张羊皮赎回了百里奚，与之深谈三日，授以国政。百里奚又推荐了蹇叔。秦国引进外国人才，形成重贤之风！

秦穆公不仅重贤，而且重德。例如，秦国与晋国发生了外交冲突，这一年，晋国遇旱灾，请求秦国救济粮食。诸大臣建议不给晋国救济粮食，并可乘机出兵征伐。百里奚指出，"晋国夷吾得罪了秦国，他的百姓又有什么罪过呢？"于是，秦穆公便救济晋国粮食，以船漕车转，自雍相望至绛，史称"泛舟之役"。又如，秦穆公一匹马走失，被岐下的民众杀掉吃了。官员捉住这些人要绳之以法。秦穆公说："君子不以畜产害人。我听说吃马肉不饮酒，容易伤身体"。不但宽恕了众人，还给他们送去了美酒。秦穆公与晋惠公战于韩地，在被俘的关键时刻，岐下众人救出秦穆公，报答了食马之德。还有一件事，秦晋殽之战后，秦穆公自责，为阵亡将士筑坟发丧作《秦誓》，让后世记住他的过失引以为戒，并且，对孟明等将领宽容信用。孔子编订《尚书》的时候，把秦穆公的这篇誓词作了压卷之作。

从这些事例可以看出，秦穆公以民为本，修德行武，明显是受到西周哲学的熏陶影响。秦穆公对西戎王的使者由余说："中国以诗书礼乐法度为政"。更能证明秦国已经完全实行了西周礼乐文化：正如《史记·秦本纪》记载，秦穆公对由余说："中原各国借助诗书礼乐和法律处理政务，还不时地出现祸乱呢,现在西戎族没有这些,用什么来治理国家,岂不很困难吗!"由余笑着说:"这些正是中原各国发生祸乱的根源所在。自上古圣人黄帝创造了礼乐法度,并亲自带头贯彻执行,也只是实现了小的太平。到了后代,君主一天比一天骄奢淫逸,依仗着法律制度的威严来要求和监督民众,民众感到疲惫了就怨恨君上,要求实行仁义。上下互相怨恨,篡夺屠杀,甚至灭绝家族,都是由于礼乐法度这些东西啊。而西戎族却不是这样。在上位者怀着淳厚的仁德来对待下面的臣民,臣民满怀忠信来侍奉君上,整个国家的政事就像一个人支配自己的身体一样,无须了解什么治理的方法,这才真正是圣人治理国家啊"。秦穆公退朝之后,就问内史王廖说:"我听说邻国有圣人,这将是对立国家的忧患。现在由余有才能,这是我的祸害,我该怎么办呢?"内史王廖说:"西戎王地处偏僻,不曾听过中原地区的乐曲。您不妨试试送他歌舞伎女,借以改变他的心志。并且为由余向西戎王请求延期返回西戎,以此来疏远他们君臣之间的关系;同时留住由余不让他回去,以此来延误他回国的日期。西戎王一定会感到奇怪,因而怀疑由余。他们君臣之间有了隔阂,就可以俘获他了。

秦国的礼乐文化虽有内乱之虞,相对于西戎的文化却是高级的文明形态。秦穆公让内史王廖赠送西戎王的女乐二八,西戎之国便不堪一击了。所以,秦孝公说:"昔我穆公自岐、雍之间,修德行武,东平晋乱,以河为界,西霸戎翟,广地千里,天子致伯,诸侯毕贺,为后世开业,甚光美"。[1] 意思是说:从前我们秦穆公在岐山、雍邑之间,实行德治、振兴武力,在东边平定了晋国的内乱,疆土达到黄河边上;在西边称霸于戎翟,拓展疆土达千里。天子赐予霸主称号,诸侯各国都来祝贺,给后世开创了基业,盛大辉煌。正是由于秦穆公运用西周哲学及其礼乐文化确立了以民为本,修德行武战略,秦国才能够向东方平定晋国之乱,向西方战胜众多戎翟,成为西部霸主。秦穆公以后,康、共、桓、景诸位秦公仍然实行的是西周的周公之礼。秦景公时《石鼓文》,以及石磬铭文,都有着浓重的西周哲学及其礼乐文化色彩。

第二阶段,秦国商鞅变法之后的法家化阶段。秦穆公的霸业虽然取得巨大成就,但当秦国面对历史悠久而且不断寻求变革的东方诸国时,秦国的早期儒家礼乐文化显然处于相对弱势,正像秦孝公在《求贤令》中说的:"会往者

---

[1]　司马迁:《史记·秦本纪》,上海古籍出版社 2005 年版。

厉、躁、简公、出子之不宁,国家内忧,未遑外事,三晋攻夺我先君河西地,诸侯卑秦。丑莫大焉"。① 意思是说:就在前一阶段秦厉公、躁公、简公、出子的时候,接连几世不安宁,国家内有忧患,没有空暇顾及国外的事,结果晋国攻夺了我们先王河西的土地,诸侯也都看不起秦国,耻辱没有比这更大的了。这时商鞅应《求贤令》之召,自魏国进入秦国。商鞅在公元前 359 年即秦孝公三年和公元前 350 年即秦孝公十二年先后两次变法,主要内容:第一、废井田,开阡陌。即废除宗法贵族的土地所有制,确立国家土地所有制。第二、废除世卿世禄制,建立军功爵制。第三、重农抑商,奖励耕织。第四、推广县制和什伍连坐制。第五、统一度量衡。第六、"明法令",申明"刑无等级"。第七、迁都咸阳,以适应向东方发展的需要。此外还严禁私家请托,禁止游说,禁止私斗。据《史记》记载,商鞅在秦国变法十年之后,"秦民大悦,道不拾遗,山无盗贼,家给人足。民勇于公战,怯于私斗,乡邑大治"。商鞅以官爵俸禄劝民,以耕战富国强兵:"凡人主之所以劝民者,官爵也;国之所以兴者,农战也。今民求官爵,皆不以农战,而以巧言虚道,此谓劳民。劳民者,其国必无力。无力者,其国必削"。② 意思是说:国君鼓励人民,要用官职和爵位。国家所以能够兴盛,要靠农业和军战。现在人民都不从农业和军战来争取官爵,而用巧妙的言谈和空虚的理论,这就叫做奸巧的人。人民奸巧,国家就没有力量。国家没有力量,国土就必然被敌人侵削。商鞅还对早期儒家仁义道德价值取向做了彻底否定:"诗、书、礼、乐、善、修、仁、廉、辩、慧,国有十者,上无使守战。国以十者治,敌至必削,不至必贫。国去此十者,敌不敢至;虽至,必却;兴兵而伐,必取;按兵不伐,必富"。③ 意思是说:诗、书、礼、乐、善良、贤能、仁慈、廉洁、辩论、智慧,国家有这十样,君上就无法使人民守土和战争。朝廷用这十样来治民,敌人一来,国土就必被侵削;敌人不来,国家也必定贫穷。国家去掉这十样,敌人就不敢来;即使来了,也必定败退;兴兵去攻打别国,就必定取得他的土地;按兵不动,国家也必定富饶。早期儒家的仁义道德价值哲学理念被商鞅变法彻底否定了。

---

① 司马迁:《史记·秦本纪》,上海古籍出版社 2005 年版。
② 商鞅:《商君书·农战》,参见高亨:《商君书注译·农战》,中华书局 1974 年版。
③ 商鞅:《商君书·农战》,中华书局 2009 年版。

商鞅变法之后,秦国开始从早期儒家的仁义道德价值哲学理念逐步转变为法家的国家公利哲学理念。在法家国家公利哲学理念指导下,经过秦惠文王、秦昭襄王的开拓,秦国成为战国七雄中最为强大的国家。《荀子·强国篇》记载,应侯问孙卿子曰:"入秦何见?"孙卿子曰:"其固塞险,形势便,山林川谷美,天材之利多,是形胜也。入境,观其风俗,其百姓朴,其声乐不流污,其服不佻,甚畏有司而顺,古之民也。及都邑官府,其百吏肃然,莫不恭俭、敦敬、忠信而不楛,古之吏也。入其国,观其士大夫,出于其门,入于公门;出于公门,归于其家,无有私事也;不比周,不朋党,偶然莫不明通而公也,古之士大夫也。观其朝廷,其朝闲,听决百事不留,恬然如无治者,古之朝也。故四世有胜,非幸也,数也。是所见也。故曰:'佚而治,约而详,不烦而功,治之至也,秦类之矣'。"① 意思是说,荀子到秦国考察,应侯问荀卿说:"到秦国看见了什么?"荀卿说:"秦国边塞险峻,地势便利,山林河流美好,自然资源带来的好处很多,这是地形上的优越。踏进国境,观察秦国习俗,这里的百姓质朴淳厚,这里的音乐不淫荡卑污,这里的服装不轻薄妖艳,人们非常害怕官吏而十分顺从,真像是古代圣王统治下的人民啊。到了大小城镇的官府,这里的各种官吏都是严肃认真的样子,无不谦恭节俭、敦厚谨慎、忠诚守信而不粗疏草率,真像是古代圣王统治下的官吏啊。进入秦国国都,观察这里的士大夫,走出自己家门,就走进公家的衙门,走出公家的衙门,就回到自己家里,没有私下的事务;不互相勾结,不拉帮结派,显得卓然超群,莫不明智达观而廉洁奉公,真像是古代圣王统治下的士大夫啊。观察秦国朝廷,当君主主持朝政告一段落时,处理决定各种政事从无遗留,安闲得好像没有什么需要治理似的,真像是古代圣王治理朝廷啊。所以秦国四代都有胜利的战果,并不是因为侥幸,而是有其必然性。这就是我所见到的。所以说:自身安逸却治理得好,政令简要却详尽,政事不繁杂却有成效,这是政治的最高境界。秦国类似这样了。这是荀子对秦国实行法家国家公利哲学理念取得巨大成就的中肯评价。

第三阶段,秦国整合诸子百家形成新道家化与新法家化哲学阶段。在这一阶段,秦国公利哲学理念的整合有两个方面:一方面是新道家吕不韦的整合阶段:吕不韦入秦国为丞相,编撰《吕氏春秋》,试图进行以道家为核心,"采

---

① 荀况:《荀子·强国》,参看《二十二子》,上海古籍出版社1986年版。

儒、墨之善,撮名、法之要",① 或"兼儒、墨,合名、法"② 的学术综合。高诱概括《吕氏春秋》的宗旨,"此书所尚,以道德为标的,以无为为纲纪,以忠义为品式,以公方为检格,与孟轲、孙卿、淮南、扬雄相表里也"。③ 吕不韦在秦国当丞相时,其新道家的国家公利哲学在秦国产生一定影响。可是,由于吕不韦被免相,新道家以道德、无为、忠义、公方为取向的公利哲学在秦国便寂然陆沉了。另一方面是新法家韩非子的整合阶段:韩非子以新法家的"法、术、势"作为秦国公利哲学的核心,他批评儒家的"文",批评墨家末流侠客的"武",认为"儒以文乱法,侠以武犯禁,而人主兼礼之,此所以乱也。"④ 还批评道家老子关于天道"恍惚",人生"恬淡"观点,"臣以为恬淡,无用之教也;恍惚,无法之言也。言出于无法,教出于无用者,天下谓之察。臣以为人生必事君养亲,事君养亲不可以恬淡;治人必以言论忠信法术,言论忠信法术不可以恍惚。恍惚之言,恬淡之学,天下之惑术也"。⑤ 韩非子拒斥了儒家仁义道德哲学、墨家兼爱价值哲学、道家的自然无为价值哲学,相反,却继承发展商鞅法家、慎到势家、申不害术家的哲学,成为法家哲学的集大成者。并创造出新法家的国家公利哲学体系。韩非子指出:"故明主之国,无书简之文,以法为教;无先王之语,以吏为师;无私剑之捍,以斩首为勇。是境内之民,其言谈者必轨于法,动作者归之于功,为勇者尽之于军。是故无事则国富,有事则兵强,此之谓王资。"⑥就是说,英明君主的国家,不用文献典籍而以法令为教材,禁绝先王的言论而以官吏为老师,制止游侠刺客的凶暴举动而鼓励杀敌立功的勇敢行为,整个国家的民众,擅长辞令的人一定遵守法令;从事劳动的人一定去参加农耕;作战勇敢的人尽心在军队服务。因此,太平时国家富有,战争爆发时军队强大无敌,这才是称王的基本条件。按照韩非子新法家的价值观,就是要排斥儒家、墨家、道家哲学,使秦国完全成为以新法家国家公利哲学理念为主导的国家。

新法家的国家公利哲学理念成为秦国扫平六国、统一天下的指导思想。

---

① 司马迁:《史记·太史公自序》,上海古籍出版社 2005 年版。

② 班固:《汉书·艺文志》,颜师古注,中华书局 2005 年版。

③ 高诱:《吕氏春秋》序,参看《二十二子》,上海古籍出版社 1986 年版。

④ 韩非:《韩非子·五蠹》,参看《二十二子》,上海古籍出版社 1986 年版。

⑤ 韩非:《韩非子·忠孝》,参看《二十二子》,上海古籍出版社 1986 年版。

⑥ 韩非:《韩非子·五蠹》,参看《二十二子》,上海古籍出版社 1986 年版。

新法家国家公利哲学中的核心理念是"公利"即公室之利、国家之利、天下之利。追求国家公利是秦国在成就霸王之业过程中的核心政治哲学理念。《管子·版法解》指出:"凡人者莫不欲利而恶害,是故与天下同利者,天下持之。擅天下之利者,天下谋之。天下所谋,虽立必隳。天下所持,虽高不危。故曰:安高在乎同利。"① "同利",是法家学派管子讲的政治哲学理念,就是指如果君主、公室、国家能与天下人民利益完全相同,就能实现权力高度集中却没有任何危险的政治状态。"公利",是法家学派商鞅、韩非讲的政治哲学理念,秦国公利哲学中"公利"强调的是公室之利、国家之利、天下之利,显然与"同利"所强调的与天下人民利益完全相同有区别,国家公利哲学却是秦国能够成就霸王之业的核心指导思想。张岂之先生考察秦国历史,通过解读李斯名篇《谏逐客书》得出结论,认为李斯在这篇文章中叙述了"秦创造公利文化的历程",并一针见血地指出:"秦文化的印记乃是'公利'二字"。② 可见,秦始皇扫平六国,一统天下,就是这种新法家的国家公利哲学理念的一次伟大历史实践。

## 二、诸子与秦国公利哲学本体论

西周天命信念宗教以及秦国五帝志业宗教是包括秦国公利哲学在内的春秋战国诸子百家哲学本体论的渊源。秦国第一阶段的哲学观念与西周确立的天命信念宗教具有直接关系,后来,随着西周天命信念宗教的衰落,在春秋战国时代出现了宗教理性化的趋势。在这一趋势中,秦国抛弃西周天命信念宗教,逐步建立五帝志业宗教,用这一套宗教理念来实现秦国的"霸王之业"。秦国五帝志业宗教的建立及其不断理性化的过程,为秦国公利哲学在思维上开辟了新的价值空间。

秦国早期哲学观念,受到西周天命信念宗教及其天命德性哲学的强烈影响;随着"礼崩乐坏",西周宗教及其哲学观念逐步衰落了,这为秦国公利哲学本体论的建立扫清了道路。天命信念宗教赋予西周社会统一的文化意识,为

---

① 谢浩范、朱迎平:《管子全译·版法解》,贵州人民出版社1996年版。
② 张岂之:《从炎黄时代到周秦文化》,《周秦文化研究》,陕西人民出版社1998年版,第13页。

西周人社会生活提供崇高价值标准，也为西周人的社会活动提供了精神动力。西周天命信念宗教中的"天命"包含三重意义：第一层意义是圣人的使命先知预言所暗示的玄妙不测、主宰一切的昊天上帝的命令，这种天命就是神意；第二层意义是天神所具有的美好道德本质，即至善绝对命令，这是"民之秉彝"的懿德之源，这种天命就是天德；第三层意义是客观世界运动过程的自然法则，这种天命也就是天则。西周天命信念宗教是由对天神、天德、天则三位一体崇拜共同构成的最高的宗教信仰。周人的天命信念宗教起源于《周易》，据《史记》记载，周文王拘羑里而演《周易》，《周易》的革命性思想在于，它将相传是伏羲时代以"艮"卦为首的《连山易》，以及相传是黄帝时代以"坤"卦为首的《归藏易》，转变成了以"乾"卦为首的《周易》。"艮"代表山，"坤"代表地，"乾"代表天。周人以"乾"卦为首，表现了西周人对天的崇拜。这一"颠倒乾坤"的转变意义重大，它可以和西方 16 世纪哥白尼将"地心说"转变为"日心说"相媲美。哥白尼的"日心说"改变了托勒密的"地心说"体系，从根本上动摇了基督教的宇宙观念，在西方引起了伟大的"哥白尼革命"，科学的发展从此大踏步地前进。西周确立以"乾"为首卦的天命信仰，扬弃了远古到殷商时代的山川大地拜物教信仰，使得西周的宗教信仰超越了狭隘的泛神论拜物教范围的限制。仓孝和指出，"周初带来了中国历史上第一次思想大解放"，"只有发生在两千年以后的欧洲文艺复兴及其以后的启蒙运动可以与之相比"。[①] 在西周天命信念宗教中，唯有"天命"是至高无上、主宰一切的自然神明，个人的吉凶祸福、国家的盛衰存亡都与"天命"存在着微妙联系。世俗生活只有在"天命"的授命下才具有神圣性；而且，西周人"天命"信仰是与人的"德性"本性联系在一起的，"德性"与"天命"相配的观念，使西周文明最早具有了统一的普世主义文化意识，并赋予西周人以强烈的追求天德、天则的使命感。《周易·象传》中讲："天行健，君子以自强不息；地势坤，君子以厚德载物"。[②] "天命"信仰赋予周人以自强不息的进取精神，厚德载物的包容精神，这为西周人的社会活动提供了强大精神动力。秦国人从秦襄公立国一直到秦

---

① 仓孝和：《自然科学历史简编—科学方法在历史上的作用及历史对科学的影响》，北京出版社 1988 年版。

② 李申：《周易经传译注·象传》，王博等译注，湖南教育出版社 2004 年版。

穆公时期,受到西周天命信念宗教的影响表现得淋漓尽致:秦国哲学承诺的真实存在就是能与天命相配的"德性"及其礼乐文化,这就是秦国早期儒家的哲学本体论观念。可是,随着周王朝的"礼崩乐坏",西周天命信念宗教及其天命德性哲学逐步衰落了,这为秦国公利哲学本体论的建立扫清了道路。

在春秋战国时代,诸子百家哲学冲出西周天命信念宗教思想的窠臼,经过对西周昊天上帝观念的理性化扬弃,诸子哲学的本体论学说出现百家争鸣的局面,秦国公利哲学本体论思想脱颖而出。

以孔子为代表的儒家,继承西周天命信念宗教,把西周的天命论发展到了理性化的新阶段。儒家认为,"天命"具有道义之天的道德本质,即具有崇高的仁义道德价值。儒者的使命就是认识和实践"天命"的崇高道德本质。儒家道义之天的道德本质体现在人身上就是"四心",即恻隐之心、羞恶之心、辞让之心、是非之心。儒家心性论为"仁爱"的家族伦理奠定了理论基础。

以墨子代表的墨家,批判西周天命信念宗教,提出天志论。墨子把"天志"理解为上帝的意志,上帝的"天志"就是兼相爱,交相利;赏善罚恶,除暴安良;兴天下之利,除天下之害;墨子的天志论为"兼爱天下"的天下伦理奠定了基础。

以老子为代表的道家,改造西周天命信念宗教,提出天道论。老子讲的"天道"既不是仁义道德之天德,也不是上帝意志之天志,而是自然之道,"天道"就是自然之道,既是宇宙的本根,又是宇宙的法则。道家的天道论为其虚无、清静、无为的自然伦理奠定了基础。

杨朱学派从主体方面发挥了道家思想,主张保全纯真的天性,不因为外物而拖累身形,这种重视内在"天道"的生命价值哲学为"重己自爱"的个人伦理奠定了基础。

以商鞅、韩非子代表的法家,扬弃西周天命信念宗教,提出道理论。在秦国五帝志业宗教的背景下,法家主张"缘道理、因人情",他们讲的"道"、"理"就是国家公利之道理,就是刑赏"二柄"工具理性的道理。秦国崇尚的是法理哲学,即以法律为准则,依法治理国家,奖励农耕与军战,富国强兵,成就霸王之业的理性哲学。秦国法家的道理论为其"法治"的国家伦理奠定了基础。商鞅三说秦孝公,既不用老子自然无为的帝道,也不用儒家仁义道德的王道,而是用法家以法治国的霸道。

在秦国历史上,诸子百家的代表人物都到过秦国,秦国朝廷对诸子百家哲学则是择善而从,选择了从杨朱个人重己生命哲学、儒家仁义道德价值哲学、墨家尚贤兼爱价值哲学,中间经过新道家国家公利哲学,最终走向新法家国家公利哲学的道路。在秦国,虽然儒家、墨家、道家等学派都占有一席之地,但是,最终还是法家占据主流意识形态地位。儒家、墨家、道家、法家等学派通过对西周天命信念宗教的继承、批判、改造、扬弃,各家提出了不同的哲学本体论学说,为中华民族的精神世界开拓了不同的意义空间,并为中国社会的创新发展提供了哲学本体论前提。

### 三、诸子与秦国公利哲学价值本位和价值取向

在西周时代,中国学术是统一的。在这统一的学术中,只是存在圣人之学、君子之学、百官之学等不同层次的学问而已。《庄子·天下篇》指出,在这种统一的学术中,"以天为宗,以德为本,以道为门,兆于变化,谓之圣人。以仁为恩,以义为理,以礼为行,以乐为和,薰然慈仁,谓之君子。以法为分,以名为表,以参为验,以稽为决,其数一二三四是也,百官以此相齿,以事为常,以衣食为主,蕃息畜藏,老弱孤寡为意,皆有以养,民之理也。古之人其备乎! 配神明,醇天地,育万物,和天下,泽及百姓,明于本数,系于末度,六通四辟,小大精粗,其运无乎不在"。① 这就是说,在西周时代统一的学术中,以天为主宰,以德为根本,以道为门径,能预见变化征兆的叫做圣人;以仁为恩惠,以义为准则,以礼为规范,以乐为和谐,表现温和而仁慈的叫做君子;以法律为准绳,以名称为标志,以参检为验证,以稽核做决断,所用的数字是一二三四,百官以这些为序列,以事业为常务,以衣食为主,繁殖生息,积蓄储藏,老弱孤寡放在心上,都有所养,这是管理的基本道理。古时的圣人是很完备的了! 他们配合天神圣明,效法天地,养育万物,和谐天下,恩泽百姓;通晓大道根本法则,而且掌握法度的细节,通达上下东南西北六合,顺应春夏秋冬四时,小大精粗,天道的运行无处不在。可是,西周时代统一的学术,到了后来就分裂了。

春秋战国时代,由于中国统一的学术分裂了,在诸子百家的价值体系中,各家价值本位和价值取向就产生了矛盾、对立、差异、同一的复杂关系。根据

---

① 庄周:《庄子·天下篇》,参看陈鼓应:《庄子今注今译》,中华书局 2009 年版。

吕不韦《吕氏春秋·不二》的说法,"老耽贵柔,孔子贵仁,墨翟贵廉,关尹贵清,子列子贵虚,陈骈贵齐,阳生贵己,孙膑贵势,王廖贵先,兒良贵后"。①"贵"就是有价值,表明各位哲学家的价值本位和价值取向的不同。吕不韦从哲学价值观的角度评价诸子:老子以柔弱为价值取向,孔子以仁爱为价值取向,墨子以兼爱为价值取向,关尹以清静为价值取向,列子以虚无为价值取向,陈骈以齐一为价值取向,杨朱以个人生命为价值取向,孙膑则以时势为价值取向,王廖兒良则分别以先机、后法为价值取向。再根据《尸子·广泽》的说法,"墨子贵兼,孔子贵公,皇子贵衷,田子贵均,列子贵虚,料子贵别囿"。"若使兼、公、虚、均、衷、平易,别囿一实也,则无相非也。"② 就是说,墨子主张兼爱,孔子主张天下为公,皇子主张折中,田子主张平均,列子主张虚静,料子主张别囿,如果各家所说对象的实质是同一的,就没有必要彼此相互非议。尸子即尸佼,曾经做过商鞅的老师,商鞅死后逃到蜀国。他认识到,如果只是从低层次的一私之偏角度来看,诸子百家的理论各不相同;然而,要是站在天下大公的更高层次来看,诸子百家关心的都是同一的对象,追求的是同一的大道。

春秋战国的诸子百家价值体系的优劣如何呢? 庄周、荀况、司马谈、班固等人提出了不同的看法:

其一,庄周在《庄子·天下篇》中,从道家的立场出发,对中国学术分裂之后,诸子百家的价值取向进行了批判性的分析:一是邹鲁之地的儒士搢绅先生:西周时代统一学术体系的余绪流传下来,还保存在邹鲁之地的儒士搢绅先生那里。庄子说:"其明而在数度者,旧法,世传之史尚多有之;其在于《诗》、《书》、《礼》、《乐》者,邹鲁之士、搢绅先生多能明之"。意思是说,那些明确表现于礼义制度的,旧时的法度规矩,世代相传的史官还记载得很多。那些保存在《诗》、《书》、《礼》、《乐》的,邹鲁之地的儒士搢绅先生们大多能明白。二是墨翟、禽滑厘:"不侈于后世,不靡于万物,不晖于数度,以绳墨自矫,而备世之急。古之道术有在于是者,墨翟、禽滑厘闻其风而说之"。意思是说,不以奢侈教育后世,不浪费财物,不炫耀等级制度,用规矩勉励自己而备于当世之急务。古代的道术存在于这方面的。墨翟、禽滑厘听到这种治学风气就喜欢它。

---

① 吕不韦:《吕氏春秋·不二》,李双棣等译注,吉林文书出版社 1986 年版。
② 尸佼:《尸子·广泽》,参看《二十二子》,上海古籍出版社 1986 年版。

三是宋钘、尹文:"不累于俗,不饰于物,不苟于人,不忮于众,愿天下之安宁以活民命,人我之养,毕足而止,以此白心。古之道术有在于是者,宋钘、尹文闻其风而说之。"意思是说,不受世俗所牵累,不以外物来掩饰,不苟从别人。不违逆众志,希望天下安稳宁静以保全人民的性命,别人和自己的奉养都知足就够了,以这种观点纯洁内心。古代的道术存在于这方面的,宋钘、尹文听到这种治学风气就喜欢它。四是彭蒙、田骈、慎到:"公而不党,易而无私,决然无主,趣物而不两,不顾于虑,不谋于知,于物无择,与之俱往。古之道术有在于是者,彭蒙、田骈、慎到闻其风而说之。"意思是说,公正而不偏党,平易而无私欲,随和而无主见,随物而趋,不有二意,不虑过去,不谋未来,对事物无选择,参与事物的变化。古代的道术存在于这方面的,彭蒙、田骈、慎到听到这种治学风气就喜欢它。五是关尹、老聃:"以本为精,以物为粗,以有积为不足,淡然独与神明居。古之道术有在于是者,关尹、老聃闻其风而说之。"意思是说,把本体的天德看作精要,把具体的事物视作粗犷,把积蓄看作不足,无牵无挂单独与神明共处一体。古代的道术存在于这方面的,关尹、老聃听到这种治学风气就喜欢它。六是庄周自己:"芴漠无形,变化无常,死与? 生与? 天地并与,神明往与! 芒乎何之,忽乎何适,万物毕罗,莫足以归。古之道术有在于是者。庄周闻其风而说之。"意思是说,空寂广漠无形的道的本体,变化无常的道的运用,死呀? 生呀? 与天地并存,与神明同位! 惚惚恍恍向什么地方去,万物与我为一,不知哪里是归宿。古代的道术存在于这方面的,庄周听到这种治学风气就喜欢它。七是惠施、桓团、公孙龙:"惠施多方,其书五车,其道舛驳,其言也不中。""桓团、公孙龙辩者之徒,饰人之心,易人之意,能胜人之口,不能服人之心,辩者之囿也。"① 意思是说,惠施懂多种学问,他的著作能装五车,他讲的道理错综驳杂,他的言辞不当于道。桓团、公孙龙都是辩者一类的人,蒙蔽人的思想,改变人的意见,能辩胜别人的口舌,而不能折服人心,这是辩者的局限。庄子认为,"天下大乱,贤圣不明,道德不一。天下多得一察焉以自好"。就是说,春秋战国以来,天下大乱,贤圣不能明察,道德规范不能统一,天下的学者的价值取向多是各得一偏而自以为是。

　　其二,荀况在《荀子·非十二子》中,从儒家的立场出发,对当时诸家价值

---

　　① 庄周:《庄子·天下篇》,参看陈鼓应:《庄子今注今译》,中华书局2009年版。

取向进行了批判性的分析。他说"假今之世,饰邪说,文奸言,以枭乱天下,矞宇嵬琐使天下浑然不知是非治乱之所在者,有人矣"。意思是,如今这个时代,以粉饰邪恶的学说,美化奸诈的言论,来搞乱天下。用那些诡诈、夸大、怪异、委琐的言论,使天下人混混沌沌地不知道是非标准、治乱原因的,已有这样的人了。一是它嚣(即环渊)、魏牟:"纵情性,安恣孳,禽兽行,不足以合文通治"。意思是说,放纵性情,恣肆放荡,像禽兽一样,不合乎礼义文明。这是背离社会礼义的个人纵欲主义价值取向。二是陈仲、史鰌:"忍情性,綦谿利跂,苟以分异人为高,不足以合大众,明大分"。意思是说,强忍性情,清高超俗,以与众不同为高明,不能深入民间社会,昌明等级名分。这是脱离现实生活的个人禁欲主义价值取向。三是墨翟、宋钘:"不知壹天下建国家之权称,上功用,大俭约,而僈差等,曾不足以容辨异,县君臣"。意思是说,不懂统一天下、建立国家的准则,崇尚实用,重视节俭,而轻慢等级差别,甚至不容许人与人有待遇的差别,有君臣的等级。这是不懂得宗法等级原则的天下绝对平均主义价值取向。四是慎到、田骈:"尚法而无法,下修而好作,上则取听于上,下则取从于俗,终日言成文典,反紃察之,则倜然无所归宿,不可以经国定分。"意思是说,推崇法治但又不会制定法规,轻视先贤自作主张,对上顺从君主旨意,对下盲从世俗见识,整天空谈现成的法典,但是,却迂远得没有着落,根本不能用来明确分工,管理国家。这是不懂得宗法礼乐制度的法治空想主义价值取向。五是惠施、邓析:"不法先王,不是礼义,而好治怪说,玩琦辞,甚察而不惠,辩而无用,多事而寡功,不可以为治纲纪"。意思是说,不效法先王,不赞成礼义,而喜欢钻研怪异的概念、命题、推理,明察而无益,雄辩而无用,费事很多而功效很少,对治理国家无关紧要。这是不关心实际礼义学问,只重视对语言进行抽象分析的形式主义价值取向。六是子思、孟轲:"略法先王而不知其统,然而犹材剧志大,闻见杂博。案往旧造说,谓之五行,甚僻违而无类,幽隐而无说,闭约而无解。案饰其辞而祗敬之曰:此真先君子之言也。"[1] 意思是说,大略效法先王,而不知道纲领,还自以为能力强,志向远,见闻广。根据旧说臆造新论,称为"五行",偏颇而不入类,隐晦而不成学说,僵化而不可理解,却还夸耀说:"这是真正先师孔子的言论"。这是不懂得实际治国之道,根据

---

① 荀况:《荀子·非十二子》,参看《二十二子》,上海古籍出版社1986年版。

五行旧说,臆造仁义礼智圣道德本质的心性主义价值取向。荀子站在早期儒家舜、禹、孔丘、子弓的价值立场上评判各家观点,认为只有舜、禹、孔子、子弓的价值取向是能够统一天下,管理万物,养育人民,使天下人都得到好处的。其他十二子讲的所有理论,都是欺惑愚众的一偏之言。

荀子还站在舜、禹、孔子、子弓的儒家价值立场上,对诸子百家的片面性和缺陷性一一作出判断:"墨子蔽于用而不知文,宋子蔽于欲而不知得,慎子蔽于法而不知贤,申子蔽于执而不知知,惠子蔽于辞而不知实,庄子蔽于天而不知人。故由用谓之道,尽利矣;由欲谓之道,尽嗛矣;由法谓之道,尽数矣;由执谓之道,尽便矣;由辞谓之道,尽论矣;由天谓之道,近因矣。此数具者,皆道之一隅也。"① 就是说,墨子蒙蔽于只重实用而不知文饰,是一种只重视实用的绝对平均主义;宋子蒙蔽于只见人的情欲寡浅而不知人的贪得无厌,是一种不懂得功利的禁欲主义;慎子蒙蔽于只求依法治国而不知选贤任能,是一种不知道善用人才,只重视法治的空想主义;申子蒙蔽于只知政治权术的作用而不知智慧能力的作用,是一种不知道善用智慧,只重视权术的行政技术主义;惠子蒙蔽于只知名辩而不知实际,是一种不关心现实问题,只重视语言抽象分析的形式主义;庄子蒙蔽于只知天道的自然作用而忽视人道的能动作用,是一种不知道人的能动作用,只重视天道运行的自然主义。所以,从实用的角度来立论,就全谈功利了;从寡欲的角度来立论,就没有不满足了;从法治的角度来立论,就全谈律条了;从行政的角度来立论,就全谈权力了;从语言的角度来立论,就全谈些名辩论题了;从天道的角度来立论,就全谈道法自然了。这几种说法,都是哲学的一个方面。

其三,司马谈《论六家之要旨》则站在当时道家黄老之学的价值立场上,以"自然无为"作为"普世价值",并指出阴阳家、儒家、墨家、名家、法家、道家等诸子百家的利弊:一是阴阳家:"尝窃观阴阳之术,大祥而众忌讳,使人拘而多所畏,然其序四时之大顺,不可失也"。就是说,阴阳家,注重吉凶祸福的预兆,禁忌避讳很多,使人拘束并有所畏惧,但阴阳家关于一年四季运行的道理,是不可丢弃的。二是儒家:"儒者博而寡要,劳而少功,是以其事难尽从,然其序君臣父子之礼、列夫妇长幼之别,不可易也"。就是说,儒家学说内容广博

---

① 　荀况:《荀子·解蔽》,参看《二十二子》,上海古籍出版社 1986 年版。

而缺少要领,费力不少,功效不大,因此儒家的主张难以完全遵从;然而它策划的君臣父子之礼,夫妇之别,长幼之序则是不可改变的。三是墨家:"墨者俭而难遵,是以其事不可遍循,然其强本节用,不可废也"。就是说,墨家主张的节俭一般人难以遵行,因此该派主张不能完全落实,但它关于强本节用的主张,则是不可废弃的。四是法家:"法家严而少恩;然其正君臣上下之分,不可改矣"。就是说,法家主张严刑峻法而刻薄寡恩,但它明确君臣上下职权分工的主张,则是不可更改的。五是名家:"名家使人俭而善失真,然其正名实,不可不察也"。就是说,名家使人知识贫乏而容易脱离实际;但它确立名实关系的标准,则是不能不认真考察的。六是道家:"道家使人精神专一,动合无形,赡足万物。其为术也,因阴阳之大顺,采儒墨之善,撮名法之要,与时迁移,应物变化,立俗施事,无所不宜,指约而易操,事少而功多。儒者则不然。以为人主天下之仪表也,主倡而臣和,主先而臣随。如此则主劳而臣逸。至于大道之要,去健羡,绌聪明,释此而任术。夫神大用则竭,形大劳则敝,形神骚动,欲与天地长久,非所闻也。"① 意思是说,道家使人思想趋向玄同,行动取法自然,没有什么地方不能适用的。道家之术博采众长,因任阴阳四时的顺序,采纳儒墨之善,撮取名法之要,与时俱进,应物变化,确立习俗,处理事情,无不适宜。意思简约而容易操作,用力少而功效多。儒家则不是这样,他们认为君主是天下万民的表率,君主倡导,群臣附和,君主在先,臣下随后。这样一来,君主劳苦而臣下逸乐。原来大道的宗旨是抛弃掉强健与多欲,罢黜掉聪明自能,把这些悬置不用而用大道之术。精神过劳就会衰竭,身体过劳就会衰老,形神不宁,想要天长地久,从未听说过的事。

萧萐父先生在为熊铁基所著的《秦汉新道家·秦汉之际学术思潮简论(代序)》中指出:"读马王堆汉墓出土帛书《经法》等篇,益信司马谈所论六家要旨,实为为秦汉之际发展的新思潮而并非先秦各家旧旨。比类通观,异同可见。忆及蒙文通先生于《儒学五论》中曾指出:'盖周秦之季,诸子之学,皆互为采获,以相融会。韩非集法家之成,更取道家言以为南面之术,而非固荀氏之徒也。荀之取于道法二家,事尤至显。《吕览》、《管书》,汇各派于一轨,《淮

---

① 司马迁:《史记·太史公自序》,上海古籍出版社 2005 年版。

南子》沿之，其旨要皆宗道家。"① 熊铁基先生发现，《汉书·艺文志》将《吕氏春秋》、《淮南子》内、外篇归为杂家不确切，实际上它们是一种新出现的思想：新道家理论。所以，同样具有新道家价值本位和价值取向的《淮南子·要略》则指出先秦诸子理论产生的社会历史背景，指出了先秦诸子中姜太公兵家，周公旦儒家，墨家，齐国管子学派，纵横家，刑名家，秦国商鞅法家学派的理论在特定历史条件下的相对合理性。② 秦汉之际，随着时代的变化，学术理论进行批判性融合乃是学术理论发展的一个规律。司马谈、刘安等人正是以新道家的价值本位和价值取向为出发点，对诸子百家的理论进行了分类批判，这种分类批判反映了时代发展的内在需要。可见，诸子百家的理论都是时代的产物，阴阳、儒、墨、法、名、道，概莫能外！

其四，班固在《汉书·艺文志》中从社会分工的角度，指出诸子百家学术的职业渊源：儒家学派的源头来自掌管教化的司徒。道家学派是由史官演化而来。阴阳家学派出于天文历法之官。法家学派起源于法官。墨家学说起源于看守宗庙之官。纵横家学派当出自接待宾客之官。杂家学派当出于议事之官。农家学派当起源于主管农业之官。小说家学派应当出于收集民间传说的小官。③ 针对班固的观点，胡适提出诸子不出于王官，认为"诸子之学，皆起于救世之蔽，应时而兴"。牟宗三不同意这种观点，他指出，诸子出于王官是历史的"出"，不是逻辑的"出"，诸子产生的直接原因是针对"周文疲敝"做出的反应。"这套西周三百年的典章制度，这套礼乐，到春秋的时候就出问题了，所以我叫它做'周文疲弊'。诸子的思想出现就是为了对付这个问题。这个才是真正的问题所在。"④ 其实，班固不是对诸子百家的学术渊源做实证研究，只是对诸子百家的学术渊源做一种学术概括，是从原则上指出了诸子学术中思想意识形态与王官政治体制的关系，从古代政治体系的分工原理提出了诸子学术价值本位与价值取向的政治经济渊源。

从哲学观点来看，无论是儒、道、杨、墨，还是阴阳、名、法，诸子百家所坚持的立场都在五大价值本位的范围：个人本位、家族本位、国家本位、天下本位、

---

① 熊铁基：《秦汉新道家·秦汉之际学术思潮简论〈代序〉》，上海人民出版社 1984 年版。
② 刘安：《淮南子·要略》，许匡一译注，贵州人民出版社 1995 年版。
③ 班固：《汉书·艺文志》，颜师古注，中华书局 2005 年版。
④ 牟宗三：《中国哲学十九讲》，上海古籍出版社 1997 年版，第 58 页。

天道本位;所坚持的论点都在五大价值取向的范围:生命价值——存与亡;政治经济价值——利与害;道德价值——善与恶;审美价值——美与丑;逻辑价值——真与伪。杨朱学派以个人为伦理本位创立了贵己的价值理性体系;孔子儒家学派以家庭为伦理本位,创立了"仁爱"的价值理性体系;商鞅法家学派以国家为伦理本位,创立了"法治"的公利价值理性体系;墨家以天下为伦理本位,创立了"兼爱"人类的价值体系;老子则以天道为伦理本位,创立了自然无为价值体系。此时的诸子百家已经在本体论、宇宙论、方法论上形成了系统的世界观体系,在政治、经济、伦理、逻辑、审美等领域形成了系统的价值观体系。例如,杨朱主张个人本位,价值取向偏重生命审美快乐体验:厚味、美服、丰屋、姣色。儒家主张家族本位,价值取向是舍生取义,天下为公,偏重仁义道德价值方面善与恶的区别;法家主张国家本位,价值取向偏重于国家公利价值,追求富国强兵以及富贵爵禄的价值。

秦国公利哲学的形成经历了三个阶段,即秦国接受早期儒家理念的西周化阶段;秦国商鞅变法之后的法家化阶段;秦国整合诸子百家形成新道家、新法家化阶段。在这三个阶段中,秦国为什么先后选择儒家、墨家、道家、法家的哲学,最后形成了国家公利哲学体系,从而为秦国责任伦理的实施奠定了坚实的哲学基础? 这就需要从诸子百家价值哲学体系中关于人类存在的本质、人类存在的活动机制、人类存在的伦理根据等方面来进行分析。考察杨朱学派、儒家学派、法家学派、墨家学派、道家学派的哲学本体论以及价值本位和价值取向,从而理解秦国公利哲学的理论本质以及秦国责任伦理产生的哲学前提。

## 第二节　杨朱学派个人重己生命哲学

杨朱提出了一套个人本位的重己价值哲学。杨朱字子居,战国时期魏国人,生卒年大约在公元前381年~公元前300年。其观点散见于《庄子》、《孟子》、《韩非子》、《吕氏春秋》等书,晋代张湛重新编辑并注释的《列子》中有《杨朱篇》,其基本内容反映了战国时期杨朱的观点。陈鼓应指出:"近人以为《杨朱篇》充满了纵欲主义思想而加以鄙弃,并误以为它是魏晋时人的作品。其实,若说纵欲主义早在先秦时期就已出现,《荀子·非十二子》所指'纵情性,安恣睢'的它嚣、魏牟学派便是。《列子》一书,乃由列御寇弟子及后学所集,并掺杂有后人文字及其他残卷和错简。其《杨朱篇》亦非魏晋时人所伪托。严灵峰先生《列子辩诬及其中心思想》专书中作了详尽的论证,兹不赘述"。① 杨朱学派的重要人物还有詹河、子华子、它嚣、魏牟等人。荀子曾批评它嚣、魏牟:"纵情性,安恣孳,禽兽行,不足以合文通治;然而其持之有故,其言之成理,足以欺惑愚众,是它嚣、魏牟也"。② 杨朱学派个人本位重己价值哲学中的责任伦理主体是个人,其责任对象也是个人,责任的规范也是围绕着个人,杨朱学派完全以个人为价值取向,对家族责任、国家责任、天下责任、自然责任的伦理本位价值取向都持否定态度。尤其是杨朱和墨翟两家的思想直接对立。孟子指出:"杨子取为我,拔一毛而利天下,不为也。墨子兼爱,摩顶放踵,利天下,为之"。③ 就是说,杨子的主张是"为我",即使从他身上拔一根毫毛,做有利于天下人的事情,他是不干的;而墨子的主张是"兼爱",即使摩破了头顶,走断了脚跟,只要有利于天下人,他也心甘情愿。

　　从上述观点可以看出,杨朱主张"损一毫利天下不与也",说明他不屑于利他主义,——意在否定墨家的兼爱之道。"悉天下奉一身不取也",说明他也不屑于国家主义,——意在否定法家的君主集权之道。原来他要追求的是人人只为自己尽责,人格自立、财产自有、言行自由,"人人不损一毫,人人不利天下,则天下治矣"的自利主义理想社会。反对为了家族、国家、天下等共同体的利益来伤害个人生命、个人利益! 杨朱学派的哲学理念是一种以个人责任为本位的自利主义伦理价值观。杨朱认为当时社会诸子的哲学价值观纷纷走向歧路,所以有歧路之哭:"杨子之邻人亡羊,既率其党,又请杨子之竖追之。杨子曰:'嘻! 亡一羊,何追者之众?'邻人曰:'多歧路。'既反,问:'获羊乎?'曰:'亡之矣。'曰:'奚亡之?'曰:'歧路之中又有歧焉,吾不知所之,所以反也'。杨子戚然变容,不言者移时,不笑者竟日。"④ 意思是说,杨朱的邻居走失一只羊,邻居率领他一家人去追,又请杨朱仆人去追。杨子说:"唉! 走失一只羊为什么要去那么多人追呢?"邻居说:"岔路太多。"追羊的人回来以

---

　　① 《杨朱轻物重生的思想——兼论〈杨朱篇〉非魏晋时伪托》,《江西社会科学》1990 年第 6 期。

　　② 荀况:《荀子·非十二子》,参看《二十二子》,上海古籍出版社 1986 年版。

　　③ 孟轲:《孟子·尽心上》,参看《四书集注》,岳麓书社 1985 年版。

　　④ 列御寇:《列子·说符篇》,上海古籍出版社 1989 年版。

后,杨朱问:"找到羊了吗?"回答说:"跑丢了。"杨朱问:"为什么跑丢了?"回答说:"岔路之中又有岔路,我们不知道往哪里去追,所以就返回了。"杨子忧愁地变了脸色,好久不说话,整天也不笑。杨朱陷入了对人类社会价值观迷失造成"歧路亡羊"的哲学沉思,看来,杨朱是一位具有人文情怀的哲人。

### 一、杨朱学派论人的生命价值

关于人的生命价值,杨朱认为人是生物中最有灵性的,人的生命价值最为宝贵,物质财富、政治统治、仁义道德都是为人类服务的,世界上没有比人的生命价值更高的价值。

首先,人的生命价值高于物质财富的价值。杨朱认为,人的自然局限性、脆弱性决定人必须利用智慧改造物质世界,创造物质财富来成全个人生命的存在,在这个过程中,人的生命的宝贵价值就被创造出来。"杨朱曰:人肖天地之类,怀五常之性,有生之最灵者也。人者,爪牙不足以供守卫,肌肤不足以自捍御,趋走不足以从利逃害,无毛羽以御寒暑,必将资物以为养,任智而不恃力。故智之所贵,存我为贵;力之所贱,侵物为贱。然身非我有也,既生,不得不全;物非我有也,既有,不得而去之。身固生之主,物亦养之主。虽全生,不可有其身;虽不去物,不可有其物。有其物,有其身,是横私天下之身,横私天下之物。不横私天下之身,不横私天下物者,其唯圣人乎!公天下之身,公天下之物,其唯至人矣!此之谓至至者也。"① 意思是说,人与天地万物类似,怀有木火土金水五行的本性,在生物中最有灵性。但是,人的指甲牙齿不足以守卫自己,皮肤肌肉不足以防护自己,双腿的奔跑不足以获取猎物与逃避攻击,没有毛和羽来抵御严寒与炎热,一定要利用外物来滋养和保护自己,人类贵在运用智慧而不依仗力量,所以人类智慧的可贵,在于能保护人类生命而可贵;依仗力量的低贱,在于以攻击伤害外物而低贱。然而身体不是属于我所有的,既然出生了,便不能不保全它;外物也不是属于我所有的,既然存在着,便不能抛弃它。身体固然是生命的主宰因素,外物也是保养身体的主宰因素。虽然要保全生命,却不可以占有自己的身体;虽然不能抛弃外物,却不可以占有那些外物。占有那些外物,占有自己的身体,就是蛮横地把天下的身体归于

---

① 列御寇:《列子·杨朱篇》,上海古籍出版社1989年版。

自己所有,蛮横地把天下之物归于自己所有。不蛮横地把天下的身体归于自己所有,不蛮横地把天下之物归于自己所有的,大概只有圣人吧! 把天下的身体归公共所有,把天下的外物归公共所有,大概只有至人吧! 这就叫做最崇高最伟大的人。在杨朱哲学中,个人的生命就是责任伦理主体——"生之主",个人的生存的世界则是责任对象——"养之主"。责任伦理的规范就是人对于"生之主"、"养之主"建立的"悉奉不取"、"一毛不拔"等价值规范。所以,一切都是通过人来创造,同时,这种创造也是为了人而创造的。杨朱学派特别反对人的生命被自己拥有的物质财富所占有,以及被自己所创造的对象世界所支配。

其次,人的生命价值高于政治统治的价值。杨子曾与墨家学派的禽子发生过直接辩论:"杨朱曰:'伯成子高不以一毫利物,舍国而隐耕。大禹不以一身自利,一体偏枯。古之人损一毫利天下不与也,悉天下奉一身不取也。人人不损一毫,人人不利天下,天下治矣。'禽子问杨朱曰:'去子体之一毛以济一世,汝为之乎?'杨子曰:'世固非一毛之所济。'禽子曰:'假济,为之乎?'杨子弗应。禽子出语孟孙阳。孟孙阳曰:'子不达夫子之心,吾请言之。有侵若肌肤获万金者,若为之乎?'曰:'为之。'孟孙阳曰:'有断若一节得一国,子为之乎?'禽子默然有闲。孟孙阳曰:'一毛微于肌肤,肌肤微于一节,省矣。然则积一毛以成肌肤,积肌肤以成一节。一毛固一体万分中之一物,奈何轻之乎?'禽子曰:'吾不能所以答子。然则以子之言问老聃关尹,则子言当矣;以吾言问大禹墨翟,则吾言当矣'"。① 意思是说,杨朱指出,"伯成子高不肯用自己一根毫毛去为他人谋利益,抛弃了国家,隐居种田去了。大禹不肯用一根毫毛来为自己谋利益,结果身体偏瘫了。古时候的人要拔自己一根毫毛去干为天下谋利益的事情,他不肯给予;把天下全部的财物都用来奉养自己一个人身体,他不愿拿取。人人都不用拔去自己身上的一根毫毛,人人都不用为天下人去谋利,天下就太平了"。禽子问杨子说:"取你身上一根毫毛以救济天下,你干吗?"杨子说:"天下本来不是一根毫毛所能救济的"。禽子说:"假使能救济的话,你干吗?"杨子没有吭声。禽子出来告诉了孟孙阳。孟孙阳说:"你不明白先生的心意,请让我来说说吧。有人侵犯你的肌肉皮肤便可得到一万金

---

① 列御寇:《列子·杨朱篇》,上海古籍出版社 1989 年版。

子,你干吗?"禽子说:"干!"孟孙阳说:"有人砍断你的一节身体便可得到一个国家,你干吗?"禽子沉默了很久。孟孙阳说:"一根毫毛比肌肉皮肤小得多,肌肉皮肤比一节身体小得多,这十分明白。然而把一根根毫毛的体表积累起来,便成为一块肌肉皮肤,把一块块肌肉皮肤积累起来便成为一节身体。一根毫毛本是整个身体中万分之一物,为什么要轻视它呢?"[1] 禽子说:"我不能用更多的道理来说服你。然而,如果用你的话去问老聃、关尹,那么,你的话是对的;如果用我的话去问大禹、墨翟,那么,我的话就是对的了"。杨朱学派发现,个人生命价值至高无上,不要以生命价值的丧失去谋求经济价值、政治价值;反对打着为国家、为天下的政治旗号去剥夺个人的生命权利、财产权利。生命价值与经济、政治价值究竟那个是根本? 杨朱学派的詹何也认为生命价值是根本。据《列子》记载,"楚庄王问詹何曰:'治国奈何!'詹何对曰:'臣明于治身而不明于治国也。'楚庄王曰:'寡人得奉宗庙社稷,愿学所以守之。'詹何对曰:'臣未尝闻身治而国乱者也,又未尝闻身乱而国治者也。故本在身,不敢对以末。'楚王曰:'善'。"[2] 意思是说,楚庄王问詹何说:"治理国家应该怎样?"詹何回答说:"我知道修养自身,不知道治理国家"。楚庄王说:"我能成为祀奉宗庙社稷的人,希望学到怎样保持它的办法"。詹何回答说:"我没有听说过自身修养好了而国家反而混乱的事,又没有听说过自身心烦意乱而能把国家治理好的事。所以根本在于自身,不敢用末节来答复"。楚王说:"说得好"。在詹何看来,人的生命价值是根本,国家政治价值是细节,国家政治价值的存在只有依靠保障人的生命价值才能存在,国家政治价值的提高也只有依靠人的生命价值的提升才能提高,所以,人的生命价值的重要性高于经济、政治价值。

其三,生命价值高于仁义道德价值。杨朱从根本上颠覆了儒家、墨家的仁义道德价值观。杨朱认为,世俗所谓善恶的仁义道德评价是虚伪的。最典型的是世俗社会对"四圣二凶"的评价,在他看来这些评价是不屑一顾的。杨朱

---

[1] 安徽一位 17 岁的中学生,背着父母通过网上的中介和地下器官移诊所,把自己的一只肾卖了 2 万 2 千元钱,他用卖肾的钱买到了一部苹果手机和一部笔记本电脑,少年拖着虚弱的身体回家时,得知实情的父母亲一下子就惊呆了。身重还是物重?

[2] 列御寇:《列子·说符篇》,上海古籍出版社 1989 年版。

说："天下之美归之舜、禹、周、孔，天下之恶归之桀纣。然而舜耕于河阳，陶于雷泽，四体不得暂安，口腹不得美厚；父母之所不爱，弟妹之所不亲。行年三十，不告而娶。及受尧之禅，年已长，智已衰。商钧不才，禅位于禹，戚戚然以至于死。此天人之穷毒者也。鲧治水土，绩用不就，殛诸羽山。禹纂业事仇，惟荒土功，子产不字，过门不入；身体偏枯，手足胼胝。及受舜禅，卑宫室，美绂冕，戚戚然以至于死：此天人之忧苦者也。武王既终，成王幼弱，周公摄天子之政。召公不悦，四国流言。居东三年，诛兄放弟，仅免其身，戚戚然以至于死：此天人之危惧者也。孔子明帝王之道，应时君之聘，伐树于宋，削迹于卫，穷于商周，围于陈蔡，受屈于季氏，见辱于阳虎，戚戚然以至于死：此天民之遑遽者也。凡彼四圣者，生无一日之欢，死有万世之名。名者，固非实之所取也。虽称之弗知，虽赏之不知，与株块无以异矣。"① 意思是说，杨朱指出，天下的美名归于舜、禹、周公、孔子，天下的恶名归于夏桀、商纣。但是舜在河阳种庄稼，在雷泽烧陶器，四肢得不到片刻休息，口腹得不到美味饭菜，父母不喜欢他，弟妹不亲近他，年龄到了三十岁，没有告诉父母就娶妻。等到接受尧的禅让时，年龄已经太大了，智力也衰弱了。儿子商钧又无能，只好把帝位让给禹，忧郁地一直到死。这是天子中穷困苦毒的人。鲧治理水土，没有取得成绩，被杀死在羽山。禹继承他的事业，给杀父的仇人做事，只怕荒废了治理水土的时间，儿子出生后没有时间给他起名字，路过家门也不能进去，身体憔悴，手脚都生了茧子。等到他接受舜让给他的帝位时，把宫室盖得十分简陋，却把祭祀的礼服做得很讲究，忧愁地一直到死。这是天子中忧愁辛苦的人。武王已经去世，成王还很年幼，周公行使天子的权力。召公不高兴，几个国家流传着谣言。周公到东方居住了三年，杀死哥哥，流放了弟弟，自己才保住了生命，忧愁地一直到死。这是天子中危险恐惧的人。孔子懂得帝王治国的方法，接受当时各国国君的邀请，在宋国时曾休息过的大树被人砍伐，在卫国时一度做官却又被冷落，在商周时被拘留监禁，在陈国与蔡国之间被包围绝粮，又被季氏轻视，被阳虎侮辱，忧愁地一直到死。这是有道贤人中惊惧慌张的人。所有这四位圣人，活着的时候没有享受一天的欢乐，死后却有流传万代的名声。死后的名声本来不是实际生活所需要的，即使称赞自己也不知道，即使奖赏自己也不知道，

---

①  列御寇：《列子·杨朱篇》，上海古籍出版社1989年版。

与树桩土块没有什么差别了。从杨朱学派的观点看，舜、禹、周公、孔子并不是真正有全德的人，而只是亏生、迫生的可怜虫。杨朱认为，追求完善的生命价值是人生的最高目的。残害了生命价值那就是人的本质的异化。子华子说："'全生为上，亏生次之，死次之，迫生为下。'故所谓尊生者，全生之谓。所谓全生者，六欲皆得其宜也。所谓亏生者，六欲分得其宜也。亏生则于其尊之者薄矣。其亏弥甚者也，其尊弥薄。所谓死者，无有所以知，复其未生也。所谓迫生者，六欲莫得其宜也，皆获其所甚恶者。服是也，辱是也。"① 意思是，子华子说："全生是最上等，亏生次一等，死又次一等，迫生是最低下的。"所以，所谓尊生，说的就是全生，所谓全生，是指六欲都能得适宜。所谓亏生，是指六欲只有部分得到适宜。生命受到亏损，生命的天性就会削弱，生命亏损得越厉害，生命的天性削弱得也就越厉害。所谓死，是指没有办法知道六欲，等于又回到它未生时的状态。所谓迫生，是指六欲没有一样得到适宜，六欲所得到的都是它们十分厌恶的东西。屈服属于这一类，耻辱属于这一类。杨朱学派认为，人生的最高境界就是全德，如果亏生、迫生那就是生命的异化，就是失德行为，甚至比死亡更可怕。可见，保持人生的对象化本质，同时，又不被对象所异化，这是一种很高的生存境界。如果一个人"天下无对，制命在内。"而不是"可杀可活，制命在外。"这就是保持了"全德"的圣人！杨朱学派所肯定的"全德"就是保全生命的生存自由的价值，而不是儒、墨所说仁义道德价值，所以，生存自由价值高于仁义道德价值。

## 二、杨朱学派论生命价值的实现机制

杨朱认为，世界上没有比生命价值更高的价值，只有自己把握自己的生命活动，才能实现个人生命的价值。首先个人生命价值的实现，就是生存欲望以及审美需要的满足。从经济学的角度看，如果人们追求的只是商品的使用价值，其欲望结构还是有限性的生存理性；一旦人们关注交换价值，其欲望结构就会转变为无限性的经济理性。杨朱把人生目的定位在生存理性上面，反对把人生目的定位在追求交换价值的经济理性上面。在《杨朱篇》中，作者借用晏平仲与管夷吾关于养生之道的对话，来说明人生价值的实现就是生存欲望

---

① 吕不韦：《吕氏春秋·贵生》，李双棣等译注，吉林文书出版社 1986 年版。

以及审美需要的满足。"晏平仲问养生于管夷吾,管夷吾曰:'肆之而已,勿壅勿阏。'晏平仲曰:'其目奈何?'夷吾曰:'恣耳之所欲听,恣目之所欲视,恣鼻之所欲向,恣口之所欲言,恣体之所欲安,恣意之所欲行。夫耳之所欲闻者音声,而不得听,谓之阏聪;目之所欲见者美色,而不得视,谓之阏明;鼻之所欲向者椒兰,而不得嗅,谓之阏颤;口之所欲道者是非,而不得言,谓之阏智;体之所欲安者美厚,而不得从,谓之阏适;意之所欲为者放逸,而不得行,谓之阏性。'"①　意思是,晏婴向管仲询问养生之道。管仲说:"放纵罢了,不要壅塞,不要阻挡。'晏婴问:'具体事项是什么?"管夷吾说:"耳朵想听什么就听什么,眼睛想看什么就看什么,鼻子想闻什么就闻什么,嘴巴想说什么就说什么,身体想怎么舒服就怎么舒服,意念想干什么就干什么。耳朵所想听的是悦耳的声音,却听不到,就叫做阻塞耳聪;眼睛所想见的是漂亮的颜色,却看不到,就叫做阻塞目明;鼻子所想闻的是花椒与兰草,却闻不到,就叫做阻塞嗅觉;嘴巴所想说的是谁是谁非,却不能说,就叫做阻塞智慧;身体所想得到的是美感与厚实,却得不到,就叫做抑制舒适;意念所想做的是放纵安逸,却做不到,就叫做抑制本性。"杨朱认为,只要人生得到"四美",就能满足生存欲望以及审美需要:"丰屋、美服、厚味、姣色。有此四者,何求于外? 有此而求外者,无厌之性。无厌之性,阴阳之蠹也。忠不足以安君,适足以危身;义不足以利物,适足以害生。安上不由于忠,而忠名灭焉;利物不由于义,而义名绝焉。君臣皆安,物我兼利,古之道也"。②　意思是说,高大的房屋,华丽的衣服,甘美的食物,漂亮的配偶,有了这四种东西,又何必再追求另外的东西? 有了这些还要另外追求别的,就是贪得无厌的人性。贪得无厌的人性,是阴阳之气的蛀虫。忠并不能使君主安逸,恰恰能使他的身体遭受危险;义并不能使别人得到利益,恰恰能使他的生命遭到损害。使君上安逸不来源于忠,那么忠的概念就消失了;使别人得利不来源于义,那么义的概念就断绝了。君主与臣下都十分安逸,别人与自己都得到利益,这是古代的行为准则。

　　杨朱认为,如果超越生存欲望以及审美需要,那么,人生价值就会异化为追求无限交换价值的"四事":"生民之不得休息,为四事故:一为寿,二为名,

---

①　列御寇:《列子·杨朱篇》,上海古籍出版社 1989 年版。
②　列御寇:《列子·杨朱篇》,上海古籍出版社 1989 年版。

三为位,四为货。有此四者,畏鬼,畏人,畏威,畏刑:此谓之逆民也。可杀可活,制命在外。"① 意思是说,百姓们得不到安宁,是为了四件事的缘故:一是为了长寿,二是为了名声,三是为了地位,四是为了财富。有了这四件事,便害怕鬼神,害怕别人,害怕威势,害怕刑罚,这叫做违反自然的人。这种人可以被杀死,可以活下去,控制生命的力量在自身之外——"可杀可活,制命在外"。杨朱反对为了长生不死、道德名望、政治野心、财富欲望等外在交换价值,而损害人的生命价值以及审美价值。

杨朱主张"从心而动"、"从性而游",以顺应自然的态度,来实现生命价值,提升审美价值,防止交换价值对生命价值、审美价值的异化。"百年,寿之大齐。得百年者千无一焉。设有一者,孩抱以逮昏老,几居其半矣。夜眠之所弭,昼觉之所遗,又几居其半矣。痛疾哀苦,亡失忧惧,又几居其半矣。量十数年之中,逌然而自得亡介焉之虑者,亦亡一时之中尔。则人之生也奚为哉? 奚乐哉? 为美厚尔,为声色尔。而美厚复不可常餍足,声色不可常玩闻。乃复为刑赏之所禁劝,名法之所进退;遑遑尔竞一时之虚誉,规死后之余荣;偊偊尔顺耳目之观听,惜身意之是非;徒失当年之至乐,不能自肆于一时。重囚累梏,何以异哉? 太古之人知生之暂来,知死之暂往,故从心而动,不违自然所好,当身之娱非所去也,故不为名所劝。从性而游,不逆万物所好,死后之名非所取也,故不为刑所及。名誉先后,年命多少,非所量也"。② 就是说,一百岁,是寿命的极限。能活到一百岁的,一千人中难有一人。即使有一人,他在孩童与衰老糊涂的时间,几乎占去了一半时间。再去掉夜间睡眠的时间,去掉白天休息的时间,又几乎占去了一半。加上疾病痛苦、失意忧愁,又几乎占去了一半。估计剩下的十多年中,舒适自得,没有丝毫顾虑的时间,也没有其中的一半。那么人生在世又为了什么呢? 有什么快乐呢? 为了味美丰富的食物吧,为了悦耳的音乐与悦目的女色吧,可是味美丰富的食物并不能经常得到满足,悦耳的音乐与悦目的女色也不能经常听得到与玩得到。再加上要被刑罚所禁止,被赏赐所规劝,被名誉所促进,被法网所阻遏,惶恐不安地去竞争一时的虚伪声誉,以图死后所留下的荣耀,孤独谨慎地去选择耳朵可以听的东西与眼睛可以

---

① 列御寇:《列子·杨朱篇》,上海古籍出版社 1989 年版。
② 列御寇:《列子·杨朱篇》,上海古籍出版社 1989 年版。

看的东西,爱惜身体与意念的是与非,白白地丧失了当时最高的快乐,不能自由自在地活一段时间,这与罪恶深重的囚犯所关押的一层又一层的牢笼又有什么区别呢? 上古的人懂得出生是暂时的到来,懂得死亡是暂时的离去,因而随心所欲地行动,不违背自然的喜好,不减少今生的娱乐,所以不被名誉所规劝。顺从自然本性去游玩,不违背万物的喜好,不博取死后的名誉,所以不被刑罚所牵连。名誉的先后,寿命的长短,都不是他们所考虑的。"杨朱从生命时间的一次性上发现人生在世快乐时光的短暂,从对生命时间的短暂中发现个体对生命存在的责任担当:对生命存在的责任担当就是顺应自然,满足人的生存欲望,并且将生存需要升华到审美境界。可见,杨朱对个人责任以及生命存在意义的基本思想就是:承担自我责任,保障自我权利,追求审美价值,享受幸福快乐。

### 三、杨朱学派论生命价值的实现途径

生存欲望以及审美需要的实现途径是什么? 杨朱主张"制命在内",反对"制命在外",主张满足人的生存欲望,实现审美价值,防止为了财富、地位等交换价值对人生价值的异化。据《杨朱篇》记载:"杨朱游于鲁,舍于孟氏。孟氏问曰:'人而已矣,奚以名为?'曰:'以名者为富。''既富矣,奚不已焉?'曰:'为贵。''既贵矣,奚不已焉?'曰:'为死。''既死矣,奚为焉?'曰:'为子孙。''名奚益于子孙?'曰:'名乃苦其身,燋其心。乘其名者,泽及宗族,利兼乡党;况子孙乎?''凡为名者必廉,廉斯贫;为名者必让,让斯贱。'曰:'管仲之相齐也,君淫亦淫,君奢亦奢。志合言从,道行国霸。死之后,管氏而已。田氏之相齐也,君盈则已降,君敛则已施。民皆归之,因有齐国;子孙享之,至今不绝。若实名贫,伪名富。'曰:'实无名,名无实。名者,伪而已矣。'昔者尧舜伪以天下让许由、善卷,而不失天下,享祚百年。伯夷叔齐实以孤竹君让,而终亡其国,饿死于首阳之山。实伪之辩,如此其省也"。① 意思是说,杨朱到鲁国游览,住在孟氏家中。孟氏问他:"做人就是了,为什么要名声呢?"杨朱回答说:"要以名声去发财。"孟氏又问:"已经富了,为什么还不停止呢?"杨朱说:"为做官。"孟氏又问:"已经做官了,为什么还不停止呢?"杨朱说:"为了死后丧事

---

① 列御寇:《列子·杨朱篇》,上海古籍出版社 1989 年版。

的荣耀。"孟氏又问："已经死了,还为什么呢?"杨朱说："为子孙。"孟氏又问:
"名声对子孙有什么好处?"杨朱说："名声是身体辛苦、心念焦虑才能得到的。
伴随着名声而来的,好处可以及于宗族,利益可以遍施乡里,又何况子孙呢?"
孟氏说："凡是追求名声的人必须廉洁,廉洁就会贫穷;凡是追求名声的人必
须谦让,谦让就会低贱。"杨朱说："管仲当齐国宰相的时候,国君淫乱,他也淫
乱;国君奢侈,他也奢侈。意志与国君相合,言论被国君听从,治国之道顺利实
行,齐国在诸侯中成为霸主。死了以后,管仲还是管仲。田氏当齐国宰相的时
候,国君富有,他便贫苦;国君搜括,他便施舍。老百姓都归向于他,他因而占
有了齐国,子子孙孙享受,至今没有断绝。像这样,真实的名声会贫穷,虚假的
名声会富贵。"杨朱又说："有实事的没有名声,有名声的没有实事。名声这东
西,实际上是虚伪的。过去尧舜虚伪地把天下让给许由、善卷,而实际上并没
有失去天下,享受帝位达百年之久。伯夷、叔齐真实地把孤竹国君位让了出
来,而终于失掉了国家,饿死在首阳山上。真实与虚伪的区别,就像这样明
白"。可见,杨朱认为,为了寿名位货,不仅会像伯夷、叔齐饿死在首阳山上丧
失生命,而且会像尧、舜、田氏那样变得虚伪失真。所以,要向齐桓公、管夷吾
那样,完全顺任自然,"肆之而已,勿壅勿阏。"满足现实的生存欲望,"君淫亦
淫,君奢亦奢。志合言从,道行国霸"。只有这样,才能真正满足生存欲望,实
现审美价值。杨朱认为,生命价值实现的具体途径主要有以下几个方面:

首先,通过农业劳动为自己创造生存条件,来实现个人的生命价值。《杨
朱篇》赞赏自给自足的农业劳动,把理想化的农业劳动看成实现个人生命价
值的重要途径。比如,农夫不愿意闲着,晨出夜入的劳作来养活自己和家人,
自己觉得是世界上最快乐的人。"周谚曰:'田父可坐杀',晨出夜入,自以性
之恒;啜菽茹藿,自以味之极;故野人之所安,野人之所美,谓天下无过者。"[1]
意思是说,周人的谚语说:"老农闲坐着就认为等死"。早晨外出干活,夜晚回
家,自己认为这是正常的本性;喝豆汁吃豆叶,自己认为这是最好的饮食;所以
田野里的人觉得安逸的,田野里的人觉得香美的,便说是天下没有比这更好的
了。甚至连农业劳动中晒太阳的快乐都是王宫里所没有的:"昔者宋国有田
夫,常衣缊黂,仅以过冬。暨春东作,自曝于日,不知天下之有广厦隩室,绵纩

---

[1] 列御寇:《列子·杨朱篇》,上海古籍出版社1989年版。

狐貉。顾谓其妻曰:'负日之暄,人莫知者;以献吾君,将有重赏。'"① 意思是,过去宋国有个农夫,经常穿乱麻絮的衣服,并只用它来过冬。到了春天耕种的时候,自己在太阳下曝晒,不知道天下还有大厦深宫,丝绵与狐貉皮裘。回头对他的妻子说:"晒着太阳,享受日光浴的快乐,谁也不知道,把它告诉我的国君,一定会得到重赏。"在表面上看来,老农夫"负暄献曝"是可笑的,其实,正好说明杨朱把理想化的农业劳动,看成实现生命价值的重要途径。

如果不善于谋生使自己受穷,或者为了发财致富去经商,结果使生命价值受到损失,都是不值得的。杨朱说:"原宪窭于鲁,子贡殖于卫。原宪之窭损生,子贡之殖累身。然则窭亦不可,殖亦不可;其可焉在?曰:可在乐生,可在逸身。故善乐生者不窭,善逸身者不殖。"② 意思是说,原宪在鲁国十分贫穷,子贡在卫国经商挣钱。原宪的贫穷损害了生命,子贡的经商累坏了身体。那么贫穷也不行,致富也不行,怎样才行呢?答:正确的办法在于使生活快乐,正确的办法在于使身体安逸。所以善于使生活快乐的人不会贫穷,善于使身体安逸的人不去经商。看来,主张"损一毫利天下不与也,悉天下奉一身不取也"的杨朱,对人类的商业活动不感兴趣,因为商业活动的根本目的是要通过交换活动,取得交换价值,不断积累物质财富。为了占有物质财富的价值而损害身体健康的生命价值,是不值得的。

其次,通过美满的家庭生活,享受感情上相怜相爱的天伦之乐,满足人的身心需要,来实现个人的生命价值。"杨朱曰:古语有之:'生相怜,死相捐。'此语至矣。相怜之道,非唯情也;勤能使逸,饥能使饱,寒能使温,穷能使达也。相捐之道,非不相哀也;不含珠玉,不服文锦,不陈牺牲,不设明器也。"③ 意思是说,杨朱说过,古代有句话说:"活着的时候互相关爱,死了便互相抛弃。"这句话说到底了。互相关爱的方法,不仅在于感情方面,而是过于勤苦的,能使他安逸,饥饿了能使他吃饱,寒冷了能使他温暖,穷困了能使他顺利。互相抛弃的方法,并不是不相哀怜,而是口中不含珍珠美玉,身上不穿文采绣衣,祭奠不设牺牲食品,埋葬不摆冥间器具。如果为了追求清白贞节的虚假名声,失去

---

① 列御寇:《列子·杨朱篇》,上海古籍出版社 1989 年版。
② 列御寇:《列子·杨朱篇》,上海古籍出版社 1989 年版。
③ 列御寇:《列子·杨朱篇》,上海古籍出版社 1989 年版。

了人与人之间的怜爱之情是不值得的。杨朱说："伯夷非亡欲,矜清之邮,以放饿死。展季非亡情,矜贞之邮,以放寡宗。清贞之误善之若此!"① 意思是说,伯夷不是没有生存欲望,但过于顾惜清白的名声,以至于饿死了。展季不是没有情爱需要,但过于顾惜贞节的名声,以至于宗族人丁稀少。清白与贞节的失误就像他们两人这样。

其三,通过国家价值观念的正确导向,鼓励人们实现个人生命价值。"杨朱见梁王,言治天下如运诸掌。梁王曰:'先生有一妻一妾而不能治,三亩之园而不能芸;而言治天下如运诸掌,何也?'对曰:'君见其牧羊者乎? 百羊而群,使五尺童子荷箠而随之,欲东而东,欲西而西。使尧牵一羊,舜荷箠而随之,则不能前矣。且臣闻之:吞舟之鱼,不游枝流;鸿鹄高飞,不集污池。何则? 其极远也。黄钟大吕不可从烦奏之舞。何则? 其音疏也。将治大者不治细,成大功者不成小,此之谓矣'。"② 意思是说,杨朱见梁王,说治理天下就同在手掌上玩东西一样容易。梁王说:"先生有一妻一妾都管不好,三亩大的菜园都除不净草,却说治理天下就同在手掌上玩东西一样容易,为什么呢?"杨朱答道:"您见到过那牧羊的人吗? 成百只羊合为一群,让一个五尺高的小孩拿着鞭子跟着羊群,想叫羊向东羊就向东,想叫羊向西羊就向西。如果尧牵着一只羊,舜拿着鞭子跟着羊,羊就不容易往前走了。而且我听说过:能吞没船只的大鱼不到支流中游玩,鸿鹄在高空飞翔不落在死水塘上。为什么? 因为它们的志向极其远大。黄钟大吕这样的音乐不能给节奏繁快的舞蹈伴奏。为什么? 因为它们的音律十分舒缓。准备做大事的不做小事,成就大功的不成就小功,说的就是这个意思。杨朱认为,治理国家的关键,在于倡导正确的价值观念,把人们价值观念朝着实现个人生命价值的方向引导,这就和小孩子用鞭子指挥羊群一样简单。如果国家的价值观念错了,把人们的价值取向引向错误的方向,就会发生歧路亡羊的悲剧。

### 四、诸子对杨朱哲学的批评与扬弃

儒、墨、法、道诸子对杨朱哲学观点都进行过批评,形成彼此争鸣的学术局

---

① 列御寇:《列子·杨朱篇》,上海古籍出版社 1989 年版。
② 列御寇:《列子·杨朱篇》,上海古籍出版社 1989 年版。

面。同时,杨朱哲学思想对包括秦国在内的列国人们的价值观念产生了重大影响,尤其是秦国吕不韦在《吕氏春秋》一书中,通过对杨朱哲学的扬弃,提出了有关国家公利价值的重要哲学观点。

其一,儒家学派孟子批评杨朱哲学。孟子从家族本位和仁义道德价值取向上批判杨朱,认为杨朱个人价值取向的幸福快乐主义是目无君主的无政府主义。孟子说:"圣王不作,诸侯放恣,处士横议,杨朱墨翟之言盈天下,天下之言,不归杨则归墨。杨氏为我,是无君也;墨氏兼爱,是无父也。无父无君,是禽兽也。"① 意思是说,从此圣君不再出现,诸侯无所忌惮,一般士人也乱发议论,杨朱、墨翟的学说流行天下,以致天下的言论不是杨朱派就是墨翟派。杨朱派主张"一切为己",实际是目中无君;墨翟派鼓欢"爱无亲疏",实际是心中无父。人如果目中无君,心中无父,那就简直成了禽兽。孟子站在家族本位的立场上,将杨朱个人本位的重己哲学视为异端,甚至把他和墨翟都骂为禽兽,必欲除之而后快。

其二,法家学派韩非子批评杨朱哲学。韩非子从国家本位和国家公利价值取向上批判杨朱,宣称杨朱的个人本位和重己价值取向的幸福快乐主义对国家来说没有任何价值。韩非说:"杨朱、墨翟,天下之所察也,干世乱而卒不决,虽察而不可以为官职之令。鲍焦、华角,天下之所贤也,鲍焦木枯,华角赴河,虽贤不可以为耕战之士。"② 意思是说,杨朱、墨翟是天下公认为明察的人,想整顿社会的混乱但终究找不到办法,他们的学说虽然是明察的,但不能作为官府的法令。鲍焦、华角是天下公认为贤能的人,鲍焦抱木而死,华角投河自杀。他们虽有德才,但不能成为替国家种地打仗的人。韩非还说:"今有人于此,义不入危城,不处军旅,不以天下大利易其胫一毛,世主必从而礼之,贵其智而高其行,以为轻物重生之士也。夫上所以陈良田大宅,设爵禄,所以易民死命也,今上尊贵轻物重生之士,而索民之出死而重殉上事,不可得也。"③ 意思是说,假如这里有一个人,在他看来不进入危险的城邑,不到军队里当兵,不肯为天下民众的利益拔下小腿上的一根毫毛都是合理的行为,当世

---

① 孟轲:《孟子·滕文公下》,参看《四书集注》,岳麓书社1985年版。
② 韩非:《韩非子·八说》,参看《二十二子》,上海古籍出版社1986年版。
③ 韩非:《韩非子·显学》,参看《二十二子》,上海古籍出版社1986年版。

君主一定听从并敬重他,推崇他的见识,崇尚他的行为,认为这是轻视财物而重视自己生命的人。君主之所以拿出肥沃的土地和高大的住宅,设置官爵和俸禄,是用来换取民众出力卖命的。现在君主恭敬那些轻视财物而重视自己生命的人,这样要想要求民众把冒死为君主献身看作头等大事,是肯定做不到的。

法家学派的管子批评杨朱哲学。管子学派也从国家价值本位和公利价值取向批判杨朱学说。《管子》指出:"寝兵之说胜,则险阻不守;兼爱之说胜,则士卒不战。全生之说胜,则廉耻不立。"① 就是说,如果停止军备的观点占上风,那么险要的阵地就守不住。如果彼此兼爱的观点占上风,那么士兵就不肯和敌人交战。如果保全个人生命的观点占上风,那么廉耻的品德就不能树立。尤其针对杨朱重己全生的观点,《管子》特别解释说:"人君唯无好全生,则群臣皆全其生,而生又养生,养何也? 曰:'滋味也,声色也',然后为养生,然则从欲妄行,男女无别,反于禽兽,然则礼义廉耻不立,人君无以自守也,故曰:'全生之说胜,则廉耻不立。'"② 意思是说,君主如果爱好保全个人生命的主张,那么群臣也都讲究保全个人生命,并进而讲求养生之道。什么是养生呢?口舌滋味的享受,声乐女色的享受,这些就是养生。然而放纵情欲,胡作非为,男女不加区分,这等于回到禽兽世界。因而礼义廉耻不能树立,君主就不能约束自己。因此说"如果保全个人生命的观点占上风,那么廉耻的品德就不能树立"。

其三,道家学派的庄子批评杨朱哲学。庄子从天道本位价值以及自然无为价值取向上批判杨朱。庄子说:"削曾、史之行,钳杨、墨之口,攘弃仁义,而天下之德始玄同矣。彼人含其明,则天下不铄矣;人含其聪,则天下不累矣;人含其知,则天下不惑矣;人含其德,则天下不僻矣。彼曾、史、杨、墨、师旷、工倕、离朱,皆外立其德而以爚乱天下者也,法之所无用也。"③ 就是说,除去曾参、史鱼之类忠孝德行,封住杨朱、墨翟之类善辩之口,舍弃仁义,而天下人的德行才能达到与大道同一的境界。人们能含藏其明,天下就不会有炫耀夸张之举;人们能含藏其聪,天下就不会有遭连累而受害之事;人们能含藏其智慧,

---

① 谢浩范、朱迎平:《管子全译·立政》,贵州人民出版社 1996 年版。
② 谢浩范、朱迎平:《管子全译·立政·九败解》,贵州人民出版社 1996 年版。
③ 庄周:《庄子·胠箧》,参看陈鼓应:《庄子今注今译》,中华书局 2009 年版。

天下就不会迷惑；人们能含藏其德行，天下就不会有邪恶。象曾参、史鱼、杨朱、墨翟、师旷、工倕、离朱这类人，都是建树其所得于外，并用它迷乱天下人心，治理国家的办法是用不着这些的。可见，庄子是要让人类回到天道本位价值以及自然无为的玄同主义社会去。

其四，秦国吕不韦在《吕氏春秋》中对杨朱哲学的扬弃。在春秋战国时代，儒家、墨家、杨家之间的学术争论，在哲学上形成了一个"儒墨杨怪圈"，吕不韦在《吕氏春秋》中，对包括杨朱在内的诸子哲学进行了扬弃。关于"儒墨杨怪圈"，《淮南子》说："夫弦歌鼓舞以为乐，盘旋揖让以修礼，厚葬久丧以送死，孔子之所立也，而墨子非之。兼爱、尚贤、右鬼、非命，墨子之所立也，而杨子非之。全性保真，不以物累形，杨子之所立也，而孟子非之。"① 意思是说，弹琴唱歌、击鼓跳舞来作乐，盘旋周转、反复谦让来讲礼，用丰厚的葬品、长久守丧来送别死者，这是孔子所提倡的，但是墨子反对。人人互相亲爱，崇尚贤才，敬重鬼神，不信天命，这是墨子所主张的，但是杨子反对。保全纯真的天性，不因为外物而拖累身形，这是杨子所宣扬的，但是孟子反对。可以看出，儒、墨、杨各家的取舍各不相同，各自都只肯定自己的想法，否定别人的想法。所以，确定是非都离不开一定的环境，处在一定的环境里就是对的，离开了一定的环境就是错。这一怪圈的理论实质，是儒、墨、杨各家关于"国家"、"天下"、"个人"的价值本位的选择不同；这一选择的理论根据，是儒、墨、杨各家关于"天命"、"天志"、"天道"等所持有的哲学本体论的不同，以及关于"仁爱"、"兼爱"、"自爱"等价值取向的差异。② 所以，在哲学上才形成了一个"儒墨杨怪圈"。

如何破解"儒墨杨怪圈"？秦国吕不韦在《吕氏春秋》中，将人的生命价值、道德价值，政治价值、经济价值以及法治价值进行了一次理论整合，最后统一到新道家的国家公利哲学体系之中。《吕氏春秋·适音》指出："耳之情欲声，心不乐，五音在前弗听。目之情欲色，心弗乐，五色在前弗视。鼻之情欲芬香，心弗乐，芬香在前弗嗅。口之情欲滋味，心弗乐，五味在前弗食。欲之者，

---

① 刘安：《淮南子·氾论》，许匡一译注，贵州人民出版社 1995 年版。
② 王兴尚：《"儒墨杨怪圈"的结构解析》，《宝鸡文理学院学报》（人文社会科学版）1996 年第 2 期。

耳目鼻口也;乐之弗乐者,心也。心必和平然后乐,心必乐然后耳目鼻口有以欲之,故乐之务在于和心,和心在于行适。夫乐有适,心亦有适。人之情,欲寿而恶夭,欲安而恶危,欲荣而恶辱,欲逸而恶劳。四欲得,四恶除,则心适矣。四欲之得也,在于胜理。胜理以治身则生全以,生全则寿长矣。胜理以治国则法立,法立则天下服矣。故适心之务在于胜理。"① 意思是说,耳朵的本能想要听声音,如果心情不愉快,即使音乐在耳边也不听;眼睛的本能想要看美色,如果心情不愉快,即使美色在眼前也不看;鼻子的本能想要嗅芳香,如果心情不愉快,即使香气在身边也不嗅;口的本能想要尝滋味,如果心情不愉快,即使美味在嘴边也不想吃。有各种欲望的是耳、眼、鼻、口,而决定愉快或不愉快的是心情。心情必须平和然后才能愉快。心情必须愉快,然后耳、眼、鼻、口才有各种欲望。所以,愉快的关键在于使心情平和,使心情平和的关键在于行为合宜适中。愉快有个适中问题,心情也有个适中问题。人的本性希望长寿而厌恶短命,希望安全而厌恶危险,希望荣誉而厌恶耻辱,希望安逸而厌恶烦劳。以上四种愿望得到满足,四种厌恶得以免除,心情就适中了。四种愿望能够获得满足,在于依循事物的情理。依循事物的情理来修身养性,生命就保全了;生命得以保全,寿命就长久了。依循事物的情理来治理国家,法度就建立了,法度建立起来,天下就服从了。所以,使心情适中的关键在于依循事物的情理。看来,新道家的《吕氏春秋》用"胜理"即依循事物的情理,运用实践理性,将杨子、墨子、孟子、商鞅的生命价值、经济价值、道德价值,以及政治、法治价值进行融合统一,实现新道家的国家公利价值。

## 第三节　儒家学派家族仁义道德哲学

孔丘提出了家族本位的仁义道德哲学。孔丘字仲尼,生卒年在公元前551年—公元前479年,春秋时期鲁国人。孔丘的家族本位仁义道德哲学是以西周文化为蓝本,以周公旦的思想为楷模而提出的。曾经修《诗》、《书》,订《礼》、《乐》,序《周易》,作《春秋》,后人记录孔子及其弟子的言行,编成《论语》一书。孔子是儒家学派的创始人,此后儒分为八,有孟轲、荀况等的学说

---

① 吕不韦:《吕氏春秋·适音》,李双棣等译注,吉林文书出版社1986年版。

传世。

　　儒家学派以家族价值作为本位价值,形成费孝通所谓的"差序格局"。无论是天下责任、国家责任、个人责任的伦理价值都是以家族价值为基础的,家族价值成为儒家伦理的本位价值。儒家伦理观念以西周的社会权力结构为范本。秦晖指出,西周王朝,几乎可以视为一层层套叠起来的血缘团体,其中的权力结构便是:天子作为家长统诸侯,诸侯作为家长统卿大夫,如此层层而下,直到一般庶民家(族)长统其家。每一层次的家长能够得到、而且只能得到其直接依附者的效忠,这就导致了后来法家指责的"勇于私斗,怯于公战",亦即为小共同体斗争被置于为"国"奋斗之上。当时流行的所谓侠客,诸如要离、聂政、专诸、豫让等,都是那种为报答恩主而舍身行刺"国家"政要的"私斗"典型。① 但要为国家而战就临阵怯战了。"鲁人从君战,三战三北。仲尼问其故,对曰:'吾有老父,身死莫之养也。'仲尼以为孝,举而上之"。② 儒家把家庭以及家族利益放在第一位。所以,法家从国家公利价值观出发,对儒家家族本位价值观持否定态度。

　　儒家学派认为家族价值高于国家价值。1993 年湖北郭店楚墓中出土先秦儒家佚书今命名为《六德》的残篇中有"为父绝君,不为君绝父"的观点,通过丧服之礼表明父子关系高于君臣关系:"仁,内也。义,外也。礼乐,共也。内立父、子、夫也,外立君、臣、妇也。疏斩布绖杖,为父也,为君亦然。疏衰齐牡麻绖,为昆弟也,为妻亦然。袒免,为宗族也,为朋友亦然。为父绝君,不为君绝父。为昆弟绝妻,不为妻绝昆弟。为宗族疾朋友,不为朋友疾宗族。人有六德,三亲不断。"③ 意思是说,"仁"是家内的原则。"义"是家外的原则。礼乐则不分内外。家内之"位"是父、子、夫,家外的"位"是君、臣、妇。用不缝边的粗布为衣,用苴麻做成带,用缠有苴麻的竹竿做成杖。这是为父服丧的丧服,为君上也一样。用齐边的粗布为衣,用牡麻做成带。这是为兄弟服丧的丧服,为妻子也一样。袒露上衣露出左臂,脱去帽子,这是为宗族中亲戚服丧的

---

　　① 秦晖:《"杨近墨远"与"为父绝君":古儒的国—家观及其演变》,《人文杂志》2006 年第 5 期。

　　② 韩非:《韩非子·五蠹》,参看《二十二子》,上海古籍出版社 1986 年版。

　　③ 刘钊:《郭店楚简校释·六德》,福建人民出版社 2005 年版。

丧服,为朋友也同样。当面临两个丧事时,为了父亲的丧事要放弃君上的丧事,不能为了君上的丧事而放弃父亲的丧事。为了兄弟的丧事要放弃妻子的丧事,不能为妻子的丧事放弃兄弟的丧事。为了宗族亲戚的丧事要减免朋友的丧事,不能为朋友的丧事减免宗族亲戚的丧事。人有"六德","三亲"之间也避免不了。家门内的治理要用"恩情"掩盖"道义",家门外的治理要用"道义"切断"恩情"。

儒家以家族伦理建构仁义道德的价值体系,其伦理主体的本质是仁义道德;伦理对象是要把家族、国家、天下变成道德实体;并且以仁义礼智信等德目作为伦理规范。儒家学派试图用仁义道德来保证宗法社会家族、国家、天下的良好秩序。下面主要从孟子、荀子的观点来分析儒家家族本位仁义道德哲学的基本思想。

### 一、儒家学派论人的道德本质

儒家学派认为,人的本质不是生命的自然性,而是人的社会道德本质。《周易·说卦》指出:"昔者圣人之作易也,将以顺性命之理。是以立天之道,曰阴与阳;立地之道,曰柔与刚;立人之道,曰仁与义。"[①] 就是说,从前圣人创作《易经》的目的,就是要用它来顺应万物的特性和天命变化的规律。因此,确立了天的法则为阴与阳;确立了地的法则为柔与刚;确立了人的法则为仁与义。仁义就是人之所以为人的道德本质。

什么是仁义?"仁"就是爱人,为对方着想,替对方尽义务,"己欲立而立人,己欲达而达人",[②] "己所不欲,勿施于人义"。[③] "仁"产生于家族内部的血缘亲情即孝悌之情。孔门高徒有子说:"其为人也孝悌,而好犯上者,鲜矣;不好犯上,而好作乱者,未之有也。君子务本,本立而道生。孝悌也者,其为仁之本与!"[④] "义"就是做事合理适宜,适可而止;合乎道义,知止不辱。所以,"义"就是按照道义来处理各种社会关系而生成的伦理规范。《礼记》指出:

---

① 李申:《周易经传译注·说卦》,王博等译注,湖南教育出版社2004年版。
② 《论语·雍也》,参看《四书集注》,岳麓书社1985年版。
③ 《论语·卫灵公》,参看《四书集注》,岳麓书社1985年版。
④ 《论语·学而》,参看《四书集注》,岳麓书社1985年版。

"何谓人义？父慈、子孝，兄良、弟悌，夫义、妇听，长惠、幼顺，君仁、臣忠，十者谓之人义"。①

人的仁义道德本质，通过礼仪表现出来。所以，儒家还强调礼仪制度的作用。儒家讲人际利害关系，其出发点，不是"公利"，而是所谓"人利"。并且强调通过礼仪制度来保障人利，防止人患。从而调节人对于利、害、美、丑价值的情欲诉求。何谓人利？"讲信修睦，谓之人利。争夺相杀，谓之人患。故圣人之所以治人七情、修十义。讲信修睦，尚辞让去争夺，舍礼何以治之？饮食男女，人之大欲存焉。死亡贫苦，人之大恶存焉。故欲恶者，心之大端也。人藏其心，不可测度也。美恶皆在其心，不见其色也。欲一以穷之，舍礼何以哉！"② 就是说，讲究诚实，重视亲睦，叫做人利；彼此争夺，互相残杀，叫做人患。因而君子要协调人们的七情、十义，讲究诚实，重视亲睦，推崇辞让，摒弃争夺。舍弃礼仪制度，用什么去协调呢？人们最强烈的欲望存在于饮食男女之中，人们最恐惧的情绪，存在于死亡贫苦之中。因此欲望和恐惧是人们心理的主要内容。人们为某种原因隐藏自己的感情，别人无法猜测。喜爱和憎恶隐藏在心里，而不表现在神情上。要想整个穷尽人们的心理，舍弃礼仪制度用什么呢？所以，只有通过礼仪制度来实现人的道德本质。

儒家认为人的道德本质高于人的自然本质。当道德价值与生命价值发生冲突的时候，儒家主张舍弃生命来取得仁义。孟子说："鱼，我所欲也；熊掌，亦我所欲也，二者不可得兼，舍鱼而取熊掌者也。生，亦我所欲也；义，亦我所欲也，二者不可得兼，舍生而取义者也。生亦我所欲，所欲有甚于生者，故不为苟得也；死亦我所恶，所恶有甚于死者，故患有所不辟也。"③ 意思是说，鱼是我喜欢吃的，熊掌也是我喜欢吃的；如果不能两样都吃，我就舍弃鱼而吃熊掌。生命是我想拥有的，仁义也是我想拥有的；如果不能两样都拥有，我就舍弃生命而坚持仁义。生命是我想拥有的，但是还有比生命更使我想拥有的，所以我不愿意苟且偷生；死亡是我厌恶的，但是还有比死亡更使我厌恶的，所以我不愿意因为厌恶死亡而逃避某些祸患。

---

① 杨天宇：《礼记译注·礼运》，上海古籍出版社 2007 年版。
② 杨天宇：《礼记译注·礼运》，上海古籍出版社 2007 年版。
③ 孟轲：《孟子·告子上》，参看《四书集注》，岳麓书社 1985 年版。

看来,儒家学派和杨朱学派的价值取向是对立的:杨朱学派认为人的生命价值高于人的道德价值,为了虚伪的仁义道德之名去牺牲人的生命是不值得的。儒家认为人的道德价值高于人的生命价值,为了仁义道德可以牺牲人的生命,即舍生取义。所以,儒家学派强调人的仁义道德本质高于一切,为了实现仁义道德的价值可以舍生取义、杀身成仁。

人的道德本质的根源在什么地方呢? 孟子和荀子提出了关于道德本质起源的不同观点。

孟子提出性善论,认为人的道德本质起源于天德。当时,告子提出"生之谓性","食、色,性也",认为人性就是人的自然本性,生理本能。所以,人性无所谓善恶之分。孟子对告子的观点进行了批评。孟子说:"乃若其情,则可以为善矣,乃所谓善也。若夫为不善,非才之罪也。恻隐之心,人皆有之;羞恶之心,人皆有之;恭敬之心,人皆有之;是非之心,人皆有之。恻隐之心,仁也;羞恶之心,义也;恭敬之心,礼也;是非之心,智也。仁义礼智,非由外铄我也,我固有之也,弗思耳矣。故曰:求则得之,舍则失之。或相倍蓰而无算者,不能尽其才者也。诗曰:'天生蒸民,有物有则。民之秉彝,好是懿德。'"[1] 意思是说,从天生的性情来说,都可以使之善良,这就是我说人性本善的意思。至于说有些人不善良,那不能归罪于天生本性。同情之心,人人都有;羞耻之心,人人都有;恭敬之心,人人都有;是非之心,人人都有。同情之心就是仁;羞耻之心就是义;恭敬之心就是礼;是非之心就是智。仁、义、礼、智四个方面不是由外面加给我的,而是我内心固有的,只不过平时没有去想它,因而不知道罢了。所以说,探求它就可以得到,放弃它便会失去。人与人之间的差距,有相差一倍、五倍、无数倍的,正是由于是否充分发挥他们天生本性的缘故。《诗经》说:"上天生育了众民,有事物就有法则。众民秉承的法则,就是美好的天德。"孟子引用《诗经·烝民》中的诗句,肯定了《诗经》中关于人性道德本质的"秉彝说":认为人们所秉承的道德本质,就是上天赋予的天德即懿德,懿德就是上天的美德。这种美德从上天生下人类之后就先天的存在于人心之中:这就是孟子所说的"四端",或者"四心""恻隐之心,羞恶之心,恭敬之心,是非之心"。这"四端"或者"四心"原来是天赋的,人生来就有的,这就是"人之所不

---

[1] 孟轲:《孟子·告子上》,参看《四书集注》,岳麓书社1985年版。

学而能者，其良能也；所不虑而知者，其良知也"。如果一个人能够保持"良知"、"良能"，不使它丢失，并且按照"良知"、"良能"去做事情，将"四端"或者"四心"扩而充之，就能在现实生活中转变成仁义礼智"四德"，真正实现人的仁义道德本质。

荀子提出性恶论，认为人的道德本质是后天教化的。荀子指出人的天生本性是恶的："今人之性，生而有好利焉，顺是，故争夺生而辞让亡焉；生而有疾恶焉，顺是，故残贼生而忠信亡焉；生而有耳目之欲，有好声色焉，顺是，故淫乱生而礼义文理亡焉。然则从人之性，顺人之情，必出于争夺，合于犯分乱理，而归于暴。故必将有师法之化，礼义之道，然后出于辞让，合于文理，而归于治。用此观之，人之性恶明矣，其善者伪也。"① 意思是说，人的天生本性，一生下来就有好利之心，依顺这种天生本性，所以争抢掠夺就产生，而推辞谦让就消失了；一生下来就有妒嫉之心，依顺这种天生本性，所以残杀陷害就产生，而忠诚守信就消失了；一生下来就有耳朵、眼睛的贪欲，有好声、好色的本能，依顺这种人性，所以淫荡混乱就产生，而礼义法度就消失了。这样看来，放纵人的天生本性，依顺人的情欲，就一定会出现争抢掠夺，一定会违犯等级名分、扰乱礼义法度，而最终趋向暴乱。所以一定要有导师、长者以及礼义法度的教化引导，然后人们才会从推辞谦让出发，遵守礼义法度，而最终趋向于天下安定太平。由此看来，人的天生本性是恶的就很明显了，他们那些善良的行为则是人为的。那么，人的善的道德本质是如何形成的呢？从人的天生本性来说，荀子认为，正因为人的天生本性不缺乏恶而缺乏善，所以，才有追求善良美好道德本质的心理需要。"凡人之欲为善者，为性恶也。夫薄愿厚，恶愿美，狭愿广，贫愿富，贱愿贵，苟无之中者，必求于外。故富而不愿财，贵而不愿势，苟有之中者，必不及于外。用此观之，人之欲为善者，为性恶也。"② 意思是说，一般来看，人们想行善，正是因为其人的天生本性恶的缘故。这是因为，微薄的总是希望丰厚，丑陋的总是希望美丽，狭窄的总是希望宽广，贫穷的总是希望富裕，卑贱的总是希望高贵。从人的心理来说，如果本身没有的，总是一定要向外去追求。所以，富裕的人就不羡慕金钱，显贵的人就不羡慕权力，从人

---

① 荀况：《荀子·性恶》，参看《二十二子》，上海古籍出版社1986年版。
② 荀况：《荀子·性恶》，参看《二十二子》，上海古籍出版社1986年版。

的心理来说,如果本身就具有的,就一定不会向外去追求了。这就为人向善提供了可能条件。由此看来,人们想行善,实是因为其天生本性恶的缘故。

孟子、荀子对于人性善恶的认识出发点是不同的,孟子是从先验的道德本质出发来讲性善,荀子是从后天的生理本能出发来讲性恶,但是殊途同归,都是强调人之所以为人必须具备仁义道德本质,这是儒家学派的基本价值取向。

### 二、儒家学派论道德本质的形成机制

关于仁义道德本质的形成机制,由于对人性善恶的认识不同,儒家也有不同认识。孟子一派走的是内在道德自觉,即"反身而诚"的道路,荀子一派走的是外在道德教化,即"化性起伪"的道路。

按照儒家孟子观点,一旦人的天生本性与天的道德本质相互契合,达到天人合一的境界,那么,人的善良道德本质就会形成。儒家的圣人、大人、大丈夫就是具有这种道德本质的先知先觉者。《周易》指出:"夫大人者与天地合其德,与日月合其明,与四时合其序,与鬼神合其吉凶。先天而天弗违,后天而奉天时。天且弗违,而况于人乎?况于鬼神乎?"① 意思是说,《周易》爻辞中所说的"大人",他的道德象天地一样覆载万物,他的圣明像日月一样普照大地,他的施政像四时一样井然有序,他示人吉凶像鬼神一样神妙。他先于天象而行动,天不违背他,后于天象而处事,也能遵循天的变化规律。天尚且不违背他,何况人呢?何况鬼神呢?圣人、大人、大丈夫就是达到了天人合一境界的先知先觉者。

怎么达到天人合一境界呢?孟子说:"尽其心者,知其性也。知其性,则知天矣。存其心,养其性,所以事天也。夭寿不贰,修身以俟之,所以立命也。"② 意思是说,充分运用心灵思考的人,就能知道人的天生本性。知道人的天生本性,就知道天命。保持心灵的思考,涵养天生本性,这就是对待天命的方法。无论短命夭折还是长寿百岁都一心一意地修身以等待天命,这就是安身立命的方法。人的责任就是通过尽心、知性,达到知天、事天。天的道德本质是"诚",人的天生本性是"思诚"。因为我天生来先天就具备了天的

---

① 李申:《周易经传译注·乾·文言》,王博等译注,湖南教育出版社2004年版。
② 孟轲:《孟子·尽心上》,参看《四书集注》,岳麓书社1985年版。

"诚"的道德本质,所以,通过"思诚"、"反身而诚"的实践,就可以使我的天生本性与天的道德本质达到合一,实现人的崇高使命。孟子说:"万物皆备于我矣。反身而诚,乐莫大焉。强恕而行,求仁莫近焉。"① 就是说,天地万物的道德本质我这里都具备了。通过自我反思和反躬实践,发现了天的道德本质"诚",没有比这更快乐了。尽力按照忠恕之道办事,追求仁义没有比这更近的道路了。人的道德本质的形成机制,就是人的道德本性与天的道德本质契合,达到天人合一的境界。

孟子认为,一旦达到天人合一的境界,实现了人的道德本性与天的本质的契合,人的生命就充满了浩然之气。何谓浩然之气? 孟子说:"难言也。其为气也,至大至刚,以直养而无害,则塞于天地之间。其为气也,配义与道;无是,馁也。是集义所生者,非义袭而取之也。行有不慊于心,则馁矣。"② 就是说,这很难用一两句话说清楚"浩然之气",这种气,极端强大,极端刚健,只要努力培养,没有什么害处,他就会充满天地之间。不过,这种气必须与仁义道德相配,否则就会缺乏力量。而且,必须要有仁义道德的经常性的积累才能生成,而不是偶然的义举就能获取的。一旦你的行为问心有愧,这种气就会丧失力量了。

孟子认为,人生一旦具有浩然之气,就可以使生命与道义相配,成为顶天立地的大丈夫:"景春曰:'公孙衍、张仪岂不诚大丈夫哉? 一怒而诸侯惧,安居而天下熄。'孟子曰:'是焉得为大丈夫乎? 子未学礼乎? 丈夫之冠也,父命之;女子之嫁也,母命之,往送之门,戒之曰:往之女家,必敬必戒,无违夫子! 以顺为正者,妾妇之道也。居天下之广居,立天下之正位,行天下之大道。得志与民由之,不得志独行其道。富贵不能淫,贫贱不能移,威武不能屈。此之谓大丈夫'。"③ 这段话的意思是,景春问:"公孙衍和张仪难道不是真正的大丈夫吗? 发起怒来,诸侯们都会害怕;安静下来,天下就会平安无事"。孟子说:"这个怎么能够叫大丈夫呢? 你没有学过周礼吗? 男子举行加冠礼的时候,父亲给予训导;女子出嫁的时候,母亲给予训导,送她到门口,告诫她说:

---

① 孟轲:《孟子·尽心上》,参看《四书集注》,岳麓书社 1985 年版。
② 孟轲:《孟子·公孙丑上》,参看《四书集注》,岳麓书社 1985 年版。
③ 孟轲:《孟子·滕文公下》,参看《四书集注》,岳麓书社 1985 年版。

'到了你丈夫家里,一定要恭敬,一定要谨慎,不要违背你的丈夫!'以顺从为原则的是妾妇之道。至于大丈夫,则应该住在天下最宽广的住宅里,站在天下最正确的位置上,走着天下最光明的大道。得志的时候,便与老百姓一同前进;不得志的时候,便独自坚持自己的原则。富贵不能使我骄奢淫逸,贫贱不能使我改移节操,威武不能使我意志屈服。这样才叫做大丈夫!只有大丈夫才能够承担天下的大任"。

孟子认为,只有经过艰苦磨炼,才能成为大丈夫;只有成为大丈夫,才能承担天下大任。"舜发于畎亩之中,傅说举于版筑之间,胶鬲举于鱼盐之中,管夷吾举于士,孙叔敖举于海,百里奚举于市。故天将降大任于是人也,必先苦其心志,劳其筋骨,饿其体肤,空乏其身,行拂乱其所为,所以动心忍性,增益其所不能。人恒过,然后能改;困于心,衡于虑,而后作;徵于色,发于声,而后喻。入则无法家拂士,出则无敌国外患者,国恒亡。然后知生于忧患而死于安乐也。"① 意思是说,舜从田间劳动中成长起来,傅说从筑墙的工作中被选拔出来,胶鬲被选拔于鱼盐的买卖之中,管仲被提拔于当囚犯的时候,孙叔敖从海边被发现,百里奚从市场上被选拔。所以,上天将要把重大使命降落到某人身上,一定要先使他的意志受到磨炼,使他的筋骨受到劳累,使他的身体忍饥挨饿,使他备受穷困之苦,做事总是不能顺利。这样来震动他的心志,坚韧他的性情,增长他的才能。人总是要经常犯错误,然后才能改正错误;心气郁结,殚思竭虑,然后才能奋发而起;显露在脸色上,表达在声音中,然后才能被人了解。一个国家,内没有守法的大臣和辅佐的贤士,外没有敌对国家的忧患,往往容易亡国。由此可以知道,忧患使人生存,安逸享乐却足以使人败亡。

按照儒家荀子观点,经过"化性起伪",人的善良道德本质就会形成。怎么改变人的天生本性恶的自然本质?一是社会生活的熏陶,二是礼义师法的教化。社会生活的熏陶就是社会环境对人的改造作用:"今人之性,饥而欲饱,寒而欲暖,劳而欲休,此人之情性也。今人见长而不敢先食者,将有所让也;劳而不敢求息者,将有所代也。夫子之让乎父,弟之让乎兄,子之代乎父,弟之代乎兄,此二行者,皆反于性而悖于情也;然而孝子之道,礼义之文理也。

---

① 孟轲:《孟子·告子下》,参看《四书集注》,岳麓书社1985年版。

故顺情性则不辞让矣,辞让则悖于情性矣。"① 就是说,人的本性,饿了想吃饱,冷了想穿暖,累了想休息,这些就是人的本能和欲望。人饿了,看见父亲、兄长而不敢先吃,这是因为要有所谦让;累了,看见父亲、兄长而不敢要求休息,这是因为要有所代劳。儿子对父亲谦让,弟弟对哥哥谦让;儿子代替父亲操劳,弟弟代替哥哥操劳;这两种德行,都是违反本能而背离欲望的,但却是孝子的原则、礼义的制度所要求的。所以依顺本能和欲望就不会推辞谦让了,推辞谦让就违背本能和欲望了。由此看来,人的天生本性邪恶就很明显了,他们那些善良的行为则是人为的。礼义师法的教化就是仁义道德价值观对人的影响作用:"故圣人化性而起伪,伪起而生礼义,礼义生而制法度;然则礼义法度者,是圣人之所生也。故圣人之所以同于众,其不异于众者,性也;所以异而过众者,伪也。夫好利而欲得者,此人之情性也。假之有弟兄资财而分者,且顺情性,好利而欲得,若是,则兄弟相拂夺矣;且化礼义之文理,若是,则让乎国人矣。故顺情性则弟兄争矣,化礼义则让乎国人矣。"② 就是说,圣人改变了邪恶的本性而作出了人为的努力,人为的努力作出后就产生了礼义,礼义产生后就制定了法度。那么礼义法度这些东西,便是圣人所创制的了。圣人和众人相同而跟众人没有什么不同的地方,是人的天生本性;圣人和众人不同而又超过众人的地方,是后天的人为努力。爱好财利而希望得到,这是人的天生本性。假如有弟兄之间要分财产,而依顺爱好财利而希望得到的天生本性,那么兄弟之间也会反目为仇而互相争夺了;如果受到礼义规范的教化,那就甚至会推让给国内其他人了。所以,人的道德本质是后天教化才获得的。

总之,孟、荀二者殊途同归,无论是"反身而诚",还是"化性起伪",都是要人们追求仁义道德的善良价值,达到天人合一,或者人与天地相参的崇高道德境界。

### 三、儒家学派论道德本质的实现途径

儒家学派认为,人的道德本质的实现途径就是内圣外王,即内有圣人的德性与智慧,外有王者的功业。在这一过程中,儒家坚持的基本信念就是自强不

---

① 荀况:《荀子·性恶》,参看《二十二子》,上海古籍出版社 1986 年版。
② 荀况:《荀子·性恶》,参看《二十二子》,上海古籍出版社 1986 年版。

息、厚德载物,具有圣人的刚健气质与深厚德性,能担当天下国家大任,成就崇高而恒久的事业。

这就是《礼记·大学》中的大学之道,即通过修明"明德"达到齐家、治国、平天下的现实功业。"大学之道在明明德,在亲民,在止于至善。知止而后有定,定而后能静,静而后能安,安而后能虑,虑而后能得。物有本末,事有终始,知所先后,则近道矣。古之欲明明德于天下者,先治其国。欲治其国者,先齐其家。欲齐其家者,先修其身。欲修其身者,先正其心。欲正其心者,先诚其意。欲诚其意者,先致其知。致知在格物,物格而后知至,知至而后意诚,意诚而后心正,心正而后身修,身修而后家齐,家齐而后国治,国治而后天下平。"①就是说,大学的宗旨在于修明明德,在于实行亲民,在于达到至善境界。知道应达到至善境界才能志向坚定;志向坚定才能沉静;沉静才能心安;心安才能思虑;思虑才能有所获得。每个事物都有本有末,每件事情都有始有终。明白了本末始终的道理,就接近事物发展的规律了。古代那些要想在天下修明明德的人,先要治理好自己国家;要想治理好自己国家,先要管理好自己家庭;要想管理好自己家庭,先要修养自身品性;要想修养自身品性,先要端正自己心思;要想端正自己心思,先要使自己的意诚;要想使自己的意诚,先要使自己获得知识;获得知识途径在于探究事物。通过对事物探究后才能获得知识;获得知识后才能意诚;意诚后心思才能端正;心思端正后才能修养品性;品性修养后才能管理好家庭;管理好家庭后才能治理好国家;治理好国家后天下才能太平。儒家学派追求天下太平的美好境界,其出发点是强调修养自身的道德品性,并且希望以个人良好道德品性与宇宙的道德本质即天德相配,如果人人都有了与天德相配的美好道德品性,就可以实现天下永久太平!

儒家希望人人都保持仁义道德品性,从而修、齐、治、平,建立天下为公、天下大同的理想社会,实现天下永久太平。但是,儒家仁义道德的崇高理想毕竟还是要落实到实际生活当中的,当儒家的生活理想转化为理想生活之后,孟子设想的人生价值的实际归宿到底是如何的呢?孟子说:"天下有善养老,则仁人以为己归矣。五亩之宅,树墙下以桑,匹妇蚕之,则老者足以衣帛矣。五母鸡,二母彘,无失其时,老者足以无失肉矣。百亩之田,匹夫耕之,八口之家足

---

① 杨天宇:《礼记译注·大学》,上海古籍出版社 2007 年版。

以无饥矣。所谓西伯善养老者，制其田里，教之树畜，导其妻子，使养其老。五十非帛不暖，七十非肉不饱。不暖不饱，谓之冻馁。文王之民，无冻馁之老者，此之谓也。"① 意思是说，天下有善于奉养老者的人，那么，仁人便以他为自己的归宿。五亩大的宅基地，在墙边种植桑树，妇女养蚕纺丝，老年人足以有丝帛穿了。五只母鸡，两头母猪，按时饲养，老年人足以有肉吃了。百亩的田地，男子去耕种，八口之家足以吃饱了。所谓文王善于奉养老人，就因为他制定了土地制度，教育人们耕种畜牧，引导百姓奉养他们的长辈。五十岁，没有丝帛就穿不暖；七十岁，没有肉就吃不饱。穿不暖、吃不饱，就叫做挨冻挨饿。周文王的百姓中没有挨冻挨饿的老人，说的就是这个意思。在孟子的生活理想中，有百亩之田，五亩之宅，还有五只母鸡，二头母猪，一家老小衣帛、食肉，仿佛回到周文王治理下的仁义道德的理想王国一样，真是其乐融融！

儒家学派的行动模式是一种信念伦理的行动模式。儒家学派不但希望人人具有美好仁义道德品性，而且寄希望于把家族伦理的仁义道德推广到国家天下的政治伦理领域当中去，也就是要把家庭和宗族等血缘共同体中讲的"仁爱"、"仁义"，推广到国家政府组织当中去。孔孟等人为了实现这一理想周游列国，要求诸侯国实行"仁政"、"德政"，要求王者把个人的"不忍人之心"转化为国家的"不忍人之政"。看来，儒家学派把天下国家太平的希望寄托在君主臣民具有的仁义道德，即德性本质上面了。所以，总是希望通过人治、德治、礼治来实现理想的完美王道政治秩序。其实，这就是把家庭血缘亲情的相爱之道与国家阶级利益矛盾的相争之道混同了，把家族伦理与国家伦理的界限混淆了，儒家学说和法家学说的差别就在这里。所以，儒家学说在实践上往往变为空洞的说教或一厢情愿的空想。在列国竞争的环境下，孟子曾用仁义道德游说梁惠王，但是魏国并没有因此而强大。还有，燕王哙按照儒家伦理搞禅让，把王位禅让给大臣子之，结果搞乱了燕国。秦国处于西周礼乐文化的发祥地，受到礼乐文化的熏陶亦不薄，在秦穆公时代尚德尚贤，审时度势，成为西戎霸主。但是，秦国在商鞅变法之后，法家国家公利价值观与儒家仁义道德价值观发生直接冲突，此后的秦国并没有采用儒家仁义道德哲学，而是为了奖励耕战，富国强兵，消灭六国，采取了黜儒政策乃至于采用焚书坑儒的极

---

① 孟轲：《孟子·尽心上》，参看《四书集注》，岳麓书社 1985 年版。

端措施,防止儒家思想弱化秦国民族精神,软化秦国的法治制度。秦国采用法家哲学终于成就霸王之业,实现天下统一。

## 第四节　法家学派国家公利价值哲学

法家学派主张依法治国,其先驱在齐国有管仲,在魏国有李悝,在秦国有商鞅。在法家学派中,商鞅在秦国变法取得极大成功,创立国家本位的国家公利哲学。商鞅又称卫鞅、公孙鞅,生卒年在公元前395年—公元前338年,战国时卫国人。秦孝公颁布求贤令,商鞅入秦变法,史称商鞅变法。其著作言论被编为《商君书》。韩非在哲学上以老子道法自然为思想基础,将商鞅的法、申不害的术、慎到的势加以结合,集法家学派法治思想之大成。司马迁在《史记》中称韩非"归本于黄老"。法家学派对秦国崛起于西方以及天下统一起了理论指导作用。法家学派批判占卜、星相等天命信仰和迷信思想,批判传统家族本位宗法礼教以及仁义道德至上的价值观,而以法治价值为根本价值取向,主张国家本位,强调公利价值。这种国家本位公利价值取向的伦理主体是家产官僚制下的君主、官僚及其民众。其伦理对象是为了富国强兵的农耕、军战以及成就霸王之业。其伦理规范是法术势体系,即通过法律、管理、政治手段在实践中形成的伦理规范。法家国家公利价值哲学在实践上具有非常明显的工具理性色彩,即在列国竞争的现实条件之下,不考虑仁义道德等人文价值,为了达到军事、政治、经济利益最大化,往往运用各种计谋,选择最有效的手段去解决问题,从而实现其国家战略目的。所以,法家国家公利价值哲学是秦国建立责任伦理结构并成就霸王之业的哲学基础。

### 一、法家学派论人的自利本性

法家学派从人的经济本质出发,认为人的本质是自利自为;这与儒家学派从人的道德本质出发,用仁义道德的标准来判断人性善恶的观点大异其趣!人的本质不仅自利自为,而且,人的本性表现在价值取向上总是追求各种利益的最大化。

商鞅发现人的本性就是趋利避害,精心计算利害得失,追求利益最大化。根据人的本性,制定法律制度,就可以让人民为国家尽力。商鞅指出:"夫治国者能尽地力而致民死者,名与利交至。民之生,饥而求食,劳而求佚,苦则索乐,辱则求荣,此民之情也。"① 就是说,治国的人能够完全发掘土地的利益,而且能够使人民肯为朝廷牺牲,这样,名誉和利益就都来了。因为人民的常情,饿了就要求吃饭,疲劳就要求休息,痛苦就要求快乐,耻辱就要求光荣,这就是人民的常情。追求富贵爵禄是人的经济本性。而且,人的经济本性并不是一味单纯地趋利避害,而是对利害得失进行精心计算。商鞅指出:"夫农,民之所苦;而战,民之所危也。犯其所苦,行其所危者,计也。故民生则计利,死则虑名。名利之所出,不可不审也。"② 就是说,耕作,人民都认为是劳苦的。打仗,人民都认为是危险的。人民所以肯做他们所认为劳苦的事,肯干他们所认为危险的事,是有精心计算的。他们活着的时候要计算怎样有利,对于死后要考虑怎样有名。国君对于人民取得名利的途径,不可不加以考察。商鞅认为,人民精心计算名利的得失,总是要追求名利的最大化:"民之性,度而取长,称而取重,权而索利。明君慎观三者,则国治可立,而民能可得"。③ 就是说,人民的常情,用尺子量东西,就要取得最长的;用秤称东西,就要取得最重的;权衡选择事物,就要取得利益最大的。明君如果能够慎重地观察这三项,国家法度就可以确立,人民的智慧和能力就可以得到充分利用。

　　慎到也发现人的本性都是为自己利益打算,提出"因循之道",即利用人的自为本性,设立俸禄,达到为国家所用的目的。"因也者,因人之情也。人莫不自为也,化而使之为我,则莫可得而用矣。是故先王见不受禄者不臣,禄不厚者不与入难。人不得其所以自为也,则上不取用焉。故用人之自为,不用人之为我。则莫可得而用矣,此之谓因"。④ 就是说,所谓因循,就是遵循自然规律,顺应人性。人们没有不愿尽心尽力为自己做事的,要强求他们改变为自己做事而变成为我做事,那就不可能找到合用的人才。因此,古代帝王对不肯接受俸禄的人,不任用他们做臣子。对于接受俸禄不优厚的人,不要求他们担当艰难的工作。人们如果不能尽自己的能力去做事情,那么君主就不选拔

　　① 商鞅:《商君书·算地》,中华书局 2009 年版。
　　② 商鞅:《商君书·算地》,中华书局 2009 年版。
　　③ 商鞅:《商君书·算地》,中华书局 2009 年版。
　　④ 慎到:《慎子·因循》,上海古籍出版社 1990 年版。

任用他们。所以,君主要善于利用人们都尽力为自己做事的特点,不强求他们去做不愿做的事,那么天下就没有不能为我所用的人,这就叫做因循自然,顺应人性。

韩非子发现人的本性是都有计算之心,人与人之间都是以"市道",即市场商品交换原则彼此进行利益的交易。所以,君主要通过法律制度,堵塞臣民私利,为国家谋取公利。首先,父母与子女之间以"市道"相待:"且父母之于子也,产男则相贺,产女则杀之。此俱出父母之怀衽,然男子受贺,女子杀之者,虑其后便,计之长利也。故父母之于子也,犹用计算之心以相待也,而况无父子之泽乎!"① 就是说,父母对于子女,生了男孩就互相庆贺,生了女孩就杀死她。孩子都出自父母的怀抱,然而男孩受人祝贺,女孩被杀掉的原因,是考虑日后的好处,长远的利益啊! 所以父母对于子女,还要用计算的心理对待,何况没有父子般恩泽的人呢? 其次,事主与客户之间更以"市道"相待:从医生与病人、工匠与客户的关系来说,"医善吮人之伤,含人之血,非骨肉之亲也,利所加也。故舆人成舆则欲人之富贵,匠人成棺则欲人之夭死也,非舆人仁而匠人贼也,人不贵则舆不售,人不死则棺不买,情非憎人也,利在人之死也。"② 就是说,医生愿意吸吮病人的伤口,含病人的血,并非因为有骨肉亲情,而是营利会增加呀。所以,车匠造轿车,则想别人富贵;木匠造棺材,则想让人早死。并不是造轿车的人仁慈,造棺材的人狠毒,而是因为人的地位不高,轿车就卖不出去,人不早死,就不买棺材,本意并不是憎恨别人,而是因为利益就在别人的死亡上。再从雇主与雇工的关系来说,"夫卖庸而播耕者,主人费家而美食、调布而求易钱者,非爱庸客也,曰:如是,耕者且深,耨者熟耘也。庸客致力而疾耘耕者,尽巧而正畦陌畦畤者,非爱主人也,曰:如是,羹且美,钱布且易云也。此其养功力,有父子之泽矣,而心调于用者,皆挟自为心也。故人行事施予,以利之为心,则越人易和;以害之为心,则父子离且怨。"③就是说,请雇工播种耕耘,主人要备办丰盛的饭菜,把布币换成钱币当酬金,并不是主人喜欢雇工,而是只有这样,地才能耕得深,草才能除得净。雇工卖力

① 韩非:《韩非子·六反》,参看《二十二子》,上海古籍出版社 1986 年版。
② 韩非:《韩非子·备内》,参看《二十二子》,上海古籍出版社 1986 年版。
③ 韩非:《韩非子·外储说左上》,参看《二十二子》,上海古籍出版社 1986 年版。

地耕耘，拿出看家本领整理畦埂，并不是爱主人，而是只有这样，才能吃到丰盛的饭菜，得到优厚的工钱。主人供养雇工，似有父子之情，雇工也竭尽所能，其实都在千方百计地为自己打算。其三，君主与臣仆之间也以"市道"相待："且臣尽死力以与君市，君垂爵禄以与臣市，君臣之际，非父子之亲也，计数之所出也。君有道，则臣尽力而奸不生；无道，则臣上塞主明而下成私。"① 就是说，况且臣子竭尽全力通过交换来取得君主的爵禄，君主设置爵禄通过交换来取得臣下的尽心效力。君臣之间，没有父子那样的亲情，都是从计算利害得失出发的，君主有正确的治国原则，臣下就尽心效力，奸邪也不会发生；君主没有正确的治国原则，臣下就会对上蒙蔽君主，在下谋取自己的私利。君主与臣仆的利益存在着差异："匹夫有私便，人主有公利。不作而养足，不仕而名显，此私便也。息文学而明法度，塞私便而一功劳，此公利也。"② 就是说，人臣有私利，君主有公利，不从事耕作而能给养充足，不做官吏而能名声显赫，这是人臣的私利；废除私学而彰明法度，堵塞人臣私利而一概按功行赏，这是君主的公利。

　　法家学派关于人性自利自为的理论与英国经济学家亚当·斯密的"经济人"假说如出一辙。"经济人"就是追求个人利益最大化的主体。无论是商鞅、慎到、韩非，还是亚当·斯密都是从经济理性层面对人的本性进行了清楚界定，从而制定相应的法律制度规范，把人性的自私自利转变为相关的国家公利价值。

## 二、法家学派论国家公利价值生成机制

　　法家学派主张利用人的自利本性，生成国家公利价值；利用国家公利价值来富国强兵；利用富国强兵来成就霸王之业。这是法家学派商鞅、慎到、韩非等人关于国家公利价值生成机制的共同思路。

　　韩非子主张利用人的自利本性、求利之心，来富国强兵，成就霸王之业；他批评儒家学者用仁义道德去游说君主，是家庭伦理在国家伦理上的误用。在社会价值观上，法家与儒家的价值取向根本不同：儒家试图依据家族本位的相爱之道来建立仁义道德价值体系；法家则依据国家本位的名利之道来确立国

---

① 韩非：《韩非子·难一》，参看《二十二子》，上海古籍出版社 1986 年版。
② 韩非：《韩非子·八说》，参看《二十二子》，上海古籍出版社 1986 年版。

家公利价值体系。因此，儒家与法家的治国理念也不同。韩非子说："今学者之说人主也，皆去求利之心，出相爱之道，是求人主之过父母之亲也，此不熟于论恩，诈而诬也，故明主不受也。圣人之治也，审于法禁，法禁明著，则官治；必于赏罚，赏罚不阿，则民用。民用官治则国富，国富则兵强，而霸王之业成矣。"① 意思是说，现在学者游说君主，都叫君主去掉求利之心，而采取相爱之道，这是要求君主超过父母对子女的亲情之爱，这是对恩德问题的无知，是欺诈君主的无稽之谈，所以英明的君主是不接受的。圣人治国，详细考察法律禁令，法律禁令明白清楚，官吏就守法听令；坚决地实行赏罚，赏罚公正，民众就听从使唤。官吏守法听令，民众听从使唤，国家就富裕，国家富裕，军事就强大，就能成就霸王之业。

韩非子提出，要治理好国家，君主必须用一套法治制度，使得人们不可做坏事；他批评儒家应用仁义道德，试图说服教育人们做好事，是一种靠不住的空想。这是为什么呢？韩非子指出："夫圣人之治国，不恃人之为吾善也，而用其不得为非也。恃人之为吾善也，境内不什数；用人不得为非，一国可使齐。为治者用众而舍寡，故不务德而务法。"② 就是说，圣人治理国家，不依赖人们自觉为国家办事的善心，而是依靠让人们不敢做坏事的法律制度。要是依赖自觉地为国家办事的善人，国内找不出几十个；要是依靠让人们不敢做坏事的法律制度，全国人民的行动都会整齐划一。治理国家的人需要采用多数人都得遵守的法律制度，不能采用只有少数人才能勉强具备的善心，因此，不应该实行以仁义道德来治理国家，而应该实行依靠法律制度来治理国家。那么，法家学派依靠什么样的法律制度来治理国家呢？

商鞅提出，君主要利用刑罚和奖赏的"二柄"来治理国家。由于人的自私自利本性，决定了人的本性趋利避害、好安恶危，所以，根据人们的趋避和好恶施行刑罚和奖赏"二柄"，就为君主治理天下众民提供了可能。商鞅指出："人情而有好恶，故民可治也。人君不可以不审好恶。好恶者，赏罚之本也。夫人情好爵禄而恶刑罚，人君设二者以御民之志，而立所欲焉。夫民力尽而爵随

---

① 韩非：《韩非子·六反》，参看《韩非子校注》（修订本），凤凰出版社 2009 年版。
② 韩非：《韩非子·显学》，参看《韩非子校注》（修订本），凤凰出版社 2009 年版。

之,功立而赏随之,人君能使其民信于此,明如日月,则兵无敌矣。"① 意思是说,正因为人性有爱好,有憎恶,因此人民才可以统治。国君不可不考察人民的爱好和憎恶。爱好和憎恶就是刑罚和奖赏的根本。人的本性是爱好爵禄,憎恶刑罚,国君从而设立刑罚和奖赏来控制人民的意志。摆出人民所希望的爵禄,人民肯于尽力,爵位就随着来了;人民立下功劳,俸禄就随着来了。国君叫人民相信这一点好像相信光明的太阳和月亮一般,那么,兵力就无敌于天下了。

怎么来实行刑罚和奖赏"二柄"? 商鞅提出了君主如何对臣僚使用刑罚和奖赏"二柄"的问题。商鞅指出:"明主之所导制其臣者,二柄而已矣。二柄者,刑德也。何谓刑德? 曰:杀戮之谓刑,庆赏之谓德。为人臣者畏诛罚而利庆赏,故人主自用其刑德,则群臣畏其威而归其利矣。"② 就是说,英明的君主所用来控制他的臣下的,不过是二柄罢了。所谓"二柄",就是刑罚和奖赏。什么叫刑罚和奖赏呢? 答案是:杀戮叫做刑罚("刑"),庆贺恩赐叫做奖赏("德")。因此,君主独自掌握刑罚和奖赏"二柄",群臣就会害怕他的威势,而向往他的奖赏了。

商鞅还提出了君主如何对人民使用刑罚和奖赏"二柄"的问题。商鞅指出:"民勇,则赏之以其所欲;民怯,则刑之以其所恶。故怯民使之以刑,则勇;勇民使之以赏,则死。怯民勇,勇民死,国无敌者,必王。民贫则弱,国富则淫;淫则有虱,有虱则弱。故贫者益之以刑,则富;富者损之以赏,则贫。治国之举,贵令贫者富,富者贫。贫者富,富者贫,国强。三官无虱,国久强而无虱者,必王。"③ 意思是说,人民勇敢,君主就用他们所爱好的东西赏赐他们。人民怯弱,君主就用他们所憎恶的东西惩罚他们。所以,怯弱的人,君主用刑罚惩处他们,他们就能勇敢;勇敢的人,君主用赏赐激励他们,他们就肯拼命。怯弱的人勇敢,勇敢的人拼命,国家就无敌,就必能成就霸王之业。人民贫穷,国家就软弱,国家富裕,人民就要淫逸,淫逸就产生虱子,有了虱子,国家也就软弱了。所以,对穷人,君主用刑罚的方法强迫他们生产财富,他们就会富裕;对富人,君主

① 商鞅:《商君书·错法》,中华书局 2009 年版。
② 韩非:《韩非子·二柄》,参看《二十二子》,上海古籍出版社 1986 年版。
③ 商鞅:《商君书·说民》,中华书局 2009 年版。

用赏赐的方法鼓励他们捐献财富,他们就会贫穷。治国的措施,要重视使穷人变富,使富人变穷。穷人变富,富人变穷,国家就强大,农民、商人、官吏三种人中就没有虱子。国家长期强大而且没有虱子,那就必能成就霸王之业了。

法家学派的商鞅、韩非子等人都认为,利用人们对奖赏的贪婪之心和对刑罚的恐惧之心,君主就能够统治、支配、控制天下的臣民,这是国家本位的公利价值得以形成的根据。其实,国家本位公利价值的形成机制就是通过刑罚和奖赏"二柄"确立君主与臣民之间的委托—代理信托责任关系。韩非子警告说:"今人主非使赏罚之威利出于己也,听其臣而行其赏罚,则一国之人皆畏其臣而易其君,归其臣而去其君矣,此人主失刑德之患也。夫虎之所以能服狗者,爪牙也,使虎释其爪牙而使狗用之,则虎反服于狗矣。"① 意思是说,国家君主要牢牢操持住刑罚和奖赏"二柄",如果丧失了刑罚和奖赏"二柄",落于大臣之手,那么,国君与大臣的委托代理关系马上就会反转,君主反过来受戮于大臣。就像老虎能够制服狗,凭的是尖利的爪牙。如果老虎脱掉了爪牙,相反,让狗拥有并使用老虎的爪牙,那么,老虎反过来就要被狗制服,就要忍受狗的颐指气使般主宰。历史上君主丧失刑罚和奖赏"二柄"的祸患,田常、子罕就是典型例子。

所以,君主的统治必须抛弃亲疏远近等感情因素的干扰,掌握刑罚和奖赏"二柄"形成的理性责任机制,做到目标、责任、行动、权力、功过、赏罚的前后一致,这就是所谓的"为主之道"。韩非说:"人主之道,静退以为宝。不自操事而知拙与巧,不自计虑而知福与咎。是以不言而善应,不约而善增。言已应则执其契,事已增则操其符。符契之所合,赏罚之所生也。故群臣陈其言,君以其言授其事,事以责其功。功当其事,事当其言,则赏;功不当其事,事不当其言,则诛。明君之道,臣不陈言而不当。是故明君之行赏也,暖乎如时雨,百姓利其泽;其行罚也,畏乎如雷霆,神圣不能解也。"② 意思是说,君主的原则,以虚静退让为贵。不亲自操持事务而知道臣下办事的拙和巧,不亲自考虑事情而知道臣下谋事的福和祸。因此君主不多说话而臣下就要很好地谋事,不作规定而臣下就要很好地办事。臣下已经提出主张,君主就拿来作为凭证;臣

---

① 韩非:《韩非子·二柄》,参看《二十二子》,上海古籍出版社1986年版。
② 韩非:《韩非子·主道》,参看《二十二子》,上海古籍出版社1986年版。

下已经作出事情,君主就拿来作为凭证。拿了凭证进行验核,就是赏罚产生的根据。所以群臣陈述他们的主张,君主根据他们的主张授予他们职事,依照职事责求他们的功效。功效符合职事,职事符合主张,就赏;功效不符合职事,职事不符合主张,就罚。明君的原则,要求臣下不能说话不算数。因此明君行赏,像及时雨那么温润,百姓都能受到他的恩惠;君主行罚,像雷霆那么可怕,就是神圣也不能解脱。

### 三、法家学派论国家公利价值的实现途径

人的经济本性自为自利,君主通过刑罚和奖赏"二柄"的机制形成国家本位的公利价值,这样,国家就可以得到治理。如何把天下数以万计自利自为的个人行为转变为整体的、共同的、统一的国家经济、军事行为,使每个人都来承担富国强兵的国家责任呢? 商鞅提出了统一于法律的"四壹"治世学说,韩非子提出了法术势相统一的治理理论。秦国通过商鞅变法,法家学派的治国理念转化成了秦国的现实社会行动,秦国通过一系列政治、经济、军事、外交的活动,终于国富兵强,崛起于西方,雄视天下,最终扫平六国,统一天下! 商鞅的"四壹"治世学说是什么?

其一,"壹国务"。尊重农战之士,使人民喜农乐战。商鞅指出:"凡将立国,制度不可不察也,治法不可不慎也,国务不可不谨也,事本不可不抟也。制度时,则国俗可化,而民从制。治法明,则官无邪。国务壹,则民应用。事本抟,则民喜农而乐战。夫圣人之立法化俗,而使民朝夕从事于农也,不可不知也。夫民之从事死制也,以上之设荣名,置赏罚之明也。不用辩说私门而功立矣,故民之喜农而乐战也。见上之尊农战之士,而下辩说技艺之民,而贱游学之人也,故民壹务;其家必富,而身显于国。"① 意思是说,任何一个国家建立在世界上,对于制度,不可不审察;对于法律,不可不慎重;对于政务,不可不谨慎;对于根本事业,不可不集中于一。因为制度合乎时宜,风俗才能转变,人民才能遵守;法律明确,官吏才没有奸邪;政务统一,人民才肯效力;根本事业集中于一,人民才喜欢农业和战争。圣人创立法律,转移风俗,在于使人民早晚都从事农业,这是必须认清的。人民肯去干事,肯为了服从法令而牺牲,是因

---

① 商鞅:《商君书·壹言》,中华书局 2009 年版。

为君主摆出的光荣名誉,设置的赏赐和刑罚,都很明确;他们用不着巧辩谈说,走私人的门路,就能立功。人民喜欢农业和战争,是因为他们看到君主尊重农民和战士,看到君主轻视巧辩的说客和手工业者;看到君主鄙视游学的人们。因此,人民的努力就集中于一个途径,他们的家庭从而富裕,他们本人从而显荣。而且,商鞅还提出将从事农战作为获得官爵的唯一途径。商鞅说:"善为国者,其教民也,皆作壹而得官爵。是故不官无爵。国去言,则民朴,民朴则不淫。民见上利之从壹空出也,则作壹,作壹则民不偷营。民不偷营则多力,多力则国强。"① 意思是,善于治国的人,他教育人民都专心从事农战,来取得官爵,所以不从事农战的人就没有官爵。国家废去空言,人民就会朴实。人民朴实就不淫逸。人民看见君主的利禄是从农战一个孔儿出来,就都专心从事农战。人民专心从事农战,就不懒惰迷惑。人民不懒惰迷惑,力量就多。人民力量多,国家就强大。商鞅指出:"圣王见王之致于兵也,故举国而责之于兵。入其国,观其治,民用者强。奚以知民之见用者也?民之见战也,如饿狼之见肉,则民用矣。凡战者,民之所恶也;能使民乐战者,王。强国之民,父遗其子,兄遗其弟,妻遗其夫,皆曰:'不得,无返。'又曰:'失法离令,若死我死,乡治之。行间无所逃,迁徙无所入。'行间之治,连以五,辨之以章,束之以令,拙无所处,罢无所生。是以三军之众,从令如流,死而不旋踵。"② 意思是说,圣王看到成就王业在于武力,所以要求全国人都当兵。例如,进入一个国家,观察他的政治,他的军队肯出力,国家就强。从那里知道人民肯出力呢?人民看到战争,就像饿狼看到肉一样,这就是人民肯出力了。战争是人民所憎恶的。国君能够使人民乐意作战,就能成就王业。强国的人民面临战争,父亲送他的儿子,哥哥送他的弟弟,妻子送她的丈夫,都说:"得不到敌人,不要回来!"又说:"违犯法律,背弃命令,你死,我死。有本乡官吏办我们的罪。你在军队中无法可逃,我们迁移无处可去。"军队的办法:五个人编成一伍,用徽章来区别,用命令来约束。士兵逃走无处可住,败退无路可活,所以三军的战士都像流水一般听从命会,就是死也不肯转过脚来逃跑。

其二,"壹赏"。就是富贵爵禄,全部出于军功。"所谓壹赏者,利禄官爵,

---

① 商鞅:《商君书·农战》,中华书局 2009 年版。
② 商鞅:《商君书·画策》,中华书局 2009 年版。

挎出于兵,无有异施也。夫固知愚,贵贱,勇怯,贤不肖,皆尽其胸臆之知,竭其股肱之力,出死而为上用也。天下豪杰贤良从之如流水。是故兵无敌,而令行于天下。万乘之国,不敢苏其兵中原。千乘之国,不敢捍城。万乘之国,若有苏其兵中原者,战将覆其军。千乘之国,若有捍城者,攻将凌其城。战必覆人之军,攻必凌人之城,尽城而有之,尽宾而致之,虽厚庆赏,何费匮之有矣。"① 就是说,所谓壹赏,就是利禄官爵全都出于军功,不用在其他方面。因而智者、愚者、贵者、贱者、勇者、怯者、贤者、不肖者,都用尽他们胸中的智慧,用尽他们手足的力量,拼死来给君主效力。天下的豪杰和贤良的人都像流水一般追随君主。于是兵力无敌,政令通行于天下。有一万辆兵车的国家不敢在原野中抵抗;有一千辆兵车的国家不敢守卫城邑。有一万辆兵车的国家如果在原野中抵抗,一作战,就要被它打得大败。有一千辆兵车的国家如果敢于守卫城邑,一进攻,就要被它攻破。它和别国作战,必定把别国打败,它攻打别国的城,必定攻破;从而一切城邑被它占有,一切敌人都被它征服。这样,虽然施行丰厚的赏赐,哪会缺乏财物呢?

其三,"壹刑"。就是统一刑罚,在法律面前没有等级,人人平等。"所谓壹刑者,刑无等级。自卿相、将军以至大夫、庶人,有不从王令,犯国禁,乱上制者,罪死不赦。有功于前,有败于后,不为损刑。有善于前,有过于后,不为亏法。忠臣孝子有过,必以其数断。守法守职之吏,有不行王法者,罪死不赦,刑及三族。周官之人,知而讦之上者,自免于罪。无贵贱,尸袭其官长之官爵田禄。故曰:重刑连其罪,则民不敢试。民不敢试,故无刑也。夫先王之禁,刺杀,断人之足,黥人之面,非求伤民也,以禁奸止过也。故禁奸止过,莫若重刑。刑重而必得,则民不敢试,故国无刑民。国无刑民,故曰:明刑不戮。"② 就是说,所谓统一刑罚就是刑罚不论人们的等级,自卿相、将军到大夫、平民,有人不服从国王的命令,违犯国家的法禁,破坏国家的制度,就是死罪,决不赦免。以前立过功,以后干坏事,不因此而减轻刑罚。以前有善行,以后有过失,不因此而破坏法律。忠臣孝子有了过失,必定按照它的分量来判罪。掌握法律、担任职务的官吏中,有人不执行国王的法律,就是死罪,决不赦免;并且加刑于他

---

的三族。他周围的官吏，有人晓得他的罪行，向上级揭发出来，自己就免了罪；而且无论贵贱，便接替那个官长的官爵、土地和俸禄。所以说，加重刑罚，一人有罪，别人连坐，人们就不敢尝试了。人们不敢尝试，就可以不用刑罚了。古代帝王的法律，或者杀死人，或者斩断人的脚，或者刺刻人的面，并不是希望伤害人，而是为了杜绝奸邪，禁止罪过。要杜绝奸邪，禁止罪过，就莫如加重刑罚。刑罚既重，而又必能获得罪人，人们就不敢尝试，因而国内就没有受刑的人了。国内没有受刑的人，这就是修明刑罚，并不杀人。

其四，"壹教"。就是告诉人民学习礼乐文化不能发家致富，致力于耕战才能进入富贵之门。"所谓壹教者，博闻辩慧，信廉礼乐，修行群党，任誉清瘿，不可以富贵，不可以评刑，不可独立私议，以陈其上。坚者破，锐者挫。虽曰圣知巧佞厚朴，则不能以非功罔上利。然富贵之门，要在战而已矣。彼能战者，践富贵之门；强梗者，有常刑而不赦。是父兄、昆弟、知识、婚姻、合同者，皆曰：务之所加，存战而已矣。夫故当壮者务于战，老弱者务于守；死者不悔，生者务劝。此臣之所谓壹教也。民之欲富贵也，共阖棺而后止。而富贵之门，必出于兵。是故民闻战而相贺也；起居饮食所歌谣者，战也。此臣之所谓明教之犹至于无教也。"① 就是说，所谓统一教育，就是人们虽然见闻多，能辩论，有智慧，城实，廉洁，懂礼乐，修品德，结党羽，行侠义，有声名，清高；可是朝廷不准许凭借这些取得富贵；不准许根据这些批评刑罚；不准许拿独特的私议对君上陈诉。坚强的人就要破败。锋利的人就要挫折。圣智、巧辩、忠厚、朴实的人也不得利用无益于国家的东西，来兜揽君上的利禄。富贵的门户只有战争一个。那些能够战争的人就踏入富贵的门户；那些强悍顽梗的人就受到应得的刑罚，决不赦免。于是父子、兄弟、朋友、亲戚、同乡等都说："我们努力的方向在于战事而已。"所以强壮的人都努力于战争，老弱的人都努力于守城，死者不后悔，生者鼓起干劲，这就是我所谓壹教。

商鞅特别强调，一个君主要落实"四壹"治世学说，治理好自己国家，必须依靠三大法宝：一曰法，二曰信，三曰权。"国之所以治者三：一曰法，二曰信，三曰权。法者，君臣之所共操也；信者，君臣之所共立也；权者，君之所独制也。人主失守，则危；君臣释法任私，必乱。故立法明分，而不以私害法，则治；权制

---

① 商鞅：《商君书·赏刑》，中华书局 2009 年版。

独断于君,则威;民信其赏则事功成,信其刑则奸无端。唯明主爱权重信,而不以私害法。"① 就是说,治国有三大法宝:第一是法制;第二是信用;第三是权柄。法制是君臣共同遵守的东西。信用是君臣共同树立的东西。权柄是国君单独掌握的东西。国君失掉权柄,就很危险。君臣抛弃法制,听任私意,必定混乱。建立法制,明确分界,不以私意损害法制,国家就治。权柄由国君运用裁断,国君就有威严。人民相信朝廷的赏赐,功业就有所成就;相信朝廷的刑罚,奸邪就无由产生。只有明君才爱护权柄,重视信用,而不以私意损害法制。对于法制,商鞅要求君主把法制作为判断一切言行的价值标准,作为一切言行的规范,作为一种社会信仰:"故明主慎法制,言不中法者,不听也;行不中法者,不高也;事不中法者,不为也。"② 对于信用,商鞅到秦国变法的一个引人注目的举动就是"徙木立信"。商鞅的"信用"就是确立人们对法制的信仰,"民信其赏则事功成,信其刑则奸无端。"从而达到令行禁止的目的。对于权柄,商鞅认为"权制独断于君,则威。"权柄乃是确立君主尊严和威望的根本,不可轻易假人。君主失去权势,甚至性命难保,赵武灵王就是明证:"主父,万乘之主,而以身轻于天下,无势之谓轻,离位之谓躁,是以生幽而死。故曰:'轻则失臣,躁则失君',主父之谓也。"③ 可见,对于国家治理来说,法、信、权,一样都不可少。

韩非子将商鞅的观点与申不害、慎到的观点加以结合,形成法术势"三治"合一的观点:

其一,"法治",即运用法律制度治理国家。同时,韩非子强调法治要与术治结合。"法者,宪令著于官府,刑罚必于民心,赏存乎慎法,而罚加乎奸令者也,此臣之所师也。"④ 意思是,所谓法治,就是官府明文公布法律命令,对于赏罚制度的信任深入民心,对于谨慎遵守法令的人给予奖赏,对于触犯法令的人进行惩罚。这是臣下应该遵循的。韩非子还通过秦国的历史说明法治与术治结合的必要性。韩非子说:"公孙鞅之治秦也,设告相坐而责其实,连什伍而同其罪,赏厚而信,刑重而必,是以其民用力劳而不休,逐敌危而不却,故其

① 商鞅:《商君书·修权》,中华书局 2009 年版。
② 商鞅:《商君书·君臣》,中华书局 2009 年版。
③ 韩非:《韩非子·喻老》,参看《二十二子》,上海古籍出版社 1986 年版。
④ 韩非:《韩非子·定法》,参看《二十二子》,上海古籍出版社 1986 年版。

国富而兵强。然而无术以知奸，则以其富强也资人臣而已矣。及孝公、商君死，惠王即位，秦法未败也，而张仪以秦殉韩、魏。惠王死，武王即位，甘茂以秦殉周。武王死，昭襄王即位，穰侯越韩、魏而东攻齐，五年而秦不益尺土之地，乃城其陶邑之封，应侯攻韩八年，成其汝南之封；自是以来，诸用秦者皆应、穰之类也。故战胜则大臣尊，益地则私封立，主无术以知奸也。商君虽十饰其法，人臣反用其资。故乘强秦之资，数十年而不至于帝王者，法不勤饰于官，主无术于上之患也。"① 意思是，商鞅治理秦国，设立告奸和连坐的制度来考察犯罪的实情，使什伍之家同受罪责，该厚赏就一定厚赏，该重罚就一定重罚。因此秦国人民努力耕作，劳累了也不休息；追击敌人，再危险也不退却。所以，秦国国富兵强。但是没用术治来识别奸臣，那不过是用秦国的富强帮助群臣罢了。等到秦孝公、商鞅死后，秦惠王继位，秦的变法措施没有废除，而张仪把秦国的力量牺牲在逼迫韩国、魏国的事件上。秦惠王死后，秦武王继位，甘茂把秦国的力量牺牲在与周打仗上。秦武王死，秦昭襄王继位，穰侯越过韩、魏两国向东攻打齐国，经过五年，秦国没有增加一尺土地，而穰侯魏冉却增加了陶邑的封地。应侯范雎攻打韩国达八年之久，给他自己增加了汝南的封地。从那以后，许多在秦国执政的人，都是应侯范雎、穰侯魏冉一类的人物。所以打了胜仗，大臣就尊贵起来；扩大地盘，就建立了私人的封地。这是君主不能用术治去了解奸邪的缘故。商鞅纵然频繁地整顿法令，臣下反而利用了他变法的成果。所以凭借秦国雄厚的实力，几十年还没有成就霸王之业，就是因为官府虽然不断地整顿法令，但君主在上面不能用术治，结果带来了害处。所以，韩非子强调法治要与术治结合。

其二，"术治"，即运用管理制度治理国家。同时，韩非子强调术治要与法治结合。"术者，因任而授官，循名而责实，操杀生之柄，课群臣之能者也，此人主之所执也。"② 意思是，所谓术治，就是依据才能授予官职，按照名位责求实际功效，掌握生杀大权，考核群臣的能力。这是君主应该掌握的。韩非子还通过韩国的历史说明术治与法治结合的必要性。韩非子说："申不害，韩昭侯之佐也。韩者，晋之别国也。晋之故法未息，而韩之新法又生；先君之令未收，

① 韩非：《韩非子·定法》，参看《二十二子》，上海古籍出版社1986年版。
② 韩非：《韩非子·定法》，参看《二十二子》，上海古籍出版社1986年版。

而后君之令又下。申不害不擅其法，不一其宪令则奸多。故利在故法前令则道之，利在新法后令则道之，利在故新相反，前后相悖，则申不害虽十使昭侯用术，而奸臣犹有所谲其辞矣。故托万乘之劲韩，十七年而不至于霸王者，虽用术于上，法不勤饰于官之患也。"① 意思是说，申不害是韩昭侯的辅佐大臣，韩国是从晋国分出来的三个国家之一。晋国的旧法没有废除，而韩国的新法又已公布；晋君的旧法令没有收回，而韩君的新法令又下达。申不害没有专一地推行新法，没有统一韩国的法令，奸邪的事就增多了。所以奸人认为旧法令对自己有利，就依照旧法令行事；认为新法令对自己有利，就依照新法令行事；他们从旧法和新法的矛盾、前后政令的对立中取利，那么，申不害即使频繁地让韩昭侯运用术治，奸臣仍然有办法进行诡辩。所以，申不害凭借兵力雄厚的韩国，经过十七年的努力还没有成就霸业，就是因为君主虽然在上面用术治，但没有在官吏中经常整顿法令，结果带来了害处。所以，韩非子强调术治要与法治结合。

其三，"势治"，即通过政治制度治理国家。同时，势治必须和法治、术治结合。韩非子指出："慎子曰：飞龙乘云，腾蛇游雾，云罢雾霁，而龙蛇与蚯蚁同矣，则失其所乘也。贤人而诎于不肖者，则权轻位卑也；不肖而能服于贤者，则权重位尊也。尧为匹夫不能治三人，而桀为天子能乱天下，吾以此知势位之足恃，而贤智之不足慕也。"② 意思是，慎到说：飞龙乘云飞行，腾蛇乘雾游动，然而一旦云开雾散，它们未免就跟蚯蚓、蚂蚁一样了，因为它们失去了腾空飞行的凭借。贤人之所以屈服于不贤的人，是因为贤人权力小、地位低下；不贤的人之所以能制服贤人，是因为不贤的人权力大、地位高。尧要是一个平民，他连三个人也管不住；而桀作为天子，却能搞乱整个天下。我由此得知，势位是足以依赖的，而贤智是不足以羡慕的。韩非子认为，只要把法治、术治、势治三者结合起来，国家公利价值的责任伦理就可以顺利实现。韩非子说："故国者君之车也，势者君之马也，无术以御之，身虽劳犹不免乱，有术以御之，身处佚乐之地，又致帝王之功也。"③ 意思是，国

---

① 韩非：《韩非子·定法》，参看《二十二子》，上海古籍出版社1986年版。
② 韩非：《韩非子·难势》，参看《二十二子》，上海古籍出版社1986年版。
③ 韩非：《韩非子·外储说右下》，参看《二十二子》，上海古籍出版社1986年版。

家是君主的车,权势是君主的马。君主没有法术驾驭它,自己即使很劳苦,国家还是不免于乱;有法术来驾驭它,自己不但能安逸快乐,还能取得帝王的功业。《太平御览》卷六二○引《韩非子》佚文:"势者君之舆,威者君之策,臣者君之马,民者君之轮"。意思是,权势是君主乘坐的车,威力是君主驱车的鞭子,臣僚是为君主拉车的马,人民是君主这辆车上的车轮。这都是对法术势三者整体关系的具体说明。所以,韩非子强调势治必须和法治、术治结合。

嬴政采用韩非子学说,在秦国对法治、术治、势治进行了综合运用,形成了国家公利价值取向的责任伦理结构,最后统一天下,成就了霸王之业。只是在秦国完成统一之后,商鞅的法治、慎到的势治、申不害的术治,这一法家学派的完整理论被割裂开来,变成了碎片化的东西了。秦始皇逐渐偏执于势治、秦二世偏执于术治,导致国家公利价值的责任伦理结构解体,大秦帝国的大厦也就轰然倒塌了。

## 第五节　墨家学派天下兼爱价值哲学

墨子创立天下本位的兼爱价值哲学。墨子即墨翟,生卒年约在公元前468年~公元前376年,春秋末战国初期鲁国人,墨家学派创始人。墨家学派著作被编为《墨子》一书。李学勤在《秦简与〈墨子〉城守各篇》中说:"注释秦简过程中,又发现《墨子》书内城守各篇,文字也与简文近似,有许多共同点,从而可以推定为战国后期秦国墨家的作品"。可见,墨家学派对秦国的政治决策、军事技术都产生过重要影响。墨家学派天下本位兼爱价值哲学中的伦理主体,一是有道者即士大夫阶层,二是有财者即财产的所有者,三是有力者即劳动群众。其伦理对象是世俗的君臣庶民,还有超世俗的上帝鬼神。其责任规范是:"兼义"即"兼相爱,交相利"的原则。

墨家学派追求的理想目标就是"兴天下之利,除天下之害"。为了实现天下太平的理想,墨者以自苦为极乐,"摩顶放踵利天下而为之"。《庄子·天下篇》记载,"墨子曰:'昔者禹之湮洪水,决江河而通四夷九州也,名川三百,支川三千,小者无数。禹亲自操橐耜而九杂天下之川;腓无胈,胫无毛,沐甚雨,栉疾风,置万国。禹大圣也,而形劳天下也如此。'使后世之墨者,多以裘褐为衣，以跂蹻为服，日夜不休，以自苦为极，曰：'不能如此，非禹之道也，不足谓墨。'"① 意思是，墨子说："过去大禹堵塞洪水，疏通江河，而沟通四夷九州，大川三百，支流三千，小沟无数。禹亲自拿着盛土的器具和掘土的工具，而聚合于天下的河流；累得大腿上没有肉，小腿上没有汗毛，暴雨淋身，疾风梳发，安定了万国。禹是个大圣人，他身体力行，为民劳苦到如此地步。"使后代的墨者，多用粗布做衣服，穿着木屐草鞋，日夜不息，以吃苦耐劳为准则，说："不能这样，不是大禹之道，不足以把他称为墨者。"

墨家学派提出了社会治理"十论"，这是针对当时各个国家的具体情况而提出的十个理论观点。墨子说："凡入国，必择务而从事焉。国家昏乱则语之尚贤、尚同，国家贫则语之节用、节葬，国家熹音湛湎则语之非乐、非命，国家淫僻无礼则语之尊天、事鬼，国家务夺侵凌即语之兼爱、非攻。"② 意思是，凡是到了一个国家，要选择最重要的事情对当政者进行劝导。假如一个国家昏乱，就告诉他们尚贤、尚同；假如一个国家贫穷，就告诉他们节用、节葬；假如一个国家喜好声乐、沉迷于饮酒，就告诉他们非乐、非命；假如一个国家荒淫、怪僻、不讲究礼节，就告诉他们尊天、事鬼；假如一个国家以掠夺、侵略、凌辱别国为事，就告诉他们兼爱、非攻。这是墨子为救治乱世提出的社会治理良策。

墨子为了兼爱天下百姓，亲自到各诸侯国制止战争。其中最著名案例，就是止齐攻鲁，止楚攻宋。墨家为实现天下兼爱的理想，其门徒周游列国，最著名的有楚国墨者孟胜、秦国墨者腹䵍等人。楚国墨者巨子孟胜因阳城君事件，为执行墨者之义，率领一百八十人集体自杀。秦国墨者巨子腹䵍之子杀人，秦昭王予以特赦。为行墨者之法，腹䵍处死自己儿子。墨家学派的"尚同"与法家学派的"公利"可谓不谋而合！

墨子学派还重视辩论、善于辩论，而且创造了墨辩之学，但是，墨者为了避免辩其辞而害其用，便注重身体力行的实践，并因此而著称于天下。"楚王谓田鸠曰：'墨子者，显学也。其身体则可，其言多而不辩，何也？'曰：'昔秦伯嫁其女于晋公子，令晋为之饰装，从衣文之媵七十人。至晋，晋人爱其妾而贱公

---

① 庄周：《庄子·天下篇》，参看陈鼓应：《庄子今注今译》，中华书局 2009 年版。

② 墨翟：《墨子·鲁问》，参考周才珠、齐瑞端译注：《墨子全译》，贵州人民出版社 1995 年版。

女。此可谓善嫁妾而未可谓善嫁女也。楚人有卖其珠于郑者,为木兰之椟,薰以桂椒,缀以珠玉,饰以玫瑰,辑以翡翠。郑人买其椟而还其珠。此可谓善卖椟矣,未可谓善鬻珠也。今世之谈也,皆道辩说文辞之言,人主览其文而忘有用。墨子之说,传先王之道,论圣人之言以宣告人。若辩其辞,则恐人怀其文忘其直,以文害用也。此与楚人鬻珠、秦伯嫁女同类,故其言多不辩。'"①意思是,楚王问田鸠说:"墨子是个声名显赫的学者。他亲自实践起来还是不错的,他讲的话很多,但不动听,为什么?"田鸠说:"过去秦国君主把女儿嫁给晋国公子,叫晋国为他女儿准备好装饰,衣着华丽的陪嫁女子有七十人。到了晋国,晋国人喜欢陪嫁媵妾,却看不起秦君的女儿。这可以叫做善于嫁妾,不能说是善于嫁女。楚国有个在郑国出卖宝珠的人,他用木兰做了一个匣子,匣子用香料熏过,用珠玉作缀,用玫瑰装饰,用翡翠连接。郑国人买了他的匣子,却把珠子还给了他。这可以叫做善于卖匣子,不能说是善于卖宝珠。现在社会上的言论,都是一些漂亮动听的话,君主只看文采而不管它是否有用。墨子的学说,传扬先王道术,阐明圣人言论,希望广泛地告知人们。如果修饰文辞的话,他就担心人们会留意于文采而忘了它的内在价值,从而造成因为文辞而损害实用的恶果。这和楚人卖宝珠、秦君嫁女儿是同一类型的事,所以墨子的话很多,但不动听。"实际情况确实如此,墨家实践派在秦国充任官吏,建设城池,修筑防御工事,并著有军事技术方面的《备城门》等著作。

### 一、墨家学派论人的社会本质

墨子认为,一个人要履行社会责任,处其位而胜其任,处其禄而胜其爵,建功立业,这是人之所以为人的前提。墨子说:"故虽有贤君,不爱无功之臣,虽有慈父,不爱无益之子。是故不胜其任而处其位,非此位之人也;不胜其爵而处其禄,非此禄之主也。"②意思是,即使有贤君,他也不爱无功之臣;即使有慈父,他也不爱无益之子。所以,凡是不能胜任其事而占据这一位置的,他就不应居于此位;凡是不胜任其爵而享受这一俸禄的,他就不当享有此禄。

同时,墨子认为,按照天志即上帝天神的意志,人之所以为人还在于兼相

---

① 韩非:《韩非子·外储说左上》,参看《二十二子》,上海古籍出版社 1986 年版。
② 墨翟:《墨子·亲士》,参看《二十二子》,上海古籍出版社 1986 年版。

爱、交相利，甚至爱人若及，利人若己。如此才能成就人之所以为人的社会本质即在功利基础上人的兼爱本质。墨子说："若使天下兼相爱，国与国不相攻，家与家不相乱，盗贼无有，君臣父子皆能孝慈，若此则天下治。故圣人以治天下为事者，恶得不禁恶而劝爱？故天下兼相爱则治，交相恶则乱。"① 意思是，假若天下的人都相亲相爱，国家与国家不相互攻伐，家族与家族不相互侵扰，盗贼没有了，君臣父子间都能孝敬慈爱，像这样，天下也就治理了。所以圣人既然是以治理天下为志业的人，怎么能不禁止相互仇恨而鼓励相亲相爱呢？因此天下的人相亲相爱就会治理好，相互仇恨则会混乱。人类具有了兼爱本质，天下就太平了。

所以，人的社会本质就是履行人的道义即"兼义"。墨子说："万事莫贵于义。今谓人曰：'予子冠履，而断子之手足，子为之乎？'必不为，何故？则冠履不若手足之贵也。又曰：'予子天下而杀子之身，子为之乎？'必不为，何故？则天下不若身之贵也。争一言以相杀，是贵义于其身。故曰，万事莫贵于义也。"② 意思是，万事没有什么比道义更可贵的了。假使现在对一个人说："给你帽子和鞋子，而砍断你的手和脚，你肯做这样的事吗？"这人一定不肯，什么缘故呢？因为鞋帽不如手脚贵重。然后又对这人说："给你天下而杀你的身体，你肯做这样的事吗？"这人一定不肯，什么缘故呢？因为天下不如自己的身体贵重。可是，人们为争一言而相互拼杀，这是因为道义比身体更为可贵。所以说，万事没有比道义更可贵的了。墨家的道义就是兼爱。这种兼爱的道义即"兼义"不同于儒家的有亲疏贵贱差等的"仁义"，墨子认为，兼爱的道义是要为天下兴利除害，所以，兼爱的道义价值比财富价值、生命价值更为可贵！墨者为了实现这种"兼义"价值，"摩顶放踵"在所不辞！

墨家学派把兼爱作为人的社会本质的观点有以下三个特征：

首先，墨家学派的兼爱突破了血缘关系，而是以群缘关系为基础的；突破了等级关系，而是以平等关系为基础的。儒家的"仁爱"以血缘关系为基础，讲究爱有差等，人与人有亲疏贵贱之别。墨子的"兼爱"是以人类群缘关系为基础的，超越了血缘关系，超越了差等之爱，是普遍的人类之爱。墨家不分职

---

① 墨翟：《墨子·兼爱上》，参看《二十二子》，上海古籍出版社1986年版。
② 墨翟：《墨子·贵义》，参看《二十二子》，上海古籍出版社1986年版。

业贵贱,平等地爱护包括农夫、工匠、商人等百姓在内的一切人,墨子认为这才是真正的"为贤之道"。墨子说:"为贤之道将奈何? 曰:有力者疾以助人,有财者勉以分人,有道者劝以教人。若此,则饥者得食,寒者得衣,乱者得治。"① 意思是,什么是"为贤之道"呢? 有力气的人赶快用力帮助人,有财富的人努力分给别人,有学问的人则要尽力教诲别人。像这样,就能饥者得食,寒者得衣,乱者得治。如果饥饿的能得到食物,寒冷的能得到衣服,世乱能得到治理,这样就会各安其生了。人与人之间彼此"兼相爱,交相利",这才是真正的"为贤之道"。"兼爱"的内涵就是人类群缘大共同体的公共利益关系,即人类平等基础上的互利互爱。只有以人类平等的互利互爱关系为基础,天下国家才能有真正持久的和平与幸福。

其次,墨家学派的兼爱是真正的人本主义之爱,区别于类似于"爱马"之类的工具主义的效用之爱。墨家学派用"爱"来对"仁"进行定义:"仁,体爱也。"② "仁,爱己者非为用己也,不若爱马著若明。"③ 就是说,真正的爱,就要像爱自己一样爱他人,也就是爱人如己。因为爱自己不是为了使用自己,爱别人也应该不是为了使用别人才去爱。这和爱马不一样,爱马是为了使用马才去爱马的。墨子认为,兼爱就是要爱人如己、爱天下一切人如己,这是真正的人本主义之爱,而不是"爱马"之类工具主义的效用之爱。

其三,墨家学派的兼爱,既可"爱人不外己,己在所爱之中。"④ 又可舍己为人。因为,"夫爱人者,人必从而爱之;利人者,人必从而利之;恶人者,人必从而恶之;害人者,人必从而害之"。⑤ 所以,兼爱是不排斥爱己的,因为,你在爱他人的时候,按照互爱原则,你也会得到他人的爱。同时,墨家学派认为,为了实现天下的"兼爱",可以舍己为人,牺牲个人快乐、舍弃个人情欲,甚至可以为人类兼爱的共同利益赴汤蹈火。"子墨子曰:嘿则思,言则诲,动则事,使三者代御,必为圣人。"⑥ 意思是,沉默之时能思索,出言能教导人,行动能

---

① 墨翟:《墨子·尚贤下》,参看《二十二子》,上海古籍出版社1986年版。
② 墨翟:《墨子·经上》,参看《二十二子》,上海古籍出版社1986年版。
③ 墨翟:《墨子·经说上》,参看《二十二子》,上海古籍出版社1986年版。
④ 墨翟:《墨子·大取》,参看《二十二子》,上海古籍出版社1986年版。
⑤ 墨翟:《墨子·兼爱上》,参看《二十二子》,上海古籍出版社1986年版。
⑥ 墨翟:《墨子·贵义》,参看《二十二子》,上海古籍出版社1986年版。

从事义。使这三者交替进行，一定能成为圣人。墨子的理想人格是圣人，圣人不谋私利，自苦为义，摩顶放踵，利天下而为之。

可见，墨子的兼爱和世俗的别爱是两种不同价值观，墨子主张"兼以易别"消灭社会不公平现象。兼爱是爱人若己，即在权利义务相互平等基础上国与国、家与家、人与人之间的交往关系。别爱是亏人自利，即在权利义务不平等基础上国与国、家与家、人与人之间交往关系。所以，"子墨子曰：兼以易别。然即兼之可以易别之故何也？曰：藉为人之国，若为其国，夫谁独举其国以攻人之国者哉？为彼者犹为己也。为人之都，若为其都，夫谁独举其都以伐人之都者哉？为彼犹为己也。为人之家，若为其家，夫谁独举其家以乱人之家者哉？为彼犹为己也，然即国、都不相攻伐，人、家不相乱贼，此天下之害与？天下之利与？即必曰天下之利也。"① 意思是，要用兼相爱来取代别相恶。既然如此，那么可以用兼相爱来替换别相恶的原因何在呢？回答说：假如对待别人的国家，像治理自己的国家，谁还会动用本国的力量，用以攻伐别人的国家呢？为着别国如同为着本国一样。对待别人的都城，像治理自己的都城，谁还会动用自己都城的力量，用以攻伐别人的都城呢？对待别人都城就像对待自己的一样。对待别人的家族，就像对待自己的家族，谁还会动用自己的家族，用以侵扰别人的家族呢？对待别人家族就像对待自己的一样。既然如此，那么国家、都城不相互攻伐，个人、家族不相互侵扰残害，这是天下之害呢？还是天下之利呢？则必然要说是天下之利。墨子学派认为，人的兼爱社会本质是在现实生活中不断生成的，按照天志，即天神上帝的意志，兼相爱，交相利，兴天下之大利，除天下之大害，人类就具有了兼爱的道义，就生产出人类美好的社会本质，否则，就会产生恶劣的社会本质。

### 二、墨家天下本位兼爱价值的形成机制

其一，从"天志"方面来说，由于上天的意志就是兼相爱，而且上天能够赏善罚恶，在"天志"的信仰下，人类兼爱价值就会形成。墨子指出："何以知天之爱天下之百姓？以其兼而明之。何以知其兼而明之？以其兼而有之。何以知其兼而有之？以其兼而食焉。何以知其兼而食焉？四海之内，粒食之民，莫

---

①　墨翟：《墨子·兼爱下》，参看《二十二子》，上海古籍出版社 1986 年版。

不犓牛羊，豢犬彘，洁为粢盛酒醴，以祭祀于上帝鬼神，天有邑人，何用弗爱也？且吾言杀一不辜者必有一不祥。杀不辜者谁也？则人也。予之不祥者谁也？则天也。"① 意思是说，怎么知道上天兼爱天下百姓呢？以其了解天下百姓。怎么知道上天了解天下百姓呢？以其让天下百姓生存。怎么知道让天下百姓生存呢？以其供给天下百姓食物。怎么知道供给天下百姓食物？因为四海之内，凡是吃五谷的人民，无不养牛羊，豢狗猪，洁净地做好粢盛酒醴，用来祭祀上帝鬼神。上天让天下百姓生存，怎么会不兼爱他们呢？而且上天的意志是，杀了一个无辜的人，必然有一不祥之兆的降临。杀了无辜的人是谁呢？是人。给杀人的人降下不祥的是谁呢？是上天。如果认为上天不是兼爱天下百姓，那么，人与人之间杀害，上天为什么要降给他不祥呢？所以，这是证明天志就是兼爱天下百姓的缘故。墨子还引用历史事实说，"周宣王杀其臣杜伯而不辜，杜伯曰：'吾君杀我而不辜，若以死者为无知则止矣；若死而有知，不出三年，必使吾君知之。'其三年，周宣王合诸侯而田于圃，田车数百乘，从数千，人满野。日中，杜伯乘白马素车，朱衣冠，执朱弓，挟朱矢，追周宣王，射之车上，中心折脊，殪车中，伏弢而死。当是之时，周人从者莫不见，远者莫不闻，著在周之春秋"。② 意思是，周宣王杀了他的无辜大臣杜伯，杜伯说："我君杀无辜，如果死者无知就算了，如果死者有知，不出三年，必使我君知道厉害。"三年后，周宣王会合诸侯在圃苑打猎，车子几百辆，随从数千人，来的人满山遍野。到了中午，杜伯乘坐着白马素车，身着红色的衣帽，手握红色的弓，搭上红色的箭，追赶周宣王，一箭射到车上，射中周宣王前心，折断了脊骨，倒在车上，宣王伏在弓袋上死去。当时跟随来打猎的周人没有谁不看见，远方的人没有谁不听说，还记载在西周的史书上。所以，鬼神的作用就是执行上天赏善罚恶的意志，如果人类兼爱，上天就会奖赏，人类兼恶，上天就会惩罚。

其二，从"尚同"作用来说，天子按照上天的意志确定善恶标准，天下的诸侯、乡里、百姓就会上行下效，天下兼爱价值就会形成。墨子认为，人类处于野蛮时代，没有善恶标准，相互非议导致天下大乱；人类进入文明时代之后，建立政府，设立天子，确定善恶标准，天下秩序确立了，就可以避免大乱。墨子说：

---

① 墨翟：《墨子·天志上》，参看《二十二子》，上海古籍出版社 1986 年版。
② 墨翟：《墨子·明鬼下》，参看《二十二子》，上海古籍出版社 1986 年版。

"夫明虖天下之所以乱者，生于无政长。是故选天下之贤可者，立以为天子。天子立，以其力为未足，又选择天下之贤可者，置立之以为三公。天子三公既以立，以天下为博大，远国异土之民，是非利害之辩，不可一二而明知，故划分万国，立诸侯国君，诸侯国君既已立，以其力为未足，又选择其国之贤可者，置立之以为正长。"① 意思是，懂得了天下之所以混乱的原因是产生于没有行政首长。所以选择天下贤良又可为政的人，立之为天子。天子既立，认为他的力量不足，又选择天下贤良又可为政的人，立他们为辅佐天子、掌管军政大权的三公。天子、三公已立，由于天下地域辽阔，远方异土的人民，对是非利害的分辨，不能逐一明白了解，所以又把天下划分成诸侯国，立诸侯国的国君。诸侯国的国君已立，还是认为他们的力量不足，又选择诸侯国的贤能者，立他们为各级行政长官。这个时候，如果天子按照上天的意志实行兼爱之道，人们就会上行下效，从而形成天下兼爱价值观。比如，从前夏禹王、周文王、周武王行兼爱之道，上行下效，兼爱价值观便风行天下。墨子说："古者禹治天下，西为西河渔窦，以泄渠孙皇之水；北为防原泒，注后之邸，呼池之窦，洒为底柱，凿为龙门，以利燕、代、胡、貉与西河之民；东方漏之陆防孟诸之泽，洒为九浍，以楗东土之水，以利冀州之民；南为江、汉、淮、汝，东流之，注五湖之处，以利荆、楚、干、越与南夷之民。此言禹之事，吾今行兼矣。昔者文王之治西土，若日若月，乍光于四方于西土，不为大国侮小国，不为众庶侮鳏寡，不为暴势夺穑人黍、稷、狗、彘。天屑临文王慈，是以老而无子者，有所得终其寿；连独无兄弟者，有所杂于生人之间；少失其父母者，有所放依而长。此文王之事，则吾今行兼矣。昔者武王将事泰山隧，传曰：'泰山，有道曾孙周王有事，大事既获，仁人尚作，以祇商夏，蛮夷丑貉。虽有周亲，不若仁人，万方有罪，维予一人。'此言武王之事，吾今行兼矣。"② 意思是，过去夏禹王治天下，在西边治理西河和渔窦，以排泄渠、孙、皇等水流；在北边治理防、原、泒等河流，使之注入昭余祁和滹沱河，使黄河在底柱山分流，凿通龙门，以利于燕、代、胡、貉以及西河的老百姓；在东边治理疏导大陆积聚的大水，一方面把它拦截入孟诸泽，同时用九条河来分流，用以限制东土的水北犯，以利于中原的百姓；在南边治理长江、汉水、淮

---

① 墨翟：《墨子·尚同上》，参看《二十二子》，上海古籍出版社 1986 年版。
② 墨翟：《墨子·兼爱中》，参看《二十二子》，上海古籍出版社 1986 年版。

河、汝水,使之东流,注入太湖一带的湖泊中,以利于楚国、吴越与南方少数民族地区的人民。这是说的夏禹王所实行的兼爱之事,我们现在也应该实行这种兼爱了。过去周文王治理西土,就像日月的光辉照耀西土和四方,不让大国欺侮小国,不让大家欺侮鳏夫寡母,不让强暴势力夺取农民的黍、稷、狗、猪。上天顾察文王的仁慈,所以老而无子的,有人供养而终其天年;孤苦无兄弟的,可以安居于众人之中;从小就失去父母的,也有所依靠而长大成人。这是讲周文王实行的兼爱之事,我们现在也应该实行这种兼爱了。过去周武王要祭祀泰山,于是陈说:"泰山之神有灵,我周王来此祭祀,现在伐纣的战事已获得胜利,一大批仁人志士起来辅助我,拯救中国及四裔。虽有至亲,不如仁人,如若百姓有什么过错,应该由我一人来承担"。这是说的周武王实行兼爱之事,我们现在也该实行这种兼爱了。

其三,从"贵义"的本性来说,人类选择道义原则,按照道义原则行动,兼爱价值就会形成。按照人类道德本性去追求道义,必然兼相爱。墨子说:"视人之国若视其国,视人之家若视其家,视人之身若视其身。是故诸侯相爱则不野战,家主相爱则不相篡,人与人相爱则不相贼,君臣相爱则惠忠,父子相爱则慈孝,兄弟相爱则和调。天下之人皆相爱,强不执弱,众不劫寡,富不侮贫,贵不敖贱,诈不欺愚。凡天下祸篡怨恨可使毋起者,以相爱生也,是以仁者誉之。"[1] 意思是,看待别人的国家如同自己的国家一样,看待别人的家庭如同自己的家庭一样,看待别人的身体如同自己的身体一样。因此诸侯兼相爱则不发生战争,卿大夫兼相爱则不相互篡夺,人与人兼相爱则不相互残害,君臣兼相爱则惠忠,父子兼相爱则慈孝,兄弟兼相爱则和睦。天下的人都兼相爱,强者不控制弱者,势众的不抢夺势寡的,富有的不欺侮贫穷的,高贵的不鄙视低贱的,奸诈的不欺压愚昧的。天下一切的祸乱、争夺、怨恨都可使之不发生,就是因为兼相爱的结果。所以仁人要赞美兼相爱。如果丧失人类道德本性抛弃道义,必然兼相残。墨子说:"是故诸侯不相爱则必野战。家主不相爱则必相篡,人与人不相爱则必相贼,君臣不相爱则不惠忠,父子不相爱则不慈孝,兄弟不相爱则不和调。天下之人皆不相爱,强必执弱,富必侮贫,贵必敖贱,诈必

---

① 墨翟:《墨子·兼爱中》,参看孙诒让:《墨子闲诂》,中华书局 1986 年版。

欺愚。凡天下祸篡怨恨，其所以起者，以不相爱生也，是以仁者非之。"① 意思是，诸侯不相爱就一定会发生战争，家主不相爱就一定会相互掠夺，人与人之间不相爱就一定会相互残害，君臣不相爱就不惠忠，父子不相爱就不慈孝，兄弟不相爱就不和睦。天下的人都不相爱，强者一定会控制弱者，富有的一定会欺侮贫穷的，高贵的一定会鄙视低贱的，奸诈的一定欺压愚昧的。一切天下的祸乱、争夺、怨恨产生的根源，都是由于人们相互之间不相爱，所以仁人要反对这种不相爱的现象。墨子指出道德黄金法则是"夫爱人者，人必从而爱之；利人者，人必从而利之。恶人者，人必从而恶之；害人者，人必从而害之"。所以，按照人类道德本性去追求道义，兼相爱，这样做的结果是善有善报。相反，丧失人类道德本性抛弃道义，兼相残，这样做的结果是恶有恶报。墨子认为，按照人类本性，人们总是趋利避害，惩恶扬善，这就是"贵义"的表现，所以，按照"贵义"的本性，人们将会趋向于选择兼爱，所以兼爱价值得以形成。

### 三、墨家天下本位兼爱价值的实现途径

其一，通过尊天事鬼，即利用上帝鬼神信仰的作用来实现兼爱价值。这是墨家学派天志宗教的重要内容之一。墨子认为，天志就是上帝的意志，上帝的意志就是兼爱、兼利天下。墨子说："且吾所以知天之爱民之厚者有矣，曰：以磨为日月星辰，以昭道之；制为四时春秋冬夏，以纪纲之；雷降雪霜雨露，以长遂五谷麻丝，使民得而财利之；列为山川溪谷，播赋百事，以临司民之善否；为王公侯伯，使之赏贤而罚暴；贼金木鸟兽，从事乎五谷麻丝，以为民衣食之财。自古及今，未尝不有此也。"② 意思是，我之所以知道上天爱百姓是如此深厚，是有理由的。上天分布日月星辰，让它给人民光明和指示；区分春夏秋冬，以为四时的纲纪；降下雪霜雨露，让五谷丝麻成长，使人民得到财富之利；列出山川溪谷，设置百事之官，监察治民的好坏，设置王公侯伯，让他们赏贤罚暴；获取金木鸟兽，从事五谷丝麻，以此作为百姓的衣食之财。从古到今，未尝不都是这样。天有阳光普照大地，雨露滋润万物，生出五谷丝麻造福人类。所以，人类要信仰上天的意志，承担兼相爱，交相利的天下责任。如果不能兼相爱，

---

① 墨翟：《墨子·兼爱中》，参看《二十二子》，上海古籍出版社1986年版。
② 墨翟：《墨子·天志中》，参看《二十二子》，上海古籍出版社1986年版。

交相利，而是兼相恶，交相贼，甚至滥杀无辜，天就会降下不祥。墨子说："且吾所以知天爱民之厚者，不止此而足矣。曰杀不辜者，天予不祥。不辜者谁也？曰人也。予之不祥者谁也？曰天也。"更为严重的是，天能奖赏善人，惩罚恶人。"且吾所以知天之爱民之厚者，不止此而已矣。曰爱人利人，顺天之意，得天之赏者有之；憎人贼人，反天之意，得天之罚者亦有矣。"① 意思是，我所以知道天爱民深厚，不止这些理由而已。比如说杀无辜的，天就给他惩罚。无辜者是谁呢？是人。给人惩罚的是谁呢？是天。如果天爱民不深厚，为什么有人杀无辜，天就要给他惩罚呢？这是我知道天爱民深厚的缘故。我所以知道天爱民深厚，不只这些理由而已。爱人利人，顺从天意，得天赏赐的人有之；憎人害人，违反天意，受天惩罚的人也有之。

其二，通过建立政府机构，设立天子，利用"尚同"的政治效应来实现兼爱价值。人类在自然状态下，就像禽兽一样，彼此相互残杀，不讲兼爱价值，为了不使人类在相互残杀中同归于尽，人类建立了政府机构，设立了天子，统一天下道义，以天子的道义为标准，利用"尚同"的政治效应，上行下效，就可以将兼爱价值推行于天下。墨子说："天子者，固天下之仁人也，举天下之万民以法天子，夫天下何说而不治哉？察天子之所以治天下者，何故之以也？曰唯以其能一同天下之义，是以天下治。"② 意思是，天子本是天下的仁人，整个天下的人民都效法他，那么天下哪里还会得不到治理呢"？考察天子之所以能治理好天下，其原因是什么呢？回答说，就是由于他能统一整个天下的道义，所以天下得以治理。这就是"尚同"的政治效应。墨子说："天下既已治，天子又总天下之义，以尚同于天。故当尚同之为说也，尚用之天子，可以治天下矣；中用之诸侯，可而治其国矣；小用之家君，可而治其家矣。"③ 意思是，天下已经治理好了，于是天子又统一天下的道义尚同于上天。所以，尚同作为一种主张，上用于天子，可以治理天下；中用于诸侯，可以治理他们的国家；小用于家君，可以治理他们的家庭。

有了天子的"尚同"之后，没有人才不行，所以，还要通过"尚贤"延揽人

---

① 墨翟：《墨子·天志中》，参看《二十二子》，上海古籍出版社1986年版。
② 墨翟：《墨子·尚同中》，参看《二十二子》，上海古籍出版社1986年版。
③ 墨翟：《墨子·尚同下》，参看《二十二子》，上海古籍出版社1986年版。

才。墨子说："是故国有贤良之士众,则国家之治厚,贤良之士寡,则国家之治薄。故大人之务,将在于众贤而已。'曰:'然则众贤之术将奈何哉?'子墨子言曰:'譬若欲众其国之善射御之士者,必将富之、贵之、敬之、誉之,然后国之善射御之士,将可得而众也。况又有贤良之士厚乎德行,辩乎言谈,博乎道术者乎! 此固国家之珍,而社稷之佐也。亦必且富之、贵之、敬之、誉之,然后国之良士,亦将可得而众也。"① 意思是,一个国家拥有贤良的士人众多,那治理国家的力量就雄厚;贤良的士人少,那治理国家的力量就薄弱。所以王公大人的重要任务,就在于聚集贤良之士了。"有人问:"那么怎样才能使贤士增多呢?"墨子说:"譬如想要使国内善于射箭、驾车的人增多,就必须使这些人富裕起来,提高他们的地位,尊敬他们,表扬他们,然后国内善于射箭和驾车的人才可能增多。何况是些品德高尚、能言善辩、学识广博的贤良之士呢? 这些人本来就是国家的珍宝、朝廷的栋梁,也必须使他们富有、提高他们的地位、敬重他们、赞誉他们,然后国内的贤良之士也才可能增多。

其三,通过墨家门徒摩顶放踵,以自苦为极的"贵义"实践活动,来实现兼爱价值。墨子说:"天欲义而恶不义。然则率天下之百姓以从事于义,则我乃为天之所欲也。我为天之所欲,天亦为我所欲。然则我何欲何恶? 我欲福禄而恶祸祟。若我不为天之所欲,而为天之所不欲,然则我率天下之百姓,以从事于祸祟中也。然则何以知天之欲义而恶不义? 曰天下有义则生,无义则死;有义则富,无义则贫;有义则治,无义则乱。然则天欲其生而恶其死,欲其富而恶其贫,欲其治而恶其乱,此我所以知天欲义而恶不义也。"② 意思是,那么上天要求什么又厌恶什么呢? 上天要求道义而厌恶不讲道义。带领天下的百姓,去从事合乎道义的事,那我就做了上天所希望的事。我做了上天所希望的事,上天也会赐给我所要求的东西。我要求什么又厌恶什么呢? 我要求福禄而厌恶灾祸。如果我不去做上天所希望的事,而做上天所不希望的事,那么我就是带领天下的百姓,去干陷身灾祸的事了。然而何以知道上天要求道义而厌恶不讲道义呢? 答:天下的事,合乎道义才能生存,不合乎道义就会灭亡;合乎道义才能富足,不合乎道义就会贫穷;合乎道义才能太平,不合乎道义就会

---

① 墨翟:《墨子·尚贤上》,参看《二十二子》,上海古籍出版社 1986 年版。
② 墨翟:《墨子·天志上》,参看孙诒让:《墨子闲诂》,中华书局 1986 年版。

动乱。上天希望人类生存而不希望他们死亡，希望他们富足而不希望他们贫穷，希望他们太平而不希望他们动乱。这是我知道上天要求道义而厌恶不讲道义的根据。所以，无论天子、诸侯、大夫、百姓，都要讲兼爱的道义，承担天下责任，那么，天下的人民就会永享太平富足的生活了。

墨家学派在秦国有很大影响，其理论与实践在秦国的崛起中发挥了重要作用。秦国墨家的尚同、重法、尚贤思想与秦国政治、经济、军事决策有密切关系；秦国墨家的军事战略战术、军事防御技术对秦国的强大起过重要作用。但是其兼爱、贵义之说则与秦国的法家理论发生矛盾。所以，韩非子尖锐地指出："故不相容之事，不两立也。斩敌者受赏，而高慈惠之行；拔城者受爵禄，而信廉爱之说。"① 意思是，互不相容的事情是不能并存的。杀敌有功的人本该受赏，却又崇尚仁爱慈惠的行为；攻城功劳大的人本该授予爵禄，却又信奉兼爱的学说；这些都是自相矛盾的事。管子也批评墨家的兼爱学说："人君唯毋听兼爱之说，则视天下之民如其民，视国如吾国，如是，则无并兼攘夺之心，无覆军败将之事。然则射御勇力之士不厚禄，覆军杀将之臣不贵爵，如是，则射御勇力之士出在外矣，我能毋攻人可也，不能令人毋攻我，彼求地而予之，非吾所欲也，不予而与战，必不胜也。彼以教士，我以驱众，彼以良将，我以无能，其败必覆军杀将，故曰：兼爱之说胜，则士卒不战。"② 意思是，君主如果听从墨家兼爱的主张，从一方面看，就会将天下百姓都看作自己百姓，将天下国家都看作自己国家。这样的话，就没有兼并敌国、掠夺敌人的野心了，也没有覆灭敌军、杀戮敌将的战争了。可是，从另一方面看，君主不给善于骑射、勇猛杀敌的将士以丰厚俸禄，不给覆灭敌军、杀戮敌将的臣下以尊贵爵位，这样，他们就不愿意为君主带兵打仗了。问题在于，我们可以不进攻敌人，但不能让敌人不进攻我们。敌人要求土地就轻易给予他们，这不是我所愿意的；但是不愿意给予而与敌人交战，一定不能取胜。因为敌人凭借训练有素的战士，我只能驱使一些乌合之众；敌人凭借骁勇善战的良将，我身边只有一些无能之辈，这样的结局必然是我军失败覆灭，将帅身亡。因此说，如果兼爱的观点占上风，那么，士兵相互间就不肯交战了。所以，春秋战国时代，墨家天下兼爱的核心价

---

① 韩非：《韩非子·五蠹》，参看《二十二子》，上海古籍出版社 1986 年版。

② 谢浩范、朱迎平：《管子全译·立政·九败解》，贵州人民出版社 1996 年版。

值观就在法家国家公利价值观的扬弃中趋于衰微了。

## 第六节 道家学派天道自然价值哲学

老子创立了天道本位的自然价值哲学。老子即老聃，道家学派创始人，生卒年约在公元前 571 年~公元前 471 年，春秋时楚国人，曾为周守藏室之史，孔子曾问礼于老聃。老子代表作是《道德经》，其理论的继承者有文子、列子、庄子、太史儋、关尹子等人。据《史记》记载，老子在周都住了很久，见周朝衰微了，于是就离开周都西行往秦国，到了函谷关，关令尹喜对他说："您就要隐居了，勉力为我们写一本书。"于是老子就写了上、下两篇，阐述道德的本意，共五千多字，然后就隐居去了，没有人知道他的下落。陕西省周至县有楼观台，相传是老子在秦国修道的地方。

道家学派的著作，近几十年有较多考古大发现。1993 年在湖北荆门市郭店一号战国楚墓出土《老子》甲、乙、丙组抄本，由于墓葬数次被盗，竹简有缺失，简本现存 2046 字。① 1973 年底湖南长沙马王堆三号汉墓出土的《老子》帛书甲、乙本，编排上都是《德经》在前，《道经》在后。《老子》帛书乙本卷前的《经法》、《十大经》、《称》、《道原》据唐兰等学者考证，就是遗失了两千多年的《黄帝四经》。另外，1973 年河北定县（今定州市）八角廊村四十号汉墓出土《文子》残简 277 枚，2790 字。据《汉书·艺文志》记载，文子为"老子弟子，与孔子同时"。李定生等先生指出："《文子》是西汉时已有的先秦古籍，它先于《淮南子》。《文子》的形成，有一个过程，虽经后人篡改润益，但不是伪书，可以作为研究文子思想的主要资料"。② 竹简《文子》和竹简《老子》可互证早出。

道家学派天道本位的自然价值中的"天道"就是"四大"即道、天、地、人之一，"天道"作为自然之道是天下、人类效法的楷模；其中的"自然"，就是顺任天、地、人的自主、自为、自由生存发展的意思，自然就是合乎"道"。道家的自

---

① 荆门市博物馆：《郭店楚墓竹简》，文物出版社 1989 年版。
② 李定生：《〈文子〉非伪书考》，陈鼓应主编：《道家文化研究》第 5 辑，上海古籍出版社1994 年版。

然价值超越家族、国家以及亲缘、地缘关系的限制，追求大爱无疆的境界。刘笑敢先生将这种道家式天下责任的特点概括为三个方面，即关切主体的非主体性、关切对象的广泛包容性、关切行为的价值中立性或道德超越性，并认为它提供了实现社会与人类长远和平与和谐的绝佳语境。① 天道本位自然价值哲学中的伦理主体是圣人与天下百姓，伦理对象是天、地、人的广阔领域，而不是狭隘的个人中心、家族中心、国家中心或人类中心，"故以身观身，以家观家，以乡观乡，以国观国，以天下观天下"，这是以天道或自然之道来看待所有这一切。道家的伦理规范就是自然之道，而不是人为的标准。道家天道本位自然价值的生成机制就是内圣外王之道：内圣就是保持内心的"静"、"虚"、"和"，达到圣人境界；外王就是"圣人无常心，以百姓心为心"；"圣人能辅万物之自然，而弗能为"，实现"王者无外"②的天下外王之道。道家学派反对统治者的恣意妄为，胡作非为，而是让天下百姓"自富"、"自化"、"自正"，"自朴"从而达到"利而不害"、"为而不争"、"无为而无不为"、"不争而天下莫能与之争"的天道本位自然价值境界。

### 一、人的本质就是自然天性

道家学派认为，人的本质不能用个人生理本能需要的价值来衡量，不能用仁义道德价值标准来衡量；也不能用礼乐教化的模式来规范。人的本质要从自然之道来衡量。人的本质就是本真而又淳朴的自然天性，人的自然天性就是静，就是虚、就是和，当人的自然天性与自然之道契合以后，人就能够"得道"、"有道"，具有"玄德"、"上德"，人性就升华为圣人之性。

什么是人的自然天性？

其一，道家学派认为，人的自然天性不等于人的自然欲望。这与杨朱学派将人生价值实现看成是生存欲望满足的观点是大异其趣的。老子说"五色令人目盲；五音令人耳聋；五味令人口爽；驰骋畋猎，令人心发狂；难得之货，令人

① 刘笑敢：《道家责任感简说》，《中国道教》2007 年第 5 期。
② 《春秋公羊传·成公十二年》：十有二年，春。周公出奔晋。周公者何？天子之三公也，王者无外。此其言"出"，何？自其私土而出也。参见《春秋三传·公羊传·成公十二年》，上海古籍出版社 1987 年版。

行妨。是以圣人为腹不为目。故去彼取此。"① 意思是，五色缤纷，使人眼花；五音繁奏，使人耳聋；五味厚重，使人口败；驰骋狩猎，使人内心疯狂；难得的货物，使人德行失常。因此，圣人追求温饱而不求声色，追求自由而放弃贪欲。关于人的自然天性与自然欲望的区别，文子指出："圣人不胜其心，众人不胜其欲，君子行正气，小人行邪气。内便于性，外合于义，循理而动，不系于物者，正气也；推于滋味，淫于声色，发于喜怒，不顾后患者，邪气也。邪与正相伤，欲与性相害，不可两立，一起一废，故圣人损欲而从性。"② 意思是，任何事情圣人都以自然天性为主，其自然天性不可战胜；任何事情众人都以自然欲望为主，其自然欲望不可战胜。君子行正气，小人行邪气。在内适合于自然天性，在外符合于天下道义，遵循道理去行动，不被外在的物欲所束缚的，这是正气；贪于滋味，淫于声色，发于喜怒，不顾及后患的，这是邪气。邪气与正气互相伤害，自然欲望与自然天性互相伤害，不能同时并存，必须废除一个兴起一个。圣人摒除自然欲望而顺应自然天性，所以，有一身正气；众人则很难战胜自然欲望，所以，身上难免有邪气。可见，在道家看来，人的自然天性不等于人的自然欲望。

其二，道家学派认为，人的自然天性不等于仁义道德。儒家学派把人的本质看成是人的仁义道德本质，道家学派对这种观点进行了批判。庄子说"孔子西藏书于周室。子路谋曰：'由闻周之征藏史有老聃者，免而归居，夫子欲藏书，则试往因焉。'孔子曰：'善。'往见老聃，而老聃不许，于是繙十二经以说。老聃中其说，曰：'大谩，愿闻其要。'孔子曰：'要在仁义。'老聃曰：'请问仁义，人之性邪？'孔子曰：'然。君子不仁则不成，不义而不生。仁义，真人之性也，又将奚为矣？'老聃曰：'请问，何谓仁义？'孔子曰：'中心物恺，兼爱无私，此仁义之情也。'老聃曰：'意，几乎后言！夫兼爱，不亦迂乎！无私焉，乃私也。夫子若欲使天下无失其牧乎？则天地固有常矣，日月固有明矣，星辰固有列矣，禽兽固有群矣，树木固有立矣。夫子亦放德而行，遁道而趋，已至矣；又何偈偈乎揭仁义，若击鼓而求亡子焉！意，夫子乱人之性也'！"③ 意思是

---

① 老聃：《老子·十二章》，参见《老子注译及评介》，陈鼓应著，中华书局1984年版。

② 李德山：《文子译注·符言》，黑龙江人民出版社2003年版。

③ 庄周：《庄子·天道》，参看陈鼓应：《庄子今注今译》，中华书局2009年版。

说,孔子要西去把书藏于周王室,学生子路出主意说:"我听说周王室有位掌管图书的史官老聃,现已辞官在家隐居,先生想藏书周王室,可请老聃帮忙。"孔子说:"好吧。"前往拜见老聃,老聃却不答应,于是孔子就引述十二经内容来解说。老聃打断他插话说:"太冗长了,愿意听听要点。"孔子说:"要点在仁义。"老聃说:"请问,仁义是人的本性吗?"孔子说:"是的,君子不仁就不能成长,不义就不能生存。仁义确实是人的本性,请问还有什么指教?"老聃说:"请问,什么叫仁义?"孔子说:"心正和乐,兼爱无私,这就是仁义的实情。"老聃说:"噫,危险呀! 你后面讲的这些话。说兼爱岂不是迂曲,讲无私岂不是偏私。先生不是想要天下人不失去了养育吗? 那你要知道天地本来就是常在的,日月本来就是光明的,星辰本来就是排列有序的,禽兽本来就是成群而居的,树木本来就是直立在那里。先生也依德而行,顺道而进,就是最好的了!又何必急急地倡导仁义,像敲锣打鼓寻找迷失了的孩子? 唉,先生在扰乱人的本性啊!"可见,在道家看来,人的自然天性不是仁义道德。

其三,道家学派认为,人的自然天性不等于礼乐教化的结果。文子干脆把礼乐教化看成是人类社会衰败过程的文化表现:文子说:"男女群居,杂而无别,是以贵礼。性命之情,淫而相迫于不得已,则不和,是以贵乐。"① 意思是,男女群居,杂交而无法区别父亲与子女的关系,因此重视礼仪的价值;人的情欲不能控制,耽于淫乱而产生不和谐,因此重视音乐的价值。所以,礼乐教化只是针对社会痼疾的应病药方,根本不是治世之道;只是人类社会衰败之后的补救措施,根本不是人的自然天性的表现。可见,在道家看来,人的自然天性不是礼乐教化的结果。

其四,道家学派认为,人的自然天性就是扬弃了物质欲望、仁义道德、礼乐教化之后人类生存的本然状态。天生下来是什么就是什么;本来存在什么就是什么;依于德而行,顺于道而动,就是自然天性。庄子说:"是故凫胫虽短,续之则忧;鹤胫虽长,断之则悲。故性长非所断,性短非所续,无所去忧也。意! 仁义其非人情乎! 彼仁人何其多忧也?"② 意思是,鸭子腿虽然短,人为续上一段则忧愁;鹤的腿虽然长,人为截去一段则悲哀。因此,本性该长的,不

---

① 李德山:《文子译注·下德》,黑龙江人民出版社 2003 年版。
② 庄周:《庄子·骈拇》,参看陈鼓应:《庄子今注今译》,中华书局 2009 年版。

要截短它；本性该短的，不要续长它。任其自然则没有什么可以忧愁悲哀的
了。哎呀！仁义或许不合乎人的本性吧！你看那些仁义之人为什么那么多忧
愁悲哀呢?！庄子说:"马蹄可以践霜雪，毛可以御风寒。龁草饮水，翘足而
陆，此马之真性也。虽有义台路寝，无所用之"。又说:"彼民有常性，织而衣，
耕而食，是谓同德；一而不党，命曰天放。"①　意思是，马的四蹄践踏霜雪，皮毛
抵御风寒，吃青草喝泉水，随意举足跳跃，这就是马的自然天性。虽然有举行
礼仪的高台，高大华贵的宫室，对马来说毫无用处。庄子又说:从前的民众有
他们恒常的自然天性，纺织而得到了衣服，耕种而收获了粮食，这是他们共同
的事业，称之为"同德"；一心一意，齐心协力，无私无党，称之为"天放"。这就
是从前人们的自然天性。上述观点是庄子对人的自然天性所作的历史追索和
复原。

　　道家学派认为，在人类进入到文明社会以后，人类的自然天性就被物质欲
望、仁义道德、礼乐教化完全异化了:庄子说:"自三代以下者，天下莫不以物
易其性矣！小人则以身殉利；士则以身殉名；大夫则以身殉家；圣人则以身殉
天下。故此数子者，事业不同，名声异号，其于伤性以身为殉，一也。"②　意思
是，从夏商周三代以后，天下人没有不用外在名利之物来改变自然天性的，小
人为追求物质利益而舍弃生命，士人为追求社会名望而舍弃生命，大夫为追求
家族的特权而舍弃生命，圣人为追求支配天下的权力而舍弃生命。上面四类
人，他们追求的事业不同，名义称谓各异，但是在伤害自然天性、舍弃生命价值
变成殉葬品这一点上，是一模一样的。所以，道家学派主张扬弃异化，恢复人
的自然天性。

　　人的自然天性有什么特点呢？

　　其一，人的自然天性的特点是"静"。当人的精神结构处在"静"的状态
时，那就是人的自然天性的本原状态，这种本原状态具有精神起始点、出发点、
开端点的意义。老子说:"致虚极，守静笃。万物并作，吾以观其复。夫物芸
芸，各复归其根。归根曰静，静曰复命，复命曰常，知常曰明"。③　意思是，使精

---

①　庄周:《庄子·马蹄》，参看陈鼓应:《庄子今注今译》，中华书局 2009 年版。

②　庄周:《庄子·骈拇》，参看陈鼓应:《庄子今注今译》，中华书局 2009 年版。

③　老聃:《老子·一十六章》，参见《老子注译及评介》，陈鼓应著，中华书局 1984 年版。

神达到"虚"的终极状态,保持住精神的这种"静"。我由此观察万物的蓬勃生长,发现了万物循环往复的规律。世界万物纷繁复杂,最终又会各自返回到它的本原出发点。归回本原叫"静",静其实就是"复命",复命其实就是"常",认识了常,也就是把握了规律,其实就是"明"。老子认为,"静"的精神状态,在人的自然天性中具有起始点、出发点、开端点的本原意义,它在人的精神中的地位相当于君主的地位。所以,当人的自然天性处于"静"的精神状态时,就可以君临天下万物。老子说:"重为轻根,静为躁君。是以君子终日行,不离辎重,虽有荣观,燕处超然。如何万乘之主,以身轻天下?轻则失根,躁则失君。"① 意思是,重是轻的基础,静是动的主宰。因此,君主出行离不开载重车辆。虽有豪华生活,却不沉溺其中。为什么大国的君主,却要以轻率、躁动的行为来治理天下呢?轻率必然失去了根基,躁动必然丧失主宰。所以,君主在决策时,必须持重,沉静!老子又说:"大国者下流,天下之牝,天下之交也。牝常以静胜牡,以静为下。故大邦以下小邦,则取小邦;小邦以下大邦,则取大邦。故或下以取,或下而取。大邦不过欲兼畜人,小邦不过欲入事人。夫两者各得其所欲,大者宜为下。② 意思是,大国要像居于江河的下游一样,处于雌柔的位置,这是天下交汇的地方。雌性常常以静战胜雄性,就是因为它静而处于下面的缘故。所以大国用谦下的态度对待小国,就可以取得小国的信任;小国用谦下的态度对待大国,也才能取得大国的信任。所以,有时大国以谦下的态度取得小国的信任,有时小国以谦下的态度取得大国的信任。大国不过是要聚拢小国,小国不过是要侍奉大国,这样大国小国都各自满足了愿望,大国还是应当以谦下为宜。老子告诫人们,即使大国君主,只有保持"静"的精神状态,在处理国际关系问题的时候,大国以静制动,才能实现大国的战略意图,取得外交成功。

如何达到"静"的精神境界?文子说,"人生而静,天之性也;感物而动,性之欲也;物至而应,智之动也;智与物接,而好憎生焉;好憎成形,而智出于外,不能反己,而天理灭矣。是故圣人不以人易天,外与物化而内不失情,故通于

---

① 老聃:《老子·二十六章》,参见《老子注译及评介》,陈鼓应著,中华书局1984年版。
② 老聃:《老子·六十一章》,参见《老子注译及评介》,陈鼓应著,中华书局1984年版。

道者,反于清静,究于物者,终于无为。"① 意思是,人天生来是静的,这才是自然的本性;由于物质利益引诱而动,破坏了静,就伤害了人性。物质利益来了而有所反应,就开始运用智慧了;智慧与物质利益相接触,于是就产生好恶之情了;好恶之情表现出来,智慧被外界引诱,而不能返回到原来的自我,于是,人的自然天性中的天理也就泯灭丧失了。因此,圣人不以人力去改变自然生成状态,虽然可以改造外部世界,获取物质利益,但在内心不丧失自然本性,所以能与道相通的人,恢复到静的自然天性,能穷究物质利益的人,最后就能达到无为境界。

总之,人与外物接触之后,就有了是非之辨,利害之分,好恶之情,就产生了真假、善恶、美丑的价值判断,尤其是当把外物的价值看得重,把生命的价值看得轻,人就在实现物质利益的躁动中迷失自然天性。只有重己轻物,恢复人的本然的"静"的精神状态,才能产生大智慧,与物无争,达到天下莫能与之争的状态。

其二,人的自然天性的特点是"虚"。当人的精神结构处在"虚"的状态时,那就是人的自然天性的超脱状态,一切世俗事物都被否定了,变成一片虚无。其实,这为人的生命活动真正打开了精神空间。"或谓子列子曰:'子奚贵虚?'列子曰:'虚者无贵也。'子列子曰:'非其名也,莫如静,莫如虚。静也虚也,得其居矣;取也与也,失其所矣。事之破毁而后有舞仁义者,弗能复也'。"② 意思是,有人对列子说:"您为什么以虚为贵呢?"列子说:"虚没有什么可贵的"。列子又说:"不在于事物的名称。关键在于保持清静,最好是虚。静与虚,便得到了事物的真谛;取和与,反而丧失了事物的根本。事物已被破坏,而后出现了舞弄仁义的人,但却不能修复了。可见,虚是本原的精神状态,是真正的道德居室,人类丧失了"虚"的本原,才有了仁义道德之类观念。庄子寓言也有孔子与颜回谈论"虚"的对话,说的是颜回要到卫国去,来向孔子辞行的故事:"颜回曰:'吾无以进矣,敢问其方。'仲尼曰:'斋,吾将语若。有心而为之,其易邪? 易之者,皞天不宜。'颜回曰:'回之家贫,唯不饮酒不茹荤者数月矣。如此,则可以为斋乎?'曰:'是祭祀之斋,非心斋也。'回曰:'敢问

---

① 李德山:《文子译注·道原》,黑龙江人民出版社 2003 年版。
② 列御寇:《列子·天瑞篇》,上海古籍出版社 1989 年版。

心斋。'仲尼曰：'若一志，无听之以耳而听之以心，无听之以心而听之以气。听止于耳，心止于符。气也者，虚而待物者也。唯道集虚。虚者，心斋也'。"①意思是，颜回告诉孔子："我没有更好的办法了，请问你有什么办法？"孔子说："你以斋戒清洗心中的欲念，我将要告诉你的是这种方法。你有诚心去卫国做事救人，哪里有这么容易的呢？你以为容易，如果昊天也不容许，便是违背了天理。"颜回说："我的家境贫寒，不饮酒，不吃荤，已经有好几个月了。像这样，就可以算是斋戒吗？"孔子说："你说的是祭祀的斋戒，不是我所说的内心的斋戒。"颜回说："请问什么是内心的斋戒？"孔子说："你要使心志高度集中，摒除一切杂念，而要用心灵去体认；不仅用心灵去体认，而要用元气去感应。声音只在于耳，思虑只在于概念，元气是以虚对待万物。只有道才能聚集在虚之中，这种达到虚的方法，就是心斋。"

怎样达到"虚"的精神境界呢？要达到"虚"的精神境界，必须对心灵进行彻底的清洗，涤除一切杂质，人就能达到"虚"的境界。庄子指出："彻志之勃，解心之谬，去德之累，达道之塞。贵富显严名利六者，勃志也。容动色理气意六者，谬心也。恶欲喜怒哀乐六者，累德也。去就取与知能六者，塞道也。此四六者不荡胸中则正，正则静，静则明，明则虚，虚则无为而无不为也。"② 意思是，除去心志中的悖乱，消解心灵中的谬误，除去德性中的烦累，贯通大道中的阻塞。尊贵、富有、显赫、尊严、功名、利禄，这六者使心志处于悖乱。姿容、举动、颜色、辞理、气息、情意六项，使心灵失于谬误。憎恶、爱欲、欢喜、愤怒、悲哀、快乐等六者，使德性系于烦累。舍弃、趋从、取得、给予、知识、能力六者，使大道陷于阻塞。上述四类六项不在胸中激荡，人的心灵就正，心灵正就能静，静就能明，明就能虚，虚就能无为而无不为。可见，"虚"就是博大、洁净的心灵空间，只有博大、洁净的心灵空间与天地万物的自然本质相通的，人才能达到"虚"的自由境界。这就是庄子提出的达到"虚"的境界的具体方法。

其三，人的自然天性的特点是"和"。"和"是人天生来的阴阳本体。老子说："道生一，一生二，二生三，三生万物。万物负阴而抱阳，冲气以为和。"③

---

① 庄周：《庄子·人间世》，参看陈鼓应：《庄子今注今译》，中华书局 2009 年版。
② 庄周：《庄子·庚桑楚》，参看陈鼓应：《庄子今注今译》，中华书局 2009 年版。
③ 老聃：《老子·四十二章》，参见《老子注译及评介》，陈鼓应著，中华书局 1984 年版。

意思是,道形成统一体,统一体形成阴阳二气,阴阳二气形成第三状态,第三状态构成万物。万物中有阴而有阳,阴阳相互背负拥抱,彼此发生感应或反应,结合在一起形成阴阳本体,这就是"和"。在万物自然本质"和"之中包含着阴阳两方面的和谐统一,所以,人的自然本性"和"之中,同样包含着阴阳两方面的和谐统一。文子说:"天地之气,莫大于和。和者,阴阳调,日夜分,故万物春分而生,秋分而成,生与成,必得和之精。故积阴不生,积阳不化,阴阳交接,乃能成和。是以圣人之道,宽而栗,严而温,柔而直,猛而仁。夫太刚则折,太柔则卷,道正在于刚柔之间。"①　意思是,天地阴阳之气,没有比包含着阴阳两方面的精气和谐统一的"和"气更大了,所谓"和"气,就是阴阳调和,日夜划分,所以万物在春分开始生长,在秋分成熟,生长与成熟,都必须有阴阳两方面和谐统一的"和"的精气的滋养。所以积聚阴气不能生长,积聚阳气不能生化,只有阴阳两方面的精气和谐统一,才能成就"和"的状态。因此圣人之道,宽容而畏惧,严厉而温和,柔弱而刚直,威猛而仁爱。太刚直就容易折断,太柔弱就容易卷曲,所以道正好处在刚直与柔弱之间。所以,从个人、家庭、社会乃至整个宇宙来说,阴阳两方面和谐统一的境界是最佳的存在状态,个人能达到这种存在状态,意味着人生的正常与顺利;社会能达到这种存在状态,意味着社会的合理与有序。

所以,如果保持人的自然天性,不脱离"静"、"虚"、"和"的本然状态,人就能达到最高的德性,也就是玄德。何谓玄德?　老子说:"载营魄抱一,能无离乎?　专气致柔,能婴儿乎?　涤除玄览,能无疵乎?　爱民治国,能无为乎?　天门开阖,能为雌乎?　明白四达,能无知乎?　生之畜之,生而不有,为而不恃,长而不宰,是谓玄德。"②　意思是,精神和身体合一,能不分离吗?　结聚精气,致力柔和,能像无欲的婴儿吗?　洗清杂念,深入静观,能没有瑕疵吗?　爱民治国,能自然无为吗?　在感性活动方面,能守静吗?　在理性活动方面,智慧四达,能不用心机吗?　生万物,养万物,生养万物而不据为己有,培育万物而不居功自傲,治理万物而不去任意宰制,这就是"玄德"。老子又说:"古之善为道者,非以明民,将以愚之。民之难治,以其多智。故以智治国,国之贼;不以智治国,

---

①　李德山:《文子译注·上仁》,黑龙江人民出版社 2003 年版。

②　老聃:《老子·十章》,参见《老子注译及评介》,陈鼓应著,中华书局 1984 年版。

国之福。知此两者亦稽式。常知稽式，是谓'玄德'。'玄德'深矣，远矣，与物反矣，然后乃至大顺。"① 意思是，古代善于用道执政的人，不是使人民聪明，而是使人民愚朴。人民难以统治，就是因为智慧太多。所以用智慧治理国家，是国家的贼害；不用智慧治理国家，是国家的幸福。知道这两者是一个定律。经常遵循这个定律，就是"玄德"。"玄德"是那样的深、那样的远，与万物相始终，然后至于万事顺利。

道家学派还把人的自然天性三种特点"静"、"虚"、"和"扩展为五种，称为道的五种形象："故道者，虚无、平易、清静、柔弱、纯粹素朴。此五者，道之形象也。虚无者道之舍也，平易者道之素也，清静者道之鉴也，柔弱者道之用也。反者道之常也，柔者道之刚也，弱者道之强也。纯粹素朴者道之干也。"② 意思是，道就是虚无、平易、清静、柔弱、纯粹素朴。这五个方面，就是道的形象。所谓的虚无，是道的归宿；所谓的平易，是道的本质；所谓的清静，是道的镜子；所谓的柔弱，是道的作用。正反两个方面相反相成，互相转化，这是道的常规和常态；柔是道的刚；弱则是道的强。柔与刚，弱与强相反相成，柔可克刚，弱可胜强。所谓的纯粹素朴，是道的主体。如果保持了人的自然天性三种特点或者保持了道的五种形象，从个人来说，就可以天人合一，达到真人的境界；从社会来说，能够达到天群合一，达到理想社会。

## 二、天道本位自然价值的形成机制

道家学派从天道或自然之道，即自然秩序的哲学的立场上思考宇宙、社会、人生问题，追求本真朴素的天道本位自然价值。老子指出"天之道，利而不害。圣人之道，为而不争"。③ 就是说，天道对于整个生活世界的原则是"利而不害"，圣人效法天道，对于整个生活世界的原则是"为而不争"。这是对整个人类以及天地万物朴素的"大爱"。因为，"以道观之，物无贵贱；以物观之，自贵而相贱。"④ 就是说，以天道来看，万物同源共生，没有贵贱之分；以事物

---

① 老聃：《老子·六十五章》，参见《老子注译及评介》，陈鼓应著，中华书局1984年版。
② 李德山：《文子译注·道原》，黑龙江人民出版社2003年版。
③ 老聃：《老子·八十一章》，参见《老子注译及评介》，陈鼓应著，中华书局1984年版。
④ 庄周：《庄子·秋水》，参看陈鼓应：《庄子今注今译》，中华书局2009年版。

来看,都以自我为贵,外在对象为贱。换句话说,从天道本位出发,人类与天地万物在宇宙中的价值是齐一的,并无高低贵贱之分;从人类本位出发,人类以自我为中心,把自己看作具有最高价值,把外部世界作为认识、改造、征服的对象,只具有供人类支配的使用价值。道家学派超越以自我为中心的人类本位,扬弃人为的政治、经济、道德建构,主张以天道本位审视人类与天地万物,开辟出全新的自然价值视野:通过揭示域中四大即"道、天、地、人"生活世界结构,推天道以明人事,形成了一套特有的自然价值运思取向;通过"道法自然"、"以辅万物之自然而不敢为",形成一套治身治国的自然价值机制。

道家学派揭示了生活世界的结构,即域中四大"道、天、地、人"系统。老子说:"有物混成,先天地生。寂兮寥兮,独立而不改,周行而不殆,可以为天地母。吾不知其名,强字之曰'道',强为之名曰'大'。大曰逝,逝曰远,远曰反。故'道'大,天大,地大,人亦大。域中有四大,而人居其一焉。人法地,地法天,天法'道','道'法自然。"① 意思是,在天地产生以前,有一混沌东西,无声又无形,它独立存在永不改变,循环运行永不停息,它是天下万物之母。我不知道它的名字,勉强叫它"道",再勉强取个名字叫它"大"。巨大而流逝,流逝而遥远,遥远而回返。所以说,"道"大、天大、地大、人也大。世界有四大,而人是四大之一。人以地为法则,地以天为法则,天以"道"为法则,"道"则纯任自然,以自然而然为法则。老子的生活世界结构由"四大"构成,"道"的言说方式,超越了语言图像论的——对应式的指称言说方式,而有特殊的逻辑语言结构原则。② 在道、天、地、人,域中四大中,经验范畴天、地、人、却要效法于理论假说范畴"道",也就是以"道"为法式、法则、原理。这说明老子开始代表人类把一种哲学的理论假说范畴应用到原本由天、地、人构成的经验世界,自觉以哲学的心态对人类生存的生活世界进行哲学反思,创造一个带有哲学智慧的人文生活世界。就像伽利略、牛顿把自然科学带入现实经验世界,创造了现代科学技术的生活世界一样。道家生活世界的形成机制是什么呢?

其一,老子天道本位自然价值生活世界的形成遵循道法自然的同一律。

---

① 老聃:《老子·二十五章》,参见《老子注译及评介》,陈鼓应著,中华书局1984年版。
② 王兴尚:《老子逻辑论——从一个新角度解释〈老子〉》,《宝鸡师范学院学报》1990年第4期。

在老子的域中四大道、天、地、人中，道是理论假设范畴，天、地、人是经验范畴，人效法地，地效法天，天效法道，道效法自然。"自然"就是自然而然，自当其然。道法自然，法的是谁的自然？是"道"的自然，而"道"的自然就是对天、地、人本性的假设概括。所以，单说"自然"就是天、地、人的自然，不过，天、地、人的自然是自在的，不自觉的；道法自然的"道"是自为的，自觉的。通过"道"，能使人把天、地、人的自在的，不自觉的自然，上升为自为的，自觉的自然。其实，就是道效法它自己的本质。通过对道和天地人关系的同一性的界定，使人们发现并认识到生活世界的本质就是本真淳朴的自然价值，而不是偏执于自爱、仁爱、公利、兼爱等人类中心主义的审美、伦理、经济之类的价值。天道或自然之道所标志的自然价值就是天、地、人本来的本原价值。离开本原价值就会发生价值扭曲、价值颠倒或价值虚无。

其二，老子天道本位自然价值生活世界的形成遵循辩证理性的正反律。自然的生活世界其所以"自然"，就在于它是"合理性"的世界；而"不自然"，往往是扭曲了生活世界的本真淳朴的不合理性世界。老子说："反者道之动，弱者道之用。天下万物生于有，有生于无。"① 有正就有反，有强就有弱，正反彼此相互依存，相互转化，这才是自然法则，也是辩证理性的法则。老子说："天下皆知美之为美，斯恶已；皆知善之为善，斯不善已。故有无相生，难易相成，长短相形，高下相盈，音声相和，前后相随，恒也。是以圣人处无为之事，行不言之教。万物作而弗始，生而弗有，为而弗恃，功成弗居。夫唯弗居，是以不去。"② 意思是，天下的人都知道美之所以为美，这就有丑的观念同时存在了；都知道善之所以为善，恶的观念也就同时产生了。有和无相互对立而产生，难和易相互对立而完成，长和短相互对立而形成，高和低相互对立而包含，音和声相互对立而和谐，前和后相互对立而随顺，这是永远不变的对立统一体。因此，圣人以"无为"的态度去对待世事，实行"不言"的教导，任凭万物自然地生长变化而不去强为主宰，生养万物而不据为己有，培育万物而不自恃自己的能力，功成业就而不自我夸耀。正由于不自我夸耀，所以他的功绩不会泯灭。知性思维偏执于单一的正面价值，只追求美、善、利的价值，岂不知正求则反，反

① 老聃：《老子·四十章》，参见《老子注译及评介》，陈鼓应著，中华书局1984年版。
② 老聃：《老子·二章》，参见《老子注译及评介》，陈鼓应著，中华书局1984年版。

求则正。正如老子所言:"其政闷闷,其民淳淳;其政察察,其民缺缺。祸兮,福之所倚;福兮,祸之所伏。熟知其极? 其无正也。正复为奇,善复为妖。人之迷,其日固久。是以圣人方而不割,廉而不刿,直而不肆,光而不耀。"① 意思是,国家的政治宽容,人民就淳厚质朴;国家的政治严苛,人民就狡黠诡诈。灾祸呵,幸福正依傍在它里面;幸福呵,灾祸也正隐藏在它之中。谁知道它们的终极? 它们并没有一个定准。正可能随时转变为邪,善可能随时转变为恶,人们的迷惑不解,已经有很长的时日了! 所以有"道"的圣人方正但不伤人,锐利但不至于把人刺痛,直率却不至于放肆,明亮但不显得耀眼。认识到自然本身即是理性,而且是绝对唯一的理性,遵循辩证理性——正反规律,这就排除了上帝鬼神在生活世界的地位。在现实的生活世界中,老子认为:"人之所恶,唯孤、寡、不穀,而王公以为称。故物或损之而益,或益之而损。人之所教,我亦教之:强梁者不得其死,吾将以为教父。"② 意思是,人们所厌恶的,就是"孤"、"寡"、"不穀",但王公却用这些字眼称呼自己。所以,一切事物,有时贬低它,它反而得到抬高;有时抬高它,它反而遭受贬低。人们教导人的话,我也用来教导人:强悍的人不得好死。我要把这句话作为教人的头一条。自然本身阴阳互根,益之而损,损之而益,寡者得众,强梁者不得其死,这就是生活世界的辩证法! 所以,无为才能无不为,柔弱才能胜刚强,不争则天下莫能与之争。

其三,老子天道本位自然价值生活世界的形成遵循"自生自化律"。域中四大道、天、地、人,形成一个自我运动的四维时空结构。在这个结构中,天地万物的"无常"正是天地万物的"常";天地万物的"常"正是天地万物的"无常"。它有一种无为无执的自我调节机制。老子说:"为者败之,执者失之。是以圣人无为故无败,无执故无失。民之从事,常于几成而败之。慎终如始,则无败事矣。是以圣人欲不欲,不贵难得之货;学不学,复众人之所过。以辅万物之自然而不敢为。"③ 意思是,硬要去做,就必然会遭到失败;紧紧抓住不放,就必将会遭受损失。因此有"道"的圣人不轻易做,所以就没有失败;不抓

---

① 老聃:《老子·五十八章》,参见《老子注译及评介》,陈鼓应著,中华书局1984年版。
② 老聃:《老子·四十二章》,参见《老子注译及评介》,陈鼓应著,中华书局1984年版。
③ 老聃:《老子·六十四章》,参见《老子注译及评介》,陈鼓应著,中华书局1984年版。

着不放,所以没有损失。人们做事情,总是在快要成功的时候就失败。如果在事情要完成的时候也能像事情开始时那样谨慎,就不会有失败的事情了。因此有"道"的圣人所向往的事,是别人所不向往的。他不看重那些稀罕的财物;他的学习就是不学什么;改正众人的错误,用上述原则辅助万物自然发展,不敢轻率去做。自生、自化的变化规律不可抗拒。"辅万物之自然而不敢为"。① 或者"以能辅万物之自然而弗敢为"。② 这是对人们面对自生、自化的生活世界时企图把个人意志强加于社会发展过程的谆谆诚告。

### 三、天道本位自然价值的形成途径

天道本位自然价值的形成机制是"辅万物之自然而不敢为",或是"以能辅万物之自然而弗敢为"。那么,实现自然价值的具体途径是什么呢? 实现天道本位自然价值要求遵守"以反求证"的辩证方法,从方法上说是无为自化;从态度上说是谦下柔弱;从目的上说是中和玄同。现分述如下:

其一,无为自化。无论是修身还是治国,无为自化是实现天道本位自然价值的最佳方法。从主体的德性修养来说,"无为自化"就是要清洗掉人为的智慧巧辩,清洗掉人为的弄虚作假,清洗掉人为的投机取巧,取而代之的是回归本真淳朴的自然价值,即少私寡欲。老子说:"绝智弃辩,民利百倍。绝巧弃利,盗贼无有。绝伪弃诈,民复孝慈。三言以为使不足,或令之有乎属:视索抱朴,少私寡欲。"③ 意思是,抛弃智慧和辩论,人民才得到百倍的好处;抛弃机巧和私利,盗贼自然消失;抛弃虚伪和奸诈,人民就会回归孝慈。智辩、巧利、伪诈这三样东西不足以治理天下。所以,要正面指出使人的认识有所归属:即外表单纯、内心质朴,减少私心,节制欲望。老子提到德行修养的三大要素:"我有三宝,持而保之。一曰慈,二曰俭,三曰不敢为天下先。慈故能勇,俭故能广,不敢为天下先,故能成器长。"④ 意思是,有三件宝,我掌握并保存着它

---

① 老聃:《老子·六十四章》,参见《老子注译及评介》,陈鼓应著,中华书局1984年版,

② 《郭店楚简·老子丙本》,参见李零:《郭店楚简校读记》(增订本),中国人民大学出版社2007年版。

③ 《郭店楚简·老子甲本》,参见李零:《郭店楚简校读记》(增订本),中国人民大学出版社2007年版。

④ 老聃:《老子·六十七章》,参见《老子注译及评介》,陈鼓应著,中华书局1984年版。

们。第一件叫做慈爱，第二件叫做节俭，第三件叫做不敢为天下先，即不争。因为慈爱，所以能勇敢；因为节俭，所以能富裕；因为不争，所以能做人们的首长。正因为如此，老子说："是以圣人欲上人，必以言下之；欲先人，必以身后之。是以圣人处上而民不重，处前而民不害，是以天下乐推而不厌。"① 意思是，有道的圣人想要统治人民，必须用言词对人民表示谦下；想要领导人民，必须把自己的利益放在人民的利益之后。因此，圣人处于人民之上而人民不感到有负担；处于人民之前而人民不感到有伤害。因此天下人民乐于推戴他而不厌弃。正因为他不与人争，所以天下才没有人能够与他争。又说："天之道，利而不害。圣人之道，为而不争。"② 这些都说明，老子对管理者的德行修养有很高的期待。

从治理天下国家的意向结构来说，无为自化就是圣人无常心，无心就是无私心，虚怀若谷。老子说："圣人无常心，以百姓心为心。善者吾善之，不善者吾亦善之，德善。信者吾信之，不信者吾亦信之，德信"。③ 意思是，以天下百姓的心为心。超越世俗道德价值，对善者、不善者，都抱以善心；对信者、不信者，都抱以信心，其实圣人无心就是最大的公心。

从治理天下国家的行动过程上说，无为自化就是无事，无事并不是无所事事，而是授权或者分权，给人民以自主、自治的活动空间。老子说："以正治邦，以奇用兵，以无事取天下。吾何以知其然也？夫天多忌讳，而民弥叛。民多利器，而邦滋昏。人多智，而奇物滋起，法物滋章，盗贼多有。"④ 意思是，以清静无为之道治国，以出奇诡秘的计谋用兵，用无为的政治统治天下。我根据什么知道是这样的呢？根据下面这些：天下的禁忌越多，人民就越反叛；民间武器越多，国家就越混乱；人民的智慧越多，邪恶的事情就层出不穷；法律措施越繁，盗贼反而越多。尊重人民的自主权，一切在矛盾、对立、冲突中的事物，都会按照自然秩序，形成自然平衡，出现良性循环，可持续发展。如果违背自然机制，有为、强为，那就会导致自然价值的破坏，出现饥荒、动乱、凶杀的悲

---

① 老聃：《老子·六十六章》，参见《老子注译及评介》，陈鼓应著，中华书局 1984 年版。
② 老聃：《老子·八十一章》，参见《老子注译及评介》，陈鼓应著，中华书局 1984 年版。
③ 老聃：《老子·四十九章》，参见《老子注译及评介》，陈鼓应著，中华书局 1984 年版。
④ 《郭店楚简·老子甲本》，参见李零：《郭店楚简校读记》（增订本），中国人民大学出版社 2007 年版。

剧。老子说:"民之饥,以其上食税之多,是以饥。民之难治,以其上之有为,是以难治。民之轻死,以其上之求生之厚,是以轻死。夫唯无以生为者,是贤于贵生。"① 意思是,人民陷于饥饿,是因为统治者收取的赋税太多,因此发生饥荒。人民其所以难于治理,是因为统治者强作妄为,因此难以治理。人民其所以不怕死,因为统治者的奉养太丰厚,老百姓因此不怕死。只有那些不把奉养看得过分重的人,比过分看重生命的人高明。只有与民休息,无为自化,其社会价值效果胜过只为自己"养生"。

从治理天下国家终极目的上说,无为自化就是让人们自己追求自己目的,实现自身价值。老子崇拜自然秩序,在经济上,无事自富;政治上,无为自化;在道德上,好静自正;在生活上,无欲自朴。即:"我无事而民自富,我无为而民自化,我好静而民自正,我欲不欲而民自朴"。② 按照无为自化的自然秩序行动就是最好的德性,有此德性就能产生自然价值,具有自然价值才能使社会产生善序良俗。老子说:"善建者不拔,善抱者不脱,子孙以祭祀不辍。修之于身,其德乃真;修之于家,其德乃余;修之于乡,其德乃长;修之于邦,其德乃丰;修之于天下,其德乃普。故以身观身,以家观家,以乡观乡,以邦观邦,以天下观天下。吾何以知天下然哉?以此。"③ 意思是说,善于建树的人,其建树的东西不可拔除;善于抱持的人,他抱持的东西不会脱落。如果一个人既能建树事业,又能抱持事业,子孙便会因此而祭祀不绝。修德于一身,他的德就可以纯真;修德于一家,他的德就会有余;修德于一乡,他的德就会增长;修德于一国,他的德就广大;修德于天下,他的德便会普遍。所以从自己本身去观照别人的情形;从自己一家去观照别人家的情形;从自己一乡去观照其他乡的情况;从自己一国去观照别的国家的情形;从目前的天下观照将来天下的状况。我凭什么了解天下现实呢?就是上面说的这个道理。何谓善于建树?善于抱持?其实就是通过"建道"、"抱德",使得身、家、邦、天下的德性分别达到纯真、有余、长进、丰富、普遍,实现身、家、邦、天下的自主、自治、自由的天道本位

① 老聃:《老子·七十五章》,参见《老子注译及评介》,陈鼓应著,中华书局1984年版。
② 《郭店楚简·老子甲本》,参见李零:《郭店楚简校读记》(增订本),中国人民大学出版社2007年版。
③ 老聃:《老子·五十四章》,参见《老子注译及评介》,陈鼓应著,中华书局1984年版。

的自然价值境界。如此治身、治家、治国、治天下,就达到了道家学派所赞美的最高德性:"上德";相反,背道、离德去行动就是"有为","有为"就不能使得身、家、邦、天下达到自主、自治、自由,就会丧失天道本位的自然价值,丧失天道本位的自然价值的行动就变成道家所说的最低德性:"下德"。"下德"就是讲仁、义、礼、智那一套,这已经是道德的沦丧了。所以,老子说:"为学日益,为道日损,损之又损之,以至于无为。无为无不为。取天下常以无事,及其有事,不足以取天下。"① 意思是说,追求学问,知识一天比一天增加;追求天道,自然欲望一天比一天减少。减少了再减少,一直返璞归真,到达无为的境地。无为其实无不为。取得天下,经常要用无为的方法。措施繁多,就不足以治理天下了。

其二,谦下柔弱。无论是修身还是治国,谦下柔弱是实现天道本位自然价值的最佳态度。老子发现在刚柔、强弱、高低、贵贱的自然之势中,柔、弱、低、贱虽然处于现存事物运动秩序中的不利态势,却具有实现自然价值的巨大潜力,所以,老子崇拜水、小苗、婴儿、女人,认为他们的生存态势符合自然之道。如果一个人能够守柔、用弱、居下、处卑,无论修身还是治国,就能实现天道本位的自然价值。

从主体的德行修养来说,老子认为,一是要向水学习,因为水善利万物,无有人无间,至柔胜至坚,居处卑下,海纳百川。老子说:"上善若水。水善利万物而不争。处众人之所恶,故几于道。"② 意思是说,最高的善就像水一样,水善于滋润万物却不与万物相争,它总是处于人们所厌恶的低下之处,所以最接近道。又说:"天下莫柔弱于水,而攻坚强者莫之能胜,以其无以易之。"③ 意思是说,世界上的事物没有比水更柔弱的,但是攻击坚硬的东西,没有什么能胜过水的,这是因为没有任何东西能够代替水。二是要向婴儿学习,因为婴儿之德:柔软、脆弱、精固、谐和,这是宇宙中新生命的根本特征。"含德之厚,比于赤子。毒虫不螫,猛兽不据,攫鸟不搏。骨弱筋柔而握固。未知牝牡之合而

---

① 老聃:《老子·四十八章》,参见《老子注译及评介》,陈鼓应著,中华书局 1984 年版。
② 老聃:《老子·八章》,参见《老子注译及评介》,陈鼓应著,中华书局 1984 年版。
③ 老聃:《老子·七十八章》,参见《老子注译及评介》,陈鼓应著,中华书局 1984 年版。

朘作,精之至也。终日号而不嗄,和之至也。"① 意思是说,含德浓厚的人,可比之初生婴儿。毒虫不去螫刺他,猛兽不去撕咬他,凶禽不去搏击他。他筋骨柔弱,拳头却握得很牢固。他还不懂得男女交合,但小生殖器却常常勃起,这是精气充足的缘故。他整天啼哭,但声音却不会沙哑,这是他身体平和的缘故。三是要向草木的小苗学习,因为草木小苗柔嫩、脆弱,富有旺盛生命力。"人之生也柔弱,其死也坚强。草木之生也柔脆,其死也枯槁。故坚强者死之徒,柔弱者生之徒。是以兵强则灭,木强则折。强大处下,柔弱处上"。② 意思是,人活着的时候筋骨是柔软的,死后则变得僵硬。万物草木生长着的时候是柔脆的,死了则变得干枯坚硬了。所以坚强的东西是属于死亡一类的,柔弱的东西属于具有生命力一类的。因此,军队逞强就会毁灭,树木太硬就会脆折。凡是强大的,反而处在下面的位置;凡是柔弱的,反而处在上面。四是要向女人学习,因为女人温柔、娇弱、承担人类生育繁衍的功能。老子说:"牝常以静胜牡,以静为下"。又说:"谷神不死,是谓玄牝。玄牝之门,是谓天地根。绵绵若存,用之不勤。"③ 意思是说,雌柔常常以安静战胜雄强,就是因为它安静而处于下面的缘故。这个具有生育功能的神奇之物,是不会消失掉的,这就叫玄妙不测的生殖之门,玄妙不测的生殖之门,就叫做产生天地的根子。它绵绵冥冥地存在着,看不见摸不着,生育万物的功用却是无穷无尽。可见,老子关于主体修养的标准是以柔弱卑下之德为贵。

从天下国家的结构来说,那是一个由经济基础和上层建构成的组织结构。进入文明社会以后,就有了高低、贵贱、贫富、强弱的社会价值的等级体系。在客观的价值体系上,统治者建构的意识形态是"天尊地卑,乾坤定矣。卑高以陈,贵贱位矣"。④ 在主观的价值体系上,统治者的意识形态则是"贵以贱为本,高以下为基。是以侯王自称孤、寡、不榖,此非以贱为本耶?非乎?故至誉无誉。是故不欲琭琭如玉,珞珞如石。"⑤ 意思是说,贵是以贱为根本的,高是以低下为基础的,因为这个道理,侯王才自己谦称为"孤"、"寡"、"不

---

① 老聃:《老子·五十五章》,参见《老子注译及评介》,陈鼓应著,中华书局1984年版。
② 老聃:《老子·七十六章》,参见《老子注译及评介》,陈鼓应著,中华书局1984年版。
③ 老聃:《老子·六章》,参见《老子注译及评介》,陈鼓应著,中华书局1984年版。
④ 李申:《周易经传译注·系辞上》,王博等译注,湖南教育出版社2004年版。
⑤ 老聃:《老子·三十九章》,参见《老子注译及评介》,陈鼓应著,中华书局1984年版。

穀"。这难道不是把低贱当作根本吗? 难道不是吗? 所以最高的赞誉是无须夸誉的。因此人君应当不愿意如玉一般华美,而宁可像石块一样坚实质朴。这是一个矛盾,却是巩固和保持文明社会结构稳定的必由之路。老子解释说:"是以圣人云:'受国之垢,是谓社稷主;受国不祥,是谓天下王。'正言若反。"① 意思是说,因此有道的圣人说:"承当国家的屈辱,这才能叫做国家的君主;承担国家的灾难,这才配做天下的君王。"正面的话听起来却像是反面的话一样。文子也解释这一现象:"阳灭阴,万物肥;阴灭阳,万物衰。故王公尚阳道则万物昌,尚阴道则天下亡。阳不下阴,则万物不成;君不下臣,德化不行。故君下臣则聪明,不下臣则闇聋。日出于地,万物蕃息,王公居民上,以明道德。日入于地,万物休息,小人居民上,万物逃匿。"② 意思是说,阳灭阴,万物肥壮;阴灭阳,万物衰亡,所以天子诸侯崇尚阳道,万物就会昌盛,崇尚阴道,天下就会灭亡。阳不在阴之下,则万物不能生成;君不尊臣,则德化不能施行,所以君尊臣就聪明,不尊臣就会变得暗聋。日出于大地,万物繁殖生长,天子诸侯位列人民之上,用以昌明道德。日入于大地,万物休养生息;小人奸佞位列人民之上,万物就会离逃隐匿。文子的观点,一方面是贵阳论,要求维护君尊臣卑等级秩序;另一方面则是贵阴论,要求君主礼贤下士,以谦下待众,在这里贵阳论与贵阴论实现了对立统一。③

　　从天下国家的治理来说,道家学派主张以柔克刚,以弱胜强,认为这是一种合乎自然价值的古老治国智慧。列子说:"天下有常胜之道,有不常胜之道。常胜之道曰柔,常不胜之道曰强。二者亦知,而人未之知。故上古之言:强,先不己若者;柔,先出于己者。先不己若者,至于若己,则殆矣。先出于己者,亡所殆矣。以此胜一身若徒,以此任天下若徒,谓不胜而自胜,不任而自任也。粥子曰:'欲刚,必以柔守之;欲强,必以弱保之。积于柔必刚,积于弱必强。观其所积,以知祸福之乡。强胜不若己,至于若己者刚;柔胜出于己者,其

---

①　老聃:《老子·七十八章》,参见《老子注译及评介》,陈鼓应著,中华书局1984年版。
②　李德山:《文子译注·上德第六》,黑龙江人民出版社2003年版。
③　王葆玹提出在《文子》一书中实现了"贵柔说"与"崇阳说"的统一。见王葆玹:《道家阴阳刚柔说与系辞作者问题》,陈鼓应主编:《道家文化研究》第4辑,上海古籍出版社1994年版,第135页。

力不可量.'老聃曰:'兵强则灭,木强则折.柔弱者生之徒,坚强者死之徒'."① 意思是说,天下有经常取胜的方法,有经常不能取胜的方法.经常取胜的方法叫做柔弱,经常不能取胜的方法叫做刚强.二者容易明白,但人们却不懂得.所以上古时的话说:刚强可以战胜力量不如自己的人,柔弱可以战胜力量超过自己的人.可以战胜力量不如自己的,一旦碰到力量与自己相当的人,那就危险了.可以战胜力量超过自己的,就没有危险了.以柔弱战胜一个人,会像什么也没有干一样;以柔弱统治天下人,也会像什么也没有干一样.这叫做不想取胜而自然取胜,不想统治而自然统治.鬻子说过:"要想刚强,必须要坚守柔软;要想强大,必须要保持虚弱.柔软积聚多了一定刚强,弱小积聚多了一定坚强.看他所积聚的是什么,就可以知道他祸与福的发展方向.刚强能战胜力量不如自己的人,一旦碰到力量与自己相当的人就会受挫折;柔弱能战胜力量超过自己的人,他的力量是不可估量的."老聃说:"军队逞强就会毁灭,树木太硬就会脆折.坚强的东西是属于死亡一类的,柔弱的东西属于具有生命力一类的".

如何能够以柔克刚,以弱胜强?老子提出的方法是"反者道之动,弱者道之用".② 具体来说就是:"将欲歙之,必故张之;将欲弱之,必故强之;将欲废之,必固兴之;将欲取之,必固与之.是谓微明.柔弱胜刚强.鱼不可脱于渊,国之利器不可以示人."③ 意思是说,将要收拢的,必定先扩张,将要削弱的,必定先强盛;将要废弃的,必定先兴起;将要取去的,必定先给予.这就叫做隐微的聪明.柔弱胜过刚强.鱼不能离开深渊,国家的利器,不能随便示于人.可是,"弱之胜强,柔之胜刚,天下莫不知,莫能行."④ 正是因为天下莫不知,莫能行.所以,能行者,则可以得天下.果有其例,韩非子用历史事实告诉人们:"勾践入宦于吴,身执干戈为吴王洗马,故能杀夫差于姑苏.文王见詈于王门,颜色不变,而武王擒纣于牧野.故曰:'守柔曰强.'越王之霸也不病宦,武王之王也不病詈.故曰:'圣人之不病也,以其不病,是以无病也'."⑤ 意

---

① 列御寇:《列子·黄帝篇》,上海古籍出版社1989年版.
② 老聃:《老子·四十章》,参见《老子注译及评介》,陈鼓应著,中华书局1984年版.
③ 老聃:《老子·三十六章》,参见《老子注译及评介》,陈鼓应著,中华书局1984年版.
④ 老聃:《老子·七十八章》,参见《老子注译及评介》,陈鼓应著,中华书局1984年版.
⑤ 韩非:《韩非子·喻老》,参看《二十二子》,上海古籍出版社1986年版.

思是说，勾践到吴国服贱役，亲自拿着兵器做吴王的前驱，所以能在姑苏把夫差杀死。文王在王门受到辱骂，面不改色，结果武王在牧野捉住了纣王。所以《老子》说："能够保持柔弱即是刚强。"越王称霸，并不因为担任贱役而苦恼；武王称王，并不因为被人辱骂而苦恼。所以《老子》说，圣人之所以不苦恼，因为他心里不认为苦恼，因此就不苦恼。《军谶》也说："能柔能刚，其国弥光；能弱能强，其国弥彰；纯柔纯弱，其国必削；纯刚纯强，其国必亡。"

其三，中和玄同。无论是修身还是治国，中和玄同是实现天道本位自然价值的最终目的。中和是一种古老的智慧，据《论语》记载："尧曰：'咨！尔舜！天之历数在尔躬。允执其中。四海困穷，天禄永终。'舜亦以命禹。"① 意思是说，尧帝让位给舜帝的时候说："哦！舜呀！依次登位的天命已经降临在你身上了，你要忠实地坚持中和。如果搞得天下穷困，你这天赐的禄位也就永远没有了。"舜帝也用这番话告诫大禹登位。2008 年入藏的清华简也有"舜既得中，言不易实变名，身滋备惟允，翼翼不懈，用作三降之德。"② 《尚书》记载盘庚的训词："汝分猷念以相从，各设中于乃心"。③ 《越绝书》记载："越王问范子曰：'何执而昌？何行而亡？'范子曰：'执其中则昌，行奢侈则亡。'越王曰：'寡人欲闻其说。'范子曰：'臣闻古之贤主、圣君，执中和而原其终始，即位安而万物定矣；不执其中和，不原其终始，即尊位倾，万物散。文武之业，桀纣之迹，可知矣。'"④ 意思是说，越王问范蠡说：把握什么使国家昌盛，执行什么使国家灭亡？范子回答："把握中和之道则国家昌盛，执行奢侈之道使国家灭亡"。越王说："我想听听先生的解释"。范子说："我听说古代的贤君圣王，能够把握中和之道，能够探究事物的开始与终结，所以，君位安固，天下稳定；不能把握中和之道，不能探究事物的开始与终结，则君位倾覆，天下混乱。《越绝书》所言有历史根据，从周文王、周武王的大业，夏桀、殷纣的劣迹，就可以看出。从这些古老的智慧中，儒家发展出中庸思想，道家发展出中和玄同思

---

① 《论语·尧曰》，参看《四书集注》，岳麓书社 1985 年版。

② 清华大学出土文献研究与保护中心：《清华大学藏战国竹简〈保训〉释文》，《文物》2009年第 6 期。

③ 《书经·盘庚》，上海古籍出版社 1987 年版。

④ 袁康、吴平：《越绝书·越绝外传枕中第十六》，俞纪东译注，贵州人民出版社 1996 年版。

想,这是宝贵的精神财富。老子说:"多言数穷,不如守中。"① 又说:"故物或损之而益,或益之而损。人之所教,我亦教之:强梁者不得其死,吾将以为教父。"② 庄子指出:"像善无近名,像恶无近刑,缘督以为经,可以保身,可以全生,可以养亲,可以尽年。"③ 意思是说,做善事不能有求名利之心,做恶事不能有刑戮之苦,顺着刑名之间的自然之道以为常法,就可以保全身躯,保全天性,涵养本心,享尽天年了。老子、庄子都是教人保持中和之道。可见,从自然价值上说,中和就是不走极端,不偏执一极,而是保持对立统一,阴阳和合,恰到好处的自然状态。无论事物所处的状态是柔是刚,是弱是强,无论人们以反求正,还是以正求反,所要达到的最优化目标就是中和状态。

由中和再往更高的目标发展,儒家追求大同,道家追求玄同。老子说:"知者不言,言者不知。塞其兑,闭其门,挫其锐,解其纷,和其光,同其尘,是谓玄同。故不可得而亲,不可得而疏;不可得而利,不可得而害,不可得而贵,不可得而贱。故为天下贵。"④ 意思是说,智者是不随便说话的,随便说话的人就不是智者。塞住他们意向的口,关闭他们自然欲望的门,挫掉锋锐,解除纷争,含蓄光耀,混同尘垢,这就叫做玄同的境界。这样就不能有所谓亲近,不能有所谓疏远,不能有所谓利益,不能有所谓祸害,不能有所谓高贵,不能有所谓低贱。所以,这样的人在天下最为高贵。《淮南子》也指出:"求美则不得美,不求美则美矣;求丑则不得丑,求不丑则有丑矣;不求美又不求丑,则无美无丑矣,是谓玄同。"⑤ 可见,玄同就是道的自然价值的实现,超越是非、超越善恶、超越利害、超越美丑,就是矛盾、对立、差异范畴在自然价值中转化为等价或等值。以此推论,就是人无弃人、物无弃物,对天下万物以及人类生活"利而不害"!儒家追求大同,道家追求玄同;大同就是"天下为公",人人相亲,天下一家;玄同则是"天下为一,"人人自得,逍遥自由。这是两种不同的理想境界。

---

① 老聃:《老子·五章》,参见《老子注译及评介》,陈鼓应著,中华书局1984年版。
② 老聃:《老子·四十二章》,参见《老子注译及评介》,陈鼓应著,中华书局1984年版。
③ 庄周:《庄子·养生主》,参看陈鼓应:《庄子今注今译》,中华书局2009年版。
④ 老聃:《老子·五十六章》,参看陈鼓应:《老子注译及评介》,中华书局1984年版。
⑤ 刘安:《淮南子·说山训》,许匡一译注,贵州人民出版社1995年版。

　　老子道家思想在秦国有一定影响。① 韩非子的《解老》、《喻老》是最早解释老子思想的著作，韩非子吸收老子道家的本体论、辩证法思想的精华，同时也批判了老子道家的"恬淡之学"、"恍惚之言"。韩非子说："世之所为烈士者，离众独行，取异于人，为恬淡之学而理恍惚之言。臣以为恬淡，无用之教也；恍惚，无法之言也。言出于无法，教出于无用者，天下谓之察。臣以为人生必事君养亲，事君养亲不可以恬淡；治人必以言论忠信法术，言论忠信法术不可以恍惚。恍惚之言，恬淡之学，天下之惑术也。"② 吕不韦的《吕氏春秋》更是把道家思想作为重要的理论来源，形成战国后期秦国的新道家思想，并对秦国社会政治发展产生一定影响。可见，秦国法家对老子等道家思想是有取有弃，这是对老子道家思想的一种积极扬弃。

　　综上所述，秦国是春秋战国诸子百家理论的社会实验室。秦穆公运用儒家先驱周公的哲学理论治理秦国，使秦国成为礼仪之邦，同时，借鉴西部游牧民族圣人由余的一套哲学理论"以夷制夷"，使得秦国开地千里，称霸西戎。秦孝公任用商鞅，以法家思想作为立国的基础，确立了国家公利价值的哲学理念。有了国家公利价值，才有秦国全面彻底的商鞅变法，才有秦国对各国英才的重用；秦国汇集了众多政治家、军事家、外交家，才有秦国统一天下的崇高理想和坚强意志。国家公利价值为秦国崛起奠定了坚实基础。荀子称赞秦国从孝公、惠王、武王、昭王"四世有胜，非幸也，数也。"③ 秦国对杨、儒、道、墨、法诸子百家观点兼收并蓄，让其争鸣，同时，有弃有取，为我所用，形成了以《吕氏春秋》为代表的新道家思想体系，以及《韩非子》为代表的新法家思想体系，两者虽有门派之差，却都是属于具有秦国特点的国家公利哲学体系。可见，秦国的国家公利哲学体系就是在对诸子百家价值哲学体系的选择、试验、扬弃中逐渐形成和发展起来的。

---

　　① 郭沂认为，竹简《老子》出自春秋末期与孔子同时的老聃，今本（包括帛书本）《老子》出自战国中期与秦献公同时的太史儋；《史记》所载西出函谷关与关尹子相会并著今本《老子》五千言的那位老子是太史儋，郭店竹简中另一篇《太一生水》与《老子》合编在一起的，李学勤先生指出其为关尹子一派的文献，其实，其著者可能为关尹子本人。《光明日报》1999 年 4 月 23 日。郭沂的观点聊备一说，可供参考。

　　② 韩非：《韩非子·忠孝》，参看《二十二子》，上海古籍出版社 1986 年版。

　　③ 荀况：《荀子·强国》，参看《二十二子》，上海古籍出版社 1986 年版。

# 第三章 秦国责任伦理主体：
## 意志、理性、霸道

## 引 言

在周王朝天下体系出现危机的背景下，秦襄公被周平王封为诸侯，秦国作为一个新国家登上了中国历史舞台。秦国经过秦文公、秦德公几代人的经营，到秦穆公的时候，已经成为西部霸主。此后虽然经历五世之乱，到秦献公时，秦国逐渐恢复了国力。尤其是秦孝公任用商鞅进行变法取得极大成功。从此秦国作为战国时代一个新兴的法治国家开始从西部崛起，秦的势力发展到黄河之滨，直接剑指以魏国为首的东方诸国了。秦国信奉的五帝志业宗教与东方六国信奉的昊天上帝不同，五帝志业宗教赋予秦人统治四方中央的空间意识；秦国崇尚法家的国家公利价值哲学与东方六国崇尚的传统仁义道德价值不同，在法治支配下的秦国君民朝气蓬勃、积极进取，承担并完成国家公利价值目标所赋予的社会责任和历史使命。在上述宗教观念和哲学观念的基础上，作为秦国责任伦理主体，秦国的最高决策层具有统一天下，成就霸王之业的雄心壮志；秦国的文臣武将富有理性精神，足智多谋，精于计算，善于组织农业生产和军事斗争；秦国的各级官吏秉公执法，清正廉洁；秦国的农民淳朴诚实，精耕细作，吃苦耐劳；秦国的战士闻战则喜，骁勇善战，如狼似虎。

秦国责任伦理主体具有三重本质。一是秦国责任伦理主体的生命意志。秦国责任伦理主体生命意志是追求生存、生殖、权力、地位的意志；在当时的秦国表现为追求富贵爵禄，成就霸王之业。秦国责任伦理主体强调政治权力、军事威力、经济实力；强调支配他人与他国的强力意志；同时，秦国责任伦理主体崇尚谋略智慧、勇猛果断。这就是秦国责任伦理主体的生命意志。二是秦国责任伦理主体的计算理性。秦国责任伦理主体的计算理性就是所谓"市道"，即各个利益主体交往关系中所遵循的市场交易原则。秦国的计算理性包括以生产活动为基础的物质利益最大化的经济计算；以社会组织为基础的政治权力最大化的政治计算；以国际关系为基础的国家利益最大化的外交计算，例如连横合纵、远交近攻等外交策略的博弈和计算。三是秦国责任伦理主体的霸道气质。秦国责任伦理主体的生存意志与计算理性结合，形成的强势生存状态，表现为秦国人的霸道气质。可见，秦国追求的不是三皇时代的理想主义自由王国，秦国追求的也不是五帝时代道德主义至德之世，秦国追求的是现实主义的天下霸权：控制当时人类最重要的生存保障系统，即粮食等生活资料；控制当时人类最重要的安全保障系统，即强大的国家军事力量；控制当时人类最切合实用的意识形态，即国家公利价值理论、天下大一统理论等。秦国责任伦理主体的霸道气质具有生冷、威猛、毒辣的品格，正是这种品格最终成就了秦国的霸王之业。

春秋战国时代造就了一大批贤能之人，他们作为秦国责任伦理主体把追求富贵爵禄的生命意志、追求利益最大化的计算理性、追求国家公利、公功的霸道气质，外化为秦国强大的政治、经济、军事实力，最终扫平六国，统一天下，书写了一段伟大的中华文明史。

## 第一节　秦国责任伦理主体的质朴表现

责任伦理主体是指承担责任的社会角色或人类共同体。秦国责任伦理结构中的责任伦理主体是秦国的君主、官吏、平民百姓等社会角色，当然他们所代表的国家、郡县、乡邑、家庭等共同体也是承担责任的主体。作为责任伦理主体必须具备两个条件：一是责任伦理主体必须具备支配自己行动的独立主体意志。秦国责任伦理主体就具有顽强的生命意志；其次，责任伦理主体还必须对行为后果进行理性计算的主体意识。秦国责任伦理主体具有精明的计算理性意识。由这两个条件还衍生出秦国责任伦理主体追求富贵爵禄的独特精神气质；追求国家公利的霸者之气、王者之气。秦国责任伦理主体不断祛除周朝传统的宗法血缘关系，不断否定周人传统的仁义道德，同时，秦国责任伦理主体不断扩张自己的生命意志，按照计算理性的标准处理家庭、国家、国际关系的各种问题，从而进行经济、政治、文化体制改革，完成吞并诸侯、统一天下的历史使命。

## 一、秦国责任伦理主体具有质朴的生存态度

秦国责任伦理主体具有质朴本真的生存态度:重视智慧谋略,追求富贵爵禄,对仁义道德兴趣不大,却对国家公利价值情有独钟。从非子居犬丘,到秦襄公立国之后,秦人一直处于险恶的环境中,为完成秦嬴族群的生存和繁衍这一重大使命,秦人非常重视物质利益,趋利避害之心非常强烈。商鞅变法之后,秦国人的这一质朴民风得到了五帝志业宗教、国家公利哲学、国家政治、经济、法律制度的肯定,并且把这种生存态度产生的本质力量引向振兴国家的道路,即实现富国强兵,成就霸王之业! 在那个时候,秦国人为了追求富贵爵禄,实现国家的富国强兵,逐渐摆脱了周人传统的宗法关系的束缚,甚至否定西周传统的仁义道德风尚。

秦国人不喜欢儒家仁义道德的说教,而是热衷于法家的国家公利哲学,重视智慧谋略,追求富贵爵禄,追求现实生活的幸福,甚至事死如事生,希望死后也拥有富贵爵禄,能过世俗的幸福快乐生活。所以,秦人的审美情趣非常质朴,求实、求大、求多;尚武、尚功、尚智;崇拜生冷、威猛、毒辣的人生态度,这甚至成为秦人普遍的处事风格。

根据《淮南子》的描述:"秦国之俗,贪狼强力,寡义而趋利,可威以刑,而不可化以善,可劝以赏,而不可厉以名,被险而带河,四塞以为固,地利形便,蓄积殷富,孝公欲以虎狼之势而吞诸侯,故商鞅之法生焉。"[1] 就是说,秦国人的风俗习惯是贪图强势和实力、追求物质利益、缺少情义仁恩,对道德的至善理想和道德荣誉一点兴趣也没有;秦自然条件优越,秦人很富有,秦孝公仍然想以虎狼的威势吞并诸侯。于是,就任用商鞅在秦国变法,用一套法律体系来治理秦国。这是《淮南子》对秦国责任伦理主体生存状态的概括描述。

贾谊描述了商鞅变法之后秦国的民俗:"商君遗礼义,弃仁恩,并心于进取,行之二岁,秦俗日败。故秦人家富子壮则出分,家贫子壮则出赘。借父耰锄,虑有德色;母取箕帚,立而谇语。抱哺其子,与公并倨;妇姑不相说,则反唇而相稽。其慈子耆利,不同禽兽者亡几耳。然并心而赴时,犹曰蹙六国,兼天

---

① 刘安:《淮南子·要略》,许匡一译注,贵州人民出版社 1995 年版。

下。功成求得矣，终不知反廉愧之节，仁义之厚。信并兼之法，遂进取之业，天下大败；众掩寡，智欺愚，勇威怯，壮陵衰，其乱至矣。"① 意思是说，商鞅遗弃礼义，抛掉仁爱，鼓励人们专心于进取之道，推行了二年，秦国风气日益败坏。由此秦国富足人家的儿子长成便要分家，贫苦人家的儿子长成便出为赘婿。儿子借给父亲农具使用，脸上都要露出恩赐之色；母亲拿儿子的箕帚用了，马上会遭到白眼相责。女人竟然当着舅兄之面给孩子喂奶，无礼之甚。嫂姑一不高兴，便反唇相讥。各人只爱其子又贪嗜财利，就跟禽兽差不多了。不过，当人们同心并力于战场上时，还可说是为了吞并六国、统一天下。但大功告成之后，却始终不知应恢复廉耻之心、仁义之道，让兼并之法、进取之业进一步发展，导致天下大坏，出现人多的压迫人少的，聪明的欺骗愚蠢的，勇武的威吓怯懦的，强壮的侵凌软弱的局面，其混乱达到了极点。这是贾谊通过民俗现象，对秦国社会所作的描述，意在贬低秦国商鞅变法，却提供了记录秦国社会风俗的历史材料。

秦国人追求富贵爵禄的国家公利价值观，在《睡虎地秦墓竹简》中有生动反映。1975 年 12 月，考古工作者在湖北省云梦睡虎地发掘了战国到秦统一初的十二座墓葬，其中十一号墓出土大量秦代竹简。《睡虎地秦墓竹简》中有大量简文表达了秦人对富贵爵禄的追求。其中的《睡虎地秦墓竹简日书》（甲种）、（乙种）的简文，将富贵爵禄看成是由一个人出生以前先天星宿、时辰、方位决定的，同时，也与后天的生活环境甚至是房屋门户的位置有关系。

如《睡虎地秦墓竹简日书·星》篇（甲种）将富贵爵禄与人的出生时间以及二十八宿联系起来，认为在角、亢、房、箕、牵牛等星座出生的人，可以有爵、富贵、为吏、为大夫："角，利祠及行，吉。不可盖屋。取（娶）妻，妻妒。生子，为吏。亢，祠、为门行，吉。可入货。生子，必有爵。牴（氐），祠及行、出入货，吉。取（娶）妻，妻贫。生子，巧。房，取妇、家（嫁）女、出入货及祠，吉。可为室屋。生子，富。心，不可祠及行，凶。可以行水。取（娶）妻，妻悍。生子，人爱之。尾，百事凶。以祠，必有敚（愬）。不可取（娶）妻。生子，贫。箕，不可祠。百事凶。取（娶）妻，妻多舌。生子，贫富半。斗，利祠及行贾、贾市，吉。取（娶）妻，妻为巫。生子，不盈三岁死。可以攻伐。牵牛，可祠及行，吉。不

---

① 班固：《汉书·贾宜传》，颜师古注，中华书局 2005 年版。

可杀牛。以结者,不择(释)。以入牛,老一,生子,为大夫"。①

又如《睡虎地秦墓竹简日书·生子》篇(甲种)根据时日干支占卜,认为富贵与生子的时辰有关系。如,"乙亥生子,(谷)而富"。"辛巳生子,吉而富"。"庚寅生子,女为贾,男好衣佩而贵"。"乙未生子,有疾,少孤,后富"。"丙午生子,耆(嗜)酉(酒)而疾,后富"。② 晏昌贵先生认为,简文中有一条,庚寅这一天出生的人,"女为贾,男好衣佩而贵"。我们知道,屈原楚辞《离骚》称"惟庚寅吾以降",屈原出生在庚寅这一天,而楚辞中有大量关于衣饰的描写,这恐怕不是偶然的。③

再如,《睡虎地秦墓竹简日书》(乙种)还将人的富贵与出生时的方位联系起来"生东乡(向)者贵,南乡(向)者富,西乡(向)寿,北乡(向)者贱,西北乡(向)者被刑。"④ 在流沙坠简中,也有一条占文与上述简文类似:"生子东首者,富;南首者,贵;西首者,贫;北首者,不寿。"

除了上述先天的因素,后天的生活环境也影响人的富贵。《睡虎地秦墓竹简日书·置室门》篇(甲种):"寡门,兴,兴毋(无)定处,凶。仓门,富,井居西南,囷居北乡(向)㱿,㱿毋绝县(悬)肉。南门,将军门,贱人弗敢居。辟门,成之即之盖,廿岁必富,大吉,廿岁更。大伍门,命曰吉恙(祥)门,十二岁更。则夸〈光〉门,其主昌,柁衣常(裳),十六岁弗更,乃狂。屈门,其主昌富,女子为巫,四岁更。失行门,大凶。云门,其主必富三渫(世),八岁更,利毋(无)爵者。不周门,其主富,八岁更。食过门,大凶,五岁弗更,其主瘳。曲门,前富后贫,五岁更,凶。北门,利为邦门,贱人弗敢居。(顾)门,成之,三岁中日入一布;三岁中弗更,日出一布。起门,八岁昌,十六岁弗更,乃去。徙门,数富数虚,必并人家"。⑤ 吴小强先生解释说:寡门,家庭兴旺;兴旺的地方如果不确定,则是凶险的。仓门,家庭富裕,水井位于西南方向,谷仓位于北面,朝向草料仓库,草料库内不能不悬挂肉。南门,是"将军门",卑贱的下人不敢在这里居住。辟门,门建成以后应立即加盖。二十年中必定富裕,非常吉利。第二十

---

① 《睡虎地秦墓竹简日书·星》(甲种),文物出版社 1990 年版。
② 《睡虎地秦墓竹简日书·生子》(甲种),文物出版社 1990 年版。
③ 晏昌贵:《简帛〈日书〉与古代社会生活》,《光明日报》2006 年 7 月 10 日。
④ 《睡虎地秦墓竹简日书》(乙种),文物出版社 1990 年版。
⑤ 《睡虎地秦墓竹简日书·置室门》(甲种),文物出版社 1990 年版。

年要改建门。大伍门，被称之为"吉祥门"，十二年改建门。则光门，家庭主人昌盛，穿着带丝边的衣裳，十六年如果不改建门，主人将成为狂乱疯子。屈门，家主昌盛富裕，女儿当巫婆，四年要改建门。失行门，非常凶险。云门，家庭主人必定富裕三代，八年要改建门，有利于没有爵位的人。不周门，家主富裕，八年改建门。食过门，非常凶险，五年若不改建门，家庭主人成为残废人。曲门，前半生富裕，后半生贫穷，五年改建门，否则凶险。北门，有利于作国门，卑贱的人不敢在这里居住。顾门，建成后，三年之中每天收入一个单位的货币；假如三年中间不改建门，则将每天失去一个单位的货币。起门，有八年的昌盛，如果十六年不改建门，这个昌盛就消失了。徙门，几度富裕，几度空虚，最终必定被别的人家兼并。五年改建门。刑门，家庭主人必定富裕，十二年改建门，不改建的话，家主就要受到耐刑和肉刑的惩罚。获门，这个家庭的主人必定富裕，八年改建门，水井位于左边，粮仓位于右边，粮仓向北面朝草料仓库。东门，这就叫做"国君门"，卑贱的人不敢在这里居住；假如居住，会有凶险。货门，它有利于市场交易，买进货物吉利，十一年改建门。高门，适宜养猪，五年不改建门，这里的主人将做巫师。大吉门，适宜收纳钱币黄金，但进来的钱和金子容易空虚，这里的主人当巫师，十二年改建门。① 其中，仓门、辟门、屈门、云门、不周门、曲门、徙门、刑门、获门、东门等都与居住人家的富贵有关。

秦国人追求富贵爵禄的意识已经深入到人们心灵的深处，甚至做梦都梦想着大富大贵：《睡虎地秦墓竹简甲种·梦》篇："人有恶梦，觉乃绎发西北面坐，祷之曰：'皋！敢告尔豹嫡。某有恶梦，走归豹嫡之所。豹嫡强饮强食，赐某大富，非钱乃布，非茧乃絮。'则止矣。"② 在这篇简文中的"豹嫡"就是古代的梦神。这篇简文的大意说：凡人做了噩梦，醒来之后，散发向西北坐着，并祈祷道"告诉你豹嫡，我做了噩梦，你赶快让此噩梦归于你处。你要努力吃、喝，把噩梦吞进肚里。并赐我大量财富，不是钱就是布，不是茧就是絮。如此这般，就不会受噩梦之害了。③

《睡虎地秦简日书》中涉及富贵爵禄的简文内容丰富，可是，却罕有涉及

---

① 吴小强：《秦简日书集释》，岳麓书社 2000 年版。
② 《睡虎地秦墓竹简甲种·梦》，文物出版社 1990 年版。
③ 刘乐贤：《睡虎地秦简日书研究》，台北文津出版社 1994 年版。

孝悌、仁义道德的字句内容。更看不到孟子那样，从心性论来解释仁、义、礼、智的所谓恻隐之心、羞恶之心、辞让之心、是非之心的道德形而上学字句。看来在商鞅变法之后，秦国人确实抛弃了西周礼乐文化的传统，撕破了家庭中温情脉脉的情义面纱，破坏了周礼规定的传统宗法家族伦理。秦国的老百姓步步紧跟秦国当时的政治形势，全心全意于进取之业，用追求富贵爵禄的公利价值观取代了追求仁义德性的传统价值观。

### 二、秦国责任伦理主体的生存态度得到国家认可。

商鞅变法之后，秦国人追求富贵爵禄、成就霸王之业的要求得到了五帝志业宗教、国家公利哲学、国家政治、经济、法律制度的认可与强化，秦国已有的重视物质利益、重视智慧谋略、轻视情义仁恩的国家公利价值取向变成普遍社会现象，渗透社会生活的各个方面。

荀况将秦国人与齐国、鲁国人作了对比，认为秦国政治伦理环境是放任人的本真之性，齐国、鲁国政治伦理环境是"化性起伪"改变人的本真之性，以礼义之性取而代之。荀况指出："人之性恶明矣，其善者伪也。天非私曾骞孝己而外众人也，然而曾骞孝己独厚于孝之实，而全于孝之名者，何也？以綦于礼义故也。天非私齐、鲁之民而外秦人也，然而于父子之义，夫妇之别，不如齐、鲁之孝具敬文者，何也？以秦人从情性，安恣睢，慢于礼义故也，岂其性异矣哉！"[①] 就是说，人的本性邪恶是很明显的了，他们那些善良的行为则是人为的。上天并不是偏袒曾参、闵子骞、孝己而抛弃众人，但是唯独曾参、闵子骞、孝己丰富了孝道的实际内容而成全了孝子的名声，为什么呢？因为他们竭力奉行礼义的缘故啊。上天并不是偏袒齐国、鲁国的人民而抛弃秦国人，但是在父子之间的礼义、夫妻之间的分别上，秦国人不及齐国、鲁国的孝顺恭敬、严肃有礼，为什么呢？因为秦国人纵情任性、习惯于恣肆放荡而怠慢礼义的缘故啊，哪里是他们的本性不同呢？在儒家人士看来，秦国人纵性任情，怠慢礼义道德，是由于商鞅变法毁弃了礼义，所以，商鞅是周代礼义文化的罪人。

桓宽在《盐铁论》中记载儒家文学之士对商鞅被秦惠王车裂的幸灾乐祸之言，"文学曰：昔者，商鞅相秦，后礼让，先贪鄙，尚首功，务进取，无德厚于

---

① 荀况：《荀子·性恶》，参看《二十二子》，上海古籍出版社1986年版。

民,而严刑罚于国,俗日坏而民滋怨,故惠王烹菹其身,以谢天下。"① 显然,文学一派是站在儒家价值立场讲话的,所以极力贬低商鞅。而在法家看来,商鞅变法使得秦国成为富强的国家,所以,对秦国的崛起有丰功伟绩。这是由于商鞅奉行与儒家不同的价值观:儒家奉行礼义,其道德说教主张扭曲人的质朴生存理性,反倒给社会造成虚伪之风,削弱国家综合实力;商鞅顺任人性,其法律政策肯定人类追富贵爵禄以及趋利避害的生命意志,所以,使得秦国人民努力耕战,兵强国富,提高了秦国综合国力。这就是秦国人追求富贵爵禄的意向性结构以及趋利避害的价值取向得到国家认可的结果。

其实,古今中外,事理相通,秦国人具有的追求富贵爵禄的意向性结构以及趋利避害的价值取向并非在其他国家人民那里不存在。东周洛阳人苏秦的人生经历也可以说明当时东方人追求富贵爵禄的事实。《战国策·秦策》记载,苏秦游说秦王失败,变成落魄的寒士,回到家里父母妻嫂冷面相待。② 经过头悬梁、锥刺股的苦学,苏秦游说诸侯成功,佩六国相印,声名显赫。苏秦"将说楚王,路过洛阳,父母闻之,清宫除道,张乐设饮,郊迎三十里。妻侧目而视,倾耳而听;嫂蛇行匍匐,四拜自跪而谢。苏秦曰:'嫂,何前倨而后卑也?'嫂曰:'以季子之位尊而多金。'苏秦曰:'嗟乎! 贫穷则父母不子,富贵则亲戚畏惧。人生世上,势位富贵,盍可忽乎哉!'"③ 现实社会人情冷暖、世态炎凉的事实,使苏秦不由自主地发出了"人生世上,势位富贵,盍可忽乎哉!"的感叹。司马迁在《史记·李斯列传》中记载,在李斯的青年时代,有一次他看到在粮仓中活动的老鼠要比在秽陋处活动的老鼠生活质量好得多,由此就感叹人生所处贫贱地位与富贵者的巨大差异,他说"诟莫大于卑贱,而悲莫甚于穷困"。司马迁在《史记·陈胜世家》中还记载,陈胜为"佣耕"之时,曾经对其同伴说"苟富贵,毋相忘"。看来,人们追求富贵爵禄是一个客观事实,问题在于国家对这一客观事实采取什么态度,是重视并运用功利原则,还是空谈道义原则?

历史往往有惊人的相似,就像坚持国家公利原则的秦国攻击讲究仁义道

---

① 桓宽:《盐铁论·国疾》,王利器校注,中华书局1989年版。
② 刘向:《战国策·秦策》,缪文远等译注,中华书局2006年版。
③ 刘向:《战国策·秦策》,缪文远等译注,中华书局2006年版。

德原则的东方诸国一样,在商鞅变法之后 2200 年,坚持功利原则的西方列强对讲究道义原则的儒教国家清王朝发动了鸦片战争。马克思指出:"1800 年,输入中国的鸦片已经达到 2000 箱。在 18 世纪,东印度公司与天朝帝国之间的斗争,具有外国商人与一国海关之间的一切争执都具有的共同点,而从 19 世纪初起,这个斗争就具有了非常突出的独有的特征。中国皇帝为了制止自己臣民的自杀行为,下令同时禁止外国人输入和本国人吸食这种毒品,而东印度公司却迅速地把在印度种植鸦片和向中国私卖鸦片变成自己财政系统的不可分割的部分。半野蛮人坚持道德原则,而文明人却以自私自利的原则与之对抗。一个人口几乎占人类三分之一的大帝国,不顾时势,安于现状,人为地隔绝于世并因此竭力以天朝尽善尽美的幻想自欺。这样一个帝国注定最后要在一场殊死的决斗中被打垮:在这场决斗中,陈腐世界的代表是激于道义,而最现代的社会的代表却是为了获得贱买贵卖的特权——这真是任何诗人想也不敢想的一种奇异的对联式悲歌。"① 不过,这时的西方列强变成了"秦国",而当初的秦国变成了任人宰割的东方"六国"中的一员! 何以如此? 晚清王朝只重视权贵者的利益,空谈仁义道德,忽视国家公利原则,遏制人民对物质利益的合理追求。

人们追求富贵爵禄的意向性结构以及趋利避害的价值取向是一个普遍存在的事实,人情世态就是这样。问题在于人们追求富贵的意向性结构以及趋利避害的价值取向往往被西周传统的仁义道德、礼乐文化遮蔽了,人性当中质朴本真的生命意志被束缚、厄制、压抑,甚至被视为一种罪恶的力量而受到打击。其实,问题的关键在于国家管理者能不能辩证地认识和对待人类追求富贵爵禄的意向性结构以及趋利避害的价值取向。如果对人类追求富贵爵禄的意向性结构以及趋利避害的价值取向加以合理的引导和利用,就可以服务于国家的战略目标。商鞅变法扬弃了西周以降传统的仁义道德、礼乐文化价值观,在新的法治条件下,人们追求富贵爵禄的意向结构以及趋利避害的价值取向得到国家的肯定,于是国家公利价值观得以确立,并且转化为一种改造自然和改造社会的对象化力量:奋力耕战,富国强兵。

---

① 马克思:《鸦片贸易史》,《马克思恩格斯选集》第 1 卷,人民出版社 1995 年版,第 716 页。

## 第二节　秦国责任伦理主体的生命意志

秦国责任伦理主体的第一重本质是生命意志，这是最内在的人类本质，是人的对象化活动的驱动力。奥地利精神分析学家弗洛伊德描述的人格结构有"三我"即本我、自我、超我，其中，本我就是生命意志的力量。德国哲学家叔本华、尼采等人主张意志主义，强调生命意志在宇宙人生中的作用。生命意志不仅包含生存意志，而且包括权力意志。生存意志主要是人类生存与繁衍的自然欲望，权力意志主要是人类自我超越、自我创造、自我发展的自然欲望。生命意志是人的对象化活动的力量源泉。

### 一、秦国责任伦理主体具有追求富贵爵禄的生命意志

秦国责任伦理主体的生命意志就是追求富贵爵禄的意志，即追求经济利益、政治地位，具体表现为对商品使用价值、交换价值、审美价值的追求。对职权、爵位、荣誉或体面价值的追求。法家学派认为，追求富贵爵禄这是人类生命意志的本质。韩非指出："人莫不欲富贵长寿"。[①]"利之所在民归之，名之所彰士死之"。[②]"意民之情，其所欲者，田宅也"。[③] 商鞅认为，富贵爵禄的具体内容，最重要的就是获得土地、田宅等生产、生活资料，可见，在古代土地、田宅作为"恒产"，或不动产，在当时人们欲望结构中占据重要的位置。所以，在追求富贵爵禄的生命意志中，作为主体方面是人的本能欲望、感情寄托与心理需要；作为客体方面，是外部世界能够满足本能欲望、感情寄托与心理需要的劳动对象，有了土地、田宅就可以得到包括美服、厚味、姣色、丰屋等具有使用价值的对象，以及在社会交往关系中取得的具有交换价值的对象。其实，正是秦人的物质生活、精神生活过程以及与之相伴随的生产关系、交换关系创造出追求富贵爵禄的生命意志结构。

商鞅认为，人类的活动，无论在君主一方还是在臣民一方，追求富贵爵禄，

---

① 韩非：《韩非子·解老》，参看《二十二子》，上海古籍出版社 1986 年版。
② 韩非：《韩非子·外储说左上》，参看《二十二子》，上海古籍出版社 1986 年版。
③ 商鞅：《商君书·徕民》，中华书局 2009 年版。

获取经济利益、政治利益是人类行动的内在驱动力。这种驱动力甚至往往冲破现有礼义道德规范与国家法律命令的界限。商鞅说:"民之性,饥而求食,劳而求佚,苦则索乐,辱则求荣,此民之情也。民之求利,失礼之法;求名,失性之常。奚以论其然也? 今夫盗贼上犯君上之所禁,而下失臣子之礼,故名辱而身危,犹不止者,利也。其上世之士,衣不暖肤,食不满肠,苦其志意,劳其四肢,伤其五脏,而益裕广耳,非性之常,而为之者,名也。故曰名利之所凑,则民道之。主操名利之柄,而能致功名者,数也。圣人审权以操柄,审数以使民。数者,臣主之术,而国之要也。故万乘失数而不危,臣主失术而不乱者,未之有也。"① 意思是,人民的常情,饿了就要求吃饭,疲劳就要求休息,痛苦就要求快乐,耻辱就要求光荣,这就是人民的常情。人民为了追求利益,却抛弃了礼法;为了追求名誉,却违背了常情。从哪里论定他们是这样? 例如盗贼上而触犯国君的法律,下而失去臣民的礼义,名声是可耻的,生命是危险的,然而盗贼还不肯罢手,就是为了追求利益。古代有些士人,衣服不能暖皮肤,食物不能满肠胃,内心忍受着艰苦,四肢经常疲劳,五脏不免病伤,然而他们却能胸怀广阔,这不是人之常情,可是他们竟这样做,就是为了求名誉。所以说:名誉、利益在那里,人民就往那里去。国君掌握着名誉、利益的权柄,能够获致自己的功名,这是政治上的定律。圣人考察职权,来掌握政权;考察定律,来役使人民。定律就是君臣的方法准则,国事的纲要。有一万辆兵车的国家如果失去定律而不危险,君和臣如果失去方法而不纷乱,那是没有的事情!

管仲认为,人类的活动,无论是商人还是渔民,追求富贵爵禄,获取经济利益、政治利益是其行动的基本驱动力。管仲说:"夫凡人之情,见利莫能勿就,见害莫能勿避。其商人通贾,倍道兼行,夜以续日,千里而不远者,利在前也。渔人之入海,海深万仞,就波逆流,乘危百里,宿夜不出者,利在水也。故利之所在,虽千仞之山,无所不上;深源之下,无所不入焉;故善者势利之在,而民自美安,不推而往,不引而来,不烦不扰,而民自富。如鸟之覆卵,无形无声,而唯见其成"。② 就是说,大凡人的常情,看见利益没有不追求的,看见祸害没有不避开的。商人做生意,加速不息地赶路,夜以继日,千里迢迢却不以为远,是因

---

① 商鞅:《商君书·算地》,中华书局 2009 年版。
② 谢浩范、朱迎平:《管子全译·禁藏》,贵州人民出版社 1996 年版。

为利益在前;渔人下海,海深万仞,劈风破浪,逆水而进,冒险航行到百里之外的深海,昼夜漂泊在波浪之中,是因为利益在海水之中。所以,利益所在的地方,即使是千仞高山之上,没有不能上去的;即使是万丈深渊之下,没有不能下去的。所以,只要善于对政治权力和经济利益作出制度安排,百姓就自然安居乐业,不必强迫就会前往,不必引导就会来到,不烦不扰,百姓自然就富裕起来。就像鸟儿孵卵,无声无息,小鸟已经破壳而出了!

　　韩非认为,人类的感情甚至亲情、爱情方面,也与人们追求富贵爵禄,获取经济利益、政治利益存在密切关系,更不用说没有这种感情的人与人之间的关系了。韩非说:"今学者之说人主也,皆去求利之心,出相爱之道,是求人主之过父母之亲也,此不熟于论恩,诈而诬也,故明主不受也。圣人之治也,审于法禁,法禁明著,则官治;必于赏罚,赏罚不阿,则民用。民用官治则国富,国富则兵强,而霸王之业成矣。霸王者,人主之大利也。人主挟大利以听治,故其任官者当能,其赏罚无私。使士民明焉,尽力致死,则功伐可立而爵禄可致,爵禄致而富贵之业成矣。富贵者,人臣之大利也。人臣挟大利以从事,故其行危至死,其力尽而不望。此谓君不仁,臣不忠,则可以霸王矣。"① 意思是,现在学者游说君主,都要君主抛弃求利的打算,而采用相爱的原则,这是要求君主有超过父母对于子女的亲情,这就属于分不清恩泽和欺诈问题的谎言了,所以明君是不接受的。圣人治理国家,一是能详细地考察法律禁令,法律禁令彰明了,官府事务就会得到妥善治理;二是能坚决地实行赏罚,赏罚不出偏差,民众就会听从使唤。民众听从使唤,官府事务得到妥善处理,国家就富强;国家富强,兵力就强盛。结果,统一天下的大业也就随之完成了。统一天下,是君主最大的利益。君主怀着统一天下的目的来治理国家,所以他根据能力任用官员,实行赏罚没有私心。要让士人和民众明白,为国家尽力拼死,功劳就可建立,爵禄就可获得;获得爵禄,富贵的事业就完成了。富贵是臣子最大的利益。臣子怀着取得富贵的目的来办事,所以他们会冒着生命危险努力从事,竭尽全力,死而无怨。这叫做君主不讲仁爱,臣下不讲忠心,就可以因此成就霸王之业了。看来,人类要生存和繁衍,要自我创造和发展就不能没有生命意志,秦国人把生命意志集中在追求富贵爵禄上面,这是人类生命意志在特定时代展

---

　　① 　韩非:《韩非子·六反》,参看《二十二子》,上海古籍出版社 1986 年版。

现出来的深层本质。

### 二、秦国责任伦理主体的生命意志还具有趋利避害的意向性

人在追求富贵爵禄的过程中，会遇到利害、安危的不确定性风险。凡是具有理性思维的人，就能够分辨利害、安危，形成趋利避害、好安恶危的本能性或者理智性选择。从一般情况来看，人类生命意志趋利避害、好安恶危的选择是完全相同的。

司马迁《史记·孟尝君传》中有一个关于人类生命意志中趋利避害的著名例子："自齐王毁废孟尝君，诸客皆去，后召而复之，冯欢迎之，未到，孟尝君太息叹曰：'文常好客，遇客无所敢失，食客三千有余人，先生所知也。客见文一日废，皆背文而去，莫顾文者；今赖先生得复其位，客亦有何面目复见文乎？如复见文者，必唾其面而大辱之。'冯欢结辔下拜，孟尝君下车接之曰：'先生为客谢乎？'冯欢曰：'非为客谢也，为君之言失。夫物有必至，事有固然，君知之乎？'孟尝君曰：'愚不知所谓也。'曰：'生者必有死，物之必至也；富贵多士，贫贱寡友，事之固然也。君独不见夫朝趋市者乎？平明侧肩争门而入，日暮之后，过市朝者，掉臂而不顾，非好朝而恶暮，所期物亡其中。今君失位，宾客皆去，不足以怨士，而徒绝宾客之路，愿君遇客如故。'孟尝君再拜曰：'敬从命矣。闻先生之言，敢不奉教焉！'"[①] 意思是，自从齐王因受毁谤之言的蛊惑而罢免了孟尝君，那些宾客们都离开了他。后来齐王召回并恢复了孟尝君的官位，冯欢去迎接他。还没到的时候，孟尝君深深感叹说："我田文素常喜好宾客，乐于养士，接待宾客从不敢有任何失礼之处，有食客三千多人，这是先生您所了解的。宾客们看到我一旦被罢官，都背离我而去，没有一个顾念我的。如今靠着先生得以恢复我的官位，那些离去的宾客还有什么脸面再见我呢？如果有再见我的，我一定唾他的脸，狠狠地羞辱他。"听了这番话后，冯欢收住缰绳，下车而行拜礼。孟尝君也立即下车还礼，说："先生是替那些宾客道歉吗？"冯欢说："并不是替宾客道歉，是因为您的话说错了。万物都有其必然的终结，世事都有其常规常理，您明白这句话的意思吗？"孟尝君说："我不明白说的是什么意思。"冯欢说："人活着一定有死亡的时候，这是人生的必然归

---

① 司马迁：《史记·孟尝君传》，上海古籍出版社 2005 年版。

宿；富贵的人宾客多，贫贱的人朋友少，事情本来就是如此。您难道没看到人们奔向市集吗？天刚亮，人们向市集里拥挤，侧着肩膀争夺入口；日落之后，经过市集的人甩着手臂连头也不回。不是人们喜欢早晨而厌恶傍晚，而是由于所期望得到的东西市集中已经没有了。从前您失去了官位，宾客都离去，不能因此怨恨宾客而平白截断他们今天奔向您的通路。希望您对待宾客像过去一样。"孟尝君连续两次下拜说："我恭敬地听从您的指教了。听先生的话，敢不恭敬地接受教导吗？"可见，人的生命意志具有趋利避害、好安恶危的必然性，这是认识人类在面对物质利益时进行行为选择的一个基本法则。

　　法家学派对人类趋利避害的生命意志有深刻认识。商鞅认为："夫人情好爵禄而恶刑罚，人君设二者以御民之志，而立所欲焉。"① 韩非也一再论证"人情者，有好恶"，②"好利恶害，夫人之所有也"，③"民者，好利禄而恶刑罚"。④ 荀子明确指出："凡人有所一同：饥而欲食，寒而欲暖，劳而欲息，好利而恶害，是人之所生而有也，是无待而然者也，是禹、桀之所同。目辨白黑美恶，耳辨音声清浊，口辨酸咸甘苦，鼻辨芬芳腥臊。骨体肤理辨寒暑疾养，是又人之所常生而有也，是无待而然者也，是禹、桀之所同也。可以为尧、禹，可以为桀、跖，可以为工、匠，可以为农、贾，在势注错习俗之所积耳。是又人之所生而有也，是无待而然者也，是禹、桀之所同也。为尧、禹则常安荣，为桀、跖则常危辱；为尧、禹则常愉佚，为工、匠、农、贾则常烦劳。然而人力为此而寡为彼，何也？曰：陋也"。⑤ 意思是，大凡人都有相同的地方：饿了就想吃，冷了就想暖和些，累了就想休息，喜欢得利而厌恶受害，这是人生来就有的本性，它是无需依靠什么就会这样的，它是禹、桀所相同的；眼睛能辨别白黑美丑，耳朵能辨别音声清浊，口舌能辨别酸咸甜苦，鼻子能辨别芳香腥臭，身体皮肤能辨别冷热痛痒，这又是人生下来就有的资质，它是不必依靠什么就会这样的，它是禹、桀所相同的。人们可以凭借这些本性和资质去做尧、禹那样的贤君，可以凭借它去做桀、跖那样的坏人，可以凭借它去做工人、匠人，可以凭借它去做农夫、

① 商鞅：《商君书·错法》，中华书局 2009 年版。
② 韩非：《韩非子·八经》，参看《二十二子》，上海古籍出版社 1986 年版。
③ 韩非：《韩非子·难二》，参看《二十二子》，上海古籍出版社 1986 年版。
④ 韩非：《韩非子·制分》，参看《二十二子》，上海古籍出版社 1986 年版。
⑤ 荀况：《荀子·荣辱》，参看《二十二子》，上海古籍出版社 1986 年版。

商人,这都在于各人对它的措置以及习俗的积累罢了。做尧、禹那样的人,常常安全而光荣,做桀、跖那样的人,常常危险而耻辱;做尧、禹那样的人常常愉悦而安逸,做工人、匠人、农夫、商人常常麻烦而劳累。然而人们尽力做这种危辱烦劳的事而很少去做那种光荣悦逸的事,为什么呢?这是由于浅陋无知。

管子也认为,"民,利之则来,害之则去;民之从利也。如水之走下,于四方无择也。故欲来民者,先起其利,虽不召而民自至;设其所恶,虽召之而民不来也。故曰:'召远者使无为焉。'茹民如父母,则民亲爱之。道之纯厚,遇之有实。虽不言曰吾亲民,而民亲矣。茹民如仇雠,则民疏之;道之不厚,遇之无实,诈伪并起,虽言曰吾亲民,民不亲也;故曰:'亲近者言无事焉。'"① 意思是,对于百姓,给予好处他们就归附,损害利益他们就背离。百姓追逐利益,就像水流向低处,四面八方无所选择。因而要使百姓归附,就要先给予好处,这样,即使不去招徕,百姓也自动会来;假如他们讨厌,即使多方招徕,百姓也不会归附。因此说"招徕远方百姓,使者没有用处"。治理百姓像父母待儿女,百姓就亲近君主,待百姓厚道、实在,即使不说我亲近百姓,百姓也自然会亲近君主。治理百姓如待仇敌,百姓就疏远君主,待百姓不厚道、不实在,欺诈虚伪就会一起发生,即使说我亲近百姓,百姓也自然疏远君主。因此说,亲近身边百姓,言语没有作用。趋利避害是人类生存理性的必然价值取向,把握了这一价值取向就是把握了人类生活中的物质利益原则。管理者如果自觉运用这一原则,就能把天下人心凝聚起来。

可见,作为责任伦理主体的生命意志,追求富贵爵禄与趋利避害的意向性结构,即"人之情",是实然性的事实判断,不是偶然性、可能性的模态判断。这是因为,人类生命的生存与繁衍首先要解决食物、衣服、住房、配偶等生存的基本条件问题,所以,人类追求食物、衣服、住房、配偶等基本生活条件,以及职权、爵位、名誉、尊严价值就成为人类生命意志意向性结构的基本事实。同时,责任伦理主体的生命意志面对的世界是一个充满灾害、危险、死亡威胁的风险世界,所以,人类的意识自然具有趋利避害、就安避危的意向性,这也是人类生命意志的基本结构。

---

① 谢浩范、朱迎平:《管子全译·形势解》,贵州人民出版社1996年版。

### 三、秦国责任伦理主体生命意志的实现途径

伦理主体生命意志的实现有两种途径：第一种途径是价值理性的道义途径。这是通过教化改变追求富贵爵禄和趋利避害的意向性结构来实现其仁义道德价值，即荀况所谓"化性起伪"的价值理性的道义途径。第二种途径是工具理性的功利途径。按照生命意志追求富贵爵禄和趋利避害的意向性结构实现其功利价值，即"缘道理、因人情"的工具理性的功利途径。

荀子主张第一种途径，认为通过仁义道德教化改变追求富贵爵禄和趋利避害的意向性结构的生命意志，实现其道义价值；通过"化性起伪"的礼义实践功夫，达到伦理道德的至善境界。荀况用仁义道德标准评价人们追求富贵爵禄和趋利避害的意向性结构，他对"人之情"的评价并不好，荀况认为："人之性恶，其善者伪也。今人之性，生而有好利焉，顺是，故争夺生而辞让亡焉；生而有疾恶焉，顺是，故残贼生而忠信亡焉；生而有耳目之欲，有好声色焉，顺是，故淫乱生而礼义文理亡焉。然则从人之性，顺人之情，必出于争夺，合于犯分乱理，而归于暴。故必将有师法之化，礼义之道，然后出于辞让，合于文理，而归于治。用此观之，人之性恶明矣，其善者伪也"。并且引用尧问于舜的话说："曰'人情何如？'舜对曰：'人情甚不美，又何问焉！妻子具而孝衰于亲，嗜欲得而信衰于友，爵禄盈而忠衰于君。人之情乎！人之情乎！甚不美，又何问焉！唯贤者为不然'。"① 意思是，人的本性是邪恶的，他们那些善良的行为是人为的。人的本性，一生下来就有喜欢财富之心，依顺这种人性，所以争抢掠夺就产生而推辞谦让就消失了；一生下来就有妒忌憎恨的心理，依顺这种人性，所以残杀陷害就产生而忠诚守信就消失了；一生下来就有耳朵、眼睛的贪欲，有喜欢音乐、美色的本能，依顺这种人性，所以淫荡混乱就产生而礼义法度就消失了。这样看来，放纵人的本性，依顺人的情欲，就一定会出现争抢掠夺，一定会和违犯等级名分、扰乱礼义法度的行为合流，而最终趋向于暴乱。所以一定要有师长和法度的教化，礼义的引导，然后人们才会从推辞谦让出发，遵守礼法，而最终趋向于安定太平。由此看来，人的本性是邪恶的就很明显了，他们那些善良的行为则是人为的。上古的时候，尧问舜"人之常情怎么样？"舜回答说："人之常情很不好，又何必问呢？有了妻子儿女，对父母的孝敬就

---

① 荀况：《荀子·性恶》，参看《二十二子》，上海古籍出版社 1986 年版。

减弱了;嗜好欲望满足了,对朋友的守信就减弱了;爵位俸禄满意了,对君主的忠诚就减弱了。人之常情啊!人之常情啊!很不好,又何必问呢?只有贤德的人不是这样。"

荀况主张通过礼义教化,通过圣人楷模垂范,使人改变好利、疾恶、好声、好色的诸多先天的恶劣人性,不断积累仁义道德,人为地培养人的美好善性。荀况指出:"凡人之性者,尧舜之与桀跖,其性一也;君子之与小人,其性一也。今将以礼义积伪为人之性邪?然则有曷贵尧禹,曷贵君子矣哉!凡贵尧禹君子者,能化性,能起伪,伪起而生礼义。然则圣人之于礼义积伪也,亦犹陶埏而生之也。用此观之,然则礼义积伪者,岂人之性也哉!所贱于桀跖小人者,从其性,顺其情,安恣孳,以出乎贪利争夺。故人之性恶明矣,其善者伪也。"①意思是,凡是人的本性,圣明的尧、舜和残暴的桀、跖,他们的本性是一样的;有道德的君子和无行的小人,他们的本性是一样的。如果要把积累人为因素而制定成礼义当作是人的本性吧,那么又为什么要推崇尧、禹,为什么要推崇君子呢?一般说来,人们所以要推崇尧、禹,推崇君子,是因为他们能改变自己的本性,能作出人为的努力,人为的努力作出后就产生了礼义;既然这样,圣人对于积累人为因素而制定成礼义,也就像陶器工人搅拌揉打黏土而生产出器皿一样。由此看来,积累人为因素而制定成礼义,哪里是人的本性呢?人们所以要鄙视桀、跖,鄙视小人,是因为他们放纵自己的本性,顺从自己的情欲,习惯于恣肆放荡,以致做出贪图财利、争抢掠夺的暴行来。所以人的本性邪恶是很明显的了,他们那些善良的行为则是人为的。所以,追求富贵爵禄和趋利避害这是人生命意志原有的意向性结构,这是"人之情";通过教育,让人们遵守礼义忠信的伦理规范,通过楷模,让人们向圣人的榜样学习,就可以"化性起伪",达到至善境界。

荀况还把秦国人与齐国人、鲁国人作了比较。认为秦国人与齐国人、鲁国人在本性上并没有区别,区别在于齐、鲁人重视礼义教化,能够"化性起伪";秦国人轻视礼义教化,完全纵情任性,恣肆放荡,没有"化性起伪"。所以,荀子说:"天非私齐、鲁之民而外秦人也,然而于父子之义,夫妇之别,不如齐、鲁

---

① 荀况:《荀子·性恶》,参看《二十二子》,上海古籍出版社1986年版。

之孝具敬文者，何也？以秦人之从情性，安恣睢，慢于礼义故也，岂其性异矣哉！"① 意思是，上天并不是偏袒齐国、鲁国的人民而抛弃秦国人，但是在父子之间的礼义、夫妻之间的分别上，秦国人不及齐国、鲁国的孝顺恭敬、严肃有礼，为什么呢？因为秦国人纵情任性，习惯于恣肆放荡而怠慢礼义道德的缘故啊，哪里是他们的本性不同呢？荀况还强调："材性知能，君子小人一也；好荣恶辱，好利恶害，是君子小人之所同也；若其所以求之之道则异矣。小人也者，疾为诞而欲人之信己也，疾为诈而欲人之亲己也，禽兽之行而欲人之善己也。虑之难知也，行之难安也，持之难立也，成则必不得其所好，必遇其所恶焉。故君子者，信矣，而亦欲人之信己也；忠矣，而亦欲人之亲己也；修正治辨矣，而亦欲人之善己也；虑之易知也，行之易安也，持之易立也，成则必得其所好，必不遇其所恶焉；是故穷则不隐，通则大明，身死而名弥白"。② 意思是，资质、本性、智慧、才能，君子、小人是一样的。喜欢光荣而厌恶耻辱，爱好利益而憎恶祸害，这是君子、小人所相同的，至于他们用来求取光荣、利益的途径就不同了。小人嘛，肆意妄言却还要别人相信自己，竭力欺诈却还要别人亲近自己，禽兽一般的行为却还要别人赞美自己。他们考虑问题难以明智，做起事来难以稳妥，坚持的一套难以成立，结果就一定不能得到他们所喜欢的光荣和利益，而必然会遭受他们所厌恶的耻辱和祸害。至于君子嘛，对别人说真话，也希望别人相信自己；对别人忠诚，也希望别人亲近自己；善良正直且处理事务合宜，也希望别人赞美自己。他们考虑问题容易明智，做起事来容易稳妥，坚持的主张容易成立，结果就一定能得到他们所喜欢的光荣和利益，一定不会遭受他们所厌恶的耻辱和祸害；所以他们穷困时名声也不会被埋没，而通达时名声就会十分显赫，死了以后名声会更加辉煌。荀况主张通过"化性起伪"，让人们具有礼义道德的判断，自觉遵守礼义道德的规范，从而达到至善境界。荀况主张的途径是建立在人的道德理性判断基础上的，这种道德理性判断是一种应然判断，是人超越生命意志的至善理想境界。

商鞅、韩非主张第二种途径，按照追求富贵爵禄和趋利避害的意向性结构实现人类的功利价值，即"缘道理、因人情"的工具理性的功利途径。具体来

---

① 荀况：《荀子·性恶》，参看《二十二子》，上海古籍出版社 1986 年版。
② 荀况：《荀子·荣辱》，参看《二十二子》，上海古籍出版社 1986 年版。

说就是顺应人的生命意志,通过国家奖励耕战,鼓励人们追求富贵爵禄;在追求富贵爵禄的过程中,当人们由于贪婪、恐惧心理而产生趋利避害、趋安恶危的意向时,这时候的国家统治者就可以利用刑德"二柄",即刑罚、奖赏两种法治方法来进行控制和激励,从而实现国家富强,个人富贵。

著名政治家、军事家、法家学派的先驱姜尚很早就认识到"缘道理、因人情"的原理,提出君主利用人类追求富贵爵禄和趋利避害的生存意志来现实"赏信罚必"的原理。他在《六韬·文韬·文师》中指出:"夫鱼食其饵,乃牵于缗;人食其禄,乃服于君。故以饵取鱼,鱼可杀;以禄取人,人可竭;以家取国,国可拔;以国取天下,天下可毕。"① 意思是,鱼要贪吃香饵,就会被牵于钓丝;人要食君俸禄,就会服务于君主。所以用香饵钓鱼,鱼可供烹食;以爵禄取人,人可竭尽其力;以家为基础而取国,国可为你获得;以国为基础而取天下,天下全可征服。姜尚认为治理国家的关键在于赏赐不加于无功,刑罚不施于无罪,只有"赏信罚必"的法治才能治理好国家。所以,法家学派否定通过第一种途径,即通过礼义道德教化改变人类生命意志的道义途径。认为通过礼义道德教化使人达到道德自觉,只是一种可能性、偶然性、应然性,一种主观愿望而已。商鞅、韩非肯定第二种途径,即通过追求富贵爵禄和趋利避害实现人的生命价值。认为这种认识才是对客观事实的实然性判断,才是客观存在的天下必然之理。

商鞅指出:"圣人知必然之理,必为之时势;故为必治之政,战必勇之民,行必听之令。是以兵出而无敌,令行而天下服从。黄鹄之飞,一举千里,有必飞之备也。麒麟騄駬,日行千里,有必走之势也。虎豹熊罴,鸷而无敌,有必胜之理也。圣人见本然之政,知必然之理,故其制民也,如以高下制水,如以燥湿制火。故曰:仁者能仁于人,而不能使人仁;义者能爱于人,而不能使人爱。是以知仁义之不足以治天下也。圣人有必信之性,又有使天下不得不信之法。所谓义者,为人臣忠,为人子孝,少长有礼,男女有别;非其义也,饿不苟食,死不苟生。此乃有法之常也。圣王者,不贵义而贵法。法必明,令必行,则已矣。"② 意思是,圣人知道事物必然的道理和自己必须怎样作的时势。所以治

---

① 姜尚:《六韬·文韬·文师》,曹胜高、安娜译注,中华书局 2007 年版。
② 商鞅:《商君书·画策》,中华书局 2009 年版。

国,制定出必然成功的政策;作战,使用必然勇敢的人民;推行人民必然听从的命令。因而军队出征,天下无敌。政令贯彻,人人服从。黄鹄的飞翔,一飞就是千里,因为它具有必然能飞这么远的翅膀。麒麟騄駬的奔跑,一天能跑千里,因为它具有必然能跑这么远的足力。虎豹熊罴所向无敌,因为它具有必然战胜别种野兽的条件。圣人见到时代的需要,知道事物必然的道理,所以他统治人民如同利用地势的高低来控制水一样,又如同利用物性的干湿来控制火一样。有人说:"仁人能够对人慈良,而不能使人慈良。义士能够爱人,而不能使人相爱"。由此可知,仁义道德是不足以治天下的。圣人自己有忠诚的品德,又有使一切人不得不忠诚的方法。所谓仁义,是做人的臣下能够忠;做人的儿子能够孝;对待年少年长的人有礼貌;对待男女关系有分界;如果不合于仁义,虽然挨饿,也不苟且吃饭,虽然死去,也不苟且偷生。其实这些都是国家有法度的经常现象。因此,圣王不重视仁义,而重视法度,法度必须明确,政令必须实行,这样就够了。商鞅指出:"圣王者,不贵义而贵法",相信人类生命意志有追求富贵爵禄、趋利避害的必然之理,崇尚壹刑、壹赏、壹教的必治之政,不相信西周传统中通过"有孝有德"的仁义道德自觉践行而达到至善理想的道义途径。

韩非也赞同商鞅的观点,认为治理国家依赖人性中的仁义道德至善理想的道义原则是危险的,只有建立在追求富贵爵禄和趋利避害基础上的使人不得不为我所支配的功利原则才是君国的安宁之道:"圣人之治国也,固有使人不得不爱我之道,而不恃人之以爱为我也。恃人之以爱为我者危矣。恃吾不可不为者安矣。"[1] 韩非认为,因人情、用法治是君主实现国家富国强兵的具有现实性和必然性、客观性和实然性的重要途径,是责任伦理主体承担自我责任、家庭责任、国家责任的根据。"凡治天下,必因人情。人情者,有好恶,故赏罚可用;赏罚可用则禁令可立而治道具矣。君执柄以处势,故令行禁止。柄者,杀生之制也;势者,胜众之资也。废置无度则权渎,赏罚下共则威分。是以明主不怀爱而听,不留说而计。故听言不参则权分乎奸,智力不用则君穷乎臣。故明主之行制也天,其用人也鬼。天则不非,鬼则不困。势行教严逆而不违,毁誉一行而不议。故赏贤罚暴,举善之至者也;赏暴罚贤,举恶之至者也;

---

① 韩非:《韩非子·奸劫弑臣》,参看《二十二子》,上海古籍出版社 1986 年版。

是谓赏同罚异。赏莫如厚，使民利之；誉莫如美，使民荣之；诛莫如重，使民畏之；毁莫如恶，使民耻之。然后一行其法，禁诛于私。家不害功罪，赏罚必知之，知之道尽矣。"① 意思是，凡要治理天下，必须依据人的感情。人之感情，有喜好和厌恶两种倾向，因而赏和罚可据以使用；赏和罚可据以使用，法令就可据以建立起来，治国之道也就进而完备了。君主掌握赏罚二柄并据有势位，所以能够令行禁止。赏罚是决定生杀的制度，势位是制服众人的根据。如果废置无度，权势就会被亵渎；赏罚的威力就会分散。因此，圣明的君主执行制度不带偏爱，谋划事情不抱成见。所以对臣下的建议不验证，权力就被奸臣分割；不善于使用政治智慧，君主就会被臣僚置于困境。所以圣明的君主行使权力时像天一样光明正大，任用臣下时像鬼一样奥秘莫测。光明正大，就不会遭到非议；奥秘莫测，就不会陷入困境。君主运用权势，管教严厉，臣民即使有抵触情绪，也不敢违背；执行毁誉褒贬的标准始终如一，臣下就没有妄自非议的余地。所以赏贤罚暴，是鼓励人们做好事的终极方法；赏暴罚贤，是鼓励人们干坏事的终极方法。这就叫做奖赏和君主政策一致的，惩罚和君主政策违背的。奖赏莫如丰厚，使人获利；赞扬莫如美誉，使人荣耀；惩罚莫如严厉，使人害怕；贬斥莫如丑化，使人羞耻。然后坚决实行法治，禁止私行刑罚，防止人们破坏赏罚制度。赏罚制度人人皆知，治国之道就完备了。这种确信"不得不爱"、"不可不为"的理性思维方法，表现出商鞅、韩非的政治哲学排斥偶然性和可能性，排斥主观性和应然性，追求现实性和必然性，追求客观性和实然性的理论特色。

韩非认为，一个国家只有因人情、用法治才能富强，如果只空谈仁义道德，就会使国家贫弱不振。他说："故行仁义者非所誉，誉之则害功；文学者非所用，用之则乱法。楚之有直躬，其父窃羊而谒之吏，令尹曰：'杀之，'以为直于君而曲于父，报而罪之。以是观之，夫君之直臣，父之暴子也。鲁人从君战，三战三北，仲尼问其故，对曰：'吾有老父，身死莫之养也。'仲尼以为孝，举而上之。以是观之，夫父之孝子，君之背臣也。故令尹诛而楚奸不上闻，仲尼赏而鲁民易降北。上下之利若是其异也，而人主兼也，举匹夫之行，而求致社稷之

---

① 韩非：《韩非子·八经》，参看《二十二子》，上海古籍出版社 1986 年版。

福,必不几矣。"① 意思是,犯法的本该判罪,而那些儒生却靠着文章学说得到任用;犯禁的本该处罚,而那些游侠却靠着充当刺客得到豢养。所以,法令反对的人,成了君主重用的;官吏处罚的人,成了权贵豢养的。法令反对和君主重用,官吏处罚和权贵豢养,四者互相矛盾,而没有确立一定标准,即使有十个黄帝,也不能治好天下。所以,对于宣扬仁义道德的人不应当加以称赞,如果称赞了,就会妨害功业;对于从事文章学术的人不应当加以任用,如果任用了,就会破坏法治。楚国有个叫直躬的人,他的父亲偷了人家的羊,他便到令尹那儿揭发,令尹说:"杀掉直躬",认为他对君主虽算正直而对父亲却属不孝,结果判了他死罪。由此看来,君主的忠臣倒成了父亲的逆子。鲁国有个人跟随君主去打仗,屡战屡逃;孔子向他询问原因,他说:"我家中有年老的父亲,我死后就没人养活父亲了"。孔子认为这是孝子,便推举他做了官。由此看来,父亲的孝子恰恰是君主的叛臣。所以令尹杀了直躬,楚国的坏人坏事就没有人再向上告发了;孔子奖赏逃兵,鲁国人作战就要轻易地投降逃跑。君臣之间的利害得失是如此不同,而君主却既赞成谋求私利的行为,又想求得国家的繁荣富强,这是肯定没指望的。显然,用儒家的孝悌仁义,国家就无法惩罚犯罪,就无法战胜敌人,这样的国家是非常危险的。只有缘道理、因人情、奖励耕战、赏罚分明,才是国家社稷之福!

所以,韩非子认为,有利于国家社稷的是掌握法术,实行赏罚的人,而不是那些固执仁义道德的人。他说"伊尹得之,汤以王;管仲得之,齐以霸;商君得之,秦以强。此三人者,皆明于霸王之术,察于治强之数,而不以牵于世俗之言;适当世明主之意,则有直任布衣之士,立为卿相之处;处位治国,则有尊主广地之实:此之谓足贵之臣。汤得伊尹,以百里之地立为天子;桓公得管仲,立为五霸主,九合诸侯,一匡天下;孝公得商君,地以广,兵以强。故有忠臣者,外无敌国之患,内无乱臣之忧,长安于天下,而名垂后世,所谓忠臣也。若夫豫让为智伯臣也,上不能说人主使之明法术、度数之理,以避祸难之患,下不能领御其众,以安其国;及襄子之杀智伯也,豫让乃自黔劓,败其形容,以为智伯报襄子之仇;是虽有残刑杀身以为人主之名,而实无益于智伯若秋毫之末。此吾之所下也,而世主以为忠而高之。古有伯夷、叔齐者,武王让以天下而弗受,二人

---

① 韩非:《韩非子·五蠹》,参看《二十二子》,上海古籍出版社1986年版。

饿死首阳之陵;若此臣者,不畏重诛,不利重赏,不可以罚禁也,不可以赏使也。此之谓无益之臣也,吾所少而去也,而世主之所多而求也。"① 意思是,伊尹掌握了法术,实行赏罚,商汤因此称王;管仲掌握了法术,实行赏罚,齐桓公因此称霸;商鞅掌握了法术,实行赏罚,秦国因此强大。这三个人,都精通成就霸王之业的法术,熟悉富国强兵的方法,而不拘泥于世俗的说教;他们符合当代君主的心意,就会由布衣之士直接得到任用;他们处在卿相的位置上治理国家,就能收到使君主尊显、领土扩大的实绩:这种人才称得上值得尊敬的大臣。商汤得到伊尹,凭借百里之地成为天子;齐桓公得到管仲,成为五霸之首,九合诸侯,一匡天下;秦孝公得到商鞅,领土因而扩大,兵力因而强盛。所以有了忠臣,君主对外没有邻国入侵的忧患,对内没有奸臣作乱的担忧,天下长治久安,名声流芳后世,这就是所说的真有了忠臣。至于豫让作为智伯的臣子,上不能劝说使智伯懂得法术制度的道理,躲避灾难祸患;下不能率领部下让国家安定。等到赵襄子杀了智伯,豫让才自己涂黑皮肤,割去鼻子,毁坏面容,以图替智伯向赵襄子报仇。这虽有毁身冒死忠于君主的名声,实际上却对智伯没有丝毫的用处。这是我所贬低的,但当世的君主却误认为他忠诚而加以尊敬。古代曾有伯夷、叔齐两个人,周武王把天下让给他们,他们却不接受,最后饿死在首阳山上。像这样的臣子,不畏重刑,不图重赏,不可以罚禁,不可以赏使,这就叫做无用的臣子。这是我所鄙视厌弃的人,却是当代君主所称赞访求的人。

但是,商鞅、韩非并不是一味地鼓动人们按照追求富贵爵禄和趋利避害的意向性结构来行事,并不是一味地煽动人们按照自私的情欲恣意妄为,而是主张在缘道理、因人情、用法治的基础上,通过国家公利价值造福于天下百姓。商鞅提出"德生于力"的观点,认为国家实力强大了,就可以造福百姓,恩德施于天下:"圣君知物之要,故其治民有至要。故执赏罚以壹辅仁者,心之续也。圣君之治人也,必得其心,故能用力。力生强,强生威,威生德,德生于力。圣君独有之,故能述仁义于天下"。② 意思是,圣明的国君知道事物的纲领,所以他治理人民,也有最高的纲领。他掌握着赏赐和刑罚,只用一个方针来辅助他

---

① 韩非:《韩非子·奸劫弑臣》,参看《二十二子》,上海古籍出版社 1986 年版。
② 商鞅:《商君书·靳令》,中华书局 2009 年版。

的仁爱,这正是他存心的宽宏。圣明的国君治理人民,能够使人民心悦诚服,所以能够使用人民的力量。实力产生了强大,强大产生了威力,威力产生了恩德。可见恩德是实力的产物。只有圣明的国君才能掌握这一点,因而能够成就"仁义"于天下。商鞅提出了实力与恩德交互生成的辩证法:用刑赏,国家才有实力,有实力就会强大,强大就会有威力,有威力就会对老百姓有恩德,反过来对老百姓有恩德国家就越有实力,这才是君主真正的仁义。

韩非也和商鞅一样,崇尚实力与恩德交互生成的辩证法。因为,在社会现实中,利害为邻、福祸相依,一味地鼓动人们按照追求富贵爵禄和趋利避害的意向性结构来行事,一味地煽动人们按照自私自利的情欲恣意妄为并不能保证人们生活的真正幸福。社会现实的辩证法就是如此。韩非在解释《道德经》的时候,对这一社会现实辩证法作了概括描绘:"人有欲则计会乱,计会乱而有欲甚,有欲甚则邪心生,邪心胜则事经绝,事经绝则祸难生。由是观之,祸难生于邪心,邪心诱于可欲。可欲之类,进则教良民为奸,退则令善人有祸。……故曰:'祸莫大于可欲'"。[1] 人们追求富贵的意向性结构就是"可欲",它往往会产生计乱、心邪的副作用,如果丧失了理性意识和道德制约就会给人们带来灾祸。《战国策》引用魏公子牟对秦相应侯范雎的忠告:"公子牟游于秦,且东,而辞应侯。应侯曰:'公子将行矣,独无以教之乎?'曰:'且微君之命命之也,臣固且有效于君。夫贵不与富期,而富至;富不与粱肉期,而粱肉至;粱肉不与骄奢期,而骄奢至;骄奢不与死亡期,而死亡至。累世以前,坐此者多矣。'应侯曰:'公子之所以教之者厚矣'。"[2] 意思是,魏公子牟在秦国游历,准备返回魏国,向秦相应侯告辞。应侯说:"公子就要回国了,难道没有什么要指教我的吗?"公子牟说:"您就是不提起,我本来也想说说自己的愚见。人们已经尊贵了,不去追求富裕,福裕也会到来;已经富裕了,不去追求美味佳肴,美味佳肴也会到来;已经享受了美味佳肴,不去追求骄奢,骄奢也会到来;已经骄奢了,不去追求死亡,死亡也会到来。世世代代因为这样而败毁的,实在太多了"。应侯说:"公子对我的这番教导,实在太深刻了"。

但是,灾祸也是医治人类非理性行为的一剂良药。韩非子指出"人有祸

---

① 韩非:《韩非子·解老》,参看《二十二子》,上海古籍出版社1986年版。

② 刘向:《战国策·赵策》,缪文远等译注,中华书局2006年版。

则心畏恐,心畏恐则行端直,行端直则思虑熟,思虑熟则得事理,行端直则无祸害,无祸害则尽天年,得事理则必成功,尽天年则全而寿,必成功则富与贵,全寿富贵之谓福。而福本于有祸,故曰:'祸兮福之所倚。'以成其功也。人有福则富贵至,富贵至则衣食美,衣食美则骄心生,骄心生则邪僻而动弃理,行邪僻则身死夭,动弃理则无成功。夫内有死夭之难,而外无成功之名者,大祸也。而祸本生于有福,故曰:'福兮祸之所伏'。夫缘道理以从事者无不能成。无不能成者,大能成天子之势尊,而小易妄卿相将军之赏禄。夫弃道理而妄举动者,虽上有天子诸侯之势尊,而下有猗顿、陶朱、卜祝之富,犹失其民人而亡其财资也。众人之轻弃道理而易妄举动者,不知其祸福之深大而道阔远若是也,故谕人曰:'孰知其极。'人莫不欲富贵全寿,而未有能免于贫贱死夭之祸也,心欲富贵全寿,而今贫贱死夭,是不能至于其所欲至也。凡失其所欲之路而妄行者之谓迷,迷则不能至于其所欲至矣。今众人之不能至于其所欲至,故曰'迷'。众人之所不能至于其所欲也,自天地之剖判以至于今,故曰:'人之迷也,其日故以久矣。'"① 看来,韩非子将人类的生命意志引导到更高级的理性上了:缘道理以从事。"道"就是事物的一般法则,"理"是具体事物的具体法则,人们只有按照事物的一般的普遍法则与具体的特殊法则办事就能取得成功。韩非认为,"缘道理以从事"的工具理性,可以大大超越"礼义道德"价值理性的社会作用!

## 第三节　秦国责任伦理主体的计算理性

秦国责任伦理主体的第二重本质是计算理性,这是最具有聪明智慧的人类本质,这是人对自然、社会、人自身生命活动的知性判断或理性判断。秦国责任伦理主体的计算理性以生命意志为基础,而以天下使命为目标,对现实世界进行探索、研究、分析,责任伦理主体的计算理性把人的经济活动、政治活动作为自己意识的对象,不断精心设计、谋划、运算,从而实现人类利益的最大化和最优化。按照弗洛伊德人格结构的"三我"理论,秦人的计算理性可以被看作是"自我"的表现。计算理性的实质主要是自我的知识、意识、思维的能力,

---

① 韩非:《韩非子·解老》,参看《二十二子》,上海古籍出版社1986年版。

它是人同外部世界打交道时决策的设计师，通过神机妙算，运筹帷幄之中，决胜千里之外。

## 一、秦国责任伦理主体计算理性中的"市道"关系

商鞅变法以后，秦国责任伦理主体包括君、臣、民之间传统宗法家族血缘关系逐渐衰落，取而代之的是家产官僚制下的围绕富贵爵禄的政治利益、经济利益的交换关系。司马迁在《史记》中记载，商鞅定变法之令，"令民为什伍，而相牧司连坐。不告奸者腰斩，告奸者与斩敌首同赏，匿奸者与降敌同罚。民有二男以上不分异者，倍其赋。有军功者，各以率受上爵；为私斗者，各以轻重被刑大小。僇力本业，耕织致粟帛多者复其身。事末利及怠而贫者，举以为收孥。宗室非有军功论，不得为属籍。明尊卑爵秩等级，各以差次分田宅，臣妾衣服以家次。有功者显荣，无功者虽富无所芬华"。① 意思是，商鞅颁布了变法的命令，下令把十家编成一什，五家编成一伍，互相监视检举，一家犯法，十家连带治罪。不告发奸恶的处以拦腰斩断的刑罚，告发奸恶的与斩敌首级的同样受赏，隐藏奸恶的人与投降敌人同样的惩罚。一家有两个以上的壮丁不分家的，赋税加倍。有军功的人，各按标准升爵受赏；为私事斗殴的，按情节轻重分别处以大小不同的刑罚。致力于农业生产，让粮食丰收、布帛增产的，免除自身的劳役或赋税。因从事工商业及懒惰而贫穷的，把他们的妻子全都没收为官奴。公族里没有军功的，不能列入家族的名册。明确尊卑爵位等级，各按等级差别占有土地、房产，家臣奴婢的衣裳、服饰，按各家爵位等级决定。有军功的显赫荣耀，没有军功的即使很富有也不能显荣。经过商鞅变法，无论在宗室，还是在民间，宗法家族血缘关系中的非计算性的亲情关系衰落，取而代之的是现实的政治、经济利益的计算关系。汉代贾谊已对秦人的这种不讲亲情、只讲利益的关系进行过挖苦，可是，以理性的计算关系取代非计算的血缘亲情关系乃是时代变革的必然，使得人与人关系从最初的血缘关系转变为地缘政治关系或业缘的经济交往关系。

秦国责任伦理主体这种地缘政治关系或业缘经济关系的利益交换不仅排除宗法家族血缘关系的非理性因素，而且，排除了传统仁义道德的非理性因

---

① 司马迁：《史记·商君列传》，上海古籍出版社 2005 年版。

素,演变为政治、经济利益的理性交换关系,即君、臣、民之间的"市道"关系。韩非以齐桓公与诸位大臣之间关系为例说明这种"市道"关系。他说:"明主之道不然,设民所欲以求其功,故为爵禄以劝之;设民所恶以禁其奸,故为刑罚以威之。庆赏信而刑罚必,故君举功于臣,而奸不用于上,虽有竖刁,其奈君何? 且臣尽死力以与君市,君垂爵禄以与臣市,君臣之际,非父子之亲也,计数之所出也。君有道,则臣尽力而奸不生;无道,则臣上塞主明而下成私。"① 意思是,英明的君主他会设置臣民所希望的东西来求得他们立功,所以制定爵禄而鼓励他们;设置臣民所厌恶的东西来禁止奸邪行为,所以建立刑罚来威慑他们。奖赏守信而刑罚坚决,所以君主在臣子中选拔有功的人而奸人不会被任用,即使有竖刁一类的人,又能把君主怎么样呢? 况且臣下尽死力来交换君主的爵禄,君主设置爵禄来交换臣下的死力。君臣之间,不是父子那样的亲缘关系,而是从计算利害出发的利益交换关系。君主有正确的治国原则,臣下就会尽力,奸邪也不会产生;君主没有正确的治国原则,臣下就会对上蒙蔽君主而在下牟取私利。原来,只要有了君臣之间的"市道",即理性的政治、经济利益交换关系,君臣之间正常的政治、经济关系才能建立起来;有了赏罚分明的法律制度,就能防止奸臣蒙蔽君主做坏事,如果没有赏罚分明的法律制度,那君臣关系就会大乱。

韩非认为,如果从家族伦理的仁义原则出发,在本来是国家政治范围的君臣之间讲究仁义道德,那就是不懂得国家君臣民关系的"市道"本质。韩非说:"今上下之接,无子父之泽,而欲以行义禁下,则交必有郄矣。且父母之于子也,产男则相贺,产女则杀之。此俱出父母之怀衽,然男子受贺,女子杀之者,虑其后便、计之长利也。故父母之于子也,犹用计算之心以相待也,而况无父子之泽乎!"② 意思是,现在君臣相交,没有父子间的恩泽,却想用施行仁义去控制臣下,那么君臣之间的交往必定会出现裂痕。况且父母对于子女,生了男孩就互相祝贺,生了女孩就把她杀了。子女都出自父母的怀抱,然而是男孩就受到祝贺,是女孩就杀死的原因,是考虑到今后的利益,从长远利益打算的。父母对于子女尚且用计算利弊相对待,何况是对于没有父子间恩泽的人呢?

---

① 韩非:《韩非子·难一》,参看《二十二子》,上海古籍出版社 1986 年版。
② 韩非:《韩非子·六反》,参看《二十二子》,上海古籍出版社 1986 年版。

所以,聪明的君主就是要懂得人的生命意志就是追求富贵爵禄和趋利避害,君主按照"市道"原则与臣民进行交换,君主成就了霸王之业,臣民得到了富贵爵禄,根本不需要空谈仁义道德的大话,而空谈仁义道德只能导致国衰民穷!

## 二、秦国责任伦理主体计算理性的最大化原则

作为秦国责任伦理主体的君、臣、民三者,既然是皆有自为之心的利益主体,同时,他们之间都是按照"市道"关系相处的。那么,他们之间就会遵循利益最大化原则、效用最优化原则计算人与物的自然关系、人与人的社会关系以及国与国之间的国际关系的得失利害,从而趋利避害,获得大、多、美的使用价值、交换价值以及审美价值。

商鞅指出:"民之性,度而取长,称而取重,权而索利。明君慎观三者,则国治可立,而民能可得。国之所以求民者少,而民之所以避求者多。入使民属于农,出使民壹于战。故圣人之治也,多禁以止能,任力以穷诈,两者偏用则境内之民壹。"① 意思是,人的常情,用尺量东西,就要取得最长的;用秤称东西,就要取得最重的;选择事物,就要取得最有利的。明君如果能够慎重地观察这三项,国家法度就可以确立,人民的才智和能力就可以利用。国君对人民的要求很少,而人民躲避国君要求的方法却很多。国君对内,只要求人民从事农业;对外,只要求人民尽力战争,因此,圣人治国,多设立禁止的律条,来防止人民的奸巧;任用强制力,来杜绝人民的欺诈。这两个办法一齐使用,国内人民的倾向就一致了。亚当·斯密的"经济人"假说将人类的个体、共同体看成是追求利益最大化的主体。商鞅则用"度而取长,称而取重,权而索利"形象地描述了人类利益最大化的追求,堪称经典之论。诺思认为,从国家角度看,一个国家内部有两种利益最大化的追求:租金的最大化追求;产出的最大化追求。因此,统治者的第一个目的是实现自己租金的最大化;同时,与其他组织比较,国家的中立性又多一些。因此,国家或统治者的第二个目的是实现社会产出的最大化。这是一种悖论:统治者私利的最大化无疑会降低社会产出;社会产出的最大化最终会有利于统治者,但是,却可能妨碍统治者看得见的利益。因此,统治者有时会采取不利于社会产出最大化的政策而保护自己的利

① 商鞅:《商君书·算地》,中华书局 2009 年版。

益。这种利益冲突的强弱直接决定了历史上国家的兴和衰。① 无论是租金最大化的追求者,还是产出最大化的追求者,人类利益最大化的追求者在不同条件下有不同的情况:

如果在生存理性条件下,以使用价值为目的,那么,这种最大化的追求往往是有限的。如人对美服、厚味、姣色、丰屋的追求,虽然为了虚荣心的满足而极尽奢侈之能事,但是往往受到人的生理极限的限制。正像《庄子·逍遥游》所言:"鹪鹩巢于深林,不过一枝;偃鼠饮河,不过满腹。"② 同时,所有者为生产这种使用价值的剩余劳动也就是有限的。马克思也指出:"凡是社会上一部分人享有生产资料垄断权的地方,劳动者,无论是自由的或不自由的,都必须在维持自身生活所必需的劳动时间以外,追加超额的劳动时间来为生产资料的所有者生产生活资料,不论这些所有者是雅典的贵族,伊特刺斯坎的僧侣,罗马的市民,诺曼的男爵,美国的奴隶主,瓦拉几亚的领主,现代的地主,还是资本家。但是很明显,如果在一个社会经济形态中占优势的不是产品的交换价值,而是产品的使用价值,剩余劳动就受到或大或小的需求范围的限制,而生产本身的性质就不会造成对剩余劳动的无限制的需求。因此,在古代,只有在谋取具有独立的货币形式的交换价值的地方,即在金银的生产上,才有骇人听闻的过度劳动。在那里,累死人的强迫劳动是过度劳动的公开形式。"③

可见,如果在经济理性的条件下,以生产交换价值为目的,那么,这种最大化追求往往会变成无限的:在经济上为了资本的增值而追求金钱的积累,这种最大化的欲望是无限的,要用劳动者的血汗来交换。正如马克思所说:"资本作为财富一般形式——货币——的代表,是力图超越自己界限的一种无止境的和无限制的欲望。"④ 同样的道理,如果在政治理性的条件下,为了成就霸王之业而追求统治权力的扩大,君臣之间"主卖爵禄,臣卖智力",这种以政治权力作为交换价值的最大化追求的欲望往往也是无限的,要用智士的文韬武

---

① [美]道格拉斯·C. 诺思:《经济史中的结构与变迁》,陈郁等译,上海三联书店、上海人民出版社 1994 年版,第 24—25 页。

② 庄周:《庄子·逍遥游》,参看陈鼓应:《庄子今注今译》,中华书局 2009 年版。

③ 马克思:《资本论》,《马克思恩格斯全集》第 23 卷,人民出版社 1972 得版,第 263 页。

④ 马克思:《经济学手稿》(1857—1858 年),《马克思恩格斯全集》第 46 卷(上),人民出版社 1979 年版,第 299 页。

略以及战士的生命和鲜血来交换。

在春秋战国时代,以政治权力获取经济财富的现象也是屡见不鲜。据《战国策》记载,"濮阳人吕不韦贾于邯郸,见秦质子异人,归而谓父曰:'耕田之利几倍?'曰:'十倍。''珠玉之赢几倍?'曰:'百倍。''立国家之主赢几倍?'曰:'无数。'曰:'今力田疾作,不得暖衣余食;今建国立君,泽可以遗世。愿往事之'。"① 意思是,濮阳商人吕不韦到邯郸去做买卖,见到秦国入赵为质的公子异人,回家便问父亲:"农耕获利几何?"父亲回答说:"十倍吧。"他又问:"珠宝买卖赢利几倍?"答道:"一百倍吧。"他又问:"如果拥立一位君主呢?"他父亲说:"这可以多到无法计量了。"吕不韦说:"如今即便我艰苦工作,仍然不能衣食无忧,而拥君立国则可泽被后世。我决定去做这笔买卖"。吕不韦是如何去做这笔买卖的呢? 司马迁在《史记》中记载:吕不韦是阳翟的大商人,他往来各地,以低价买进,高价卖出,积累起千金的家产。公元前267年,即秦昭王四十年,太子去世了。到了昭王四十二年,把他的第二个儿子安国君立为太子。安国君有个排行居中的庶子名叫子楚,作为秦国的人质被派到赵国。他乘的车马和日常的财用都不富足,生活困窘,很不得意。吕不韦到邯郸去做生意,见到子楚后非常喜欢,说:"子楚就像一件奇货,可以囤积居奇。以待高价售出"。于是他就去拜访子楚说:"秦王已经老了,安国君被立为太子。我私下听说安国君非常宠爱华阳夫人,华阳夫人没有儿子,能够选立太子的只有华阳夫人一个。现在你的兄弟有二十多人,你又排行中间,不受秦王宠幸,即使秦王死去,安国君继位为王,你也不要指望同你长兄和早晚都在秦王身边的其他兄弟们争太子之位啦"。子楚问该怎么办呢? 吕不韦说愿意拿出千金来为子楚西去秦国游说安国君和华阳夫人,让他们立子楚为太子。吕不韦于是拿出五百金送给子楚,作为日常生活和交结宾客之用;又拿出五百金买珍奇玩物,自己带着西去秦国游说,先拜见华阳夫人的姐姐,把带来的东西统统献给华阳夫人。尤其说到子楚聪明贤能,广结天下诸侯宾客,并且日夜哭泣思念太子和夫人。华阳夫人听了认为是这样,就趁安国君方便的时候,委婉地谈到在赵国做人质的子楚非常有才能,来往的人都称赞他。接着就哭着说:"我非常遗憾的是没有儿子,我希望能立子楚为继承人,以便我日后有个依靠。"安国

---

① 刘向:《战国策·秦策》,缪文远等译注,中华书局2006年版。

君答应了,就和夫人刻下玉符,决定立子楚为继承人,请吕不韦当他的老师,因此,子楚的名声在诸侯中越来越大。公元前 257 年,即秦昭王五十年,秦国派王龁围攻邯郸,情况非常紧急,赵国想杀死子楚。子楚就和吕不韦密谋,拿出六百斤金子送给守城官吏,得以脱身,逃到秦军大营,这才得以顺利回国。公元前 251 年,秦昭王去世了,太子安国君继位为王,华阳夫人为王后,子楚为太子。安国君继位一年之后去世,谥号为孝文王。太子子楚继位,他就是庄襄王。吕不韦被任命为丞相,封为文信侯,把河南洛阳十万户作为他的食邑。①吕不韦精明而富有野心,他追求的不仅是为自己养家糊口的有限的使用价值,也不是追求商业经营中单纯的经济交换价值,而是追求能够赢利无数的政治交换价值:卿相之位。吕不韦终于实现了他的梦想,作了秦国的丞相,并且成了辅佐"千古一帝"嬴政的仲父。

在秦国历史发展中,经济财富的所有者通过交换也能获得政治地位。据《史记·秦本纪》记载:"乌氏倮畜牧,及众,斥卖,求奇缯物,间献遗戎王。戎王什倍其偿,与之畜,畜至用谷量马牛。秦始皇帝令倮比封君,以时与列臣朝请。而巴寡妇清,其先得丹穴,而擅其利数世,家亦不訾。清,寡妇也,能守其业,用财自卫,不见侵犯。秦皇帝以为贞妇而客之,为筑女怀清台。夫倮,鄙人牧长,清,穷乡寡妇,礼抗万乘,名显天下,岂非以富邪?"② 这是说,乌氏倮经营畜牧业,等到牲畜繁殖众多之时,便全部卖掉,再购求各种奇异之物和丝织品,暗中献给戎王。戎王以十倍于所献物品的东西偿还给他,送他牲畜,牲畜多到以山谷为单位来计算牛马的数量。秦始皇诏令乌氏倮位与封君同列,按规定时间同诸大臣进宫朝拜。而巴郡寡妇清的先祖自得到朱砂矿,竟独揽其利达好几代人,家产也多得不计其数。清是个寡妇,能守住先人的家业,用钱财来保护自己,不被别人侵犯。秦始皇认为她是个贞妇而以客礼对待她,还为她修筑了女怀清台。乌氏倮不过是个边鄙之人、畜牧主,巴郡寡妇清是个穷乡僻壤的寡妇,却能与皇帝分庭抗礼,名扬天下,这难道不是因为他们的财富吗?

毫无疑问,秦国君主对国家政治利益最大化的欲望也是无限的,在嬴政之前,数代君主就有统治天下的雄心壮志。在秦昭王时代,这种雄心壮志已经显

---

① 司马迁:《史记·吕不韦传》,上海古籍出版社 2005 年版。
② 司马迁:《史记·货殖列传》,上海古籍出版社 2005 年版。

露无遗了。根据《战国策》记载，朱己曾告诫魏王，秦国统治天下的权力欲望是无限的："异日者，秦乃在河西，晋国之去梁也，千里有余，河山以兰之，有周、韩而间之。从林军以至于今，秦十攻魏，五入国中，边城尽拔。文台堕，垂都焚，林木伐，麋鹿尽，而国继以围。又长驱梁北，东至陶、卫之郊，北至乎阚，所亡乎秦者，山北、河外、河内，大县数百，名都数十。秦乃在河西，晋国之去大梁也尚千里，而祸若是矣。又况于使秦无韩而有郑地，无河山以兰之，无周、韩以间之，去大梁百里，祸必百此矣。异日者，从之不成矣，楚、魏疑而韩不可得而约也。今韩受兵三年矣，秦挠之以讲，韩知亡，犹弗听，投质于赵，而请为天下雁行顿刃。以臣之观之，则楚、赵必与之攻矣。此何也？则皆知秦之无穷也，非尽亡天下之兵，而臣海内之民，必不休矣。"① 意思是，从前，秦国处在黄河以西，距离魏国都邑大梁有千里之遥。中间有河、山阻隔，又有周、韩两国相间。从秦国进攻魏国的林中战役至今，秦国十次战争，五次进入国中，边境城市全被占领，文台被毁坏，垂都被焚烧，林木被砍伐、麋鹿被杀尽，接着国都被包围。秦军长驱直入，一直打到大梁的北边，东边打到陶、卫二城的郊外，北边打到阚地，丧失给秦国的土地有：山北、河外、河内，大县有数百，名都有数十。秦国在黄河以西，距离魏国大梁还有千里，而灾祸竟然到了这种地步，更何况使秦国灭掉了韩国占有了郑地，没有河、山阻隔，没有周、韩两国的相间，距离大梁只有百里，那灾祸必然超过此前一百倍。从前，合纵不成功，因为楚国和赵国猜疑，韩国多变，没有结成盟约。现在韩国被秦兵进攻了三年，秦国要韩国屈膝求和，韩国知道要被灭亡，仍然不愿俯首听命，给赵国送去了人质，请求准备武器为诸侯打头阵。据我看来，楚国和赵国必定会和韩国联合进攻秦国。这是为什么呢？因为诸侯都知道秦国的贪欲没完没了，不消灭天下的军队，不征服天下的人民，它必定不肯罢休。

确实如此，从秦襄公开始，秦人以为已受天大命；秦孝公任用商鞅进行变法之后，确定了统一天下的宏图大略。所以，从政治理性意义上的交换价值最大化来说，秦人穷思竭虑谋求富国强兵，倾全国之力拼命耕战，牺牲成千上万人的生命，就是为了取得统一天下的权力，成就霸王之业！在秦国，无论从政治理性形态上追求权力租金、经济理性形态上追求金钱利润，无论君主还是臣

---

① 刘向：《战国策·魏策》，缪文远等译注，中华书局 2006 年版。

民,人们对交换价值最大化的追求已经成为普遍的社会现象。

## 第四节　秦国责任伦理主体的霸道气质

　　秦国责任伦理主体的生存意志与计算理性的结合,形成强势生存状态即春秋战国秦国责任伦理主体的霸道气质,这种霸道气质最终成就秦国的霸王之业。从商鞅变法可以看出,法家政治哲学表达的理想追求,不是大道流行、无知无识的皇道之世;不是小国寡民,自然无为的帝道之世;也不是天下一家、亲仁乐义的道德理想主义王道之世;而是崇尚法治、农耕、军战、权谋,建立国家公利为价值取向的霸道之世。按照弗洛伊德人格结构的"三我"理论,秦国霸道气质可以被看作是"超我"的表现。秦国人"超我"的道德基础就是天下国家的公利价值,"公利"在道德上具有超越"私利"的伦理价值。当秦国人的生命意志、计算理性与"超我"的国家公利价值结合之后,就产生出秦国人特有的霸道气质。所以,商鞅变法之后,秦国不断侵蚀六国的主权,不断扩大自己的主权范围,把列国变为自己官僚权力体系中的郡县。正是秦国人的霸道气质,使得秦人最终统一天下,成就了霸王业

### 一、秦国责任伦理主体霸道气质的政治哲学定位

　　中国古代有皇道、帝道、王道、霸道的四道之说,这是中国古代的政治哲学理念。关于皇道、帝道、王道、霸道,诸子百家各有所论,说法大同小异。诸子从政治哲学角度对皇道、帝道、王道、霸道的内涵和特征做了描述。

　　《文子·自然》指出:"皇者有名,莫知其情,帝者贵其德,王者尚其义,霸者迫于理。圣人之道,于物无有,道狭然后任智,德薄然后任形,明浅然后任察。"[①] 意思是,为皇的人有名声,却不知道其中的情况;为帝的人以德为珍贵,因为德可化育万物;为王的人崇尚义,因为义可拯溺扶危;称霸的人通达于理,因为理可应于机变。圣人之道,在于无心主宰万物。如果道狭窄不宽,然后便用智力;德寡薄不厚,然后便专任刑罚;明浅薄不显,然后便信任观察。道家主张无心万物,无为而治的皇道、帝道。

---

　　① 李德山:《文子译注·自然》,黑龙江人民出版社 2003 年版。

《孟子·公孙丑上》指出："以力假仁者霸，霸必有大国；以德行仁者王，王不待大。汤以七十里，文王以百里。以力服人者，非心服也，力不赡也；以德服人者，中心悦而诚服也，如七十子之服孔子也"。① 意思是，用武力而假借仁义的人可以称霸，所以称霸必须是大国。用道德而实行仁义的人可以使天下归服，使天下归服的不一定是大国。商汤王只有方圆七十里，周文王只有方圆百里。用武力征服别人的，别人并不是真心服从他，只不过是力量不够罢了；用道德使人归服的，是心悦诚服，就像七十弟子归服孔子那样。儒家认同用仁义道德使人心悦诚服的王道。

《管子·兵法》指出："明一者皇，察道者帝，通德者王。谋得兵胜者霸，故夫兵虽非备道至德也，然而所以辅王成霸"。② 意思是，明白万物根本的，可以成皇业；掌握治世规律的，可以成帝业；通晓以德治国的，可以成王业；谋略必成、用兵必胜的，可以成霸业。因而，战争虽然称不上完备的道、至上的德，却可以辅佐王业、成就霸业。法家认同谋略必成、用兵必胜的霸道。

桓谭《新论》指出："夫上古称三皇、五帝，而次有三王、五霸，此皆天下君之冠首也。故言三皇以道治，而五帝用德化；三王由仁义，五霸以权智。其说之曰：无制令刑罚谓之皇；有制令而无刑罚谓之帝；赏善诛恶、诸侯朝事谓之王；兴兵众、誓约盟，以信义矫世谓之霸"。③ 意思是，上古有三皇、五帝，此后由三王、五霸，他们都是天下君主中的最杰出者。所以说，三皇用的是大道之理，五帝用的是德性感化，三王用的是仁义教化，五霸用的是权术智谋。解释起来就是这样：没有制度也没有刑罚称之为皇；有制度没有刑罚称之为帝；赏善罚恶、诸侯顺服称之为王；缔结军事盟约、以信义矫正世道称之为霸。

"皇"从字源上说，是祭祀时戴的使用羽毛装饰的帽子："有虞氏皇而祭，深衣而养老。夏后氏收而祭，燕衣而养老。殷人冔而祭，缟衣而养老。周人冕而祭，玄衣而养老。"④ 意思是，"皇"是作为祭祀时使用羽毛装饰的帽子，象征着大君的统治，所以君主被称为"皇"。历史上的伏羲、女娲、神农被称为

---

① 孟轲：《孟子·公孙丑上》，参看《四书集注》，岳麓书社 1985 年版。
② 谢浩范、朱迎平：《管子全译·兵法》，贵州人民出版社 1996 年版。
③ 桓谭：《新论·王霸》，上海人民出版社 1967 年版。
④ 杨天宇：《礼记译注·王制》，上海古籍出版社 2007 年版。

"三皇";所谓"皇道"就是一种顺任天时,垂拱而治,以自然无为作为价值取向的政治哲学理念。

"帝"从字源上说,象征用燃烧薪柴祭祀天神,所以,古人把主持这种祭祀的部落联盟首领叫做"帝"。《易传》、《礼记》等书称历史上的黄帝、颛顼、帝喾、帝尧、帝舜为"五帝";所谓"帝道"就是一种顺任天地之道,天下为公,辅之以礼法之制为价值取向的政治哲学理念。

"王"从字源上说,在甲骨文中是古代武器斧钺之形,象征着能够致命的征伐权力。具有这种权力,能够统治天下的首领人物就是"王"。夏禹、殷汤、周文被称为"三王",所谓"王道"就是以天下为家,既用明德,又用刑罚;有明德之性,又有杀伐之威作为价值取向的政治哲学理念。

"霸"从字源上说,就是月魄,用作王霸之"霸",是"伯"的假借字。"伯"最初指诸侯国之君,后来又指诸侯之长。齐桓公、晋文公、秦穆公、宋襄公、楚庄公被称为是春秋"五霸";所谓"霸道"就是一种在天下王道衰落,诸侯争权夺利状态下,能够结率诸侯形成同盟,僭越天子之政以号令天下,追求诸侯自己的公室之利、国家之利,以武力、权谋、法治、契约为价值取向的政治哲学理念。

秦国以霸道作为根本价值取向,秦国追求的不是三皇时代的理想主义自由王国,秦国追求的也不是五帝时代道德主义至德之世,秦国追求的是现实主义的天下霸权:奖励耕战,富国强兵,控制当时人类最重要的生存保障系统,即粮食等生活资料;控制当时人类最重要的安全保障系统,即国家军事力量;选择当时人类最切合实用的政治经济体制,运用法家、黄老之学等国家公利价值意识形态统治人们的思想。《盐铁论》中的"大夫"指出:"虎兕所以能执熊罴、服群兽者,爪牙利而攫取便也。秦所以超诸侯、吞天下、并敌国者,险阻固而势居然也"。① 意思是,大夫说:老虎犀牛所以能够捕捉熊罴,制服各种野兽,是因为它们爪牙锐利便于捕捉。秦国的势力所以超过各个诸侯国,吞并天下,统一中国,是由于占有险要坚固的地形,而且是形势发展的必然结果。《盐铁论》中的"文学"也承认:"秦左殽、函,右陇阺,前蜀、汉,后山、河,四塞以为固,金城千里,良将勇士,设利器而守陉隧,墨子守云梯之械也。以为虽汤、武复

---

① 桓宽:《盐铁论·险固》,王利器校注,中华书局1989年版。

生,蚩尤复起,不轻攻也。"① 意思是,文学说:秦国左边有崤山和函谷关,右边有陇山,前面是蜀郡和汉中郡,后面是华山和黄河,国境四周有坚固的天险要塞,可谓是千里山河,固若金汤了。它又有良将勇士,拿着锐利的武器把守在山口要道,这就像墨子防备敌人用云梯攻城一样。秦国认为就是商汤王、周武王复生,蚩尤再世,也不能轻易向他进攻。可见,在春秋战国诸侯争霸的丛林游戏中,秦国之势如虎如兕,其丰裕的财富,坚固的国防,强势的国力,成就了秦国的霸王之业。

### 二、秦国责任伦理主体霸道气质的心路历程

秦国责任伦理主体霸道气质的形成,开始于秦穆公,中兴于秦孝公,大成于秦始皇,秦国最终以霸道气质凝聚成的民族精神征服了天下。

春秋时代,秦国责任伦理主体霸道气质开始于秦穆公。秦穆公的霸道气质,包括崇尚西周德性价值观念,讲究礼乐信义,尊王攘夷,兴兵约盟,追求王道乐土的理想。对于秦穆公的霸道气质,历史上有不同意见。一种意见认为,由于秦穆公听信烛之武之言而撤退攻郑之师;不听忠言遭遇崤之役的失败;杀百里奚,以子车氏三良殉葬;以上诸事使他不能被列于五霸之一。这只是一家之言。不可否认,秦穆公征伐戎狄十二国,为秦国开地千里,所取得的成就举世震惊,其霸道气质甚至受到孔子称赞。正是秦穆公的霸道气质,为秦国的崛起奠定了一定的精神基础和物质基础。可惜,这种受到西周礼乐文化"濡化"的霸道气质并不能长久,秦穆公死后的秦国就曾经陷入五世之乱。

战国时代,秦国责任伦理主体确立的国家理想就是成就霸王之业。秦孝公颁布《求贤令》,提出要恢复"穆公之业"。经过商鞅变法,秦国人为西周礼乐文化"濡化"的霸道气质注入了新内涵,形成了真正法家化的霸道气质。所以,战国时代已经法家化之后的秦国,扬弃传统的仁义道德说教,其霸道气质表现为农耕军战,富国强兵,通过外交谋略,军事征服,扫平六国,囊括四海,最终统一天下。《求贤令》发布以后,公孙鞅来到秦国曾经三说秦孝公。秦孝公对于公孙鞅所说的帝道、王道皆不听,只对霸道情有独钟。《史记·商君列传》记载:"公孙鞅闻秦孝公下令国中求贤者,将修穆公之业,东复侵地,乃遂

---

① 桓宽:《盐铁论·险固》,王利器校注,中华书局 1989 年版。

西入秦，因孝公宠臣景监以求见孝公。孝公既见卫鞅，语事良久，孝公时时睡，弗听。罢，而孝公怒景监曰：'子之客妄人耳，安足用邪？'景监以让卫鞅。卫鞅曰：'吾说公以帝道，其志不开悟矣。'后五日，复求见鞅，鞅复见孝公，益愈，然而未中旨。罢，而孝公复让景监，景监亦让鞅。鞅曰：'吾语公以王道而未入也。'请复见鞅。鞅复见孝公，孝公善之而未用也；罢而去。孝公谓景监曰：'汝客善，可与语矣。'鞅曰：'吾说公以霸道，其意欲用之矣；诚复见我，我知之矣。'卫鞅复见孝公，公与语，不自知膝之前于席也。语数日不厌。景监曰：'子何以中吾君？吾君之欢甚也。'鞅曰：'吾说君以帝王之道，比三代，而君曰：'久远，吾不能待。且贤君者，各及其身显名天下，安能邑邑待数十百年以成帝王乎？'故吾以强国之术说君，君大说之耳。然亦难以比德于殷周矣。'"① 意思是说，公孙鞅听说秦孝公下令在全国寻访有才能的人，要重整秦穆公时代的霸业，向东收复失地，他就西去秦国，依靠孝公的宠臣景监求见孝公。孝公召见卫鞅，让他说了很长时间的国家大事，孝公一边听一边打瞌睡，一点也听不进去。事后孝公迁怒景监说："你的客人是大言欺人的家伙，这种人怎么能任用呢！"景监又用孝公的话责备卫鞅。卫鞅说："我用尧、舜治国的方法劝说大王，他的心志不能领会"。过了几天，景监又请求孝公召见卫鞅。卫鞅再见孝公时，把治国之道说得淋漓尽致，可是还合不上孝公的心意。事后孝公又责备景监，景监也责备卫鞅。卫鞅说："我用禹、汤、文、武的治国方法劝说大王而他听不进去。请求他再召见我一次"。卫鞅又一次见到孝公，孝公对他很友好，可是没任用他。会见退出后，孝公对景监说："你的客人不错，我可以和他谈谈了"。景监告诉卫鞅，卫鞅说："我用春秋五霸的治国方法去说服大王，看他的心思是准备采纳了。果真再召见我一次，我就知道该说些什么啦"。于是卫鞅又见到了孝公，孝公跟他谈的非常投机，不知不觉地在垫席上向前移动膝盖，谈了好几天都不觉得厌倦。景监说："您凭什么能合上大王的心意呢？我们国君高兴极了"。卫鞅回答说："我劝大王采用帝王治国的办法，建立夏、商、周那样的盛世，可是大王说：'时间太长了，我不能等，何况贤明的国君，谁不希望自己在位的时候名扬天下，怎么能叫我闷闷不乐地等上几十年、几百年才成就帝王大业呢？'所以，我用富国强兵的办法劝说他，他才特

---

① 司马迁：《史记·商君列传》，上海古籍出版社2005年版。

别高兴。然而，这样也就不能与商、周两代的德行相媲美了"。经过商鞅变法，秦国责任伦理主体的生存意志与计算理性相结合，形成了新的主体意识，即秦国责任伦理主体的霸道气质。《史记》记载，公元前 344 年，即秦孝公十九年，周天子始封秦孝公"伯"爵，即诸侯之长："霸"。

秦昭王时代，秦国的霸业已经取得极大成功。荀子到秦国考察，应侯问荀卿说："到秦国看见了什么?"荀卿说："它的边塞险峻，地势便利，山林河流美好，自然资源带来的好处很多，这是地形上的优越。踏进国境，观察它的习俗，那里的百姓质朴淳厚，那里的音乐不淫荡卑污，那里的服装不轻薄妖艳，人们非常害怕官吏而十分顺从，真像是古代圣王统治下的人民啊！到了大小城镇的官府，那里的各种官吏都是严肃认真的样子，无不谦恭节俭、敦厚谨慎、忠诚守信而不粗疏草率，真像是古代圣王统治下的官吏啊！进入它的国都，观察那里的士大夫，走出自己的家门，就走进公家的衙门，走出公家的衙门，就回到自己的家里，没有私下的事务；不互相勾结，不拉帮结派，显得卓然超群，莫不明智达观而廉洁奉公，真像是古代圣王统治下的士大夫啊！观察它的朝廷，当它的君主主持朝政告一段落时，处理决定各种政事从无遗留，安闲得好像没有什么需要治理似的，真像是古代圣王治理的朝廷啊！所以秦国四代都有胜利的战果，并不是因为侥幸，而是有其必然性的。这就是我所见到的。所以说：自身安逸却治理得好，政令简要却详尽，政事不繁杂却有成效，这是政治的最高境界。秦国类似这样了"。① 荀子肯定了秦国法治价值观的成功，也对秦国缺少儒家道义价值观表示遗憾。荀子的最高政治理想是实现天下的王道："故其法治，其佐贤，其民愿，其俗美，而四者齐，夫是之谓上一。如是则不战而胜，不攻而得，甲兵不劳而天下服。"② 荀子希望秦国从霸道发展到王道，可是秦国的历史并没有按照荀子的意愿前进，而是继续沿着法家的霸道前行。

秦国世代追求的霸业，终于大成于秦始皇。贾谊指出："及至始皇，奋六世之余烈，振长策而御宇内。吞二周而亡诸侯，履至尊而制六合。执敲朴以鞭笞天下，威震四海。南取百越之地，以为桂林、象郡，百越之君俯首系颈，委命下吏。乃使蒙恬北筑长城而守藩篱，却匈奴七百余里，胡人不敢南下而牧马，

---

① 荀况:《荀子·强国》，参看《二十二子》，上海古籍出版社 1986 年版。
② 荀况:《荀子·王霸》，参看《二十二子》，上海古籍出版社 1986 年版。

士亦不敢弯弓而报怨。于是废先王之道，燔百家之言，以愚黔首。堕名城，杀豪俊，收天下之兵聚之咸阳，销锋镝，铸以为金人十二，以弱天下之民。然后践华为城，因河为池，据亿丈之城，临不测之溪以为固。良将劲弩，守要害之处，信臣精卒，陈利兵而谁何。天下已定，始皇之心，自以为关中之固，金城千里，子孙帝王万世之业也。"① 意思是说，"到了秦始皇，发扬六代传下来的功业，像驾车似的挥动长鞭来驾驭各诸侯国，吞并了东周和西周两个小国，灭亡了六国诸侯，登上了皇帝的宝座而控制天下，手持刑杖来鞭笞天下的人民，声威震慑四海。向南方夺取了百越的土地，把它设为桂林郡和象郡；百越的君长们，低着头，用绳子拴住自己的脖子来投降，把自己的性命交给秦王朝的下级官吏掌握。于是派蒙恬到北方去修筑万里长城，作为边疆上的屏障来防守，把匈奴向北驱赶了七百多里；匈奴人不敢到南边来牧马，兵士也不敢搭起弓箭来报仇。于是废除了先王的治国之道，焚烧了诸子百家的著作，以图使老百姓愚昧无知；他还毁坏各地的名城，杀戮豪杰，收集天下的武器集中到咸阳，熔化刀剑和箭头，铸成十二个金属人像，来削弱天下人民的反抗力量。然后依凭华山当作城墙，凭借黄河作为护城河，依据亿丈高的华山，临守着深险莫测的黄河，作为守卫的险要之地。良将拿着强弓，防守冲要的地方，可靠的大臣带领精干的士兵，摆列着锋利的武器，严厉盘查过往的行人是谁。天下已经平定，秦始皇的心中，自以为关中的坚固，是千里金城，可以作为子子孙孙万世当皇帝的基业了。那么，秦始皇建立的"子孙帝王万世之业"的性质究竟是什么呢？皇道、帝道、王道、还是霸道？

### 三、秦国责任伦理主体霸道气质的历史结果

秦国在最高领袖的设置上实行皇帝制度，那么，在皇帝制度中是实行皇位传子不传贤的世袭制，还是实行五帝时代传贤不传子的禅让制？秦始皇在廷议时，意欲实行五帝时代传贤禅让制，立刻遇到一位敢于直言的鲍白令之的反对。据刘向《说苑》记载，"秦始皇帝既吞天下，乃召群臣而议曰：'古者五帝禅贤，三王世继，孰是？将为之。'博士七十人未对。鲍白令之对曰：'天下官，则禅贤是也；天下家，则世继是也。故五帝以天下为官，三王以天下为家。'秦始

---

① 贾谊：《新书·过秦上》，上海人民出版社1976年版。

皇帝仰天而叹曰:'吾德出自五帝,吾将官天下,谁可使代我后者。'鲍白令之对曰:'陛下行桀、纣之道,欲为五帝之禅,非陛下所能行也。'秦始皇帝大怒曰:'令之前! 若何以言我行桀、纣之道也? 趣说之。不解则死。'令之对曰:'臣请说之。陛下筑台干云,宫殿五里,建千石之钟,立万石之虡,妇女连百,倡优累千,兴作骊山宫室,至雍相继不绝。所以自奉者,殚天下,竭民力,偏驳自私,不能以及人,陛下所谓自营仅存之主也。何暇比德五帝,欲官天下哉?'"①意思是说,古代的时候,五帝实行禅让制,三王实行世袭制,由于五帝以天下为公,三王以天下为家。秦始皇认为自己的国运出自五帝,欲行禅让制。鲍白令之用铁的事实回答说,秦国实行的是桀纣之道即霸道,要实行禅让制根本是不可能的,秦始皇只好放弃了禅让制,实行皇帝制。

秦始皇自称"皇帝",认为秦国皇帝的功德超过了历史上的三皇、五帝、三王。统一之后的秦国,要不要实行三皇、五帝、三王之道? 在这个历史的转折点上,秦国对政治体制的选择存在着较大争议。要不要实行西周的封建制?秦始皇否定了丞相绾、淳于越关于封建制的建议,听从了李斯的建议,在天下实行郡县制。秦始皇既是为了皇帝的个人私利,也是为了天下国家公利,宁愿"子弟为匹夫",坚决废除封建制,推行郡县制。天下郡县管理机构的职位由皇帝聘任的各级官僚充任,而且,各级官僚职位不得世袭。

秦国皇帝制与官僚制的结合就形成了被马克斯·韦伯所称的家产官僚制。刘泽华认为,这种制度有两大特征:第一个特征是:在权力体系中,皇帝是至上的、独一的、绝对的。统一之后,秦王政称"皇帝",集全国军权、政权、立法权于一身;万世一袭,传之无穷;为杜绝子议父、臣议君而取消谥法。于是,将皇帝的绝对性与官僚的相对性结合在一起;将皇帝独断决策与官僚机构承办结合在一起。第二个特征是:皇权——官僚权力体系支配整个社会。皇帝的意志通过官僚权力体系直达社会所有的成员,并实现人身占有与支配。秦在全国实行了郡、县、乡、里行政制度和严格的户籍制度。户籍制度不仅仅是一种行政管理,它同时又兼具经济管理、执法、道德裁判以及准军事职能等。所有的社会成员都是皇帝的纳税者和服役者。对君主进行纳税与服役是不待论证的理所当然之事。纳税的数量与服役的期限,在理论和政令上均有限定,

---

① 刘向:《说苑·至公》,王锳、王天海译注,贵州人民出版社 1993 年版。

但在实际上,税役之多少从来没有定制。税役的数量不能不受民力有限之事实的制约,但作为君主的欲望则是无穷的,这样便产生了君主无穷之欲与人民有限之力之间的矛盾。① 所以,这种皇帝制度或者家产官僚制仍然具有霸道本质,秦国君主并不是追求什么"自然无为"的皇道,"天下为公"的帝道,也不是追求"天下为家"具有仁义道德的王道。秦国君主追求的是公室之利、国家之利,通过公室、国家来控制当时人类最重要的生存保障系统,即粮食等生活资料;控制当时人类最重要的安全保障系统,即强大国家军事力量;控制当时人类最切合实用的社会意识形态。秦国实行的是地地道道的纯粹霸道政治,秦朝灭亡之后,汉代在秦的基础上实行霸、皇道杂之(文景之治),霸、王道杂之(武帝之后)的政治统治。

---

① 刘泽华:《秦政——百代之模式》,《秦文化论丛》第3辑,西北大学出版社1994年版。

# 第四章　秦国责任伦理对象：
## 农耕、军战、霸业

## 引　言

美国前国务卿基辛格曾经说过："谁控制了石油，就控制了所有国家；谁控制了粮食，就控制了人类；谁控制了货币，就控制了全球经济。"这是因为，石油是重要能源，它为机械的运转提供动力；粮食是重要的食品，它为生命提供营养；货币是一般等价物，它为市场运作提供交换价值的媒介。这三种东西是构成当今社会人类生存物质保障系统的核心要素，一个国家如果要称霸世界，离不开对石油、粮食、货币这三种当今社会人类生存物质保障系统核心要素的控制权。同样，春秋战国时代，人口的粮食、马匹的草料、生产需要的耕地构成当时人类生存的物质保障系统，如果诸侯国取得了对上述物质保障系统的控制权，其实也就是获得了统治天下的霸权。

秦国为了获得对当时人类生存物质保障系统的控制权，发动全国力量进行人类物质对象化活动，即农业生产、军事斗争、成就霸王之业。在第三章中，我分析了秦国责任伦理主体的三重本质，即追求富贵爵禄，趋利避害的生命意志；追求最大化利益的计算理性；雄视万夫、追求天下统一的霸道气质。在农业生产、军事斗争、成就霸王之业的过程中，秦国责任伦理主体的生命意志提供了巨大的欲望动力，秦国责任伦理主体的计算理性提供了知识和谋略，秦国责任伦理主体的霸道气质提供了成就霸王之业的虎狼气势和无敌精神。可见，秦国责任伦理主体三重本质的内涵不是一种虚无的宗教幻想，也不是一种理想的道德情怀，而是要通过对象化活动在现实世界中得到自我实现的，其主体本质的对象化活动过程是用血汗和战火来完成的：一是农业生产。农耕富国，从"垦草令"开始，这是一个产业革命，由此形成中国古代的重农主义。二是军事斗争。军事强国,从"军功爵"开始,这是一种军事革命,由此形成中国古代的尚武主义。三是成就霸王之业。农业生产和军事斗争的结合,为秦国霸王之业奠定了坚实基础。秦国领袖人物的宏图大略以及全国人民横扫六合的英雄气概,最终使秦国的霸王之业得以顺利完成。

秦国为了实现富国、强兵、成就霸王之业的对象化活动,在全国实行国家功勋制度,设有军爵、粟爵、治爵,从而激励有志之士。商鞅说:"国无怨民曰强国。兴兵而伐,则武爵武任,必胜;按兵而农,粟爵粟任,则国富。兵起而胜敌,按兵而国富者,王"。① 就是说,国内没有对君主有怨言的民众叫强国。如果发兵去攻打别国,那么就要按军功的多少授予他们官职和爵位,就一定会取胜。如果按兵不动,从事农耕,那么就按生产缴纳粮食的多少,授予官职和爵位,国家就一定富裕。发兵打仗就能战胜敌人,按兵不动就富足的国家,就能称王天下。商鞅提出"利出一空(孔)"政策,② 即只有通过耕战一条道路而获得国家的爵位和俸禄,从而让老百姓实现富裕和尊贵目标的政策。商鞅指出这一政策对于国家强盛的重大意义:"重刑少赏,上爱民,民死赏;重赏轻刑,上不爱民,民不死赏。利出一空者,其国无敌;利出二空者,国半利;利出十空者,其国不守。重刑明大制,不明者,六虱也。六虱成群,则民不用。是故兴国罚行则民亲,赏行则民利。行罚,重其轻者,轻者不至,重者不来,此谓以刑去刑,刑去事成。罪重刑轻,刑至事生,此谓以刑致刑,其国必削。"③ 意思是,加重刑罚,减少奖赏,这是君主爱护民众,民众就会拼命争夺奖赏。增加奖赏,减轻刑罚,这是君主不爱护民众,民众就不会为奖赏而拼死奋斗。爵位利禄出自一个孔,那么国家就会无敌于天下;爵位利禄出自两个孔,那么国家只能得到一半的好处;爵位利禄出自多个孔,那么国家的安全就难保了。加重刑罚,能严明重要的法度;法度不严明,是因为有六种像虱子一样的东西作怪。六虱成群,那么民众就不会愿意被君主役使。因此兴盛的国家刑罚实行了,那么民众就会与君主亲近;奖赏实行了,民众就能被君主所利用。实行刑罚,对那些犯轻罪的人使用重刑,那么犯轻罪的事就不会再发生,犯重罪的事也不会有,

---

① 商鞅:《商君书·去强》,中华书局 2009 年版。
② 商鞅:《商君书·靳令》,中华书局 2009 年版。
③ 商鞅:《商君书·靳令》,中华书局 2009 年版。

这就叫以刑去刑，虽然刑罚去掉了，国家的事情也能办成；对犯有重罪的人使用轻刑，刑罚虽然使用了，而事情也办不成，这就叫以刑致刑，那么国家的实力就会被削弱。

这种全力发展农业生产、军事斗争、成就霸王之业的理论，被称为"壹教"。商鞅指出："所谓壹教者，博闻、辩慧、信廉、礼乐、修行、群党、任誉、清浊，不可以富贵，不可以评刑，不可独立私议以陈其上。坚者被，锐者挫。虽曰圣知巧佞厚朴，则不能以非功罔上利。然富贵之门，要存战而已矣。彼能战者，践富贵之门；强梗焉，有常刑而不赦。是父兄、昆弟、知识、婚姻、合同者，皆曰：'务之所加，存战而已矣。'夫故当壮者务于战，老弱者务于守；死者不悔，生者务劝。此臣之所谓壹教也。"① 意思是，"壹教"，并不是指那些所谓见闻广博、富有智慧，并不是所谓信仰高洁、懂得礼乐，并不是所谓德高望重、团结朋党，并不是所谓自命清高、很有声誉。不能因为这些而富贵，不能因这些本事而评论法令刑律，不能因这个独自创立私人学说并用私人学说向君主陈述自己的思想。对那些顽固不化的要摧垮他，对那些锋芒毕露的要挫败他。即使所谓的圣明睿智或者忠厚淳朴的人，也不能凭借不在战场上立功而欺骗君主得到好处。如果这样，那些富贵的门第，只能通过在战场上立功受赏而富贵。只有那些骁勇善战的人，才能踏进富贵大门。而那些骄横跋扈的人，都会受到刑法的惩处而不得赦免。这样，那些父老伯叔兄弟、相知相识的朋友、男女亲家、志同道合的人，都说："我们务必要加倍努力的地方不过在战场上罢了。"因此，那些正当年富力强的人都一定努力作战，年老体弱的人努力从事防守，那些死在战场的人不后悔，活着的人会互相鼓励，这就是我说的"壹教"。壹教就是关于农耕、军战、成就霸王之业的一套理论和实践。秦国从秦襄公立国开始就有喜农乐战的传统，尤其是秦孝公商鞅变法之后，秦国把农业生产和军事斗争与粟功、军功、治功爵位制度联系起来。一个人只要通过农耕、军战、管理决策为自己与他人、为家庭与国家承担责任、贡献力量，才能取得相应的政治地位、经济地位、社会地位。

在农业生产、军事斗争以及成就霸王之业的过程中，秦国责任伦理主体在对象中实现了自己三大目标：从个人来说，就是得到富贵爵禄；从君主来说，就

---

① 商鞅：《商君书·赏刑》，中华书局 2009 年版。

是实现公室或国家公利;从国家来说,就是实现霸王之业。于是,秦国主宰了当时的对象世界:秦国创造了独特的宗教信仰以及文化意识形态体系;严密的法律体系、行政体系、财政体系;发达的水利工程、交通运输体系、国家安全防御体系;尤其是秦国控制了粮食、草料、土地等人畜生命所需要的生存资料物质保障系统。由于凭借强大的综合实力,秦国最终实现扫平六国,统一天下,成就霸王之业的伟大使命。这些伟大使命,都是在现实世界中,而不是在宗教的幻想,或者道德的理想中实现的!

## 第一节　秦国责任伦理对象之农耕富国

通过农业生产富国,从"垦草令"开始,这是一个产业革命,由此形成中国古代的重农主义,由此形成中国古代伟大的农业富国——秦国。因为农业是关乎人类生命保障系统的重要产业之一,农业的粮食生产是真正的财富客体的生产,也是人类生命活动的生产。因此,针对当时的具体情况,秦国实行了重农抑商的政策。商鞅说:"金生而粟死,粟生而金死。本物贱,事者众,买者少,农困而奸劝,其兵弱,国必削至亡。"① 意思是,有了黄金,粮食就没了。有了粮食,黄金就没有了。粮食这种东西价格低贱,而从事农耕的人多,买粮食的人就少,农民就贫困,奸诈的商人就活跃,如果这样兵力就弱,国家的实力一定会被削弱直到灭亡。② 从国家战略来看,在国际贸易中,光有货币财富不行,必须有实体财富。谁控制了粮食生产,就控制了所有人的生命活动:既可以控制本国人民生命的活动,也可以间接控制敌人生命的活动,用战争消灭敌人的有生力量。秦国这一生命保障系统的生产是由垦草令引发的,它是秦国真正的产业革命,秦国农业的产业革命为秦国成就霸王之业,最终统一天下奠定了物质基础。

秦人有从事农业生产的悠久传统。秦人是源于少暤氏的古老族群,来自中国东部山东半岛一带。在距今 7300 年至 6300 年左右的北辛文化以及距今

---

① 商鞅:《商君书·去强》,中华书局 2009 年版。
② 秦人看重的财富是它的客体方面:粮食、布匹等;亚当·斯密认为,财富的主体本质则是劳动。

6300年至4500年的大汶口文化等新石器时代遗址中,山东半岛就是农业最发达的地区之一。秦人迁徙到达的中国西部渭水流域和西汉水流域,是距今8200年至4800年左右的著名的大地湾遗址,在其一期灰坑中发现了已碳化的粮食作物黍和油菜籽的残骸,证明这里也是中国农业最发达的地区之一。后来这里被称为"秦",其实就是产黍地区的代名词。在甘肃省甘谷县毛家坪遗址发现了各类器物1200多件(片),其中陶器1100多件(片)、玉石器86件、铜器9件(片)、铁镰1把、骨器18件。它反映的秦文化从西周前期,下至战国初期,前后延续七、八百年之久。陶仓的发现更证实秦人饮食当以农作物的粮食为主要的食物来源之一,袁仲一据此指出:"这完全不像人们一贯传统的说法,认为秦人当时是完全过着游牧、狩猎的生活。"① 其实,许慎《说文》早就指出:"秦,伯益之后所封国。地宜禾,从禾、舂省。一曰秦,禾名"。这是从"秦"的辞源上对这一文明性质所作的清楚界定。②

　　秦国立国之后,秦襄公在征战中死于岐山,秦文公率领军事力量进入关中站稳脚跟,占据了优越的农业生产条件,而且,"收周余民而有之",把周人在关中地区农耕传统继承下来了,使春秋早期秦国农业建立在周人发达的农业技术基础之上,并取得农业、工业、商业经济的长足发展。司马迁在《史记》中指出:"关中自汧、雍以东至河、华,膏壤沃野千里。自虞夏之贡以为上田,而公刘适邠,大王、王季在岐,文王作丰,武王治镐,故其民犹有先王之遗风,好稼穑,殖五谷,地重,重为邪。及秦文、德(孝)、穆居雍,隙陇蜀之货物而多贾。"③ 就是说:关中地区从汧、雍二地以东至黄河、华山,膏壤沃野方圆千里。从有虞氏、夏后氏实行贡赋时起就把这里作为上等田地,后来公刘迁居到邠,周太王、王季迁居岐山,文王兴建丰邑,武王治理镐京,因而这些地方的人民仍有先王的遗风,喜好农事,种植五谷,重视土地的价值,把做坏事看得很严重。直到秦文公、秦德公、秦穆公定都雍邑,这里地处陇、蜀货物交流的要道,商人很多。可见,秦国农业生产的发展为此后工商业发展奠定了基础。

　　在秦国历史上,秦穆公时有"泛舟之役",说明秦国在丰收时,有丰富的粮

---

① 袁仲一:《从考古资料看秦文化的发展与主要成就》,《文博》1990年第5期。
② 这样看来,"秦"的英文"China"从辞源上说,应该理解为"禾国"。
③ 司马迁:《史记·货殖列传》,上海古籍出版社2005年版。

食储备。左丘明在《春秋左氏传》中记载,僖公十三年:"冬,晋荐饥,使乞籴于秦。秦伯谓子桑:'与诸乎?'对曰:'重施而报,君将何求?重施而不报,其民必携,携而讨焉,无众必败。'谓百里:'与诸乎?'对曰:'天灾流行,国家代有。救灾恤邻,道也。行道有福。'丕郑之子豹在秦,请伐晋。秦伯曰:'其君是恶,其民何罪?'秦于是乎输粟于晋。自雍及绛相继,命之曰:'泛舟之役'。"① 意思是,公元前 647 年冬季,晋国再次发生饥荒,派人到秦国请求购买粮食。秦穆公对子桑说:"给他们吗?"子桑回答说:"再一次给他们恩惠而报答我们,君王还要求什么?再一次给他们恩惠而不报答我们,他们的老百姓必然离心;老百姓离心以后再去讨伐,他没有群众就必然失败。"秦穆公对百里奚说:"给他们吗?"百里奚回答说:"天灾流行,总会在各国交替发生的。救援灾荒,周济邻国,这是正道。按正道办事会有福禄。"丕郑的儿子丕豹在秦国,请求进攻晋国。秦穆公说:"厌恶他们的国君,百姓有什么罪?"秦国就这样把粟米运送到晋国,船队从雍到绛接连不断,人们把这次运粮称为"泛舟之役"。公元前 645 年,即僖公十五年,"晋饥,秦输之粟",这是第二次成功的粮食外交。② 秦穆公时代,粮食的充分供应是秦国能够成为春秋五霸的重要条件之一。

秦穆公死后,秦国国势出现衰落。公元前 408 年,即秦简公七年,秦国开始实行"初租禾"的农业政策,第一次按照土地亩数征收租税;公元前 375 年,即秦献公十年,秦国实行"为户籍相伍"政策,对农民进行组织管理,使农业有所振兴。公元前 366 年,即秦献公十九年,秦国在宅阳大败韩魏二国联军;公元前 364 年即秦献公二十一年,秦国在石门大败魏军,秦国的国际地位有所提高。可是,从总体上看,在秦穆公称霸之后,秦国霸业呈现衰落趋势,尤其在历公、躁公、简公、出子时期,内忧外患,"诸侯卑秦,丑莫大焉!"

商鞅变法开始的农业革命,为秦国富强奠定了坚实基础。秦孝公即位后即公元前 361 年颁布《求贤令》,公元前 356 年卫国人公孙鞅来到秦国,开始进行变法。商鞅变法方案中包含着"壹教",即以农战立国的产业革命思想。《商君书·农战篇》分析了农业劳动者与非农业劳动者的比例,提出了农业劳动者与非农业劳动者的合理配比问题。"百人农,一人居者,王;十人农,一人

---

① 左丘明:《左传·僖公十三年》,杜预集解,上海古籍出版社 1997 年版。
② 左丘明:《左传·僖公十三年》,杜预集解,上海古籍出版社 1997 年版。

居者，强；半农半居者，危。故治国者欲民之农也。国不农，则与诸侯争权不能自持也，则众力不足也。故诸侯挠其弱，乘其衰，土地侵削而不振，则无及已"。① 意思是说，如果一百人从事农耕，一个人闲着，这个国家就能称王天下；十个人从事农耕，一个人闲着，这个国家就会强大；有一半人闲着，一半人从事农耕，这个国家就危险了。所以，治理国家的人都想让民众务农，国家不重视农耕，就会在诸侯争夺霸权时不能自保，这是因为民众的力量不充足。因此，其他诸侯国就来削弱它、侵犯它，使他衰败。那么这个国家的土地就会被侵占和割削，从此一蹶不振，到那时就来不及想办法了。《商君书·农战篇》还预测了国有制条件下坚持发展农业与秦国综合国力增长的时间效应关系："凡治国者，患民之散而不可抟也，是以圣人作壹，抟之也。国作壹一岁者，十岁强；作壹十岁者，百岁强；作壹百岁者，千岁强，千岁强者王。君修赏罚以辅壹教，是以教有所常，而政有成也"。② 意思是说，凡是治理国家的人，都害怕民众散漫而不能集中。所以英明的君主都希望民众能将心思集中在农耕上。如果民众专心于农耕一年，国家就能强大十年；如果专心于农耕十年，就能强大一百年；专心于农耕一百年，就能强大一千年；强大一千年的国家才能称王于天下。如果君主制定赏罚政策作为壹教的辅助手段，这样鼓励民众从事农战的就有了常法，那么，国家治理就一定会取得成功。所以，商鞅说："惟圣人之治国作壹，抟之于农而已矣"。③ 这就是说，圣人治国所用的"壹教"，就是把力量集中于农业而已！

秦国的农业革命从商鞅发布《垦草令》开始了。据《商君书·更法篇》记载，秦孝公在听完商鞅与甘龙、杜挚的辩论后，决定实施变法，"于是遂出垦草令"。《商君书·垦令篇》作为垦草令的草案，其核心思想是重农主义。文中提出二十种重农主义方针，例如，要求提高官吏政务效率，日毕日清，事不过夜；精简官吏队伍，压缩财政支出，减轻农民负担；取消公卿大夫余子特权，让他们承担徭役，自食其力；征收吃闲饭人的赋税；禁止儒家异端邪说思想干扰农民；禁止奇装异服、靡靡之音败坏社会风俗；禁止商人倒买倒卖粮食，让商家

---

① 商鞅：《商君书·农战》，中华书局 2009 年版。
② 商鞅：《商君书·农战》，中华书局 2009 年版。
③ 商鞅：《商君书·农战》，中华书局 2009 年版。

的仆僮承担徭役;增加酒肉等商品的销售税率,禁止私人经营旅馆业;禁止私人经营建筑业;实行全国统一的农业税率,将"因地而税",改为"舍地而税人",实行定人、定额、定期收取赋税,解除了人们开垦荒地导致军赋加重的顾虑,有利于促进人们扩大耕地面积,对发展生产有积极作用;将山林湖泽经营权收归国有;鼓励农民开垦荒地,定居务农,不随便迁徙;实行什伍连坐制,监督防范奸民为非作歹。《商君书·垦令篇》文字质朴、简约,被认为是垦草令的草案。

农业生产劳动并不是理想中的田园牧歌式的工作,而是一种艰苦的差事。这一点商鞅说得很明白:"民之内事,莫苦于农,"① 面对这种艰苦的差事,如何使人们投身于农业生产呢? 商鞅提出了法家惯用的办法:

一方面是奖赏,将农业生产与取得官爵联系起来:"国无奸民,则都无奸市。物多末众,农弛奸胜,则国必削。民有余粮,使民以粟出官爵。官爵必以其力,则农不怠。四寸之管无当,必不可满也。授官予爵出禄不以功,是无当也。"② 意思是,如果豪华的生活用品多,从事商业的人多,农业生产就会松懈,邪恶的事就会发生,那么国家就会被削弱。民众有了多余的粮食,让民众用粮食换取官爵,得到官爵一定要靠自己的力量,那么农民就不会懒惰了。四寸长的竹管子没有底,一定装不满。授给官职,给予爵位不靠功绩,对爵位的欲望就像没有底的竹管一样。商鞅主张在军事方面,实行"武爵武任",在农业方面则实行"粟爵粟任":让人民用多余的粮食换取官职爵位,这是激励人们从事农业生产的有效途径。同时,商鞅变法还明确规定:"僇力本业,耕织致粟帛多者复其身。事末利及怠而贫者,举以为收孥"。③ 意思是,致力于农业生产,让粮食丰收、布帛增产的免除自身的兵役或赋税。因从事工商业及懒惰而贫穷的,把他们的妻、子全都没收为官奴。这一重农抑商政策也激励了人们从事农业生产的积极性。

另一方面就是刑罚,即"劫以刑",商鞅提出:"使民之所苦者无耕,危者无战。二者,孝子难以为其亲,忠臣难以为其君。今欲驱其众民,与之孝子忠臣

---

① 商鞅:《商君书·外内》,中华书局 2009 年版。

② 商鞅:《商君书·靳令》,中华书局 2009 年版。

③ 司马迁:《史记·商君列传》,上海古籍出版社 2005 年版。

之所难，臣以为非劫以刑而驱以赏莫可。"① 意思是，国君役使百姓，劳苦的事就是农耕，危险的事就是战争。这两件事，孝子为了他的父亲，忠臣为了他的国君，都难以做到。现在想役使百姓，交给他们孝子、忠臣都难以做到的事，我以为除非以刑罚来迫使他们，以奖赏来驱使他们不可。如何用刑罚驱使人们从事农业生产？商鞅提出"重刑而连其罪，则褊急之民不斗，很刚之民不讼，怠惰之民不游，费资之民不作，巧谀恶心之民无变也。五民者不生于境内，则草必垦矣"。② 意思是，加重刑事处罚措施，并且实行什伍连坐制度，使他们相互监视，如果一个人犯了罪，其他人一起受处罚，那么那些气量狭小、性格暴躁的人就不再敢打架斗殴，凶狠强悍的人便不敢争吵斗嘴，懒惰的人也不敢再到处游荡偷闲，喜欢挥霍金钱的人也不再会产生，善于花言巧语、阿谀奉迎、心怀不良的人就不敢再进行欺诈。这五种人在国内不存在，那么荒地就一定能够开垦了。

秦国在实行垦草令之后，为了解决劳动力不足的问题，还发布徕民令，吸引三晋农业劳动力来到秦国，加速土地的开发。《商君书》说："今秦之地，方千里者五，而谷土不能处二，田数不满百万，其薮泽、溪谷、名山、大川之材物货宝，又不尽为用，此人不称土也。秦之所与邻者，三晋也。所欲用兵者，韩、魏也。彼土狭而民众，其宅参居而并处，其寡萌贾息，民上无通名，下无田宅，而恃奸务末作以处；人之复阴阳泽水者过半。此其土不足以生其民也，似有过秦民之不足以实其土也。"③ 意思是，现在秦国的土地有五个方圆千里的地方，能种庄稼的田地还不能占到十分之二，田数不到百万，国中的湖泊、沼泽、山谷、溪流、大山、大河中的原材料、财宝又不能全部被利用，这就是人口与广阔的土地不相称啊。与秦国相邻的国家，是三家分晋后建立的韩、赵、魏三国；秦国想要用兵攻打的，是韩、魏两国。这两个国家土地面积狭小，而人口众多，他们的房屋杂乱地交错在一起；其中经商求利之民向上不能填报自己的姓名，在下面又没有土地和住宅，却依赖狡诈的职业经商、或者从事手工业来维持生活。人们在山北山南和湖泽的低洼处挖洞居住的超过半数。这些国家的土地

① 商鞅：《商君书·慎法》，中华书局 2009 年版。
② 商鞅：《商君书·垦令》，中华书局 2009 年版。
③ 商鞅：《商君书·徕民》，中华书局 2009 年版。

不够供养他的民众生存,似乎还超过了秦国的民众不够用来住满他的国土的程度。《商君书》提出,"今王发明惠,诸侯之士来归义者,今使复之三世,无知军事。秦四境之内,陵阪丘隰,不起十年征,著于律也。足以造作夫百万。曩者臣言曰:'意民之情,其所欲者田宅也,晋之无有也信,秦之有余也必。若此而民不西者,秦士戚而民苦也。'今利其田宅,而复之三世。此必与其所欲,而不使行其所恶也。然则山东之民无不西者矣。"① 意思是,现在大王公开优惠政策,凡是各诸侯国前来归附的士人,立刻免除他们三代的徭役赋税,不用参加作战;秦国四方的国境之内,山、山坡、丘陵、低洼的地方,十年之内免除赋税,并把这些都写入法律中,足够招来上百万从事农业生产的人。先时我说:"猜想民众的心情,他们想要得到的是土地和住宅,韩、赵、魏这三国没有土地是确实的,秦国的田地住宅很多也是一定的。像这样韩、赵、魏的民众也不到秦国来,是因为秦的士人忧愁而民众辛苦啊。"现在赐给他们田地住宅,又免除他们三代的徭役赋税,这就是一定给他们想要的,又不让他们去干讨厌干的事。这样,秦以外六国的民众没有不向西到秦国来的。

商鞅还认识到发展农耕与军战之间存在密切联系。从表面上看,农耕与军战相提并论,似乎没有什么联系。可是《商君书》指出两者之间的秘密关系:农民是选拔战士的最好来源,农业是培育战士的最好地方。《商君书》指出农民有淳朴、贫穷、怯懦三个特点,这正是塑造战争勇士的最好条件。

农民淳朴则容易役使。自然经济条件下的农业,人与社会之间是依托着家庭的自然血缘关系,人与自然界之间是凭借人力的直接对象化劳动关系。在这种条件下,不存在复杂的社会交往关系。不需要高深的生产技术知识。这种社会环境养成了农民淳朴的性格和气质。淳朴不仅是单纯正直,还是指愚朴无知。单纯正直与愚朴无知的人最容易服从命令,听从指挥,可以对外作战。《商君书·农战篇》对此说得很清楚:"圣人知治国之要,故令民归心于农。归心于农,则民朴而可正也,纷纷则易使也,信可以守战也。壹则少诈而重居,壹则可以赏罚进也,壹则可以外用也。"② 意思是,圣人懂得治理国家的要领,因此命令民众都把心放在农业上。民众专心务农,那么民众就淳朴而且

---

① 商鞅:《商君书·徕民》,中华书局 2009 年版。
② 商鞅:《商君书·农战》,中华书局 2009 年版。

正直好管理。忠厚单纯就容易役使。淳朴而诚信就可以用来守城作战。民心专一务农,那么就不愿意迁移而且看重自己的故土;民心专一务农,那么就能用奖赏和处罚的方法来鼓励上进;民心专一务农,那么就可以用他们来对外作战了。

农民贫穷则容易利诱。《商君书·算地篇》中说:"夫民之情,朴则生劳而易力,穷则生知而权利。易力则轻死而乐用,权利则畏罚而易苦。易苦则地力尽,乐用则兵力尽。"① 意思是,从人之常情看,民众淳朴,就会造就勤劳的品质而不吝惜自己的力气;民众贫穷,就会产生智谋而权衡利害得失。肯奉献自己的力气,就会不怕死而愿意被君主役使;权衡利害得失,就会惧怕刑罚而不怕吃苦。不怕吃苦,那么土地的潜力就能全都挖掘出来;乐于被君主役使,军队的雄厚实力就全能发挥出来。

农民怯懦则容易变得勇敢。《商君书·说民篇》中说:"民勇,则赏之以其所欲;民怯,则刑之以其所恶。故怯民使之以刑,则勇;勇民使之以赏,则死。怯民勇,勇民死,国无敌者必王。"② 意思是,民众勇敢,那么,就应该用民众想要的东西来奖赏他们;民众怯懦,那么就用民众厌恶的东西来惩罚他们。因此,对怯懦的民众用刑罚消除怯懦,那么,他们就会变得勇敢;对勇敢的民众使用奖赏,那么,勇敢的民众就会拼死效力。怯懦的民众变得勇敢,勇敢的民众拼死效力。国家所向无敌,就一定能称霸天下了。

《商君书》懂得事物相反相成的辩证法,利用农民淳朴、贫穷、怯懦三个弱点,反而把他们塑造为不怕死的勇士。所以,发展农业既为国家提供生命保障系统所需要的大量粮食、草料,又可以为国家军事力量提供大量可供选择的最好兵源。

秦国为了加速发展农业生产,还大力改善水利条件。《史记·河渠书》记载:秦昭王时,修建都江堰,"蜀守冰凿离碓,辟沫水之害,穿二江成都之中。此渠皆可行舟,有余则用溉浸,百姓飨其利。至于所过,往往引其水,益用溉田畴之渠,以万亿计,然莫足数也。"③ 意思是,修建都江堰工程的时候,蜀守李

---

① 商鞅:《商君书·算地》,中华书局 2009 年版。
② 商鞅:《商君书·说民》,中华书局 2009 年版。
③ 司马迁:《史记·河渠书》,上海古籍出版社 2005 年版。

冰凿开离堆，以避沫水造成的水灾；又在成都一带开凿二条江水支流。这些河渠水深都能行舟，有余就用来灌溉农田，百姓获利不小。至于渠水所过地区，人们往往又开凿一些支渠引渠水灌田，数目之多不下千千万万，无法计数。秦国修建的另一大型水利工程是郑国渠，其修建还有一段趣事。《史记·河渠书》记载：秦王政时，"韩闻秦之好兴事，欲罢之，毋令东伐，乃使水工郑国间说秦，令凿泾水自中山西邸瓠口为渠，并北山东注洛三百余里，欲以溉田。中作而觉，秦欲杀郑国。郑国曰：'始臣为间，然渠成亦秦之利也。'秦以为然，卒使就渠。渠就，用注填阏之水，溉泽卤之地四万余顷，收皆亩一钟。于是关中为沃野，无凶年，秦以富强，卒并诸侯。因命曰'郑国渠'。"① 意思是，韩国听说秦国好兴办工程等新奇事，想以此消耗它的国力，使它无力对山东诸国用兵，于是命水利工匠郑国找机会游说秦国，要它凿穿泾水，从今陕西泾阳县北的中山即仲山以西到瓠口，修一条水渠，出北山向东流入洛水长三百余里，欲用来灌溉农田。渠未成，郑国的间谍阴谋被发觉，秦国要杀死郑国并驱逐外国人。情急中的郑国对秦王说："臣开始是为韩国做奸细而来，但渠成以后确实对秦国有利。"秦国以为他说得对，最后命他继续把渠修成。公元前236年渠成后，引淤积混浊的泾河水灌溉两岸低洼的盐碱地四万多顷，亩产都达到了六石四斗。从此关中沃野千里，再没有饥荒年成，秦国富强起来，最后并吞了诸侯各国，因把此渠命名为郑国渠。在这一事件中，来自楚国上蔡的李斯写了著名的《谏逐客书》规劝秦王善用人才，无疑对宽恕郑国也起了重要作用。

商鞅变法的重要原理之一在于使人力资源与土地资源实现最大限度的结合，使全国人民一心务农，创造丰富的物质财富。这就是引发了秦国产业革命的所谓"壹教"。对照《商君书·徕民篇》的记载，秦国经过农业的产业革命，经营的关中富足天下，司马迁说："关中自汧、雍以东至河、华，膏壤沃野千里"。经过开发之后，"关中之地，于天下三分之一，而人众不过什三；然量其富，什居其六"。② 这是秦国农业革命所取得的伟大成果。

---

① 司马迁：《史记·河渠书》，上海古籍出版社2005年版。
② 司马迁：《史记·货殖列传》，上海古籍出版社2005年版。

## 第二节　秦国责任伦理对象之军战强国

军事斗争强国,从实行"军功爵"开始,秦国建立了军功爵制,这是一种军事革命,由此形成中国古代的尚武主义,由此形成中国古代的伟大军事强国——秦国。人之所以成为秦国军人,乃是由于人出生在秦国的地域环境;秦国军人之所以成为猛士,原来是由于有尚首功的军功爵制度,何以有这种能激发战士杀敌立功的军功爵制度,原来由于秦国崇尚五帝志业宗教、国家公利价值观与秦国特有的责任伦理!

从历史看,秦人从东方迁居于西方,保卫西部战略要地,有与西戎进行军事斗争的悠久传统。秦人的祖先是颛顼帝的后代,大费也就是伯益辅助夏禹治理水土。舜帝赐给他一副黑色的旌旗飘带并赐他姓嬴。大费生有两个儿子,一个名叫大廉,这就是鸟俗氏;另一个叫若木,这就是费氏。大廉的玄孙叫孟戏、中衍,商朝太戊帝把他们请来驾车。到了商朝晚期有戎胥轩,娶骊山之女,生中潏,"在西戎,保西垂"。中潏就是中衍的玄孙,中潏生了蜚廉。蜚廉生了恶来。父子俩都凭才能力气事奉殷纣王。李学勤根据新近破译的清华简指出,《史记·秦本纪》说:"恶来有力,蜚廉善走,父子俱以材力事殷纣。"周武王伐纣的时候,把恶来也一并杀了。"是时蜚廉为纣石(使)北方,……死,遂葬于霍太山"。这和清华简《系年》所记不同。他们助纣为虐,史有明文,但他们给秦人带来怎样的命运,却没有文献记载。清华简《系年》的第三章,具体回答了这方面的疑问。简文叙述了周武王死后发现三监之乱,周成王伐商邑平叛:"飞(廉)东逃于商盍(盖)氏。成王伐商盍(盖),杀飞(廉),西迁商盍(盖)之民于邾,以御奴之戎,是秦先人"。"飞"就是"蜚廉"或"飞廉",《系年》的记载,可以参看《孟子·滕文公下》:"周公相武王,诛纣。伐奄,三年讨其君,驱飞廉于海隅而戮之,灭国者五十,驱虎豹犀象而远之,天下大悦。"这和《系年》一样,是说飞廉最后死在东方。"商盍"就是"商奄",属于嬴姓,飞廉向那里投靠,正是由于同一族姓。"邾"即是《尚书·禹贡》雍州的"朱圉",《汉书·地理志》天水郡冀县的"朱圉",在冀县南梧中聚,可确定在今甘肃甘谷县西南。甘谷西南,即今礼县西北,正为早期秦文化可能的发源地。《系年》的记载还有一点十分重要,就是明确指出周成王把商奄之民西迁到"邾"

这个地点,这也就是秦人最早居住的地方。但在《系年》发现以前,没有人晓得,还有"商奄之民"被周人强迫西迁,而这些"商奄之民"正是秦的先人,这真是令人惊异的事。① 又据《史记·秦本纪》记载,恶来革有个儿子叫女防。女防生了旁皋,旁皋生了太几,太几生了大骆,大骆生了非子。非子居住在犬丘,喜爱马和其他牲口,并善于饲养繁殖。犬丘的人把这事告诉了周孝王,周孝王召见非子,让他在汧河、渭河之间管理马匹。马匹大量繁殖。周孝王说:"从前伯益为舜帝掌管牲畜,牲畜繁殖很多,所以获得土地的封赐,受赐姓嬴。现在他的后代也给我驯养繁殖马匹,我也分给他土地做附属国吧。"赐给他秦地作为封邑,让他接管嬴氏的祭祀,号称秦嬴。可见,秦之称秦,始于非子。周孝王也不废除申侯女儿生的儿子做大骆的继承人,以此来与西戎和好。②

周王朝与西戎的关系,既有宾服之时,也有反叛之时。据《后汉书·西羌列传》记载:"周文王为西伯,西有昆夷之患,北有猃狁之难,遂攘戎狄而戍之,莫不宾服"。"乃率西戎,征殷之叛国以事纣。及武王伐商,羌、髳率师会于牧野。至穆王时,戎狄不贡,王乃西征犬戎,获其五王,又得四白鹿,四白狼,王遂迁戎于太原"。又据《竹书纪年》记载:"夷王衰弱,荒服不朝,乃命虢公率六师,伐太原之戎,至于俞泉,获马千匹"。司马迁在《史记》中也记载,周厉王无道,有的诸侯背叛了他。西戎族反叛周王朝,灭了犬丘大骆的全族。秦嬴生了秦侯。秦侯在位十年去世。秦侯生公伯。公伯在位三年去世。公伯生秦仲。周宣王登上王位之后,任用秦仲当大夫。秦仲也死在西戎手里。秦仲有五个儿子,大儿子叫庄公。周宣王召见庄公兄弟五人,交给他们七千兵卒,命令他们讨伐西戎,把西戎打败了。周宣王于是再次赏赐秦仲的子孙,包括他们的祖先大骆的封地犬丘在内,一并归他们所有,任命他们为西垂大夫。青铜礼器"不其簋"对此有清楚记载。庄公居住在他们的故地西犬丘,生下三个儿子,长子叫世父。世父说:"西戎杀了我祖父秦仲,我不杀死戎王就决不回家。"于是率兵去攻打西戎,把继承人的位置让给他弟弟襄公。襄公做了太子。庄公在位四十四年去世,公元前777年,秦襄公继位。周幽王多次举烽火把诸侯骗来京师,以求褒姒一笑,诸侯们因此背叛了他。西戎的犬戎和申侯一起攻打周

---

① 李学勤:《清华简关于秦人始源的重要发现》,《光明日报》2011年9月8日。
② 司马迁:《史记·秦本纪》,上海古籍出版社2005年版。

朝,在郦山下杀死了幽王。秦襄公率兵营救周朝,作战有力,立了战功。周平王为躲避犬戎的骚扰,把都城向东迁到洛邑,秦襄公带兵护送了周平王。周平王封秦襄公为诸侯,赐给他岐山以西的土地。周平王说:"西戎不讲道义,侵夺我岐山、丰水的土地,秦国如果能赶走西戎,西戎的土地就归秦国。"平王与他立下誓约,赐给他封地,授给他爵位,秦国从此立国。秦襄公在这时才正式成为诸侯国的国君,跟其他诸侯国互通使节,互致聘问献纳之礼。又用黑鬣赤身的小马、黄牛、公羊各三匹,立西畤祭祀白帝。

秦国被周王封为诸侯,从宗教意义上看,秦国从此自信"受天之命",开始建立西畤祭祀白帝,从而为秦国奠定了创建五帝志业宗教的信仰基础;从政治意义上说,秦襄公虽然只是受命于周天子口头的封爵和封土,却使秦国具有了国家行动的政治合法性。其实,周初所封的诸侯,如齐、鲁、晋诸国,都是由此而发展起来的。在外交上,秦国可以列于诸侯之林,跟其他诸侯国互通使节,互致聘问献纳之礼,加入天下国际关系中去了。这一切的实现,前提是必须驱除西戎,实际占领周王封赐领土,秦国才能成为名副其实的诸侯国;同时,在诸侯争霸的斗争中,面临东方诸国的强大压力,秦国只有富国强兵,才能摆脱灭亡的命运。而这一切只有诉诸五帝志业宗教信仰,国家公利哲学思想,合理的政治制度,合理的经济制度,外交纵横捭阖的智慧,尤其是军事谋略和战争实力。从秦襄公被封为诸侯到秦始皇统一天下,秦国五百五十多年历史就是一部波澜壮阔的战争史! 秦国这五百多年的军事斗争史可以分为以下两个阶段:

春秋时期,秦国从公元前 770 年立国,到公元前 453 年秦厉共公二十四年,经历 327 年的军事斗争历史。此时,秦国领土东到黄河与晋国为邻,西北溯泾水与义渠为邻,东南接楚国,西南接巴蜀,秦国占有西部广大地区。这一成果,是在腥风血雨的战斗中取得的。秦襄公立国之后,立即带兵东证伐戎,收复失地。《诗经·秦风·小戎》《诗经·秦风·驷铁》对秦襄公"备其甲兵、以讨西戎",作了生动描述,并且对秦军车马之盛赞美有加。公元前 766 年,即秦襄公十二年,征伐西戎到达岐山,秦襄公不久即死。[①] 早在公元前 773 年,即秦襄公五年,周王室司徒郑桓公问周太史史伯:"姜、嬴其孰兴?"对曰:

---

"夫国大而有德者近兴,秦仲、齐侯,姜、嬴之隽也,且大,其将兴乎?"① 史伯认为,秦仲、齐侯是姜、嬴二姓的杰出人才,"国大而有德者",将来一定兴盛。这是周王室史伯对秦国历史的准确预测。秦国经过秦文公、秦宪公、秦出公、秦武公、秦德公几代人奋斗,从汧渭之会、平阳、雍城几经迁都,秦国终于征服部分西戎势力,占据了关中西部。从秦宣公、秦成公、秦穆公、秦康公、秦共公到秦桓公,尤其是,秦穆公选贤任能、施德于民、加强军备,使得秦国实力迅猛发展,已经征服了大部分戎族势力,占据了整个关中,并且把晋国势力逐出河西之地,实现了秦人要让子孙饮马黄河的理想。秦国在向东发展遇阻后,转而西进。据《史记》记载,"秦用由余谋伐戎王,益国十二,开地千里,遂霸西戎。天子使召公过贺穆公以金鼓。"② 此时,秦国成为春秋五霸之一。从秦景公、秦哀公、秦惠公、秦悼公、秦厉共公,先是齐楚争霸,再是晋楚争霸,秦国利用晋楚矛盾,联楚制晋,遏制了晋国西进的力量,始终保有秦穆公取得的河西之地。而且,当吴国攻入楚国郢都,秦国帮助楚国攻打吴国,使楚国避免了亡国之祸。据《史记·秦本纪》记载:"吴王阖闾与伍子胥伐楚,楚王亡奔随,吴遂入郢。楚大夫申包胥来告急,七日不食,日夜哭泣。于是秦乃发五百乘救楚,败吴师"。《左传》也记载:申包胥对秦伯"曰:'寡君越在草莽,未获所伏,下臣何敢即安。'立依于庭墙而哭,日夜不绝声,勺饮不入口七日。秦哀公为赋《无衣》,九顿首而坐。秦师乃出"。③《诗经·秦风·无衣》:"岂曰无衣,与子同袍。王于兴师,修我戈矛,与子同仇。岂曰无衣,与子同泽。王于兴师,修我矛戟,与子偕作。岂曰无衣,与子同裳。王于兴师,修我甲兵,与子偕行"。④ 秦国帮助楚国攻打吴国,证明此时秦国军事实力不俗。⑤

战国时期,秦国从公元前453年秦厉共公二十四年,到公元前221年秦王政二十六年统一全国,共计232年。秦国从秦厉共公、秦躁公、秦怀公、秦灵公、秦简公、秦惠公、到秦出公时代,国内由于贵族干政,公室衰弱,局势动荡不安,国外由于魏国霸业乍起,秦国力不能敌,痛失河西之地,退守到洛河西岸,

---

① 黄永堂:《国语全译·郑语》,贵州人民出版社1995年版。
② 司马迁:《史记·秦本纪》,上海古籍出版社2005年版。
③ 左丘明:《左传·定公》,杜预集解,上海古籍出版社1997年版。
④ 陈子展:《诗经直解·秦风·无衣》,复旦大学出版社1983年版。
⑤ 郭淑珍、王关成:《秦军事史》,陕西人民教育出版社2000年版。

修筑秦长城和重泉城防御魏国。穷则思变，秦国从秦献公、秦孝公开始变法图强，到秦惠文王、秦武王、秦昭襄王、秦孝文王、秦庄襄王时代，秦国实力大增，尤其是经过商鞅变法，秦国经历了一场军事革命。这场军事革命的成果之一，就是沉重打击了秦国的心腹之患魏国，收复了大部分河西失地。秦惠文王继位之后，杀害了商鞅，但秦国法治并没有败落。他继承其父秦孝公遗志，外联楚、韩、赵抗击魏国，收复全部河西上郡之地。他还向南征服了巴、蜀，向西征服了义渠，后又夺得楚国汉中之地，拥有了中国半壁河山，实现了商鞅变法富国强兵的理想。秦武王时期又夺得韩国战略要地宜阳，秦国从此可以进入中原，"入三川、窥周室"了！秦昭襄王利用各个诸侯国之间的矛盾，采取远交近攻或者近交远攻的灵活战略，向南方破楚入郢，迫使楚国迁都，从此楚国江河日下。向东方征伐韩国、魏国，迫使二国纳地于秦国，秦国由此深入中原腹地，联合韩、赵、魏助燕攻齐，齐国元气大伤。向北方赵国用兵，经过长平之战，坑杀赵国有生力量，从此赵国一蹶不振。最后，经过秦王政十年统一战争，消灭六国，郡县天下，完成了统一天下的霸王之业。[①]

所以，春秋战国时代，秦国发生了一次社会行动方式的转变：秦国抛弃了西周的德性信念伦理，取而代之的是讲求国家公利的责任伦理。这一伦理结构的转型，使得秦国区别于东方六国，成为不讲仁义，崇尚实力的"虎狼之国"。如果说春秋时代秦穆公其所以称霸，乃是由于早期儒家思想的影响，加之秦穆公的选贤任能，施德于民，重视军备所以能称霸西戎。那么，战国时代秦国经过商鞅变法，抛弃了西周的早期儒家思想，取而代之的是崇尚法治的法家哲学。秦人追求国家公利，讲究依法治国，强调通过"二柄"赏罚机制形成责任伦理。这一责任理论机制，推动了秦国军事力量的发展壮大。

秦国军事力量是如何发展壮大的呢？众所周知，在诸侯争霸的条件下，从事军事斗争，比农业生产更艰苦，更危险。那么，如何使人们不避艰险，奔赴战场英勇杀敌呢？商鞅主张乱世用重法，堵塞投机取巧的道路，使用重赏重罚，让人们认识到只有在战场英勇杀敌，才是取得富贵地位的唯一出路。商鞅说："民之外事，莫难于战，故轻法不可以使之。奚谓轻法？其赏少而威薄，淫道不塞之谓也。奚谓淫道？为辩知者贵，游宦者任，文学私名显之谓也。三者不

---

① 郭淑珍、王关成：《秦军事史》，陕西人民教育出版社2000年版。

塞,则民不战而事失矣。"① 意思是,人民的境外之事,没有比战争更危险的了。所以朝廷用轻法就不能驱使他们去作战。什么叫轻法呢?即奖赏不多、刑罚不重,淫逸的道路没有堵住。什么叫淫逸的道路呢?即是能言善辩之人尊贵,游宦求官的人任用,文学私名的人显赫。这三种途径若是不堵住,那么人民不肯出战,国家的战事就会失败。堵塞了投机取巧的"淫道",使得天下"利出一空",即只有通过军战才能得到富贵爵禄,如此,"边利尽归于兵,市利尽归于农。边利归于兵者强;市利归于农者富。"②

首先一种办法是奖赏。商鞅变法之后采用奖赏的办法就是军功爵制。商鞅在秦国已有爵级的基础上,确立了十八级军爵制,即一为公士,二上造,三簪袅,四不更,五大夫,六公大夫,七官大夫,八公乘,九五大夫,十左庶长,十一右庶长,十二左更,十三中更,十四右更,十五少上造,十六大上造,十七驷车庶长,十八大庶长,以后又增加了关内侯、彻侯,发展完善为二十级。《商君书》指出:"能得甲首一者,赏爵一级,益田一顷,益宅九亩。一除庶子一人,乃得入兵官之吏"。③《韩非子》也指出:"商君之法曰:'斩一首者爵一级,欲为官者为五十石之官;斩二首者爵二级,欲为官者为百石之官。'官爵之迁与斩首之功相称也"。④ 就是说商君新法规定:战争中斩敌人一颗首级,就可以赐爵一级,赏田一百亩,宅基地九亩,役使庶子一名,可以取得做官的资格。斩敌人一颗首级者,有可能担任俸禄为五十石的官职,斩敌人二颗首级者,有可能担任俸禄为一百石的官职,官爵升迁与斩首之功是对应的。《商君书·境内篇》、《云梦睡虎地秦墓竹简》对秦国的军爵制还有更明确记载。"军爵,自一级已下至小夫,命曰校徒操士。公爵,自二级已上至不更,命曰卒。其战也,五人束簿为伍;一人死,而到其四人。能人得一首,则复。五人一屯长,百人一将。其战,百将、屯长不得,斩首;得三十三首以上,盈论,百将、屯长赐爵一级。"⑤ 就是说,军队中的爵位,自一级以上至"小夫",称作"校徒操士"。朝廷的爵位,自二级以上至"不更"称作"卒"。在战争期间,五个人注在一个册

① 商鞅:《商君书·外内》,中华书局 2009 年版。
② 商鞅:《商君书·外内》,中华书局 2009 年版。
③ 商鞅:《商君书·境内篇》,中华书局 2009 年版。
④ 韩非:《韩非子·定法》,参看《二十二子》,上海古籍出版社 1986 年版。
⑤ 商鞅:《商君书·境内》,参见高亨:《商君书注译》,中华书局 1974 年版。

上,编成一伍。五个人中有一个人死亡,就加刑于其余四个人;如果四个人中有人能够获得一颗敌人首级,就恢复他们的身份。五个人设置一个"屯长"。一百个人设置一个"将"。战争的时候,"百将"和"屯长"没有获得敌人的首级,就杀死他;获得敌人的首级三十三颗以上,就满了朝廷所规定的数目,"百将"和"屯长"都赏赐爵位一级。《商君书·境内篇》还指出:"能攻城围邑斩首八千已上,则盈论;野战斩首二千,则盈论。吏自操及校以上大将,尽赏行间之吏也。故爵公士也,就为上造也。故爵上造,就为簪袅。故爵簪袅,就为不更。故爵不更,就为大夫。爵吏而为县尉,则赐虏六,加五千六百。爵大夫而为国治,就为官大夫。故爵官大夫,就为公大夫。故爵公大夫,就为公乘。故爵公乘,就为五大夫,则税邑三百家。故爵五大夫,就为庶长;故爵庶长,就为左更;故爵三更也,就为大良造——皆有赐邑三百家,有赐税三百家。爵五大夫有税邑六百家者,受客。大将御参,皆赐爵三级。故客卿相论盈,就正卿。"① 意思是,围攻敌国的城邑,军队能够斩敌人首级八千颗以上,就满了朝廷规定的数目。在野战中,军队能够斩敌人首级两千颗,就满了朝廷规定的数目。这样,官吏自"操士"和"校徒"以上至大将,都加赏赐。队伍的官吏,旧爵是"公士",升为"上造"。旧爵是"上造",升为"簪袅"。旧爵是"簪袅",升为"不更"。旧爵是"不更",升为"大夫"。旧爵是个小吏,升为"县尉",并赏赐六个奴隶,五千六百个货币。旧爵是"大夫",就让他掌管一种政务,升为"官大夫"。旧爵是"官大夫",升为"公大夫"。旧爵是"公大夫",升为"公乘"。旧爵是"公乘",升为"五大夫",就赏赐三百户的地税。旧爵是"五大夫",升为庶长。旧爵是庶长,升为左更。旧爵是三更,升为大良造。庶长三更及大良造,都赏赐三百户的封邑,还赏赐三百户的地税。有了六百户的地税和封邑,就可以养客。大将、车夫、骖乘都赏赐爵位三级。有人原来是"客卿"做了军佐,在满了朝廷规定的数目的情况下,就升为"正卿"。徐卫民认为,《韩非子·定法篇》所载的商君之法说:"斩一首者爵一级……斩二首者爵二级"是有条件的。这个条件就是斩杀敌人首级的数量必须超过己方战士伤亡的数目。如果己方战士的伤亡甚于敌方,非但不能论功行赏,反而要以律论罪。如果己方战士的伤亡人数与敌人的死亡相等,则功罪相当,不赏不罚。必须是己

---

① 　商鞅:《商君书·境内》,参见高亨:《商君书注译》,中华书局1974年版。

方斩杀敌人的数目超过己方的死亡人数,并在其中扣除了己方死亡人数后,才能依"斩一首者爵一级"的法规论功行赏。①

其次一种办法就是刑罚。商鞅变法之后采用另一种办法就是加重刑罚以及实行连坐责任制。人们不是怕吃苦、怕死吗?那么,还有比吃苦、死亡更为难受的处境,让你感觉到生不如死,相比之下还不如去上战场杀敌立功。这种办法就是加重刑罚以及实行连坐责任制。《商君书·外内篇》说:"赏多威严,民见战赏之多则忘死,见不战之辱则苦生。赏使之忘死,而威使之苦生,而淫道又塞,以此遇敌,是以百石之弩射飘叶也,何不陷之有哉?"② 意思是,赏赐多而刑罚严,人民见到战争的赏赐多就忘了死的危险;见到不参加战争受到的侮辱就害怕那样地活着。重赏使他们忘记死亡的危险,严刑使他们害怕被侮辱地活着,淫逸之路又被阻塞,用这种政策训练的战士去对付敌人,好比用百石的强弩射飘摇的树叶,能有射不透的吗?还有更厉害的什伍连坐制,通过什伍连坐制度,秦国把乡里组织和军旅组织变成连带责任的基层团队。按照《春秋》大义,"君子之善善也长。恶恶也短。恶恶止其身。善善及子孙。"(《春秋公羊传·昭公》)"恶恶止其身"即实行责任自负原则,惩罚所加,只是由犯有罪恶的个人承担法律责任,只要其他人没有罪过,就一律不受法律处罚。可是,在秦国,早在秦文公二十年,"法初有三族之罪",即自斩罪以上皆逮捕其父母、妻子、兄弟。商鞅变法则将秦国的这一固有法律制度普遍化,用来服务于秦国的农战政策:"令民为什伍,而相牧司连坐。不告奸者腰斩,告奸者与斩敌首同赏,匿奸者与降敌同罚。"(《史记·商鞅列传》)在第一次变法中,商鞅将秦国百姓重新编制,五户为一"伍",十户为一"什"。一户有罪,九家检举,否则十家连坐,军中也是如此。在战士与其家人之间也实行连坐制度,如果战士在军队里违犯军法,不仅自己难逃惩罚,其家人也受到牵连与之同罪。通过什伍连坐制,使每个人"行间无所逃,迁徙无所入"。商鞅说:"民之见战也,如饿狼之见肉,则民用矣。凡战者,民之所恶也。能使民乐战者王。强国之民,父遗其子,兄遗其弟,妻遗其夫,皆曰:'不得无返!'又曰:'失法离令,若死,我死。乡治之,行间无所逃,迁徙无所入。'行间之治,连以五,辨之

①  徐卫民:《军功爵制与秦社会》,《秦陵秦俑研究动态》2001 年第 4 期。
②  商鞅:《商君书·外内》,中华书局 2009 年版。

以章,束之以令。拙无所处,罢无所生。是以三军之众,从令如流,死而不旋踵。"① 意思是,民众看见打仗,就像饿狼看见了肉一样,那么,民众就被使用了。一般说,战争是民众讨厌的东西。能让民众喜欢去打仗的君主就可以称王天下。强大国家的民众,父亲送他的儿子去当兵,哥哥送他的弟弟去当兵,妻子送他的丈夫去当兵,他们都说:"不能得到敌人的首级,不要回来!"又说:"不遵守法律,违抗了命令,你死,我也得死,乡里会治我们的罪,军队中又没有地方逃,就是跑回家,我们要搬迁也没什么地方可以去。"军队的管理办法,是将五个人编成一个队伍,实行连坐,用标记来区分他们,用军令来束缚他们。逃走了也没有地方居住,失败了没有办法生存。所以,三军全体将士,听从军令就像流水一样,就是战死也不掉转脚跟向后退。如此什伍连坐制度,战士只能从令如流,冲锋陷阵,战死沙场也不敢逃跑。

正是商鞅变法之后的军事革命,使秦国的军队成为名副其实的虎狼之师,荀况比较了齐、魏、秦三国军队的战斗力,指出:"齐人隆技击,其技也,得一首者,则赐赎锱金,无本赏矣。是事小敌毳,则偷可用也,事大敌坚,则焕焉离耳,若飞鸟然,倾侧反复无日,是亡国之兵也,兵莫弱是矣,是其去赁市佣而战之几矣。魏氏之武卒,以度取之,衣三属之甲,操十二石之弩,负服矢五十个,置戈其上,冠胄带剑,赢三日之粮,日中而趋百里,中试则复其户,利其田宅,是数年而衰,而未可夺也,改造则不易周也,是故地虽大,其税必寡,是危国之兵也。秦人其生民也狭厄,其使民也酷烈,劫之以势,隐之以厄,忸之以庆赏,鳕之以刑罚,使天下之民所以要利于上者,非斗无由也。厄而用之,得而后功之,功赏相长也。五甲首而隶五家,是最为众强长久,多地以正,故四世有胜,非幸也,数也。"② 意思是,齐国人注重"技击"。对待那些"技击"取得一个敌人首级的,就赐给他八两黄金来赎买,没有战胜后所应颁发的奖赏。这种办法,如果战役小、敌人脆弱,那还勉强可以使用;如果战役大、敌人坚强,那么士兵就会涣散而逃离,像那乱飞乱窜的鸟一样,倾覆灭亡也就没有多久了。这是使国家灭亡的军队,没有比这更弱的军队了,这和那雇取佣工去让他们作战也就差不多了。魏国的"武卒",根据一定的标准来录取他们。那标准是:让他们穿上

① 商鞅:《商君书·画策》,中华书局 2009 年版。
② 荀况:《荀子·议兵》,参看《二十二子》,上海古籍出版社 1986 年版。

三种依次相连的铠甲,拿着拉力为十二石的弩弓,背着装有五十支箭的箭袋,把戈放在那上面,戴着头盔,佩带宝剑,带上三天的粮食,半天要奔走一百里。考试合格就免除他家的徭役,使他的田地住宅都处于便利的地方。这些待遇,即使几年以后他体力衰弱了也不可以剥夺,重新选取了武士也不取消对他们的周济。所以国土虽然广大,但它的税收必定很少,这是使国家陷于危困的军队啊!秦国的君主,他使民众谋生的道路很狭窄、生活很穷窘,他使用民众残酷严厉,用权势威逼他们作战,用穷困使他们生计艰难而只能去作战,用奖赏使他们习惯于作战,用刑罚强迫他们去作战,使国内的民众向君主求取利禄的办法,除了作战就没有别的途径;使民众穷困后再使用他们,得胜后再给他们记功劳,奖赏随着功劳而增长,得到五个敌人士兵的首级就可以役使本乡的五户人家。这秦国要算是兵员最多、战斗力最强而又最为长久的了,又有很多土地可以征税。所以秦国四代都有胜利的战果,这并不是因为侥幸,而是有其必然性的。根据荀子讲的历史事实可以看出,秦国人民的生命意志非常顽强,秦国法治赏罚制度、责任伦理规范的严明远远超过魏、齐等国,所以,魏、齐等国的军队根本不是秦国虎狼之师的对手:"故齐之技击,不可以遇魏氏之武卒;魏氏之武卒,不可以遇秦之锐士;秦之锐士,不可以当桓、文之节制;桓、文之节制,不可以敌汤、武之仁义;有遇之者,若以焦熬投石焉。兼是数国者,皆干赏蹈利之兵也,佣徒鬻卖之道也,未有贵上、安制、綦节之理也"。① 意思是,齐国的"技击"不可以用来对付魏国的"武卒",魏国的"武卒"不可以用来对付秦国的"锐士",秦国的"锐士"不可以用来对付齐桓公、晋文公那有纪律约束的军队,齐桓公、晋文公那有纪律约束的军队不可以用来抵抗商汤王、周武王的仁义之师;如果有抵抗他们的,就会像用枯焦烤干的东西扔在石头上一样。综合齐、魏、秦这几个国家来看,都是些追求奖赏、投身于获取利禄的士兵,这是受雇佣的人出卖气力的办法,并不讲尊重君主、遵守制度、极尽气节的道理。诸侯如果有谁能用仁义节操精细巧妙地来训导士兵,那么,一举兵就能吞并他们的敌国了。桓文之节制、汤武之仁义已成为过去,那是就软实力来说的。在战国诸侯争霸的现实环境中,就军事硬实力来说秦国由"锐士"组成的虎狼之师可以说是打遍天下无敌手了!历史不能假设,如果东方秦军的虎狼之师与

---

① 荀况:《荀子·议兵》,参看《二十二子》,上海古籍出版社1986年版。

西方罗马军团相遇的话，双方的装备和军人的士气，秦军也绝对不会输给对手的！

《战国策》记载了张仪对秦国军队的评价："秦带甲百余万，车千乘，骑万匹，虎挚之士，跿跔科头，贯颐奋戟者，至不可胜计也。秦马之良，戎兵之众，探前趹后，蹄间三寻者，不可称数也。山东之卒，被甲冒胄以会战，秦人捐甲徒裼以趋敌，左挈人头，右挟生虏。夫秦卒之与山东之卒也，犹孟贲之与怯夫也；以重力相压，犹乌获之与婴儿也。夫战孟贲、乌获之士，以攻不服之弱国，无以异于堕千钧之重，集于鸟卵之上，必无幸矣！"① 意思是，秦国带甲军人有百余万，战车千辆，战马万匹。虎挚之士，奔腾跳跃，高擎战戟，甚至不带铠甲冲入敌阵的不可胜数。秦国战马优良，士兵众多。战马探起前蹄蹬起后腿，两蹄之间一跃可达两丈四尺的，这样的战马多不胜数。崤山以东的诸侯军队，披盔戴甲来会战，秦军却可以不穿铠甲赤身露体地冲锋上阵，左手提着人头，右手抓着俘虏凯旋。由此可见，秦国的士兵与山东六国的士兵相比，犹如勇士和懦夫相比；用重兵压服六国，就像大力士乌获对付婴儿一般容易。用孟贲和乌获这样的勇士去攻打不驯服的弱国，无异于把千钧重量砸在鸟蛋上，肯定无一幸免！

从商鞅变法到秦始皇即位前一年，前后经过一百零九年的时间，秦国除了同若干残存的小诸侯国和西戎、巴、蜀、少数民族作战以外，同六国共作战六十五次，其中同魏国作战十六次，同楚国十四次，同赵国十三次，同韩国十二次，同齐国四次，同燕国二次，同六国或五国联军作战四次。获全胜的共五十八次，斩首一百二十九万，拔城一百四十七座，攻占的领土共建立了十四个郡。未获全胜或互有胜负的仅五次，败北的仅四次。② 这样强势的国家，这样强大的军队是何等气势！看来，秦国责任伦理主体追求富贵爵禄、追求国家公利、追求霸王之业的对象性本质力量完全被激发出来了！

## 第三节　秦国责任伦理对象的经济霸业

秦国责任伦理对象的经济霸业，表现在国家掌握最重要的生产要素，即实

---

①　刘向：《战国策·韩策》，缪文远等译注，中华书局 2006 年版。

②　徐卫民：《军功爵制与秦社会》，《秦陵秦俑研究动态》2001 年第 4 期。

行国家土地所有权。商鞅、韩非、管仲等提出"利出一空"的观点,把国家对经济命脉即土地所有权的控制,看成是保障君主最高政治统治权力最大化的基础。同时,通过鼓励人民开荒垦草以及实施国家授田制度,实行了国家土地所有权与农民生产经营权的二权分离。而且,由于垦草令的实施,国家将土地资源与人力资源作了合理配置,大幅度提高了农业劳动生产率。除了实行土地资源的国家所有权,商鞅变法还制定了"壹山泽"的制度,就是对出产在山泽的盐铁等经济资源实行国家专卖制度。《睡虎地秦墓竹简·秦律杂抄》中有"左采铁"、"右采铁"等名称,便是当时管理矿山开采的官名。还有主管冶炼的职官名称,说明当时冶铁煮盐都由国家经营,严禁私铸私煮。盐铁产品集中于官府手中之后,统一由官府组织流通。

### 一、秦国"利出一空"的国家土地所有权制度

秦国责任伦理对象的经济霸业表现在所有权上,是实行"利出一空"的国家土地所有权的制度。商鞅指出:"利出一空者,其国无敌;利出二空者,国半利;利出十空者,其国不守。重刑明大制,不明者六虱也。六虱成群,则民不用。是故兴国罚行则民亲,赏行则民利。行罚,重其轻者,轻者不至,重者不来,此谓以刑去刑,刑去事成。罪重刑轻,刑至事生,此谓以刑致刑,其国必削。"[①] 意思是,爵位利禄出自一个孔,那么国家就会无敌于天下;爵位利禄出自两个孔,那么国家只能得到一半的好处;爵位利禄出自多个孔,那么国家的安全就难保了。加重刑罚,能严明重要的法度;法度不严明,是因为有六种像虱子一样的东西作怪。六虱成群,那么民众就不会愿意被君主役使。因此兴盛的国家刑罚实行了,那么民众就会与君主亲近,奖赏实行了,民众就能被君主所利用。执行刑罚,如果加重刑于轻罪,那么,轻罪就不会产生,重罪不会出现,这叫做用刑罚来遏止刑罚,刑罚不用,而事业可成。如果重罪而加以轻刑,那么,刑罚都得使用,乱事随着产生,这叫做用刑罚招致刑罚,国家必削。与商鞅上述"利出一空"的观点相映照,张金光提出了"秦实行普遍的真正的土地国有制"之说,推翻了自汉代董仲舒以来学术史上一个约定俗成的大案——商鞅变法实行土地私有制说。张金光提出的依据有以下几点:

---

① 商鞅:《商君书·靳令》,中华书局 2009 年版。

其一，"秦国对全国土地拥有普遍的最高所有权，而个人对土地并没有超过占有权与使用权的水准而达到私有权的地步。商鞅变法后，秦一切土地所有权归国家。具体表现在：（1）国家政府直接控制经营着大量农业耕地、牧场、苑囿、山林川泽等项土地；（2）立足于土地国有制基础之上，实行多种类型的国家授田制（主要是小农份地制和扩大了的份地制即军功赐田制），私人占有和使用的土地来自国家。直到汉初，刘邦还重申秦由国家'行田宅'的旧规。'民'在国家重令诏许之下，才能得'复故爵田宅'；（3）在普遍国有制下，由国家重新'为田开阡陌封疆'，划定顷田界畔。国定田界受法律保护，私人不得移徙，踰越。'盗徙封'律条的设立，表明国家政府对一切土地（包括国营耕地和私人占有的土地）有干预和所有权"。

其二，"秦国掌握全国土地所有权，并且运用土地通过各种不同形式的田宅授赐制度，使作为主要生产资料的土地与直接生产者结合起来，以榨取直接生产者的剩余劳动或剩余生产物即地租。秦民租赋徭役负担的根据就是授田制，民获得一定份地是以纳租赋给徭役为条件的，秦的租赋徭役就是土地国有制下的实物地租与劳役地租的结合。秦民立户著籍，即可受田，受田即为士伍，而士伍则须服种种徭役。在强有力的土地国有制下，产生了建立在普遍授田制基础上的普遍兵役制。《商君书》中总是把'分田'与'出战卒'、'给刍食'相连，即可见授田制与租赋徭役制密切相关"。

其三，"秦国严格直接控制人民，以保证土地国有制下租税合一经济内容的实现。自春秋以降，随着村社的逐渐解体，人口流动性加大，但随着土地国有制的加强，人口流动被禁止了。《商君书·垦令》所提出的'使民无得擅徙'，是我们所知道的战国时代控制人口的第一个立法性的规定。"[①]

对上述国家土地所有制观点的直接证明，是近年考古出土的秦国文物资料。湖北云梦睡虎地秦墓竹简《封诊式·封守》作为查封财产文书的程式范例，记述了对"某里士伍甲"之家的查封情况，查封账目细致全面，连"门桑十木"、"牡犬一"都未遗漏，唯独没有土地。这说明当时土地是国家控制的，而不是像董仲舒所说的那样：秦国"用商鞅之法，改帝王之制，除井田，民得买

---

① 张金光：《试论秦自商鞅变法后的土地制度》，《中国史研究》1983 年第 2 期。

卖,富者田连仟伯,贫者亡立锥之地"。① 山东银雀山竹简《田法》、四川青川秦牍、甘肃天水放马滩秦简《日书》、湖北云梦龙岗秦简、张家山汉简、湘西里耶秦简,尤其是龙岗秦简等新出考古材料为"秦实行普遍的真正的土地国有制"的观点提供了直接证据,使许多预测推论得到了证实。

### 二、授田制下的土地所有权与农户自主经营权的二权分离

秦国责任伦理对象的经济霸业表现在经营权上,是秦国实行国家授田制,将土地分配到户,责任落实到人,由农户自主经营管理,提高农民生产的积极性。根据张金光先生考证,秦国的授田制遵循以下原则:

其一,国家授田是以户口为准,凡是在国版上正式立户通名的人都有权接受国家授予的田宅。秦国非常重视户籍管理,秦献公时"为户籍相伍",到秦孝公时"四境之内,丈夫女子皆有名于上,生者著,死者削。"② 秦国户籍制度日臻完善。有了户籍就可以实施"名田宅"制度,在国家户籍上有名者,普通庶民士伍即可获得国家授赐田宅。《秦律·田律》载:"入顷刍藁,以其受田之数,无垦不垦,顷入当三石,藁二石。"③ 实行授田制之后,秦国每个成年人可分到 100 亩土地。商鞅所制的亩步数比韩、赵等其他国家都大,规定 240 方步为一亩,即折今 41.7 亩,史称"商鞅田",又称为"秦田"。有军功爵者按照爵级还可以获得更多国家授赐的田宅。根据《商君书·境内》记载,"能得甲首一者,赏爵一级,益田一顷,益宅九亩。"④ 至于秦国哪一个等级的爵位获得多少田宅,史无明载。汉承秦制,1983 年在湖北荆州张家山 247 号汉墓出土的汉初《二年律令·户律》表明,汉初按六个等级授予田宅,第一至第四等级分别是侯爵(彻侯和关内侯)、卿爵(大庶长至左庶长)、大夫爵(五大夫至大夫)和小爵(不更至公士),第五级是无爵位的公卒、士伍和庶人,第六级是犯有轻罪的司寇和隐官。当时田宅的配授数量与一个人取得的国家功勋成正比,爵位越高,授给的田宅越多。上面说:"关内侯九十五顷,大庶长九十顷,驷车庶长八十八顷,大上造八十六顷,少上造八十四顷,右更八十二顷,中更八十顷,

---

① 班固:《汉书·食货志》,颜师古注,中华书局 2005 年版。
② 商鞅:《商君书·境内》,中华书局 2009 年版。
③ 《睡虎地秦墓竹简》,文物出版社 1990 年版,第 27 页。
④ 商鞅:《商君书·境内》,中华书局 2009 年版。

左更七十八顷,右庶长七十六顷,左庶长七十四顷,五大夫廿五顷,公乘廿顷,公大夫九顷,官大夫七顷,大夫五顷,不更四顷,簪袅三顷,上造二顷,公士一顷半顷,公卒、士五(伍)、庶人各一顷,司寇、隐官各五十亩……”又说:“宅之大方卅步。彻侯受百五宅,关内侯九十五宅,大庶长九十宅,驷车庶长八十八宅,大上造八十六宅,少上造八十四宅,右更八十二宅,中更八十宅,左更七十八宅,右庶长七十六宅,左庶长七十四宅,五大夫廿五宅,公乘廿宅,公大夫九宅,官大夫七宅,大夫五宅,不更四宅,簪袅三宅,上造二宅,公士一宅半宅,公卒、士伍、庶人一宅,司寇、隐官半宅。”根据军功爵授予田宅的制度,建立功勋多者可以多占有田宅,于是秦国产生了大批新的军功土地经营者,他们各自占有不同数量的土地;那些旧的封建宗法贵族如果没有战功,将会降低或失去原来的爵位,被迫将土地部分或全部交给国家。秦国废除宗法封建制度,将土地住宅资源与功勋、人力联系起来,激发了秦人农耕和军战的积极性。

其二,商鞅提出了制土分民,为国分田的“任地待役之律”,即计算人口和土地的数量,实行定量份地制。一夫百亩,使人力与土地的有机构成达到一个合理配比,务尽人力与地力,从而实现农业产出最大化。《商君书》指出:“凡世主之患,用兵者不量力,治草莱者不度地。故有地狭而民众者,民胜其地;地广而民少者,地胜其民。民胜其地者,务开;地胜其民者,事徕。开则行倍。民过地,则国功寡而兵力少;地过民,则山泽财物不为用。夫弃天物,遂民淫者,世主之务过也,而上下事之,故民众而兵弱,地大而力小。故为国任地者,山林居什一,薮泽居什一,溪谷流水居什一,都邑蹊道居什一,恶田居什二,良田居什四。此先王之正律也,故为国分田数小。亩五百,足待一役,此地不任也。方土百里,出战卒万人者,数小也。此其垦田足以食其民,都邑遂路足以处其民,山林薮泽溪谷足以供其利,薮泽堤防足以畜。故兵出,粮给而财有余;兵休,民作而畜长足。此所谓任地待役之律也。”① 意思是,现在一般国君的毛病在于使用军队,不衡量实力,耕垦荒地,不度量土地。有的国家土地狭小而人民众多,这是人民超过土地。有的国家土地广阔而人民稀少,这是土地超过人民。人民超过土地,就应该努力开辟土地。土地超过人民,就应该想法招徕人民。能够开辟和招徕,土地和人民就要加倍了。人民超过土地,国家功业就

① 商鞅:《商君书·算地》,中华书局2009年版。

少有发展,兵力也要薄弱。土地超过人民,山泽财物就不被人利用。抛弃天生的物资,放任人民的游荡,这是国君政事上的错误,然而上下人等都这样做,以致人民多而兵力弱,土地大而财力小。至于治理国家利用土地的比例:山林占十分之一,池泽占十分之一,河涧流水占十分之一,城市村庄道路占十分之一,坏田占十分之二,好田占十分之四。这是古代帝王的正确原则。治理国家,分配土地,每个农民有五百小亩,每年足以对待一次战役。这样,土地还够不上完全利用。方百里一个地区,出战士一万人,这个数目并不算大。这样办,耕垦的田足以供给人们的食粮,城市、村庄、道路足以供给人们的交通和居住,山林池泽河流足以供给人们的利用,池泽的堤坝足以贮藏水源。所以军队出征作战,粮米足而财物有余;军队休息时,人们都从事农耕,而积蓄常常丰裕。这就叫任地待役之律。

另外,秦国还制定了新的土地轮作制度,即制辕田:"孝公用商鞅,制辕田,开阡陌,东雄诸侯"。① 制辕田是解决授田制下各家各户土地好坏轮休的调整问题。"辕田"或"爰田"均为"换田"或"易田"之意。因土地有好坏、肥瘦之分,为了授得公平,打乱了原来各家的"疆畔",重新调整,按上中下三等分配,"上田,夫百亩;中田,夫二百亩;下田,夫三百亩。岁耕种者为不易上田,休一岁者为一易中田,休二岁者为再易下田。三岁更耕之,自爰其处"。② 授田之后,基本上不再做大的调整,关于土地休耕和轮作皆由各家自己安排,即"自爰其处"。

秦国在农业生产过程中对粮食作物的生产计算以及数字管理也非常具体。《云梦睡虎地秦墓竹简》记载有对农田降雨以及旱涝虫物伤害庄稼顷数的计算:"雨为澍,及诱(秀)粟,辄以书言澍稼、诱(秀)粟及狼(垦)田暘毋(无)稼者顷数。稼已生后而雨,亦辄言雨少多、所利顷数。旱及暴风雨、水潦、蚤虫、群它物伤稼者,亦辄言其顷数。近县令轻足行其书,远县令邮行之,尽八月□□之。"③ 意思是,在农田降雨时,必须书面报告得到浇溉的田地面积数字。遇到旱灾、水灾、虫害或其他自然灾害时,也必须报告受害田地的面

---

① 班固:《汉书·地理志下》,颜师古注,中华书局2005年版。
② 班固:《汉书·食货志》,颜师古注,中华书局2005年版。
③ 《云梦睡虎地秦墓竹简·秦律十八种·田律》,文物出版社1990年版。

积数字。上报材料，近县应由人徒步呈递，远县则交驿传递送，要在尚未秋收的八月以前送到。《云梦睡虎地秦墓竹简》还有对每亩农田施播种子数量的规定："种：稻、麻亩用二斗大半斗；禾、麦亩一斗；黍、荅（小豆）亩大半斗；叔（菽，大豆）亩半斗。利田畴，其有不尽此数者，可殴（也）。其有本者，称议种之"。①

国家所授之田的继承权问题，一般实行定期还授，根据年龄到一定时期具有劳动能力，则授田，到一定时期年老或者身没失去劳动能力，就要归还田地于国家。田宅继承必须经过国家认可。由于武爵、粟爵而获得田宅的人，如果身没绝户的，则归田宅于国家；有后代的，其继承也必须经过官方"定籍"才为合法占有，而且是降级继承。根据《二年律令·置后律》载："疾死置后者，彻侯后子为彻侯，其毋适（嫡）子，以孺子□□□子。关内侯后子为关内侯，卿后子为公乘，五大夫后子为公大夫，公乘后子为官大夫，公大夫后子为大夫，官大夫后子为不更，大夫后子为簪袅，不更后子为上造，簪袅后子为公士。"这里除彻侯、关内侯仍是世袭制外。其他级爵均为降级继承，从降九级到降二级不等，这样上造、公士的嫡长子只能进入庶民阶层。对于其他众子所继承的爵位就更低了，最高降级达十六级。《二年律令·傅律》规定："不为后而傅者，关内侯子二人为不更，它子为簪袅；卿子二人为不更，它子为上造；五大夫子二人为簪袅，它子为上造；公乘、公大夫子二人为上造，它子为公士；官大夫及大夫子为公士；不更至上造子为公卒。"对比爵级与授田宅数量，大庶长至左庶长有爵田90—74顷，而其后子只能继承20顷；五大夫有爵田25顷，但其后子只能继承9顷……正是继承权上大幅度的爵级削减，以及财产剥夺，消除了军功爵制度造成的政治经济方面新的世袭特权，保证了社会众民在土地经营和使用权上的相对平等。

### 三、秦国在货币金融、商业贸易中实现国家利益的最大化

秦国责任伦理对象的经济霸业还表现在对国际贸易中黄金与粮食交换价值的计算方面，通过经济贸易的商战，实现国家利益的最大化。商鞅提出："金生而粟死，粟生而金死。本物贱，事者众，买者少，农困而奸劝；其兵弱，国

① 《云梦睡虎地秦墓竹简·秦律十八种·仓律》，文物出版社1990年版。

必削至亡。金一两生于境内，粟十二石死于境外。粟十二石生于境内，金一两死于境外。国好生金于境内，则金粟两死，仓府两虚，国弱。国好生粟于境内，则金粟两生，仓府两实，国强。"①　意思是说，卖去粮谷，就取得金钱。买来粮谷，就花掉金钱。如果粮谷价格低廉，生产的人多，收买的人少，这样，农民就困苦，奸商就活跃，结果兵力必弱，国家必削，甚至灭亡。黄金一两输入国界以内，就有粮谷十二石输出国界以外。粮谷十二石输入国界以内，黄金一两就输出国界以外。国家喜欢金钱输入国界以内，那么，金钱和粮谷都要丧失，粮仓和金库就都要空虚，国家也就弱了。国家喜欢粮谷输入国界以内，那么，金钱和粮谷就都能获得，粮仓和金库就都充实，国家也就强了。商鞅对国际贸易有清楚地认识，从国家战略来看，在国际贸易中，一个国家光积蓄货币财富不行，必须有粮食等实体财富。谁控制了粮食等实体财富，就控制了所有人的生命活动：既可以控制本国人民生命的活动，也可以间接控制敌人生命的活动，用战争消灭敌人的有生力量。

秦国的经济霸业在货币控制方面有悠久的历史。何清谷先生指出：秦献公"初行为市"，就是在新都栎阳开始设立市场，设置市吏，管理市场贸易，征收市税。市税收是货币，这就需要秦国有自己铸币。秦孝公十四年"初为赋"，就是开始向全国人民征收口赋，秦国的口赋也征收的货币。《史记·秦始皇本纪》载：惠文王二年"初行钱"。秦惠王二年即周显王三十三年，公元前336年，这是货币史上一件大事，当时周天子去秦国"贺行钱"。司马迁还用互见法在《秦本纪》、《周本纪》、《六国年表》中对这件事作了记载，可谓不厌重复，浓墨重写。"初行钱"应是秦惠王开始铸造和发行圆形方孔半两钱，这是改进了的圜钱。它是秦国的一次货币革新，是商鞅变法的继续。据《史记·平准书》记载："及至秦，中一国之币为三等，黄金以镒名，为上币；铜钱识曰半两，重如其文，为下币。而珠玉、龟贝、银锡之属为器饰宝藏，不为币。然各随时而轻重无常。"②　据《云梦睡虎地秦墓竹简》载，秦国除黄金、铜钱之外，"布"也是一种货币。并规定："布袤八尺，福广二尺五寸。布恶，其广袤不如

---

① 商鞅：《商君书·去强》，中华书局2009年版。
② 司马迁：《史记·平准书》，上海古籍出版社2005年版。

式者,不行。"① 即布作货币用,一个单位必须长 8 尺,宽 2 尺 5 寸。如果尺寸或质量不符合标准,便不许流通。布与半两钱、金币之间有法定的比价:如"钱十一当一布"。如果称黄金为"上币",半两钱为"下币",布当然可称为"中币"。1 金即 1 镒,1 镒 20 两,20 两黄金可买粟 100 石,2 两买粟 10 石,1两买 5 石,可折半两钱 150 枚。由此可见,大约 1 两黄金的比价是 150 枚至360 枚半两钱。秦统一货币是个长期的历史过程。在统一战争中,每占领一地,同时就把秦国的货币推广到占领区。秦始皇统一中国后,运用中央集权的力量,重申圆形方孔半两钱为标准制钱,推行到全国各地,实现了中国古代铜铸币形状钱文的第一次统一。当时做得很认真,从出土的实物看,秦半两钱分布的地区,西至河西走廊,东到山东、江苏,北达内蒙古,南抵广州市,东北见于辽东半岛,西南伸进大渡河上游。这说明半两钱的流通已遍及全国,边远地区概莫能外。②

李学勤先生指出,秦国自商鞅变法以后,统一度量衡。著名的青铜器商鞅方升,就是商鞅制定的标准量器。商鞅方升的量值,与秦始皇时代的升相比,误差不到百分之一。当时的秦政府是怎样确保度量衡的统一和精确的,这一问题现在从秦律中找到了解答。《睡虎地秦墓竹简》简文说:"衡石不正,十六两以上,赀官啬夫一甲;不盈十六两到八两,赀一盾。甬(桶)不正,二升以上,赀一甲;不盈二升到一升,赀一盾。斗不正,半升以上,赀一甲;不盈半升到少半升,赀一盾。半石不正,八两以上;钧不正,四两以上;斤不正,三朱(铢)以上;半斗不正,少半升以上;参不正,六分升一以上;升不正,廿分升一以上;黄金衡赢(累)不正,半朱(铢)〔以〕上,赀各一盾。"③ "赀一甲"即罚缴一件铠甲,见于《韩非子·外储说右下》"秦昭王有病"章及其注。据睡虎地竹简,秦律中这种处罚有赀一盾、赀二盾、赀一甲、赀二甲和赀二甲一盾等等。这是度量衡器不符合标准时惩处主管官吏的法令,是贯彻统一度量衡的法律保证。④度量衡的统一,保证了货币金融、商业贸易秩序的稳定发展。

商鞅认为,要成为经济强国就必须对人口、粮食、金钱等十三个数目进行

---

①　《云梦睡虎地秦墓竹简·金布律》,文物出版社 1990 年版。
②　何清谷:《秦币探索》,《陕西师范大学学报》(哲社版)1996 年第 1 期。
③　《睡虎地秦墓竹简·效律》,文物出版社 1990 年版。
④　李学勤:《简帛佚籍与学术史》,江苏教育出版社 1993 年版。

精心计算,这样才能成就霸王之业。商鞅说:"强国知十三数:境内仓、府之数,壮男、壮女之数,老、弱之数,官、士之数,以言说取食者之数,利民之数,马、牛、刍藁之数。欲强国,不知国十三数,地虽利,民虽众,国愈弱至削。国无怨民曰强国。兴兵而伐,则武爵武任,必胜;按兵而农,粟爵粟任,则国富。兵起而胜敌,按兵而国富者,王"。① 意思是,经济强国要掌握十三个数目,就是境内粮仓和金库的数目,壮男和壮女的数目,老人和弱者的数目,官吏和学士的数目,靠言谈吃饭的人的数目,靠利润谋生的人的数目,马、牛、草料庄稼秸秆的数目。想要国家强,而不掌握这十三个数目,土地虽然好,人民虽然多,仍难免国家愈弱,以至于削。国内没有怨恨君主的人民,就叫做强国。兴兵去征伐别国,就按照人们战功的多少给他们爵位和官职,这样,必能战胜。按兵不动,从事农业,就按照人们捐粮的多少给他们爵位和官职,这样,国家就富。兴兵征伐能够战胜敌人,按兵不动国家能富裕,这样,就能成就霸王之业了。

## 第四节　秦国责任伦理对象的政治霸业

秦国责任伦理对象的政治霸业,是实现最高政治统治者的政治所有权,即王者所有权。秦国确立王者所有权,就是实行最高领袖所有权原则,废除贵族封建制,建立郡县官僚制。秦国确立了家产官僚制作为政治所有权的制度安排。秦国责任伦理对象的政治霸业的实施,关键在于"事在四方,要在中央。圣人执要,四方来效"。避免诸侯混战。同时,国家最高政治决策机构通过委托代理关系,实行最高领袖所有权与国家行政管理权的分离,使最高决策机构能够进行高效率的理性化决策。根据道格拉斯·诺思的制度变迁理论,国家的政治统治所有权是根本性的,最终是国家要对造成经济增长、停滞和衰退的产权结构的效率负责,因此国家理论必须对造成无效率产权的政治—经济单位的内在倾向作出解释,而且要说明历史中国家的不稳定性。② 诺思指出:一个制度框架的总体性稳定使得跨时间和空间的复杂交易成为可能。所以,确

---

① 商鞅:《商君书·去强》,中华书局 2009 年版。
② [美]道格拉斯·C.诺思:《经济史中的结构与变迁》,陈郁、罗华平译,上海三联书店、上海人民出版社 1994 年版,第 18 页。

定政治统治所有权的框架,对一个国家发展具有重要作用。秦国选择家产官僚制作为政治所有权的制度安排,对秦国霸王之业的发展起了重要作用。

### 一、秦国最高政治统治者所有权的最大化

秦国最高政治统治所有权,即王者的政治霸业问题,《吕氏春秋》用“兔子所有权”故事作了说明。“王也者,势也;王也者,势无敌也。势有敌则王者废矣。有知小之愈于大、少之贤于多者,则知无敌矣。知无敌则似类嫌疑之道远矣。故先王之法,立天子不使诸侯疑焉,立诸侯不使大夫疑焉,立适子不使庶孽疑焉。疑生争,争生乱。是故诸侯失位则天下乱,大夫无等则朝廷乱,妻妾不分则家室乱,适孽无别则宗族乱。慎子曰:‘今一兔走,百人逐之。非一兔足为百人分也,由未定。由未定,尧且屈力,而况众人乎?积兔满市,行者不顾。非不欲兔也,分已定矣。分已定,人虽鄙不争。’故治天下及国,在乎定分而已矣”。①　这段话的意思是说:所谓称王,凭惜的是权势。所以能称王,是权势无人与之抗衡。权势有人抗衡,那么称王的人就被废弃了。有知道小可以超过大、少可以胜过多的人,就知道怎样才能无人与之抗衡了。知道怎样才能无人与之抗衡,那么比拟僭越的事就会远远离开了。所以先王的法度是,立天子不让诸侯僭越,立诸侯不让大夫僭越,立嫡子不让庶子僭越。僭越就会产生争夺,争夺就会产生混乱。因此,诸侯丧失了爵位,那么天下就会混乱;大夫没有等级,那朝廷就会混乱;妻妾不加区分,那么家庭就会混乱;嫡子庶子没有区别,那么宗族就会混乱。慎子说:“如果有一只兔子跑,就会有上百人追赶它,并不是一只兔子足以被上百人分,是由于兔子的归属没有确定。归属没有确定,尧尚且会竭力追赶,更何况一般人呢?兔子摆满市,走路的人看都不看,并不是不想要兔子,是由于归属已经确定了。归属已经确定,人即使鄙陋,也不争夺。”所以治理天下及国家,只在于确定职分,明确政治统治所有权的界限罢了。

《商君书》还用“兔子所有权”的故事说明国家君主政治统治所有权确立之后,由君主确定法律命令的话语权最大化问题:“一兔走,百人逐之,非以兔可分以为百,由名分之未定也。夫卖兔者满市,而盗不敢取,由名分已定也。

---

① 　吕不韦:《吕氏春秋·慎势》,李双棣等译注,吉林文书出版社1986年版。

故名分未定,尧、舜、禹、汤且皆如骛焉而逐之;名分已定,贫盗不取。今法令不明,其名不定,天下之人得议之。其议,人异而无定。人主为法于上,下民议之于下,是法令不定,以下为上也。此所谓名分之不定也。夫名分不定,尧、舜犹将皆折而奸之,而况众人乎? 此令奸恶大起,人主夺威势,亡国灭社稷之道也。"① 意思是,一个兔子在野地跑,会有一百个人去追赶,并不是兔子可以分成一百份,乃是由于兔子属于谁的名分还未确定。出卖的兔子充满市场,而盗贼不敢夺取,这是由于兔子的名分已经确定。所以当事物的名分没有确定以前,尧、舜、禹、汤还要像奔马似的去追逐;在名分已经确定之后,穷苦的盗贼也不敢夺取。如果法令不明白,条文的含义不确定,天下人都要议论,他们的议论分歧,没有定案。国君在上面制出法令,人民在下面议论法令,这就是法令不确定,由人民代替国君来议定法令了,也就是所谓名分不确定了。名分不确定,尧、舜还要曲曲折折地违犯名分,何况一般人,这样就促使奸恶大起,国君失掉权威,乃是国家灭亡、社稷毁灭的道路。所以,国家政治统治的话语权必须统一,政出一门,法令必须出于王者,由最高决策机构制定统一的法律政令,以法治国、令行禁止。

秦国最高政治统治者所有权以及最高统治者话语权的确立,是通过在全国实行郡县制以逐步取代分封制而具体落实的。商鞅变法颁布了"集小都乡邑聚为县,置令、丞,凡三十一县。为田开阡陌封疆,而赋税平"的政令。② 商鞅变法开阡陌封疆,废除井田制,消灭分封制的经济基础,把全国的小都、小乡、小邑合并为县,设置县令和县丞,一共设立了三十一个县,在秦国普遍建立了郡县制。而县令、县丞全都由国君来任免,不得世袭。在县级政权以下还有乡、亭、里等地方机构,直至什伍编户最基层组织。这样就形成了从中央到地方,从最高层到社会最基层的行政管理网,传统的诸侯分权制度的范围逐渐缩小,全国的政治军事权力集中到了国家君主的手中,君主集权的政治体制在秦国正式确立起来。商鞅在提倡君主政治统治所有权的同时,又提出了对君主的政治要求:"国之所以治者三:一曰法,二曰信,三曰权。法者,君臣之所共

---

① 商鞅:《商君书·定分》,中华书局 2009 年版。
② 司马迁:《史记·商君列传》,上海古籍出版社 2005 年版。

操也；信者，君臣之所共立也；权者，君之所独制也。"① 三个要素中第一是法度，第二是执法的信用，第三是权柄。前两者由君臣所共操、共立，后者则要由君主独自掌握。君主一旦失掉了权柄，国家就有危险。政治统治所有权由君主独占，他人不得染指，避免了不必要的权力斗争。但是，围绕最高政治统治所有权问题，在秦国统一之后仍然争议不断，并且，最后以焚书事件断绝了儒生不同政见的根源。

公元前 221 年，即秦王政二十六年，秦国统一之初，"丞相绾等言：'诸侯初破，燕、齐、荆地远，不为置王，毋以填之。请立诸子，唯上幸许。'始皇下其议于群臣，群臣皆以为便。廷尉李斯议曰：'周文、武所封子弟同姓甚众，然后属疏远，相攻击如仇雠，诸侯更相诛伐，周天子弗能禁止。今海内赖陛下神灵一统，皆为郡县，诸子功臣以公赋税重赏赐之，甚足易制。天下无异意，则安宁之术也。置诸侯不便。'始皇曰：'天下共苦战斗不休，以有侯王。赖宗庙，天下初定，又复立国，是树兵也，而求其宁息，岂不难哉！廷尉议是。'分天下以为三十六郡，郡置守、尉、监。更名民曰'黔首'。大酺"。② 这段话意思是说：丞相王绾等进言说："诸侯刚刚被打败，燕国、齐国、楚国地处偏远，不给它们设王，就无法镇抚那里。请封立各位皇子为王，希望皇上恩准。"始皇把这个建议下交给群臣商议，群臣都认为这样做有利。廷尉李斯发表意见说："周文王、周武王分封子弟和同姓亲属很多，可是他们的后代逐渐疏远了，互相攻击，就像仇人一样，诸侯之间彼此征战，周天子也无法阻止。现在天下靠您的神灵之威获得统一，都划分成了郡县，对于皇子功臣，用公家的赋税重重赏赐，这样就很容易控制了。要让天下人没有邪异之心，这才是使天下安宁的好办法啊！设置诸侯没有好处。"始皇说："以前，天下人都苦于连年战争无止无休，就是因为有诸侯王。现在我依仗宗庙的神灵，天下刚刚安定，如果又设立诸侯国，这等于是又挑起战争。想要求得安宁太平，岂不困难吗？廷尉说得对。"于是把天下分为三十六郡。每郡都设置守、尉、监。改称人民叫做"黔首"。下令全国特许聚饮以表示欢庆。这件事在秦国上下是喜剧，政治上得到最高统治权的领袖欢喜，经济上得到土地所有权的军功地主也欢喜，可是，儒生不谙时

---

① 商鞅：《商君书·修权》，中华书局 2009 年版。
② 司马迁：《史记·秦始皇本纪》，上海古籍出版社 2005 年版。

势,拘泥于历史上的分封制度,反对郡县制,于是儒生的悲剧便发生了。

公元前 213 年,即秦始皇三十四年,据司马迁《史记》记载:"始皇置酒咸阳宫,博士七十人前为寿。仆射周青臣进颂曰:'他时秦地不过千里,赖陛下神灵明圣,平定海内,放逐蛮夷。日月所照,莫不宾服。以诸侯为郡县,人人自安乐,无战争之患,传之万世,自上古不及陛下威德。'始皇悦。博士齐人淳于越进曰:'臣闻殷、周之王千余岁,封子弟功臣自为枝辅。今陛下有海内,而子弟为匹夫,卒有田常、六卿之臣,无辅拂,何以相救哉?事不师古而能长久者,非所闻也。今青臣又面谀以重陛下之过,非忠臣。'始皇下其议。丞相李斯曰:'五帝不相复,三代不相袭,各以治,非其相反,时变异也。今陛下创大业,建万世之功,固非愚儒所知。且越言乃三代之事,何足法也?异时诸侯并争,厚招游学。今天下已定,法令出一,百姓当家则力农工,士则学习法令辟禁。今诸生不师今而学古,以非当世,惑乱黔首。丞相臣斯昧死言:古者天下散乱,莫之能一,是以诸侯并作,语皆道古以害今,饰虚言以乱实,人善其所私学,以非上之所建立。今皇帝并有天下,别黑白而定一尊。私学而相与非法教,人闻令下,则各以其学议之,入则心非,出则巷议,夸主以为名,异取以为高,率群下以造谤。如此弗禁,则主势降乎上,党与成乎下,禁之便。臣请史官非秦记皆烧之。非博士官所职,天下敢有藏《诗》、《书》、百家语者,悉诣守、尉杂烧之。有敢偶语《诗》、《书》者弃市,以古非今者族。吏见知不举者与同罪。令下三十日不烧,黥为城旦。所不去者,医药、卜筮、种树之书。若欲有学法令,以吏为师。'制曰:'可'。"① 这段话的意思是说:秦始皇在咸阳宫摆设酒宴,七十位博士上前献酒颂祝寿辞。仆射周青臣走上前去颂扬说:"从前秦国土地不过千里,仰仗陛下神灵明圣,平定天下,驱逐蛮夷,凡是日月所照耀到的地方,没有不臣服的。把诸侯国改置为郡县,人人安居乐业,不必再担心战争,功业可以传之万代。您的威德,自古及今无人能比。"始皇十分高兴。博士齐人淳于越上前说:"我听说殷朝、周朝统治天下达一千多年,分封子弟功臣,给自己当作辅佐。如今陛下拥有天下,而您的子弟却是平民百姓,一旦出现像齐国田常、晋国六卿之类谋杀君主的臣子,没有辅佐,靠谁来救援呢?凡事不师法古人而能长久的,还没有听说过。刚才周青臣又当面阿谀,以致加重陛下的过

① 司马迁:《史记·秦始皇本纪》,上海古籍出版社 2005 年版。

失,这不是忠臣"。始皇把他们的意见下交给群臣议论。丞相李斯说:"五帝的制度不是一代重复一代,夏、商、周的制度也不是一代因袭一代,可是都凭着各自的制度治理好了,这并不是他们故意要彼此相反,而是由于时代变了,情况不同了。现在陛下开创了大业,建立起万世不朽之功,这本来就不是愚陋的儒生所能理解的。况且淳于越所说的是夏、商、周三代的事,哪里值得取法呢?从前诸侯并起纷争,才大量招揽游说之士。现在天下平定,法令出自陛下一人,百姓当家就应该致力于农工生产,读书人就应该学习法律禁令。现在儒生们不学习当世的,却要效法古代的,以此来诽谤当世,惑乱民心。丞相李斯冒死罪进言:古代天下散乱,没有人能够统一,所以诸侯并起,说话都是称引古人为害当今,矫饰虚言扰乱名实,人们只欣赏自己私下所学的知识,指责朝廷所建立的制度。当今皇帝已统一天下,分辨是非黑白,一切决定于至尊皇帝一人。可是私学却一起非议法令,教人们一听说有命令下达,就各人根据自己所学加以议论,入朝就在心里指责,出朝就去街巷谈议,在君主面前夸耀自己以求取名利,追求奇异说法以抬高自己,在民众当中带头制造谤言。像这样却不禁止,在上面君主威势就会下降,在下面朋党的势力就会形成。臣以为禁止这些是合适的。我请求让史官把不是秦国的典籍全部焚毁。除博士官署所掌管的之外,天下敢有收藏《诗》、《书》、诸子百家著作的,全都送到地方官那里去一起烧掉。有敢在一块儿谈议《诗》、《书》的处以死刑示众,借古非今的满门抄斩。官吏如果知道而不举报,以同罪论处。命令下达三十天仍不烧书的,脸上刺字处以城旦之刑。所不取缔的,是医药、占卜、种植之类的书。如果有人想要学习法令,就以官吏为师。"秦始皇下诏说:"可以。"在焚书事件中,分封制被彻底否定,郡县制得到完全肯定。孙乾博分析认为,"焚书"事件的根本是由于秦国特殊农业形成的土地所有制,即土地属于国家与君主,与六国带有古代传统井田制色彩的农业土地所有制发生矛盾、冲撞的结果。① 与六国旧贵族分封制条件下分散的经济政治权力不同,秦国君主代表的官僚垄断地主集团追求经济政治利益最大化,其在组织形式上必然选择官僚层级管理的郡县制,并对非博士官所藏的,记载有贵族分封制文化的载体《诗》、《书》、百家语等统统付之一炬。柳宗元在《封建论》中指出:"秦之所以革之者,其为制,

---

① 孙乾博:《论秦国特殊农业对焚书事件的影响》,《兰台世界》2010 年第 12 期。

公之大者也；其情，私也，私其一己之威也，私其尽臣畜于我也。然而公天下之端自秦始"。① 柳宗元认为，秦国实行最高政治统治者所有权的最大化的郡县制度，表面上看是为了皇帝一己之私，其实，这正是人类实现天下为公的真正开端。最高政治统治者所有权的最大化的郡县制度，正是人类文明在世界历史进程中的"公之大者"。这是对秦国实行郡县制历史意义的充分肯定。秦国法家胜利了，郡县制胜利了，这是历史逻辑的自然选择。家产官僚制度下的郡县制相对于分封制是标志社会历史进步的制度，可是，在由郡县制产生的官僚—农民二元社会结构中，秦国官僚垄断地主集团的错误政策则为秦帝国埋下了失败的祸根。柳宗元明确指出"失在于政，不在于制"。就是说，秦国是失败在当时决策者的具体政策，而秦国确立的郡县制并没有错。②

### 二、最高领袖政治统治所有权与国家行政管理权的二权分离

秦国最高政治统治所有权以及最高统治者话语权的确立，还通过君主与臣僚之间的委托代理关系，实行了最高领袖政治统治所有权与国家行政管理权的二权分离。秦国最高政治统治者实施的一个重大政治措施就是在中央政府内确立了丞相制度。秦武王"二年，初置丞相，樗里疾、甘茂为左右丞相"。③虽然以前各国都有辅佐君王的卿相职位，但是，只有在秦国"丞相"才是一个正式官名，而且是秦国独立创造的一个官名。"丞相"这个名称，及其"掌丞天子，助理万机"④ 的特殊地位却是在秦国确立的。应劭说："丞者，承也；相，助也"，⑤ "相也者，百官之长也"。⑥ 丞相上承最高统治者君主的命令，领导百官管理整个国家的事情。这就和那些有三卿或者六卿执政的诸侯国显然不同。秦国创造并确立丞相制度的意义，在于完成了春秋战国以来政治制度的一个重大转变：以新的科层官僚制取代传统的世卿世禄制度，在君主与丞相管理班子之间建立了委托代理关系：作为国家最高政治领袖的君主与作为百官

---

① 柳宗元：《柳宗元集·卷三·封建论》，中华书局 1979 年版。

② 毛泽东：《读〈封建论〉赠郭老》："劝君少骂秦始皇，焚坑事业要商量。祖龙虽死秦犹在，十批不是好文章。百代都行秦王政，孔学名高实枇糠。熟读唐人《封建论》，莫从子厚返文王"。

③ 司马迁：《史记·秦本纪》，上海古籍出版社 2005 年版。

④ 班固：《汉书·百官公卿表》，颜师古注，中华书局 2005 年版。

⑤ 司马迁：《史记·秦本纪》，上海古籍出版社 2005 年版。

⑥ 吕不韦：《吕氏春秋·举难》，李双棣等译注，吉林文书出版社 1986 年版。

之长的丞相之间实际上建立了一种委托代理关系。君主称为委托人,丞相称为代理人。当君主授权于丞相的管理班子,丞相代表君主从事管理活动时,委托代理关系就发生了。从现代信息经济学的观点看,委托代理关系是一种涉及非对称信息的交易,信息的非对称性可以从两个角度划分,一是非对称发生的时间,二是非对称信息的内容。根据非对称发生的时间,非对称性可能发生在当事人签约之前,也可能发生在签约之后。研究发生在签约之前非对称信息博弈的模型称为逆向选择模型,研究事后非对称信息的模型称为道德风险模型。秦国的委托代理关系的特点,完全可以用现代信息经济学的原理加以分析。

　　秦国从商鞅变法之后对官僚的任免制度、俸禄分配制度进行了改革,实行恩赐制与功绩制相结合的激励机制,促使代理人行为符合委托人效用最大化的目标:恩赐制的主要特征在于,国家最高政治统治者可以凭意愿录用、辞退或提拔或惩罚丞相及其行政班子的官吏;而功绩制的显著特征是严格限制国家最高政治统治者凭意愿录用、辞退、提拔或惩罚其行政代理人的行为和能力,而主要是根据劳绩、资历、能力对官吏加以任用并给予相应的俸禄。秦国实行恩赐制与功绩制并用的激励机制,这是一种具有计算理性意义的制度安排。商鞅提出"壹赏",即官爵利禄一律按军功大小而定,没有军功者不能授官爵及相应利禄的政策。所谓"利禄、官爵抟出于兵,无有异施也"。① 即使宗室也不例外,"宗室非有军功论,不得为属籍。明尊卑爵秩等级,各以差次分田宅,臣妾衣服以家次。有功者显荣,无功者虽富无所芬华。"② 这就是秦国实行功绩制的具体表现。西周传统的世卿世禄制逐渐被废除。赵云旗先生指出,商鞅制定的爵制,从军士到彻侯凡因军功获取爵位者,都给予相应的官俸和待遇,爵位越高,俸禄和待遇就越优厚。如由吏升为县尉后,可得赏粮五千六百石。在官爵利禄一律按军功大小而定的制度下,旧领主贵族中无军功者纷纷失去爵位,就连宗室贵族中也有"毋爵者","无功"受禄的现象不复存在了,避免了传统世卿世禄世袭制度的弊病。③

　　所以,秦国郡县制度、丞相制度的确立,逐步废除了世卿世禄的宗法制度。

---

① 商鞅:《商君书·赏刑》,中华书局 2009 年版。
② 司马迁:《史记·商君列传》,上海古籍出版社 2005 年版。
③ 赵云旗:《秦国由弱变强与财政改革的关系》,《齐鲁学刊》1999 年第 3 期。

安作璋先生认为,秦国再不是鲁国三桓、晋国六卿那样的世袭制了,丞相不但不是世袭的,而且不是终身的。在秦国历史上,魏冉、范雎、蔡泽以及吕不韦、李斯等著名丞相,虽然都曾权倾一时,实际上功劳也很大,但是没有一个是老死于相位的,这是丞相制度本身决定的必然结果。秦国与其他各国还有一点不同之处,宋人洪迈曾经指出:"六国所用相,皆其宗族及国人,如齐之田忌、田婴、田文,韩之公仲、公叔,赵之奉阳、平原君,魏王至以太子为相。独秦不然,其始与之谋国以开霸业者,魏人公孙鞅也,其他若楼缓赵人,张仪、魏冉、范雎皆魏人,蔡泽燕人,吕不韦韩人,李斯楚人,皆委国而听之不疑,卒之所以兼天下者,诸人之力也。"① 其实秦国早有超越宗族以及国籍的限制而使用客卿的传统。李斯指出:"昔穆公求士,西取由余于戎,东得百里奚于宛,迎蹇叔于宋,来丕豹、公孙支于晋,此五子者,不产于秦,而穆公用之,并国二十,遂霸西戎。孝公用商鞅之法,移风易俗,民以殷盛,国以富强,百姓乐用,诸侯亲服,获楚、魏之师,举地千里,至今治强。惠王用张仪之计,拔三川之地,西并巴蜀,北收上都,南取汉中,包九夷,制鄢郢,东据成皋之险,割膏腴之壤,遂散六国之从,使之西面事秦,功施到今。昭王得范雎,废穰侯,逐华阳,强公室,杜私门,蚕食诸侯,使秦成帝业。"② 意思是,从前秦穆公招揽贤才,从西戎得到了由余,从东方楚国的苑地得到了百里奚,从宋国迎来了蹇叔,从晋国招来了丕豹、公孙支。这五个人都不生在秦国,而秦穆公重用他们,吞并了二十多个国家,称霸西戎。秦孝公采用商鞅的新法,移风易俗,人民因此殷实兴盛,国家因此富强,百姓们愿意为国家效力,其他国家也诚心归顺,击败了楚国、魏国的军队,攻取了千里土地,至今政治安定,国家强盛。秦惠王用张仪的计策,攻取了三川地区,向西又吞并了巴、蜀,向北占领了上郡,向南攻占了汉中,襄括九夷,控制鄢、郢,在东面占据了险要的成皋,割取了肥沃的土地,并进一步瓦解了六国的合纵联盟,使他们面向西方奉事秦国,功业一直延续到今天。秦昭王得范雎,废黜穰侯,驱逐华阳君,使公室强大,杜绝了私门权贵的势力,像蚕吃桑叶一般,逐渐吞并诸侯的土地,终于使秦国奠定了成就霸业的基础。从秦国超越宗族以及国籍的限制而使用客卿,可以发现秦人气度非凡! 秦国丞相制度的

---

① 洪迈:《容斋随笔·秦用他国人》卷二,吉林文史出版社 1994 年版。
② 司马迁:《史记·李斯列传》引李斯《上书谏逐客书》,上海古籍出版社 2005 年版。

正式设立虽然从秦武王开始,然而,商鞅在秦国主持变法,没有"相"的名号,只任大良造之职,职位仅在秦孝公一人之下,所以战国人谓"卫鞅亡魏入秦,孝公以为相"。① 商鞅死后,秦惠文王在国君之下设相,于秦惠文王十年(公元前 328 年)任张仪为相。从此直到秦国灭亡为止,先后担任秦相的人,初步考证有楼缓、金受、寿烛、杜仓、芈戎、甘茂、樗里疾、范雎、蔡泽、吕不韦、徐诜、昌平君、隗状、王绾、冯去疾、李斯、赵高等人。可见,秦国与六国的区别是非常明显的:秦国逐步废除了建立在血缘关系基础上的世卿世禄制,取而代之的是以能力、功勋为条件,以对法律制度信仰为基础的理性化的科层官僚制。这种科层官僚制度的实施,将人才资源的信任半径扩大到了嬴姓宗族血缘关系之外,扩大到了秦国地缘政治关系之外,吸引到了各国优秀人才,这是秦国战胜六国,成就霸王之业的重要制度原因。

随着秦国势力的扩张,最高政治统治所有权逐步集中于君主。在春秋时代,三卿或六卿共掌国政,权力相对分散;秦国实行丞相制度,掌权的人数少了,开始虽有左右两个丞相,实际是一正一副,有时甚至只有一个,权力集中了。在秦国历史上,丞相的权力很大,但是更重要的是,他必须是对上"掌承天子"。这正是"丞相"二字的含义所要求的,所以说是因为有君主政治统治所有权集中的要求,才选定了"丞相"这么一个名称。丞相的任免之权,完全操于君王之手,秦始皇之前的好几个秦王,想任命谁就任命谁,想废除谁就废除谁,毫无顾忌和阻碍。秦始皇更是如此,吕不韦的权力算是登峰造极,处于秦王"仲父"的特殊地位,秦始皇一声令下就免去了丞相职务,再给他一封书,就不得不"饮酖而死"。这就从根本上杜绝了西周春秋以来那种政出私门的现象,"三分公室"、"四分公室"的历史不能重演了。丞相制度的建立,反映了君主权力的加强,秦始皇时表现得最为明显。② 秦国责任伦理对象的政治霸业由此得以确立。

## 第五节　秦国责任伦理对象的外交霸业

秦国的外交霸业,就是在国际关系中运用政治、经济、军事、外交等手段,

---

① 刘向:《战国策·秦策》,缪文远等译注,中华书局 2006 年版。

② 安作璋、熊铁基:《秦汉官制史稿》,齐鲁书社 1984 年版。

追求秦国利益的最大化。从秦襄公立国到秦穆公称霸西戎,主要是与戎狄的军事和外交斗争,秦国在西方取得了千里疆土的巨大利益;从秦孝公用商鞅变法到秦惠王用张仪、司马错的外交谋略,秦国获得了魏国上郡十五县以及黄河西岸全部土地,并且为了整固秦国后方、消灭了西南的巴、蜀两国,获得了四川盆地丰厚的物质利益。此后,秦国势力进入中原,主要是运用合纵—连横谋略进行军事外交斗争:从秦昭王用范雎远交近攻外交谋略到秦始皇用尉缭、李斯等人提出的经济收买加军事攻击的外交策略,秦国终于扫平六国,统一天下,取得军事外交的最后胜利。军事外交胜利给秦国带来巨大的物质利益,实现了世代追求的霸王之业。秦国责任伦理对象的外交霸业主要表现在以下方面:

### 一、秦穆公用由余计谋霸西戎

秦国从周平王封秦襄公为诸侯开始受命立国,经过秦文公、秦宪公、秦武公、秦德公、秦宣公诸公的艰苦奋斗,秦的疆界不断东移西扩,终于在秦穆公时称霸西戎。秦穆公从公元前659年至公元前621年在位,他先用百里奚、蹇叔为谋臣击败晋国,俘虏晋惠公,灭梁、芮两国,取得军事外交胜利。但在崤之战被晋军袭击,大败,转而向西方发展。以后又用由余为谋臣征服了十二个戎狄小国。当时,西戎诸部落中较强的是绵诸(在今甘肃天水市东)、义渠(在今甘肃宁县北)和大荔(今陕西大荔东)。绵诸王听说秦穆公贤能,派了由余出使秦国。据《史记》记载:"由余,其先晋人也,亡入戎,能晋言。闻穆公贤,故使由余观秦。秦穆公示以宫室积聚。由余曰:'使鬼为之,则劳神矣。使人为之,亦苦民矣。'穆公怪之,问曰:'中国以诗书礼乐法度为政,然尚时乱,今戎夷无此,何以为治,不亦难乎?'由余笑曰:'此乃中国所以乱也!夫自上圣黄帝作为礼乐法度,身以先之,仅以小治。及其后世,日以骄淫。阻法度之威,以责督于下,下罢极则以仁义怨望于上,上下交争怨而相篡弑,至于灭宗,皆以此类也。夫戎夷不然:上含淳德以遇其下,下怀忠信以事其上;一国之政,犹一身之治;不知所以治,此真圣人之治也!'于是穆公退而问内史廖曰:'孤闻邻国有圣人,敌国之忧也。今由余贤,寡人之害,将奈之何?'内史廖曰:'戎王处辟匿,未闻中国之声。君试遗其女乐,以夺其志;为由余请,以疏其间;留而莫遣,以失其期。戎王怪之,必疑由余。君臣有间,乃可虏也。且戎王好乐,必怠于政.'穆公曰:'善!'因与由余曲席而坐,传器而食,问其地形与其兵势尽察,而后令内史廖以女乐二八遗戎王。戎王受而说之,终年不还。于是秦乃归由余。由余数谏不听,穆公又数使人间要由余,由余遂去降秦。穆公以客礼礼之,问伐戎之形。……三十七年,秦用由余谋伐戎王,益国十二,开地千里,遂霸西戎。天子使召公过贺穆公以金鼓。"① 意思是说,由余祖先是晋国人,逃亡到戎地,他还能说晋国方言。戎王听说秦穆公贤明,就派由余去观察秦国。秦穆公向他炫示了宫室和积蓄的财宝。由余说:"这些宫室积蓄,如果是让鬼神营造,那么就使鬼神劳累了;如果是让百姓营造的,那么也使百姓受苦了。"穆公觉得他的话奇怪,问道:"中原各国借助诗书礼乐和法律处理政务,还不时地出现祸乱呢,现在戎族没有这些,用什么来治理国家,岂不很困难吗!"由余笑着说:"这些正是中国发生祸乱的根源所在。自上古圣人黄帝创造了礼乐法度,并亲自带头贯彻执行,也只是实现了小的太平。到了后代,君主一天比一天骄奢淫逸。依仗着法律制度的威严来要求和监督民众,民众感到疲惫了就怨恨君上,要求实行仁义。上下互相怨恨,篡夺屠杀,甚至灭绝家族,都是由于礼乐法度这些东西啊!而戎族却不是这样。在上位者怀着淳厚的仁德来对待下面的臣民,臣民满怀忠信来侍奉君上,整个国家的政事就像一个人支配自己的身体一样,无须了解什么治理的方法,这才真正是圣人治理国家啊。"穆公退朝之后,就问内史王廖说:"我听说邻国有圣人,这将是对立国家的忧患。现在由余有才能,这是我的祸害,我该怎么办呢?"内史王廖说:"戎王地处偏僻,不曾听过中国的乐曲。您不妨试试送他歌舞伎女,借以改变他的心志。并且为由余向戎王请求延期返戎,以此来疏远他们君臣之间的关系;同时留住由余不让他回去,以此来延误他回国的日期。戎王一定会感到奇怪,因而怀疑由余。他们君臣之间有了隔阂,就可以俘获他了。再说戎王喜欢上音乐,就一定没有心思处理国事了。"穆公说:"好。"于是穆公与由余连席而坐,互递杯盏一块儿吃喝,向由余询问戎地的地形和兵力,把情况了解得一清二楚,然后命令内史王廖送给戎王十六名歌妓。戎王接受,并且非常喜爱迷恋,整整一年不曾迁徙更换草地,牛马死了一半。这时候,秦国才让由余回国。由余多次向戎王进谏,戎王都不听,秦穆公又屡次派人秘密邀请由余,由余于是离开戎王,投奔

---

① 司马迁:《史记·秦本纪》,上海古籍出版社 2005 年版。

了秦国。秦穆公以宾客之礼相待,对他非常尊敬,向他询问应该在什么样的形势下进攻戎族。……公元前 623 年即秦穆公三十七年,秦国采用由余的计谋打败了戎王,增加了十二个属国,开辟了千里疆土,终于称霸于西戎地区。周天子派召公过带着铖鼓等军中指挥用的器物去向秦穆公表示祝贺。从此,秦国疆界南至秦岭,西达狄道即今甘肃临洮,北至朐衍戎即今宁夏盐池,东边到黄河。史称"秦穆公霸西戎"。秦穆公在对西戎诸国外交上所用谋略与越国范蠡、文种的九术相似。范蠡、文种提出的九术策略,其唯一目标是为国家利益服务,而完全不考虑道德上的问题。九术包括:"一曰尊天事鬼以求其福;二曰重财币以遗其君,多货贿以喜其臣;三曰贵籴粟藁以虚其国,利所欲以疲其民;四曰遗美女以惑其心而乱其谋;五曰遗之巧工良材,使之起宫室以尽其财;六曰遗之谀臣,使之易伐;七曰强其谏臣,使之自杀;八曰君王国富而备利器;九曰利甲兵以承其弊"。① 当然,除了外交谋略,秦穆公霸西戎,还有诸多原因。孔子曾对这一问题提出自己的见解:齐景公问于孔子曰:"秦穆公其国小,处僻而霸,何也?"对曰:"其国小而志大,虽处僻而其政中,其举果,其谋合,其令不偷;亲举五羖大夫于系缧之中,与之语,三日而授之政,以此取之,虽王可也,霸则小矣。"② 意思是,齐景公向孔子问道:"秦穆公的国家小,地处偏僻却能成就霸业,为什么呢?"孔子回答说:"他的国家虽小,但他的志向远大,虽然地处偏僻,但他的政策适中。他办事果断,谋略得当,他的法令不随便制定和更改,他亲自将百里奚从牢狱中选拔出来,与百里奚交谈,三天后就授给他国政。按照这种治理国家的办法,就是成就王业也是可能的,称霸就算小的成就了。"秦穆公其所以能称霸,秦国的信仰体系、政治制度、经济制度、用人政策,都是重要条件,当然,秦国对东方诸国以及对西戎外交谋略的成功也起了巨大作用。

## 二、秦孝公用商鞅的外交策略削弱魏国

公元前 361 年即秦孝公元年,黄河和殽山以东有六个强国,齐威王、楚宣王、魏惠王、燕悼侯、韩哀侯、赵成侯并立。淮河、泗水之间有十多个小国。楚

---

① 赵晔:《吴越春秋·勾践阴谋外传》,张觉译注,贵州人民出版社 1993 年版。
② 刘向:《说苑·尊贤》,王锳、王天海译注,贵州人民出版社 1993 年版。

国、魏国与秦国接壤,魏国修筑长城,从郑县筑起,沿洛河北上,北边据有上郡之地;楚国的土地从汉中往南,据有巴郡、黔中。周王室衰微,诸侯用武力相征伐,彼此争杀吞并。秦国地处偏僻的雍州,不参加中原各国诸侯的盟会,诸侯们像对待夷狄一样对待秦国。秦孝公于是广施恩德,救济孤寡,招募战士,明确了论功行赏的法令,并向全国发布命令说:"昔我穆公自岐、雍之间,修德行武,东平晋乱,以河为界,西霸戎翟,广地千里,天子致伯,诸侯毕贺,为后世开业,甚光美。会往者厉、躁、简公、出子之不宁,国家内忧,未遑外事,三晋攻夺我先君河西地,诸侯卑秦,丑莫大焉。献公即位,镇抚边境,徙治栎阳,且欲东伐,复穆公之故地,修穆公之政令。寡人思念先君之意,常痛于心。宾客群臣有能出奇计强秦者,吾且尊官,与之分土。"① 意思是,从前,我们秦穆公在岐山、雍邑之间,实行德政,振兴武力,在东边平定了晋国的内乱,疆土达到黄河边上;在西边称霸于戎狄,拓展疆土达千里。天子赐予霸主称号,诸侯各国都来祝贺,给后世开创了基业,盛大辉煌。但是就在前一段厉公、躁公、简公、出子的时候,接连几世不安宁,国家内有忧患,没有空暇顾及国外的事,结果晋国攻夺了我们先王河西的土地,诸侯也都看不起秦国,耻辱没有比这更大的了。献公即位,安定边境,迁都栎阳,并且想要东征,收复穆公时的原有疆土,重修穆公时的政令。我缅怀先君的遗志,心中常常感到悲痛。宾客和群臣中有谁能献出高明的计策,使秦国强盛起来,我将让他做高官,分封给他土地。于是,商鞅来到秦国进行变法。

商鞅变法之后,为了收复河西失地,削弱魏国实力,伺机向东方扩张,秦国采用了联合齐国、赵国,拉拢楚国、韩国,孤立和打击魏国的外交策略。因为楚国、韩国都是魏国合纵中的伙伴,为了瓦解其合纵同盟,秦孝公五年秦国首先与楚国结成了姻亲关系。秦孝公十四年又与韩国达成和平协议。秦孝公二十一年,秦国与齐国、赵国结成伐魏的秘密同盟。第二年即公元前342年,三国同时进攻魏国。《竹书纪年》记载道:"二十七年五月,齐田朌伐我东鄙围平阳。九月,秦卫鞅伐我西鄙。十月,邯郸伐我北鄙。王攻卫鞅,我师败逋。"② 显然,秦、齐、赵三国在进攻魏国问题上确实已经达成默契。苏秦甚至说道,

---

① 司马迁:《史记·秦本纪》,上海古籍出版社2005年版。
② 《竹书纪年译注·显王》,张玉春译注,黑龙江人民出版社2003年版。

齐、魏马陵之战也全是商鞅从中挑拨的结果。商鞅运用尊魏为王的计谋还成功地离间了魏国与十二个诸侯国之间的关系。据《战国策》记载："卫鞅见魏王曰：'大王之功大矣，令行于天下矣。今大王之所从十二诸侯，非宋、卫也，则邹、鲁、陈、蔡，此固大王之所以鞭箠使也，不足以王天下。大王不若北取燕，东伐齐，则赵必从矣；西取秦，南伐楚，则韩必从矣。大王有伐齐、楚心，而从天下之志，则王业见矣。大王不如先行王服，然后图齐、楚。'魏王说于卫鞅之言也，故身广公宫，制丹衣柱，建九斿，从七星之旗。此天子之位也，而魏王处之。于是齐、楚怒，诸侯奔齐，齐人伐魏，杀其太子，覆其十万之军。"① 意思是，卫鞅往见魏惠王，大加称颂："我听说大王劳苦功高而能号令天下。可如今大王率领的十二家诸侯，不是宋国、卫国，就是邹国、鲁国、陈国、蔡国，大王固然可以随意加以驱使，然而就凭这些力量还不足以称王天下。大王不如向北联结燕国，东伐齐国，赵国自会服从；再联合西方的秦国，南伐楚国，韩国自会望风而服。大王有讨伐齐国、楚国的心愿且行事合于道义，实现王者之业的日子便不远了。大王自可顺从天下之志，加天子衣冠，再图齐国、楚国。"魏惠王听了，十分高兴，便按照天子的体制，修建了宏伟的宫殿，制作了天子才能穿着的丹帛服饰，还制作了画有青龙的九斿之旗、画有星宿的七星之旗。对魏惠王的妄自尊大、僭越天子之制的不轨行为，齐国、楚国君主十分愤怒，而各路诸侯也都投到齐国讨伐魏惠王的旗帜下面。公元前343年，齐国讨伐魏国，在马陵道上杀掉了庞涓，俘虏了魏太子申，消灭了十万魏国士兵。

魏国兵败马陵之后，实力遭受巨大损失。据《史记》记载，卫鞅告诉秦孝公："秦之与魏，譬若人之有腹心疾，非魏并秦，秦即并魏。何者？魏居岭厄之西，都安邑，与秦界河而独擅山东之利。利则西侵秦，病则东收地。今以君之贤圣，国赖以盛。而魏往年大破于齐，诸侯畔之，可因此时伐魏。魏不支秦，必东徙。东徙，秦据河山之固，东乡以制诸侯，此帝王之业也"。② 意思是，秦国和魏国的关系，就像人得了心腹疾病，不是魏国兼并了秦国，就是秦国吞并了魏国。为什么要这样说呢？魏国地处山岭险要的西部，建都安邑，与秦国以黄河为界而独立据有崤山以东的地利。形势有利就向西进犯秦国，不利时

① 刘向：《战国策·齐策》，缪文远等译注，中华书局2006年版。
② 司马迁：《史记·商君列传》，上海古籍出版社2005年版。

就向东扩展领地。如今凭借大王圣明贤能，秦国才繁荣昌盛。而魏国往年被齐国打得大败，诸侯们都背叛了他，可以趁此良机攻打魏国。魏国抵挡不住秦国，必然要向东撤退。一向东撤退，秦国就占据了黄河和崤山险固的地势，向东就可以控制各国诸侯，这可是统一天下的帝王伟业啊！于是，周显王二十七年，即公元前342年，秦孝公二十年九月，商鞅率兵征伐魏国，魏国派公子卬迎战。两军相拒对峙，卫鞅派人给魏将公子卬送来一封信，写道："我当初与公子相处的很快乐，如今你我成了敌对两国的将领，不忍心相互攻击，可以与公子当面相见，订立盟约，痛痛快快地喝几杯然后各自撤兵，让秦、魏两国相安无事"。魏公子卬认为卫鞅说得对。会盟结束，喝酒，而卫鞅埋伏下的士兵突然袭击并俘虏了魏公子卬，趁机攻打他的军队，彻底打垮了魏军后，押着公子卬班师回国。魏惠王的军队多次被秦国击溃，国内空虚，一天比一天削弱，就派使者割让河西地区奉献给秦国。魏国不得不离开安邑，迁都大梁。秦国实力大增，秦孝公得到周显王致伯。公元前334年，即周显王三十五年，齐国、魏国会于徐州相互称王，盖魏国已先称王，此时又承认齐国称王。在这种形势下，周天子复致文武胙于秦国，周王室试图与秦国联合起来以制约魏国、齐国。在这种情况下，秦国的地位得以突现出来。秦国频频受天子眷顾，也获得了霸主名义。北方形成齐、秦两国并霸局面。公元前328年，秦惠王命公子华和张仪率兵攻魏，占领了蒲阳即今山西永济北，魏国在秦军攻击下节节败退，为了求和，便将上郡的全部十五县，以及河西的少梁献给秦国。至此，黄河以西的地区即河西之地全部归秦国所有，从此魏国一蹶不振。

魏国为什么迅速衰落？魏国之兴在文侯之世，他重用贤者，礼敬士人，以子夏、段干木、田子方为师，文臣有李悝，武将有吴起。支持李悝实行政治改革，使魏国成为战国初期最强的国家，但魏文侯在外交上缺乏战略眼光，为了扩张领土，四面出击，把魏国变成四战之地，给未来埋下隐患。魏国之衰从魏惠王开始，他无其实而喜其名，依靠魏文侯打下的国力基础，率先称王，结果四面树敌，成为众矢之的。第一次是伐赵，被齐国派田忌、孙膑用计大败于桂陵；再一次是伐韩，又被田忌、孙膑大败于马陵；另一次是被商鞅率领秦国军队打败，尽失河西之地。孟子感叹"不仁哉，梁惠王也"！"梁惠王以土地之故，糜烂其民而战之，大败，将复之，恐不能胜，故驱其所爱子弟以殉之，是之谓以其所不爱及其所爱也"。① 意思是，梁惠王即魏惠王为了争夺土地，驱使他所不喜爱的百姓粉身碎骨去作战，吃了大败仗。准备再战，又怕不能取胜，便驱使他所喜爱的子弟去殉死。这就叫把他所不喜爱的祸害加给他所喜爱的人身上。这几次大败使魏国兵力耗尽，国力空虚。最后，魏安釐王的失策加速了魏国的灭亡。正如苏代所批评的"以地事秦，譬犹抱薪救火"，没有联合韩国抗击秦国，更是失策。由于缺乏对国际关系的计算理性，导致魏国军事外交全面失败。真是此消彼长，秦国外交霸业从此兴起。

### 三、秦惠王用司马错之策取巴蜀

公元前 316 年，苴国和蜀国相互攻打，分别到秦国告急。秦惠王要出动军队讨伐蜀国，又认为道路艰险狭窄，不容易到达。这时韩国又来侵犯秦国。秦惠王要先攻打韩国，然后再讨伐蜀国，恐怕有所不利；要先攻打蜀国，又恐怕韩国趁着久战疲惫之机来偷袭，犹豫不能决断。司马错主张秦国应该先去攻打蜀国，可是张仪却反对说不如先去攻打韩国。秦惠王说愿意听听他们各自的意见。据《战国策》记载：张仪"对曰：'亲魏善楚，下兵三川，塞轘辕、缑氏之口，当屯留之道，魏绝南阳，楚临南郑，秦攻新城、宜阳，以临二周之郊，诛周主之罪，侵楚、魏之地。周自知不救，九鼎宝器必出。据宝鼎，案图籍，挟天子以令天下，天下莫敢不听，此王业也。今夫蜀，西僻之国，而戎狄之长也，弊兵劳众不足以成名，得其地不足以为利。臣闻'争名者于朝，争利者于市。'今三川、周室，天下之市朝也。而王不争焉，顾争于戎狄，去王业远矣。'司马错曰：'不然，臣闻之，欲富国者，务广其地；欲强兵者，务富其民；欲王者，务博其德。三资者备，而王随之矣。今王之地小民贫，故臣愿从事于易。夫蜀，西僻之国也，而戎狄之长，而有桀、纣之乱。以秦攻之，譬如使豺狼逐群羊也。取其地，足以广国也；得其财，足以富民；缮兵不伤众，而彼以服矣。故拔一国，而天下不以为暴；利尽西海，诸侯不以为贪。是我一举而名实两附，而又有禁暴正乱之名。今攻韩劫天子，劫天子，恶名也，而未必利也，又有不义之名，而攻天下之所不欲，危！臣请谒其故：周，天下之宗室也；齐，韩、周之与国也。周自知失九鼎，韩自知亡三川，则必将二国并力合谋，以因于齐、赵，而求解乎楚、魏。以

---

① 孟轲：《孟子·尽心下》，参看《四书集注》，岳麓书社 1985 年版。

鼎与楚,以地与魏,王不能禁。此臣所谓危,不如伐蜀之完也。'惠王曰:'善!寡人听子。'卒起兵伐蜀,十月取之,遂定蜀。"① 意思是,张仪回答说:"我们先跟楚、魏两国结盟,然后再出兵到三川,堵住轘辕和缑氏山的通口,挡住屯留的孤道,这样魏国和南阳就断绝了交通,楚军逼近南郑,秦兵再攻打新城、宜阳,这样我们便兵临东西周的城外,惩罚二周的罪过,并且可以进入楚、魏两国。周王知道自己的危急,一定会交出传国的九鼎宝器。我们据有九鼎宝器,再按照地图户籍,假借周天子的名义号令诸侯,天下又有谁敢不听我们命令呢? 这才是霸王之业。至于蜀国,那是一个在西方边远之地,野蛮人当酋长的国家,我们即使劳民伤财发兵前往攻打,也不足以因此而建立霸业;臣常听人说:争名的人要在朝廷,争利的人要在市场,现在三川、周室,乃是天下的朝廷和市场,可是大王却不去争,反而争夺戎、狄等蛮夷之邦,这就距离霸王之业实在太远了"。司马错说:"事情并不像张仪所说的那样,据我所知:要想使国家富强,务必先扩张领土;要想兵强马壮,必须先使人民富足;要想得到天下,一定要先广施德政。这三件事都做到以后,那么天下自然可以获得。如今大王地盘小而百姓穷,所以臣渴望大王先从容易的地方着手。因为蜀国是一个偏僻小国,而且是戎狄之邦的首领,并且像夏桀、商纣一样紊乱,如果用秦国的兵力去攻打蜀国,就好像派狼群去驱逐羊群一样简单。秦国得到蜀国的土地可以扩大版图,得到蜀国的财富可以富足百姓;虽是用兵却不伤害一般百姓。并且又让蜀国自动屈服。所以秦国虽然灭亡了蜀国,而诸侯不会认为是暴虐;即使秦国抢走蜀国的一切财富珍宝,诸侯也不会以秦国为贪婪。可是我们只要做伐蜀一件事,就可以名利双收,甚至还可以得到除暴安良的美名。今天如果我们去攻打韩国,就等于是劫持天子了,这是一个千夫所指的恶名,而且也不见得能获得什么利益,反而落得一个不仁不义的坏名。干天下人不愿做的事情,实在是一件危险的事。这其中危险在于:周天子是天下的共主,同时齐国是韩国与周王室的友邦,周王室自己知道要失掉九鼎,韩国自己清楚要失去三川,这样两国必然精诚合作,共同联络齐国、赵国去解楚国、魏国之围,两国会自动地把九鼎献给楚国,把土地割让给魏国,这一切大王是不能制止的,这也就是臣所说的危险所在。因此,攻打韩国是失策,先伐蜀国才是万全之计。"秦惠

---

① 刘向:《战国策·秦策》,缪文远等译注,中华书局 2006 年版。

王说："好的！寡人听你的。"于是秦国就出兵攻打蜀,经过 10 个月的征讨,终于占领了蜀国。

公元前 316 年,秦国司马错灭掉蜀国,又乘胜攻灭了苴国和巴国。秦国取得巴蜀之后,秦惠王于公元前 314 年封蜀公子通为蜀侯,陈庄为相,张若为郡守,治理巴蜀地区,由于蜀地"戎伯尚强"(《华阳国志》),便从秦地移民万家,并以首都咸阳为样板,修筑成都城。在蜀地建立丝织、冶铁、煮盐等管理机构,即"锦官"、"盐铁市官并长丞",促进工商业经济发展,使秦国的巴蜀地区不断富强;同时,加强军备开拓西南疆域,"取笮及江南地。"(《华阳国志》)巩固了秦国西南、西北的大后方。所以,秦国取得巴蜀开拓了大片疆土,增加了大量人口资源,这里丰富的物产又为军事战略物资的需要提供了保障。更为重要的是,蜀地的江河直通楚国,强劲的秦国士兵乘着大船沿江而下,就可以直达楚国。正像后来张仪游说楚怀王所说的:"秦西有巴蜀,大船积粟,起于汶山,浮江而下,至楚三千余里。舫船载卒,一舫载五十人与三月之食,下水而浮,一日行三百余里,里数虽多,然而不费牛马之力,不至十日而距扞关。扞关惊,则从境以东尽城守矣,黔中、巫郡非王之有。秦举甲出武关,南面而伐,则北地绝。秦兵之攻楚也,危难在三月之内,而楚待诸侯之救,在半岁之外,此其势不相及也"。[①] 意思是,秦国拥有西方的巴郡、蜀郡,用大船装满粮食,从汶山启程,顺着江水漂浮而下,到楚国三千多里。两船相并运送士兵,一条船可以载五十人和三个月的粮食,顺流而下,一天可走三百多里,即使路程较长,可是不花费牛马的力气,不到十天就可以到达扞关。扞关形势一紧张,那么边境以东,所有的国家就都要据城守御了。黔中、巫郡将不再属于大王所有了。秦国发动军队出武关,向南边进攻,楚国的北部地区就被切断。秦军攻打楚国,三个月内可以造成楚国的危难,而楚国等待其他诸侯的救援,需要半年以上的时间,从这形势看来,根本来不及。所以,秦国得到巴蜀,秦国的虎狼之师可以从两面迂回进攻消灭楚国,楚国灭亡了,秦国的霸王之业就可以成功,天下就可以统一了。

**四、秦惠王用张仪之策进行合纵连横**

随着秦国军事、政治、经济实力的增强,便不断向东方扩张,引起了关东六

---

① 司马迁:《史记·张仪列传》,上海古籍出版社 2005 年版。

国的恐慌,六国开始联合以对抗秦国,秦国也开始组织统一战线进行反击。这就有了"合纵"与"连横"的国际关系以及外交战略。关于"合纵",就是"合众弱以攻一强"的意思,就好比组织群狼去攻击恶虎,历史上六国多次采用合纵战略挫败秦国的东扩势头;秦国也曾参加燕国与赵、楚、韩、魏的合纵联盟去挫败东方强大的齐国。关于"连横",就是"事一强而攻众弱"的意思,就好比豺狗配合恶狼共同去攻击羊群,历史上秦国曾试图与魏国连横抗击齐、楚等国的合纵;屈原也曾试图让楚国与齐国连横攻击秦国。在战国的形势下,六国曾数次运用合纵的策略,而秦国则用连横来攻击敌国。《战国策·赵二注》鲍彪谓:"从约者,天下之心,亦其势也。夫秦有吞天下之心,不尽不止。诸侯皆病之,而欲傧之,此其心也。同舟遇风,胡、越之相救,如手足于其头目,此其势也。以天下之心,行天下之势,如水之就下,孰能御之? 故谓之从。从者,从也,顺也。其所不可者,诸侯之心不一。夫其心不一者,非明计智算也,或见少利而相侵,或修小怨而相伐,或眩于名实而为横人之所恐喝。此张仪所以投隙而起。使诸侯之智少灵于连鸡,则秦人自保之不给,安能图并吞之举耶!"①这段话可以说是对合纵连横策略的缘起与利弊的具体说明。叶自成指出:苏秦、张仪都师从于鬼谷子门下,鬼谷子的谋略思想对他们两人的影响很大。苏秦、张仪都认为在实力相当的情况下,外交谋略是极其重要的,有时,它甚至会起到决定性的作用。鬼谷子的谋略思想是纵横外交战略学说的哲学基础。鬼谷子的谋略学说的思想精神就是强调在实力之外还有许多因素可以决定事情的成败,认为善于观察思考,找出妥善的谋略,抓住时机,决定利益的取舍,选择利益之所在,就能够发挥长处,补足短处。苏秦、张仪各自的合纵、连横战略是中国春秋战国时期的均势政策,而他们两人也是中国古代的均势大师。在战国时期,整个局势呈一超多强的格局。苏秦的合纵思想就是要联合六国以与秦国抗衡,建立起一种力量平衡,以此来求得六国的安全。而张仪则要以连横战略打破这种均势,使秦国吞并六国,统一天下。他们的结盟与反结盟的措施实际上都是要建立均势和打破均势,因此说他们是均势策略的大师。②

---

① 诸祖耿:《战国策集注汇考》中(增补本),凤凰出版社 2008 年版,第 952 页。
② 叶自成:《中国春秋战国时期的外交思想流派及其与西方的比较》,《世界经济与政治》
2001 年第 12 期。

公元前 328 年,秦国以张仪为相,公孙衍便离开秦国,做了魏国丞相,由此合纵的形势开始形成了。在公元前 318 年便有公孙衍发动的"五国伐秦"的合纵之举。参加"五国伐秦"的有魏、赵、韩、燕、楚五国,声势很大。当时曾推楚怀王为纵长,但是楚国和燕国并没有出兵,实际出兵的只有魏、赵、韩三国,当他们进攻到函谷关时,秦国出兵反击,三国联军于是纷纷退兵。次年,秦国派庶长樗里疾乘胜追击,一直进攻到韩邑修鱼,即今河南原阳西南,俘虏韩国将领申差,打败赵国公子渴,又打败韩国太子奂,斩首八万二千。

张仪为秦国用连横之策说服魏王,他首先以魏国在地理上处于"四战之国"的形势恐吓魏王说:"魏地方不至千里,卒不过三十万。地四平,诸侯四通,条达辐辏,无有名山大川之阻。从郑至梁,不过百里;从陈至梁,二百余里。马驰人趋,不待倦而至。梁,南与楚境,西与韩境,北与赵境,东与齐境,卒戍四方,守亭鄣者参列,粟粮漕庾不下十万。魏之地势固战场也。魏南与楚而不与齐,则齐攻其东;东与齐而不与赵,则赵攻其北;不合于韩,则韩攻其西;不亲于楚,则楚攻其南。此所谓四分五裂之道也"。① 意思是,魏国土地纵横不到一千里,士兵不过三十万。四周地势平坦,像车轴的中心,可以畅通四方的诸侯国,又没有名山大川的隔绝。从新郑到大梁不过百里,从陈国到大梁,只有二百多里。战车飞驰,士兵奔跑,没等用多少力气就已经到了。魏国的南边和楚国接境,西边和韩国接境,北边和赵国接境,东边和齐国接境,士兵驻守四面边疆,光是防守边塞堡垒和运送粮食的人就不少于十万。魏国的地势,本来就是个战场。假如魏国向南与楚国友善而不和齐国友善,那么齐国就会攻打你的东面;向东与齐国友善而不和赵国友善,那么赵国就会攻打你的北面;与韩国不合作,那么韩国攻打你的西面;不亲附楚国,那么楚国就会攻打你的南面;这就叫做四分五裂的地理形势啊。然后,张仪以魏国的国家安全利益劝勉魏王与秦国连横,他说:"为大王计,莫如事秦。事秦则楚、韩必不敢动。无楚、韩之患,则大王高枕而卧,国必无忧矣。"② 意思是,我替大王着想,不如侍奉秦国。如果您侍奉秦国,那么楚国、韩国一定不敢轻举妄动;没有楚国、韩国的外患,那么大王就可以高枕无忧,安心地睡大觉了,国家一定没有什么可以忧虑

---

① 刘向:《战国策·魏策》,缪文远等译注,中华书局 2006 年版。
② 刘向:《战国策·魏策》,缪文远等译注,中华书局 2006 年版。

的事了。张仪深知，魏国是秦国连横的关键，如果魏国服从了秦国，再去说服韩国、赵国，进而说服楚国，那么，东方合纵攻秦之策就不攻自破了。此后，秦国试图制服韩、赵、魏三国，连年用兵，迫使三国与秦国连横。

张仪为秦国用连横之策，去南方的楚国对楚怀王进行游说，拆散了齐楚的合纵同盟。据《战国策·秦策》记载："齐助楚攻秦，取曲沃。其后，秦欲伐齐，齐、楚之交善，惠王患之，谓张仪曰：'吾欲伐齐，齐楚方欢，子为寡人虑之，奈何？'张仪曰：'王其为臣约车并币，臣请试之。'张仪南见楚王，曰：'弊邑之王所说甚者，无大大王；唯仪之所甚愿为臣者，亦无大大王。弊邑之王所甚憎者，无大齐王；唯仪甚憎者，亦无大齐王。今齐王之罪，其于弊邑之王甚厚，弊邑欲伐之，而大国与之欢，是以弊邑之王不得事令，而仪不得为臣也。大王苟能闭关绝齐，臣请使秦王献商于之地，方六百里。若此，齐必弱，齐弱则必为王役矣。则是北弱齐，西德于秦，而私商于之地以为利也，则此一计而三利俱至。'楚王大说，宣言之于朝廷，曰：'不穀得商于之田，方六百里。'群臣闻见者毕贺，陈轸后见，独不贺。楚王曰：'不穀不烦一兵，不伤一人，而得商于之地六百里，寡人自以为智矣！诸士大夫皆贺，子独不贺，何也？'陈轸对曰：'臣见商于之地不可得，而患必至也，故不敢妄贺。'王曰：'何也？'对曰：'夫秦所以重王者，以王有齐也。今地未可得，而齐先绝，是楚孤也。秦又何重孤国？且先出地绝齐，秦计必弗为也。先绝齐，后责地，且必受欺于张仪。受欺于张仪，王必惋。是西生秦患，北绝齐交，则两国兵必至矣。'楚王不听，曰：'吾事善矣！子其弭口无言，以待吾事。'楚王使人绝齐，使者未来，又重绝之。"[①] 意思是，齐国帮助楚国进攻秦国，已经攻下了秦国的曲沃。秦国想要报仇进攻齐国，可是由于齐国、楚国是友好国家，秦惠王为此感到非常忧虑。于是，秦惠王就对张仪说："寡人想要发兵攻齐，无奈齐、楚两国关系正密切，请贤卿为寡人考虑一下怎么办才好？"张仪说："请大王为臣准备车马和金钱，让臣去南方游说楚王试试看！"于是，张仪去南方楚国见楚怀王说："敝国国王最敬重的人莫过于大王了，我做臣子，也莫过于希望给大王您做臣子；敝国所最痛恨的君主莫过于齐国，而臣张仪最不愿侍奉的君主莫过于齐王。现在齐国的罪恶，对秦王来说是最严重的，因此秦国才准备发兵征讨齐国，无奈贵国跟齐国缔结有军

①　刘向：《战国策·秦策》，缪文远等译注，中华书局 2006 年版。

事攻守同盟,以致使秦王无法好好侍奉大王,同时也不能使臣张仪做大王的忠臣。然而如果大王能关起国门跟齐国断绝邦交,让臣劝秦王献上方圆600里商于的土地。如此一来,齐国就丧失了后援,而必定走向衰弱;齐国走向衰弱以后,就必然听从大王号令。由此看来,大王如果能这样做,楚国不但在北面削弱了齐国的势力,而又在西南对秦国施有恩惠,同时更获得了商于600里土地,这真是一举三得的上策。"楚怀王一听,非常高兴,就赶紧在朝宣布:"寡人已经从秦国得到商于600里肥沃的土地!"群臣听了怀王的宣布,都一致向怀王道贺,唯独客卿陈轸最后晋见,而且根本不向怀王道贺。这时怀王就很诧异地问:"寡人不发一卒,而且没有伤亡一名将士,就得到商于600里土地,寡人认为这是一次外交上的重大胜利,朝中文武百官都向寡人道贺,偏只有贤卿一人不道贺,这是为什么?"陈轸回答说:"因为我认为,大王不但得不到商于600里,反而会招来祸患,所以臣才不敢随便向大王道贺。"怀王问:"什么道理呢?"陈轸回答说:"秦王所以重视大王的原因,是因为有齐国这样一个强大盟邦。如今秦国还没把土地割让给大王,大王就跟齐国断绝邦交,如此就会使楚国陷于孤立状态,秦国又怎会重视一个孤立无援的国家呢?何况如果先让秦国割让土地,楚国再来跟齐断绝邦交,秦国必不肯这样做;要是楚国先跟齐断交,然后再向秦国要求割让土地,那么必然遭到张仪欺骗而得不到土地。受了张仪的欺骗,以后大王必然懊悔万分;结果是西面惹出秦国的祸患,北面切断了齐国的后援,这样秦、齐两国的军队都将进攻楚国。"楚王不听从,说:"我的事已经办妥当了,你就闭口,不要再多说,你就等待寡人的吧!"于是楚怀王就派使者前往齐国宣布跟齐国断绝邦交,还没等第一个绝交使者回来,楚怀王竟急着第二次派人去与齐国绝交。

事情果然如陈轸所预料的,楚国与齐国断绝邦交之后,张仪便改口是以6里之地的许诺来激怒楚国,此时,秦国暗中联合齐国、韩国一起攻打楚国。据《战国策·秦策》记载:"张仪反,秦使人使齐,齐、秦之交阴合。楚因使一将军受地于秦。张仪至,称病不朝。楚王曰:'张子以寡人不绝齐乎?'乃使勇士往詈齐王。张仪知楚绝齐也,乃出见使者曰:'从某至某,广从六里。'使者曰:'臣闻六百里,不闻六里。'仪曰:'仪固以小人,安得六百里?'使者反报楚王,楚王大怒,欲兴师伐秦。陈轸曰:'臣可以言乎?'王曰:'可矣。'轸曰:'伐秦非计也,王不如因而赂之一名都,与之伐齐,是我亡于秦而取偿于齐也。楚国不尚全乎? 王今已绝齐,而责欺于秦,是吾合齐、秦之交也,国必大伤。'楚王不听,遂举兵伐秦。秦与齐合,韩氏从之。楚兵大败于杜陵。"① 意思是,张仪回到秦国之后,秦王就赶紧派使者前往齐国游说,秦国、齐国的盟约暗暗缔结成功。果然不出陈轸所料,当楚国一名将军去秦国接收土地时,张仪为了躲避楚国的索土使臣,竟然装病不上朝。得知此信,楚怀王说:"张仪以为寡人不愿诚心跟齐国断交吗?"于是楚怀王就派了一名勇士前去齐国骂齐王,张仪在证实楚国与齐国确实断交以后,才勉强出来接见楚国的索土使臣,说:"敝国所赠贵国的土地,是这里到那里,方圆总共是 6 里"。楚国使者很惊讶地说:"臣只听说是 600 里,却没有听说是 6 里"。张仪赶紧郑重其事的巧辩说:"我张仪在秦国只不过是一个微不足道的小官,怎么能说有 600 里呢?"楚国使节回国报告楚怀王以后,怀王大怒,就准备发兵去攻打秦国。这时陈轸走到楚王面前表示:"现在我可以说话了吗?"怀王说:"可以。"于是陈轸就很激动地说:"楚国发兵去攻打秦国,绝对不是一个好办法。大王实在不如趁此机会,不但不向秦国要求商于 600 里土地,反而再送给秦国一座大都市,目的是跟秦国连兵伐齐,如此或许可以把损失在秦国手里的再从齐国得回来,这不就等于楚国没有损失吗? 大王既然已经跟齐国绝交,现在又去责备秦国的失信,岂不是等于在加强秦、齐两国的邦交吗? 这样的话,楚国必受大害!"可惜楚怀王仍然没有采纳陈轸的忠谏,而是照原定计划发兵北去攻打秦国。秦、齐两国组成联合阵线,同时韩国也加入了他们的军事同盟,结果楚军被三国联军在杜陵打得惨败。

公元前 312 年楚怀王命令楚国大将屈匄(通"丐"。)率兵进攻秦国,面对楚怀王大兵压境,秦惠王曾使宗祝作《诅楚文》向"皇天上帝及丕显大神巫咸、大沈、久湫之光列威神"控诉楚王熊相(楚怀王)倍盟犯诅,"却划伐我社稷,伐灭我百姓"的罪恶意图,使得秦军的虎狼之师抗击楚军师出有名。秦国这时分三路出兵加以反击,东路由名将樗里疾统率,从函谷关进入韩国的三川地区,帮助韩国对围攻雍氏的楚将景翠进行反包围;中路由庶长魏章统率,从蓝田出发,经武关,到商于之地反击进攻的楚军。西路由甘茂统率,从南郑出发,向东进攻楚国的汉水流域,配合魏章一起攻取楚国的汉中。楚国大将屈匄与

---

① 刘向:《战国策·秦策》,缪文远等译注,中华书局 2006 年版。

秦国魏章率领的军队在丹阳展开的激战,结果楚军兵败杜陵,被斩首甲士达八万之多,屈匄等七十余将领被俘。接着魏章由此向西进攻,与西路向东进攻的甘茂所部会合,攻取了楚国汉中六百里地。东路樗里疾曾帮助魏章打败楚将屈丐,因而被封为严君,又帮助韩国反攻楚国景翠所部得胜,接着就向东进发,帮助魏国打败齐军于淮水一带,齐将声子战死,齐将匡章败走。樗里疾所统率的这支秦军穿越韩、魏二国,一直攻到魏国的东北边。楚怀王因汉中失守而大怒,再发大军袭秦,一度深入到蓝田,结果又大败。经过反复争夺,秦国军队占领了楚国汉中六百里并建立汉中郡,从此秦国本土与巴蜀连成一片,国家实力进一步壮大。

张仪对魏国、楚国的连横成功以后,又分别说服韩国、赵国、燕国、齐国与秦连横,六国合纵同盟攻秦的图谋被破坏了。李斯在《谏逐客书》中赞扬秦惠王用张仪之谋"散六国之从,使之西面事秦,功施到今"。但是张仪的连横是一种均衡外交,不能大量赢得土地,要兼并它国土地就要诉诸武力。所以,雄心勃勃的秦武王即位之后,对张仪的做法很不满意,张仪便离开秦国去魏国任相。东方各国听说秦武王不信任张仪,不愿再同秦国连横。张仪离开秦国以后,秦武王于公元前309年第一次设置"丞相"职位,任命樗里疾、甘茂为左右丞相,意欲对东方六国进行武力征伐。秦武王告诉甘茂说:"寡人欲容车通三川,窥周室,死不恨矣。"① 但要进入周王畿必须经过中原大国韩国,于是,在公元前308年使甘茂、庶长封率兵攻伐宜阳,公元前307年,拔韩国的宜阳,斩首六万,同时,攻取河对岸的武遂并在此筑城,秦国势力深入到中原,真的实现了张仪曾经说过的秦国霸王之业:"据九鼎,案图籍,挟天子以令天下,天下莫敢不听,此王业也。"② 由于秦武王孔武有力,十分喜欢力士,任鄙、乌获、孟说等力士皆被委以大官。公元前307年秦武王与孟说举鼎为戏,绝膑而死。此后秦国外交进入魏冉的蚕食外交策略。

### 五、秦昭王用魏冉连横合纵之策蚕食诸国

公元前307年,秦昭王即位,年仅20岁,本为楚人的宣太后主政,满朝文

① 司马迁:《史记·秦本纪》,上海古籍出版社2005年版。
② 刘向:《战国策·秦策》,缪文远等译注,中华书局2006年版。

武不少为宣太后亲族，经过平定一场庶长壮为首的诸公子内乱，秦国军政大权实际操于宣太后的同母异父弟魏冉之手。魏冉在外交上采用秦、楚两国联合的方针。公元前305年，秦昭王即位不久，就用厚礼贿赂楚国。楚国来秦国迎娶女子。公元前304年，秦昭王与楚怀王在黄棘订立盟约，秦昭王把楚国上庸归还给楚国。公元前303年，齐国、韩国、魏国以楚国与秦国联合而违背了合纵同盟为由，三国联合讨伐楚国。楚国让太子横到秦国当人质请求救助。秦国就派客卿通率军救助楚国，三国慑于秦的威力才率军离去了。公元前302年，韩、魏、秦三国在临晋会盟，表示休战。在秦国当人质的太子横与秦国一位大夫私下殴斗，楚国太子杀死了这位大夫逃回楚国，秦国、楚国关系因此交恶。

公元前301年，秦国和齐国、韩国、魏国共同攻打楚国，杀死楚国大将唐昧，攻下了楚国的重丘。公元前300年，秦国又攻打楚国，把楚军打得大败，杀死三万楚兵，杀死楚国将军景缺。公元前299年，秦国又攻打楚国，夺取了八座城市。在楚国节节败退之际，秦昭王给楚怀王送去一封国书，表示愿意修好，并约请楚怀王到武关结盟。求和心切的楚怀王不听劝阻贸然赴会，被秦国将军劫持到咸阳，秦昭王提出要楚国割让巫、黔中二地才放他回去。楚怀王提出先立盟约再割地，秦国不允。秦国对楚怀王的要挟并没有得逞。此时楚国另立了新君王对付秦国，秦昭王骑虎难下非常生气，派军出武关攻打楚国，把楚军打得大败，杀死楚国五万士兵，夺取了析邑等十五座城离开楚国。楚怀王试图逃跑，秦国封锁了通往楚国的道路，楚怀王由小路逃跑到赵国，赵国拒绝接纳，再逃跑到魏国，被秦国派兵捉回。秦国这种不讲仁义道德的背信弃义行为激怒东方国家，并给秦国在国际关系上惹来很大的麻烦。

公元前298年，齐国借机发起第二次合纵攻秦，参加的有魏、赵、韩，后来宋、中山也参加。六国合纵的联军攻破函谷关，秦国不得已割地求和，将河外的封陵归还给魏，将武遂归还给韩，六国合纵的联军才退走。公元前296年楚怀王病死于秦国。公元前295年，秦国免去楼缓相位，任用魏冉为丞相与楚国修好；齐国免去孟尝君相位，任用吕礼为相也与秦国修好。不过，秦国、齐国的暂时停战各有目的，齐国的目的是为了集中兵力攻击宋国，扩张自己的领土。秦国的目的是为了集中兵力攻击韩、赵、魏、楚等国，蚕食他们的土地。

公元前294年，即秦昭王十三年，秦国派向寿伐韩国，取武始，派白起攻新城。公元前293年，即秦昭王十四年，白起攻韩、魏二国联军于伊阙，斩首二十四万,虏公孙喜,拔五城。公元前 292 年,即秦昭王十五年,白起攻魏国,取垣城,又归还了。转而攻取原属楚国后属韩国的宛城,宛城是中原冶铁业重镇,具有重要经济意义。公元前 291 年,即秦昭王十六年,司马错率领另一支秦军攻取魏国的轵及邓。公元前 289 年,即秦昭王十八年,左更错重新攻取垣、河雍,决桥取之。

公元前 288 年,即秦昭王十九年,秦昭王曾在宜阳称西帝,又怕齐国反对,就派魏冉到齐国尊齐闵王为东帝,不久都又取消了帝号。秦昭王称帝美梦没有实现,却又给自己招来麻烦。在苏秦的鼓动下,以齐国为首的合纵联盟又活动起来。公元前 287 年,即秦昭王二十年,韩、赵、魏、燕、齐五国攻秦的合纵联盟便已经形成。可是,五国表面上一致,实际上却是各有打算:齐国的目的是攻宋,而苏秦的真实用意则是替燕国执行反间计划,联络赵、魏趁机攻齐,以报齐国公元前 314 年的灭燕之仇。赵、魏真心伐秦,却是有心无力。所以,五国伐秦大军在成皋只是徘徊、观望、叫嚷,并没有真的向秦国发起进攻就无功而退了。

公元前 287 年,即秦昭王二十年齐国联合五国合纵准备讨伐秦国。就在伐秦联军驻扎在成皋的时候,齐国就在暗地与秦国讲和,因为齐国当务之急是消灭宋国。在魏国活动的苏秦得知这一消息,就写信告诉了燕王,燕王就加紧联络三晋共同防范齐国。公元前 286 年,即秦昭王二十一年,齐国终于将宋国灭掉了。齐国的急剧扩张直接威胁到三晋和楚国的利益,于是,伐秦的联盟开始瓦解,联合伐齐的联盟开始酝酿:公元前 285 年,秦昭王与楚顷襄王在宛城相会,又与赵惠文王在中阳相会。公元前 284 年,秦昭王与魏王在宜阳会盟,与韩王在新城会盟。次年与楚王在鄢城会盟,又在穰城会盟。燕昭王也亲自与赵惠文王等国的君主会盟。在秦国实际操纵下,燕、赵、魏、韩、秦、楚等国合纵同盟正式形成。公元前 284 年,燕昭王任命乐毅为上将军,合纵同盟在燕国乐毅统一指挥下,六国数十万大军联合征讨齐国,齐国主将触子临阵脱逃,副将达子在抵抗中阵亡,齐国军队战败,齐湣王逃跑到了莒,为其相淖齿所杀。乐毅分魏国军队攻占旧宋国地,分赵国军队攻取河间,秦国军队攻取了定陶,后来封给了魏冉。乐毅自率燕军长驱直入,攻入齐都临淄,夺取了齐国所有的宝物,焚烧了齐国的宗庙宫室。齐国城池没有被攻下的,只有聊、莒和即墨三处,其余都隶属于燕国,达六年之久。后来在公元前 279 年,齐国将军趁燕国不备进行反攻,收复了失地。可是,复国之后的齐国已不是秦国的对手了。

秦国乘东方国家之乱,不断蚕食韩、赵、魏、楚等国土地。公元前286年,即秦昭王二十一年,左更错攻取魏国河内。魏国献安邑,秦国赶走城中的魏国居民,然后招募秦国人迁到河东地区定居,并赐给爵位,又把被赦免的罪人迁到河东。公元前285年,即秦昭王二十二年蒙武攻打齐国,在河东设置了九个县。公元前283年,即秦昭王二十四年秦国攻取魏国的安城,一直打到国都大梁,燕国、赵国援救魏国,秦军撤离。公元前282年,即秦昭王二十五年,秦国攻占赵国两座城。公元前281年,即秦昭王二十六年,赦免罪人,把他们迁往穰城。公元前280年,即秦昭王二十七年,左更错攻打楚国。赦免了罪犯并把他们迁往南阳。白起攻打赵国,夺取代地的光狼城。又派司马错从陇西出发,通过蜀地攻打楚国的黔中,攻占下来。公元前279年,即秦昭王二十八年,大良造白起进攻楚国,壅西山水为渠灌鄢,攻占了鄢城、邓城,赦免罪人迁往那里。这一年,秦昭王约赵惠文王在渑池相会,暂时修好,以便进攻楚国。公元前278年,即秦昭王二十九年,大良造白起进攻楚国,攻占了郢都,改为南郡,楚王逃跑了。公元前277年,即秦昭王三十年,蜀守张若进攻楚国,夺取巫郡和江南,设置黔中郡。公元前276年,即秦昭王三十一年,白起攻打魏国,攻占了两座城。公元前275年,即秦昭王三十二年,丞相穰侯魏冉进攻魏国,一直攻到大梁,打败暴鸢,杀了四万人,暴鸢逃跑了,魏国给秦国三个县请求讲和。公元前274年,即秦昭王三十三年,客卿胡阳进攻魏国的卷城、蔡阳、长社,都攻了下来。在华阳攻打芒卯,打败了他,杀了十五万人。魏国把南阳送给秦国请求讲和。公元前272年,即秦昭王三十五年秦国帮助韩国、魏国、楚国攻打燕国,开始设置南阳郡。公元前271年,即秦昭王三十六年,客卿灶进攻齐国,攻占了刚、寿两地,送给了穰侯魏冉。公元前270年,秦军两次逼近大梁,但没有达到消灭魏国的目的,因为魏国处于战略要冲,如果要灭魏国,燕、赵、韩等国必然相救。尤其是赵国实力尚强,不削弱赵国,消灭魏国就没有希望。秦国不断蚕食韩国、魏国、楚国的土地,即使一边与他们会盟,另一边也没有停止进攻的步伐。秦国在中原大地之所以能够耀武扬威,一个重要原因,先是齐国忙于伐宋,暂时无暇进行合纵对抗秦国;尔后是秦国暗中操纵下,燕国合纵攻击齐国的战争,齐国实力几乎丧失殆尽。所以,给了秦国不断蚕食列国一个良好战略机遇。

### 六、秦昭王用范雎之策实行远交近攻

公元前271年,即秦昭王三十六年,当时相国穰侯与客卿灶商议,要攻打齐国夺取刚、寿两城,借以扩大自己在陶邑的封地。公元前270年,即秦昭王三十七年,秦国进攻赵国的蔺、离石、祁三地,并已攻下,赵国派公子郜到秦国去做人质,请求献出焦、黎、牛狐三城,与秦国交换蔺、离石、祁。赵国背约,不献出焦、黎、牛狐三城。秦王大怒,派胡易出兵讨伐赵国,进攻阏与。赵将赵奢领兵援救。魏国派公子咎带领精锐部队驻扎在安邑,两面夹攻秦军。在阏与大败秦军,秦军返回,又进攻魏将魏几。赵将廉颇救援魏几,大败了秦军。阏与之败,秦国终不能逞志于赵国。这时,有个魏国人叫范雎自称张禄先生,讥笑穰侯竟然越过韩、魏等国去攻打齐国。他趁着这个机会通过秦国的谒者王稽进见秦昭王,提出"远交近攻"之策,并阐明宣太后在朝廷内专制,穰侯在外事上专权的事实。这使秦昭王幡然醒悟,就准备免掉穰侯魏冉的相国职务,任用范雎为相。据《战国策》记载:"雎曰:'大王越韩、魏而攻强齐,非计也。少出师,则不足以伤齐,多之,则害于秦。臣意王之计欲少出师而悉韩、魏之兵,则不义矣。今见与国之不可亲,越人之国而攻,可乎?疏于计矣!……此所谓借贼兵而赍盗食也。王不如远交而近攻,得寸则王之寸,得尺亦土之尺也。今舍此而远攻,不亦谬乎?……今韩、魏,中国之处,而天下之枢也。王若欲霸,必亲中国而以为天下枢,以威楚、赵。赵强则楚附,楚强则赵附。楚、赵附则齐必惧,惧必卑辞重币以事秦;齐附,而韩、魏可虚也。'王曰:'寡人欲亲魏,魏,多变之国也,寡人不能亲。请问亲魏奈何?'范雎曰:'卑辞重币以事之。不可,削地而赂之。不可,举兵而伐之。'"① 意思是,范雎说:"大王越过韩、魏的国土去进攻齐国,这不是好的计谋。出兵少了,并不能够损伤齐国;多了,则对秦国有害。臣揣摩大王的计谋,是想本国少出兵,而让韩、魏两国全部出兵,这就不相宜了。如今明知盟国不可以信任,却越过他们的国土去作战,这可以吗?显然是疏于计算了!"范雎说:"这就是所说的借给强盗兵器而资助小偷粮食啊!大王不如采取远交近攻的策略,得到寸土是王的寸土,得到尺地是王的尺地。如今舍近而攻远,这不是个错误吗?"范雎说:"如今韩国、魏国的形势,居各诸侯国的中央,是天下的枢纽。大王如果想要成就霸业,一定先要亲

---

① 刘向:《战国策·秦策》,缪文远等译注,中华书局2006年版。

近居中的国家而用它做天下的枢纽,来威胁楚国和赵国。赵国强盛,那么楚国就要归附秦国;楚国强盛,那么赵国就要归附秦国。楚、赵都来归附秦国,齐国一定恐慌,齐国恐慌肯定会卑下言辞,加重财礼来服侍秦国。如果齐国归附,那么对韩国、魏国就有虚可乘了。"秦王说:"寡人本想亲睦魏国,但魏国的态度变幻莫测,寡人无法亲善它。请问怎么办才能亲善魏国呢?"范雎说:"用卑下的言辞,加重财礼来服侍它;这样不行,就割地贿赂它;这样还不行,就起兵来攻伐它。范雎的建议被秦昭王采纳,并拜范雎为客卿。范雎认为,魏冉"越韩、魏而攻强齐"的外交战略是错误的,秦国应该在外交上先从与秦国接邻的韩国、魏国等实力相对较弱的国家开始,采取经济贿赂或军事进攻的办法逐步兼并这些诸侯国,这是"近攻";对齐国、楚国、赵国等秦国一时无力顾及的国家应采取安抚拉拢的办法,用重金贿赂或军事压力使他们保持中立,这是"远交"。这样秦国攻取的韩、魏等国的土地马上就能与秦本土连成一片,使"尺寸之地皆入于秦。"范雎还提出了"毋独攻其地而攻其人"即在战争中不能仅仅夺取土地,还要着重消灭敌人有生力量的策略。

公元前 268 年,秦国派五大夫绾率兵伐魏国,攻取魏国的怀城;公元前 266 年,攻取魏国的刑丘。范雎的外交策略取得初步胜利,秦昭王就以范雎取代魏冉为秦国丞相。公元前 265 年,即秦昭王四十二年开始,秦国发兵攻韩国的少曲、高平,拔之。公元前 264 年,即秦昭王四十三年,秦又派大将白起攻韩国的陉城,拔五城、斩首五万级。公元前 263 年,即秦昭王四十四年,白起又率兵攻太行山以南地区。秦国对魏国、韩国不断扩大的蚕食引起了赵国的不安,于是秦国与赵国发生战略冲突。

公元前 262 年,即秦昭王四十五年,五大夫贲攻打韩国,攻下了十座城。公元前 260 年,即秦昭王四十七年,秦国攻打韩国的上党,上党却投降了赵国,赵国接受了上党并封冯亭为华阳君,秦国因此派王龁率兵向上党进攻,赵国派老将廉颇驻守长平,两军相持不下。《史记》记载:"七年,秦与赵兵相距长平,时赵奢已死,而蔺相如病笃,赵使廉颇将攻秦,秦数败赵军,赵军固壁不战。秦数挑战,廉颇不肯。赵王信秦之间。秦之间言曰:'秦之所恶,独畏马服君赵奢之子赵括为将耳。'赵王因以括为将,代廉颇"。① 意思是,秦军与赵军在长

---

① 司马迁:《史记·廉颇蔺相如列传》,上海古籍出版社 2005 年版。

平对阵，那时赵奢已死，蔺相如也已病危，赵王派廉颇率兵攻打秦军，秦军几次打败赵军，赵军坚守营垒不出战。秦军屡次挑战。廉颇置之不理。赵王听信秦军间谍散布的谣言。秦军间谍说："秦军所厌恶忌讳的，就是怕马服君赵奢的儿子赵括来做将军。赵王因此就以赵括为将军，取代了廉颇。秦国用反间计使赵国用赵括代替廉颇，秦国立即以武安君白起为上将军，以王龁为尉裨将。赵括统军后轻易出击，秦军佯装败走，暗地埋下伏兵。秦国奇兵二万五千人绝赵军后方，又一军五千骑绝赵军壁间，赵军被一分为二，粮道断绝。而秦国不断出轻兵进行袭击。赵军筑壁坚守，等待救兵。秦昭王闻赵军粮道断绝，他亲自到河内，封给百姓爵位各一级，征调十五岁以上的青壮年全部集中到长平战场，拦截赵国的救兵，断绝他们的粮食。到了九月，赵国士兵断绝口粮四十六天，军内士兵们暗中残杀以人肉充饥。白起采取迂回、运动的战略战术，在长平大败赵军，除了留下年幼的240人归赵，白起用欺诈之术把40多万降卒全都活埋。长平之战赵军总共45万余人被杀，秦军死亡也超过一半。秦军取得长平之战的胜利，但是，由于范雎与白起之间的矛盾，并没有一举消灭赵国。公元前259年，即秦昭王四十八年，秦昭王听取了范雎的建议"罢兵"，让韩国向秦国献出垣雍，赵国献出六座城邑便讲和了。可是，得到喘息之后的赵国并没有献出六城，而是联合齐国、魏国、楚国在公元前257年，即秦昭王五十年，与秦国在邯郸城下展开大战，王龁率军败逃，郑安平率军投降，秦军大败。公元前256年，即秦昭王五十一年秦国将军摎进攻韩国，取阳城、负黍，斩首四万；又进攻赵国，取十二县，斩首虏九万。西周君与诸侯联合出伊阙进攻秦国，使得秦国与阳城之间的交通被阻断。秦国于是派将军摎进攻西周。西周君入秦，献其邑三十六，人口三万，与九鼎宝器，周赧王卒，周不再称王。史家遂以秦纪年。这时，秦国驻守河东的王稽却暗中"与诸侯通"，在魏楚联军攻击下，河东和太原郡失守。郑安平、王稽均为范雎保任，秦法规定"任人而所任不善者，各以其罪罪之"，范雎因此而受到牵连。不过，秦国继续采用"远交近攻"的外交策略，推动统一大业。

公元前251年，即秦昭王五十六年，秦昭王卒。公元前249年，即庄襄王元年吕不韦为相国，庄襄王在位3年即死，一直到秦王政九年，即公元前238年赢政22岁亲自执政以前，吕不韦执政达12年之久。此时，秦国的外交政策仍然是远交近攻。东周君与诸侯图谋反秦，秦庄襄王派相国吕不韦前去讨伐，全部兼并了东周的土地,周王室的最后残余也被清除了。秦王派蒙骜进攻韩国,韩国献出成皋、巩县。秦国国界伸展到大梁,开始设置三川郡。公元前248年,即庄襄王二年,秦王又派蒙骜攻打赵国,平定了太原。公元前247年,即庄襄王三年,蒙骜进攻魏国的高都、汲县,攻了下来。蒙骜又进攻赵国的榆次、新城、狼孟,攻占了三十七座城。王龁攻打上党,开始设置太原郡。秦国一系列胜利以及三川郡和太原郡的设立,使赵、魏等国感到威胁,魏国信陵君无忌率赵、魏、韩、楚、燕五国的军队,又一次联合起来反击秦军,秦军退到黄河以南。蒙骜打了败仗,解脱围困撤离了。五国联军取得一次胜利。公元前247年,即庄襄王三年五月丙午日,庄襄王去世。

从公元前247年嬴政即位直到公元前239年即秦王政八年,秦国的主攻目标仍然是韩、赵、魏三国。公元前245年,即秦王政二年,秦国麃公率兵攻打卷邑,杀了三万人。公元前244年,即秦王政三年,秦国蒙骜攻打韩国,夺取十三座城邑。又攻打魏国取得畼、有诡。公元前242年,即秦王政五年,将军蒙骜攻打魏国,平定了酸枣、燕邑、虚邑、长平、雍丘、山阳城,夺取了二十个城邑,开始设置东郡。东郡连接三川郡直达齐国边境,犹如一把利剑直刺中原,将东方合纵联盟的腰身一剑两断,这为秦国逐个消灭各诸侯国创造了有利条件。公元前241年,即秦王政六年,在赵将庞煖率领下,韩国、魏国、赵国、卫国、楚国五国进攻秦国,攻占了寿陵邑。秦国派出军队反击,五国联军已经不堪一击,在秦国没有得到任何好处,赵军却挥师向东进攻齐国顺手牵羊夺取了饶安。秦国攻下卫国,让卫君角率领他的宗族迁居到野王。公元前240年,即秦王政七年将军蒙骜在攻打赵国的龙、孤、庆都时战死了,秦军回师进攻魏国的汲。秦国派长安君成蟜攻打赵国上党,成蟜在屯留投降赵国。公元前238年秦国又派杨端和攻取了魏国的首垣、蒲、衍氏并大举向魏的东部进攻,攻取仁、平丘、小黄、济阳、甄城,接着又攻到淮水、历山以北,从而扩大了秦国的东郡。使秦国东北与燕国,东与齐国,北面与赵国,南面与韩、魏两国接壤。

公元前238年,即秦王政九年,赵悼襄王入朝于秦,秦王置酒咸阳接待,秦、赵二国联合,秦王让赵国去攻打燕国。此后,燕国使者来拜见秦王,说:"'燕王窃闻秦并赵,燕王使使者贺千金'。秦王曰:'夫燕无道,吾使赵有之,子何贺?'使者曰:'臣闻全赵之时,南邻为秦,北下曲阳为燕,赵广三百里,而与秦相距五十余年矣,所以不能反胜秦者,国小而地无所取。今王使赵北并燕,燕、赵同力,必不复受于秦矣。臣切为王患之'。秦王以为然,起兵而救燕"。[1] 意思是,"燕王听说秦、赵两国联合,燕王派我送来千斤黄金祝贺"。秦王说:"燕王昏庸无道,我要让赵国去灭掉燕国,你还来祝贺什么?"燕国使臣说:"我听说赵国全盛时,南邻秦国,北近燕国,赵国方圆三百里,不能战胜秦国,是因为赵国势力小,现在大王要赵国灭掉燕国,如果赵国兼并燕国,赵燕势力合一,肯定不听从秦国了。我暗自为大王担忧。"秦王认为说得对,于是派兵援救燕国。据《韩非子》记载:"赵又尝凿龟数策而北伐燕,将劫燕以逆秦,兆曰'大吉',始攻大梁而秦出上党矣,兵至釐而六城拔矣,至阳城,秦拔邺矣,庞煖揄兵而南则鄣尽矣。臣故曰:赵龟虽无远见于燕,且宜近见于秦。秦以其'大吉',辟地有实,救燕有有名。赵以其'大吉',地削兵辱,主不得意而死"。[2] 意思是,公元前236年,即秦王政十一年,赵国通过卜筮攻打燕国的兆象是"大吉"。可是,当赵国庞煖进攻燕国的大梁时,秦国将军王翦就从上党出兵了,攻取了赵国的阏与、橑阳;当赵军进攻至燕国的釐地,自己的河间六个城已被秦国的桓齮、杨端和攻占了;当赵军进攻燕国的阳城时,自己的邺城、安阳已被秦国的桓齮占领了。等到赵国的庞煖从燕国回师南援时,漳水流域已完全为秦国占领,河间各城也全部易手了。赵国因为卜筮的"大吉",丧失了土地,军队受到侮辱,君主赵悼襄王不得意而死。公元前234年,即秦王政十三年,桓齮攻打赵国平阳邑,杀了赵将扈辄,斩首十万人。同年,桓齮又攻打赵国,赵国以李牧为将军,击秦军于易安,大破秦军。公元前232年,即秦王政十四年,秦国又派两支军队攻赵国,一军到了邺城,一军到了太原,向赵国的番吾进攻,又被李牧所击破。李牧一再战胜秦军,但是"赵亡卒数十万,邯郸仅存。"[3] 此时,秦国的远郊进攻外交策略已经取得极大成功。

## 七、秦王政用尉缭、李斯、顿弱之谋扫平六国,统一天下

在公元前237年,即秦王政八年,秦王政亲理国政之后,就已经用尉缭、李斯、顿弱的军事、经济、外交谋略消灭六国了。尉缭建议秦始皇"毋爱财物,赂

① 刘向:《战国策·燕策》,缪文远等译注,中华书局2006年版。
② 韩非:《韩非子·饰邪》,参看《二十二子》,上海古籍出版社1986年版。
③ 刘向:《战国策·齐策》,缪文远等译注,中华书局2006年版。

其豪臣",用经济手段贿赂诸国权贵,从内部瓦解敌国。据《史记》记载:"大梁人尉缭来,说秦王曰:'以秦之强,诸侯譬如郡县之君,臣但恐诸侯合从,翕而出不意,此乃智伯、夫差、愍王之所以亡也。愿大王毋爱财物,赂其豪臣,以乱其谋,不过亡三十万金,则诸侯可尽。'秦王从其计,见尉缭亢礼,衣服食饮与缭同。……以为秦国尉,卒用其计策,而李斯用事"。① 意思是说,大梁人尉缭来到秦国,劝说秦王道:"凭着秦国这样强大,诸侯就像郡县的长官,我只担心山东各国合纵,联合起来进行出其不意的袭击,这就是从前智伯、夫差、愍王所以灭亡的原因所在。希望大王不要吝惜财物,给各国权贵大臣送礼,利用他们打乱诸侯的计划,这样只不过损失三十万金,而诸侯就可以完全消灭了。"秦王听从了他的计谋,会见尉缭时以平等的礼节相待,衣服饮食也与秦王一样。让他当秦国的最高军事长官,始终采用了他的计谋,李斯执掌国政。贺润坤等人认为,"尉缭的军事名著《尉缭子》一书是其入秦后的作品,其军事思想基本上可视为秦的军事思想的一部分"。② 尉缭的军事思想再加上它的外交思想,为十年统一战争提供了战略方针。

李斯也建议秦始皇对各国权贵"可下以财者,厚遗结之;不肯者,利剑刺之",从而彻底消灭山东六国。据《史记》记载:"李斯因以得说,说秦王曰:'胥人者,去其几也。成大功者,在因瑕衅而遂忍之。昔者秦穆公之霸,终不东并六国者,何也? 诸侯尚众,周德未衰,故五伯迭兴,更尊周室。自秦孝公以来,周室卑微,诸侯相兼,关东为六国,秦之乘胜役诸侯,盖六世矣。今诸侯服秦,譬若郡县。夫以秦之强,大王之贤,由灶上骚除,足以灭诸侯成帝业,为天下一统,此万世之一时也。今怠而不急就,诸侯复强,相聚约从,虽有黄帝之贤,不能并也。'秦王乃拜斯为长史,听其计,阴遣谋士赍持金玉以游说诸侯。诸侯名士可下以财者,厚遗结之;不肯者,利剑刺之。离其君臣之计,秦王乃使其良将随其后。"③ 意思是,李斯告诉秦王政说,"平庸的人往往失去时机,而成大功业的人就在于他能利用机会并能下狠心。从前秦穆公虽称霸天下,但最终

---

① 司马迁:《史记·秦始皇本纪》,上海古籍出版社 2005 年版。
② 贺润坤:《论战国时期关东诸国各派思想对秦国政治思想的影响》,《秦俑秦文化研究》,陕西人民出版社 2000 年版。
③ 司马迁:《史记·李斯列传》,上海古籍出版社 2005 年版。

没有东进吞并山东六国,这是什么原因呢?原因在于诸侯的数量还多,周王室的德望也没有衰落,因此五霸交替兴起,相继推尊周王室。自从秦孝公以来,周王室卑弱衰微,诸侯之间互相兼并,函谷关以东地区化为六国,秦国乘胜奴役诸侯已经六代。现如今诸侯服从秦国就如同郡县服从朝廷一样。以秦国的强大,大王的贤明,就像扫除灶上的灰尘一样,足以扫平诸侯,成就帝业,使天下统一,这是万世难逢的一个最好时机。倘若现在懈怠而不抓紧此事的话,等到诸侯再强盛起来,又订立合纵的盟约,虽然有黄帝一样的贤明,也不能吞并它们了。"秦王政就任命李斯为长史,听从了他的计谋,暗中派遣谋士带着金玉珍宝去各国游说。对各国著名人物能收买的,就多送礼物加以收买;不能收买的,就用利剑把他们杀掉。这些都是离间诸侯国君臣关系的计策,接着,秦王就派良将随后攻打。

同样的记载见于《战国策·秦策四》,在这里提出并执行这一计划的是顿弱。秦王想召见秦臣顿弱,"顿弱曰:'山东战国有六,威不掩于山东,而掩于母,臣窃为大王不取也。'秦王曰:'山东之战国可兼与?'顿子曰:'韩,天下之咽喉;魏,天下之胸腹。王资臣万金而游,听之韩、魏,入其社稷之臣于秦,即韩、魏从。韩、魏从,而天下可图也。'秦王曰:'寡人之国贫,恐不能给也。'顿子曰:'天下未尝无事也,非从即横也。横成,则秦帝;从成,即楚王。秦帝,即以天下恭养;楚王,即王虽有万金,弗得私也。'秦王曰:'善。'乃资万金,使东游韩、魏,入其将相。北游于燕、赵,而杀李牧。齐王入朝,四国必从,顿子之说也"。[1] 意思是,山东诸侯共有六国,可是大王的威势不能加于诸侯,却加之于自己的母亲。我私下认为,大王所作所为,实在不足称道。"秦王说:"山东的诸侯可以兼并吗?"顿子说:"韩国,地处诸侯各国的咽喉要冲;魏国,居于诸侯各国的胸腹重地。请大王给我万金,以便出行他国,任我到韩、魏,把他们的将相之才搜罗到秦国来,那么韩、魏就会顺从秦国;韩、魏顺从秦国,那么整个天下就有希望在秦国的掌握之中。"秦王说:"我们国家穷,恐怕不能供给您万金。"顿子说:"天下的形势,迟早总是有变化的,不是合纵实现,就是连横成功。如果连横成功,秦国就可以称帝;合纵成功,楚国就可以称王。秦国称帝则天下诸侯皆向秦国朝贡;楚国称王,大王虽有万金,到那时恐怕也不会归您

---

① 刘向:《战国策·秦策》,缪文远等译注,中华书局2006年版。

所有了。"秦王说:"好。"于是就给了顿弱万金,派他向东去韩、魏两国游说,果然搜罗了他们的将相;又向北去到燕、赵两国游说,用反间之计杀了赵将李牧;齐王入朝秦国,四国也都跟着入朝秦国,这都是由于顿弱这一番游说之词起的作用啊!其实,在秦国经济贿赂之谋很早就被主张远交近攻的应侯范雎成功使用了。尉缭、李斯、顿弱的经济贿赂之谋到了秦国统一的关键时候,只是被广泛使用而已。①

公元前 233 年姚贾用经济贿赂之谋成功地瓦解了燕、赵、吴、楚四国攻秦联盟。据《战国策·秦策五》记载,"四国为一,将以攻秦。秦王召群臣宾客六十人而问焉,曰:'四国为一,将以图秦,寡人屈于内,而百姓靡于外,为之奈何?'群臣莫对。姚贾对曰:'贾愿出使四国,必绝其谋,而安其兵。'乃资车百乘,金千斤,衣以其衣冠,舞以其剑。姚贾辞行,绝其谋,止其兵,与之为交,以报秦。秦王大悦。贾封千户,以为上卿。"② 意思是,公元前 233 年,燕、赵、吴、楚等四国联军将要攻打秦国。秦王政就召集群臣和六十位宾客讨论这件事,他首先发问说:"燕、赵、吴、楚组成联合阵线,企图攻打秦国。在国内寡人有很多难题,在国外将士又节节败退,寡人真不知如何是好?"群臣听了这番话,都不知道如何回答,这时姚贾回答说:"臣愿为大王出使四国,一定可以消除他们的念头,不让他们出兵攻秦。"于是秦王就拨给姚贾战车一百辆,黄金一千斤,让他穿戴上自己的衣冠,挂上自己的佩剑。于是姚贾就向秦王辞行,遍访四国,不但根绝了四国攻秦的图谋,而且分别跟四国缔造盟约成为秦国的友邦。姚贾向秦王复命以后,秦王非常高兴,马上封给他一千户城邑,任命他为上卿。

秦王政用尉缭、李斯、顿弱的经济、军事、外交谋略,消灭六国,郡县天下,使得秦国的霸王之业从公元前 231 到公元前 221 年十年间得以迅速完成:

---

① 据《战国策·秦策》记载:"天下之士,合从相聚于赵,而欲攻秦。秦相应侯曰:'王勿忧也,请令废之。秦于天下之士非有怨也,相聚而攻秦者,以己欲富贵耳。王见大王之狗,卧者卧,起者起,行者行,止者止,毋相与斗者;投之一骨,轻起相牙者,何则? 有争意也。'于是唐雎载音乐,予之五十金,居武安,高会相与饮,谓:'邯郸人谁来取者?'于是其谋者固未可得予也,其可得与者,与之昆弟矣。'公与秦计功者,不问金之所之,金尽而功多矣。今令人复载五十金随公。'唐雎行,行至武安,散不能三千金,天下之士,大相与斗矣。"参看刘向:《战国策·秦策》,缪文远等译注,中华书局 2006 年版。

② 刘向:《战国策·秦策》,缪文远等译注,中华书局 2006 年版。

其一,秦灭韩。据《史记》记载:"十六年九月,发卒受地韩南阳假守腾。十七年,内史腾攻韩,得韩王安,尽纳其地,以其地为郡,命曰颍川。"① 意思是,公元前231年,即秦王政十六年九月,韩国向秦国称臣,并割让南阳一带的土地给秦国。公元前229年,即秦王政十八年秦国派内史腾去接受韩国所献之地,由他代理南阳太守之位。第二年,秦国派内史腾去攻打韩国,擒获了韩王安,收缴了他的全部土地,将这个地方设置为颍川郡。②

其二,秦灭赵。这是秦国收买诸侯豪臣瓦解其国家的成功案例,秦国王翦暗中给赵王宠臣郭开等人很多金钱,让他们搞反间之计。据《战国策·赵策》记载:"秦使王翦攻赵,赵使李牧、司马尚御之。李牧数破走秦军,杀秦将桓齮。王翦恶之,乃多与赵王宠臣郭开等金,使为反间,曰:'李牧、司马尚欲与秦反赵,以多取封于秦。'赵王疑之,使赵葱及颜聚代将,斩李牧,废司马尚。后三月,王翦因急击,大破赵,杀赵军,虏赵王迁及其将颜聚,遂灭赵"。意思是,公元前229年,即秦王政十八年,秦国派大将王翦进攻赵国,赵国派了李牧、司马尚来抵抗。李牧几次打败秦军,杀死了秦国将军桓齮。王翦为此担忧,于是,给赵王宠臣郭开等人很多钱,让他们搞反间,扬言:"李牧、司马尚准备勾结秦国反对赵国,以便在秦国取得更多的封地。"赵王怀疑他们,便派赵葱和颜聚取代李牧、司马尚为将,杀了李牧,罢了司马尚的官。过了三月,王翦乘机紧急进攻,大破赵军,杀了赵葱,俘虏了赵王迁及大将颜聚,于是灭了赵国。

其三,秦灭燕。燕国派荆轲刺杀秦王,试图用暗杀手段阻止秦国攻燕,反而招致亡国之难。据《史记》记载:"燕见秦且灭六国,秦兵临易水,祸且至燕。太子丹阴养壮士二十人,使荆轲献督亢地图于秦,因袭刺秦王。秦王觉,杀轲,使将军王翦击燕。二十九年,秦攻拔我蓟,燕王亡,徙居辽东,斩丹以献秦。三十三年,秦拔辽东,虏燕王喜,卒灭燕。"③ 意思是,公元前227年,即秦王政二十年,燕太子丹担心秦国军队打到燕国来,十分恐慌。秦军已经到达易水,祸

① 司马迁:《史记·秦始皇本纪》,上海古籍出版社2005年版。
② 公元前229年,即秦王政十八年,内史腾来到南郡,为了严明律法,他发布文告给县、乡。又命人发布文书,申明为吏之道。他的两篇文告,是考古工作者在云梦睡虎地秦陆安令喜墓中发掘出的。
③ 司马迁:《史记·秦始皇本纪》及《史记·燕召公世家》,上海古籍出版社2005年版。

患将要降临燕国了。燕太子丹暗地里供养着二十名壮士，这时他派荆轲把督亢（河北涿县）地图献给秦王，乘机向秦王行刺。荆轲去刺杀秦王，被秦王发现了，秦王杀死荆轲并以肢解之刑来示众，然后就派遣王翦、辛胜去攻打燕国。燕国、代国发兵迎击秦军，秦军在易水西边击溃了燕军。秦王增派援兵到王翦军队中去，终于打败燕太子的军队。燕王喜二十九年，攻占了燕国的蓟城，拿到了燕太子丹的首级。燕王向东收取了辽东郡的地盘，在那里称王。公元前222年，即秦王政二十五年，燕王喜三十三年，秦军攻取了辽东，俘虏了燕王喜，终于灭掉了燕国。

其四，秦灭魏。据《史记》记载："二十二年，王贲攻魏，引河沟灌大梁，大梁城坏，其王请降，尽取其地"。① 意思是，公元前225年，即秦王政二十二年，秦军水淹大梁，俘虏了魏王假，终于灭了魏国，设置为郡县。

其五，秦灭楚。据《史记》记载：秦王政"二十三年，秦王复召王翦，强起之，使将击荆。取陈以南至平舆，虏荆王。秦王游至郢陈。荆将项燕立昌平君为荆王，反秦于淮南。二十四年，王翦、蒙武攻荆，破荆军，昌平君死。项燕遂自杀"。意思是，公元前224年，即秦王政二十三年，秦王再次诏令征召王翦，强行起用他，派他去攻打楚国。攻占了陈县往南直到平舆县的土地，俘虏了楚王。秦王巡游来到郢都和陈县。楚将项燕拥立楚公子昌平君做了楚王，在淮河以南反秦。公元前223年，即秦王政二十四年，王翦、蒙武去攻打楚国，打败楚军，昌平君死，项燕于是也就自杀了。

其六，秦灭齐。这是运用尉缭、李斯、顿弱的经济贿赂之谋，秦国收买诸侯豪臣瓦解其国家的成功案例。据《史记》记载：秦王政二十六年，齐王建"四十四年，秦兵击齐。齐王听相后胜计，不战，以兵降秦。秦虏王建，迁之共。遂灭齐为郡。天下壹并于秦，秦王政立号为皇帝。始，君王后贤，事秦谨，与诸侯信，齐亦东边海上，秦日夜攻三晋、燕、楚，五国各自救于秦，以故王建立四十余年不受兵。君王后死，后胜相齐，多受秦间金，多使宾客入秦，秦又多予金，客皆为反间，劝王去从朝秦，不修攻战之备，不助五国攻秦，秦以故得灭五国。五国已亡，秦兵卒入临淄，民莫敢格者。王建遂降，迁于共。故齐人怨王建不早与诸侯合从攻秦，听奸臣宾客以亡其国，歌之曰：'松耶柏耶？住建共者客

---

① 司马迁：《史记·魏世家》及《史记·秦始皇本纪》，上海古籍出版社2005年版。

耶?'疾建用客之不详也"。① 意思是,公元前 221 年,即秦王政二十六年,齐王建四十四年,秦国进攻齐国。齐王听从宰相后胜的计谋,不交战就率军投降秦国。秦国俘虏了齐王建,把他迁到共城。终于灭亡齐国改为一郡。天下由秦统一,秦王政创立称号叫做皇帝。起初,君王后有贤德,侍奉秦国比较谨慎,与诸侯相交有信用,齐国又处在东部海滨,秦国日夜进攻三晋、燕、楚,这五国面对秦国的进攻只有分别谋求自救,因此齐王建在位四十多年没有遭受战祸。君王后一去世,后胜做了齐国宰相,他接受了秦国间谍的许多金钱,派很多宾客到秦国,秦国又给他们很多金钱,宾客们都回来进行反间活动,劝说齐王放弃合纵而归向秦国,秦国因此能灭亡五国。五国灭亡后,秦军终于攻入临淄,百姓没人敢反抗。齐王建于是投降,被迁到共城。所以齐国人抱怨王建不早与诸侯合纵攻秦,听信奸臣及宾客的话以致亡国,人们编了歌唱道:"松树呢,还是柏树呢?让王建住到共城的不是宾客吗?"意思是痛恨王建使用宾客不注意审察。

贾春宝指出:"秦国为了瓦解齐国,行反间之计,给齐相后胜送了大批金银财物,后胜接受贿赂,秘密与秦国来往,派使者入秦做客卿,这些人接受了秦国的贿赂,都为秦国的利益说话。后来再让这使者夸说秦国如何强大,多么愿意接待齐王去访问。秦大将王贲攻魏,魏王派人与齐结好,共抗强秦。但后胜由于受了秦国贿赂,常常为秦国侵灭各国开脱,于是劝齐王建:不要答应与魏的联合,不要惹恼了秦国,以免引火烧身。胆小怕事的齐王建听信后胜的话,果然没有答应魏国的请求。王贲很快消灭了魏国,立为三川郡。秦国不断进攻韩、魏、赵、燕、楚等五国,齐国不但不救助五国,秦每灭一国,齐还派人到秦国表示祝贺。齐王建十六年,秦国灭掉了天下共主的周王室,齐国在昏君田建、奸臣后胜统治下,也没有任何的表示,这与当年齐国先君桓公"尊王攘夷","九合诸侯,一匡天下"的霸业时代形成了多么巨大的反差!②

综上所述,秦国责任伦理对象的外交霸业是秦国经济霸业、政治霸业在国际关系上的延续。秦穆公用由余计谋而霸西戎,消除了秦国在西部的戎患。

---

① 司马迁:《史记·田敬仲完世家》,上海古籍出版社 2005 年版。

② 贾春宝:《浅谈齐国灭亡的五部曲》,价值中国网个人空间:http://bekings.chinavalue. net/。

商鞅变法之后,秦国东向以制诸侯,在战国初期打击了魏国称霸野心;张仪破除六国合纵,运用连横战略分裂了齐楚关系,削弱了齐楚力量;司马错提出取巴蜀的战略,使得秦国实力大增,为消灭六国准备了物质条件。魏冉采用的蚕食战略,极大地削弱了齐、楚、韩、魏的力量;范雎用远交近攻战略,不断蚕食韩、赵、魏等国,长平之战削弱了赵国实力;秦王政用尉缭、李斯、顿弱外交计谋,"可下以财者,厚遗结之;不肯者,利剑刺之"。综合运用经济、军事、外交手段,从公元前231到公元前221年十年间,秦国先后消灭韩、赵、魏、楚、燕、齐六国,统一天下,成就霸王之业。

# 结论　秦国霸王之业的责任伦理结构

## 引　言

　　春秋战国时代,秦国发生了中国历史上划时代的伟大伦理变革。商鞅变法后,秦国伦理类型从传统宗法—血缘关系为基础的信念伦理,转变为官僚—国家公利为基础的责任伦理,并且逐步形成了一套责任伦理结构。秦国抛弃了西周的德性伦理,取而代之的是讲求国家公利的责任伦理结构。

　　西周的天命信仰、德性价值、礼乐制度构成一种特有的信念伦理或德性伦理类型。在天人关系上,周人的"天"具有道德本质,"人"也具有道德本性,如此,才能达到天人合一。侯外庐指出:正如《庄子·天下篇》所说,周人"以天为宗,以德为本",在宗教观念上的敬天,在伦理观念上就延长而为敬德。同样的,在宗教的观念上的尊祖,在伦理观念上也就延长而为宗孝,也可以说"以祖为宗,以孝为本"。① 在周人那里上帝天神具有道德本质,上帝以"天德"为标准赏善罚恶,"天德"在人身上的体现就是"明德",有"明德"则得福,失"明德"则致祸。天子或者君主具有了"明德",才能得到上帝的青睐,才能和上帝的道德本质相配,其统治才具有合法性,否则,丧失了"明德"不能和上帝的道德本质相配,那么,也就失去其统治的合法性。正如《周易·文言》所说:"夫大人者与天地合其德,与日月合其明,与四时合其序,与鬼神合其吉凶。先天而天弗违,后天而奉天时。天且弗违,而况于人乎! 况于鬼神乎!"②

　　西周德性伦理的基本德目,在众多典籍中都有记载。《尚书·洪范》记载

---

① 侯外庐:《中国思想通史》第 1 卷,人民出版社 1961 年版,第 54 页。
② 《周易·文言》,参见《周易经传译注》,李申主编,王博等译注,湖南教育出版社 2004 年版。

有商代流传下来的三德："一曰正直,二曰刚克,三曰柔克。平康正直,强弗友刚克,燮友柔克。"① 这是箕子讲给周武王治理天下的"洪范九畴"之一。周文王演《周易》的卦象、卦辞与天命德性信念伦理有密切关系。《周易·系辞》指出"易之兴也,其于中古乎? 作易者,其有忧患乎? 是故:履,德之基也。谦,德之柄也。复,德之本也。恒,德之固也。损,德之修也。益,德之裕也。困,德之辨也。井,德之地也。巽,德之制也"。② 看来《周易》是西周天命德性信念伦理的教科书。其他典籍记载了西周天命德性信念伦理的众多德目:如,《逸周书·宝典》有九德:孝、悌、慈惠、忠恕、中正、恭逊、宽弘、温直、兼武。《逸周书·文酌》有九德:忠、信、敬、刚、柔、和、固、贞、顺。《逸周书·大聚》有"德教"、"仁德"、"和德"、"正德"、"归德"。③《周礼·地官司徒》有六德:知、仁、圣、义、忠、和。又有三德:至德,敏德,孝德。④《周礼·春官宗伯》有乐德:中、和、祇、庸、孝、友。⑤《春秋左氏传·文公》讲周人的忠、信、卑让之德。⑥西周在社会生活中创造的众多德目,丰富了西周德性伦理结构的内容。上述西周德性伦理结构中的德性,有的属于私德,有的属于公德;西周在宗族内部讲孝、悌、慈惠等私德,在天下邦国联盟之间讲公德,即相互之间的礼、谦、忠、信、敬、刚、柔、正义、中和。春秋战国时代,礼崩乐坏,作为周王朝意识形态的天命信念基础上的德性伦理衰落了,然而,作为士大夫精英人物即君子的个人德性伦理反而受到更多重视。于是,孔子有"知、仁、勇"三达德;郭店竹简中有"父圣、子仁、夫智、妇信、君义、臣忠"六德;孟子有"仁、义、礼、智"四德。这些都是对西周德性伦理的继承和发展。西周的天命信念基础上的德性伦理是以对昊天上帝的信仰为前提,以伦理主体的天赋德性为依据,以礼乐制度规范为象征仪式的。西周德性伦理的形成机制是宗教上的上帝信仰与内心的道德良知的自觉,也就是孔子所说的"天生德于予";⑦ "为仁由己,而由人乎

---

① 周秉钧:《白话尚书》,岳麓书社 1990 年版。
② 李申:《周易经传译注》,王博等译注,湖南教育出版社 2004 年版。
③ 黄怀信:《逸周书校补注译》,三秦出版社 2006 年版。
④ 吕友仁:《周礼译注》,中州古籍出版社 2004 年版。
⑤ 吕友仁:《周礼译注》,中州古籍出版社 2004 年版。
⑥ 左丘明:《左传·文公》,上海古籍出版社 1997 年版。
⑦ 《论语·述而》,参看《四书集注》,岳麓书社 1985 年版。

哉?"① 讲究的是智、仁、勇、义、礼、智等道德原则。总之,西周德性伦理结构的逻辑前提是对"天德"的信仰,西周德性伦理结构要求的主体本质是"明德",西周德性伦理结构追求的客观结果是"盛德大业"。

所以,西周德性伦理结构从纵向上看,是人的本性"德性"与天的本质"天德"的合一,即"天人合德";从横向上看,是领袖人物的德性与众民百姓的德性的合一:即"四方同德";从伦理境界上看,是上下的合一:上有德性的至善伦理,下有刑罚的底线伦理;从内外关系而言,是内外的合一:对内事主张文德以实现和谐,对外事主张武力而要用得正义。② 这一套德性伦理随着西周王朝的覆灭逐渐衰落了,在列国竞争的环境下,新的伦理形态产生了,这就是秦国责任伦理结构。

春秋战国时代,礼坏乐崩,秦国经过商鞅变法扬弃了西周的德性伦理,取而代之的是一套责任伦理结构。秦国责任伦理结构的产生绝不是偶然的现象,而是有其特殊的宗教、哲学、政治三个方面的条件:秦国宗教信仰"一花开五出",实现了从至上神为昊天上帝的天命信念宗教到"白青黄赤黑"五帝志业宗教的转变,这是秦国责任伦理结构得以形成的宗教信仰前提;秦国的哲学思想从秦穆公时代的早期儒家哲学向秦孝公时代的法家哲学思想转变,这是秦国责任伦理结构得以形成的哲学理论前提;秦国在国家意志上抛弃了仁义道德的德性价值,全力转向富国强兵的国家公利价值,这是秦国责任伦理结构得以形成的政治前提。在上述宗教、哲学、政治前提下,秦国责任伦理结构体系逐渐形成。

秦国责任伦理结构的基本内容包括三个方面:其一,秦国责任伦理主体,具有生命理性、计算理性、霸道气质。其二,秦国责任伦理对象,主要是农耕富国、军战强国、成就霸王之业。其三,秦国责任伦理规范,主要是家庭分户规范、连带责任规范、军爵等级规范、皇帝—郡县官僚规范。秦国以这些制度规则确立责任伦理体系,社会地位的高低以功勋或劳绩为衡量标准,而不以家庭出身或血缘关系为标准。所以,秦国社会信任的范围是全体秦人,社会动员范围是全体秦人,社会利益享受范围是全体秦国人民。当然这也是以功劳大小

---

① 《论语·颜渊》,参看《四书集注》,岳麓书社 1985 年版。
② 王兴尚:《论周人的德性伦理结构》,《伦理学研究》2011 年第 2 期。

为标准的,体现了责权利对等基础上的差异平等或者比例平等,不是绝对扯平,搞平均主义分配。

秦国发生的伦理结构及其社会行动方式的转型,使得秦国区别于东方六国,成为轻视仁义道德,崇尚实力的"虎狼之国"。在本书第三章已经指出,秦国责任伦理主体的本质结构由三方面构成,即秦国责任伦理主体具有特殊的生命意志、计算理性、霸道气质;在第四章也已经说明秦国责任伦理的对象,这就是农业富国、军事强国、成就霸王之业。那么,本章则要说明,秦国责任伦理主体及其责任伦理对象化活动所遵循的法律、道德及其伦理规范,如何形成秦国责任伦理结构,从而使秦国崛起于西方,最后扫平六国、一统天下,实现了霸王之业。

## 第一节 秦国责任伦理结构的形成条件

滕铭予在《秦文化:从封国到帝国的考古学观察》中以考古学资料揭示出秦的国家制度从封国到帝国转变的两个重要方面:一是维系社会基层组织成员间的关系从血缘宗法关系维系族群到以地缘关系维系族群的变化;二是管理人员进入统治集团内部的途径由世袭继承到选贤任能的变化;这为责任伦理的产生提供了社会条件。我认为,五帝志业宗教信仰、法家国家公利哲学,则为为秦国责任伦理结构的形成提供了意识形态前提。

首先,秦国宗教信仰"一花开五出"实现了从至上神为昊天上帝的天命信念宗教到"白青黄赤黑"五帝志业宗教的转变,这是秦国责任伦理结构得以形成的宗教信仰前提。(参见本书第一章《秦国责任伦理的宗教前提:五帝志业宗教》)牟钟鉴先生指出,在中国历史上有一种大的宗教一直作为正宗信仰而为社会上下普遍接受并绵延数千年而不绝,这就是中国宗法性传统宗教。它以天神崇拜和祖先崇拜为核心,以社稷、日月、山川等自然崇拜为翼羽,以其他多种鬼神崇拜为补充,形成相对稳固的郊社制度、宗庙制度以及其他祭祀制度。秦国宗教信仰的改革运动是把西周对抽象的、具有道德意义的、以昊天上帝为信仰对象的天命信念宗教改变为秦人的具有主宰空间、主宰时间权能的五帝志业宗教。秦国建国之后以白帝、青帝、黄帝、赤帝、黑帝五帝主宰空间、时间的宗教观念,以宗教信仰的形式表达了秦国试图统一天下的国家意志。

这是秦国责任伦理产生的宗教信仰前提。

其次,秦国哲学思想从秦穆公时代早期儒家哲学向秦孝公时代法家哲学思想的转变,这是秦国责任伦理结构得以形成的哲学理论前提。(参见本书第二章《秦国责任伦理的哲学基础:国家公利哲学》)史载商鞅曾经三说秦孝公,秦国不接受道家自然无为的一套"帝道",也不接受儒家仁义道德的一套"王道",而欣然接受的是法家富国强兵的"霸道"。秦国接受法家哲学理论,使秦人思维方式实现了从人文德性价值到工具理性价值的转变。冯达文先生指出,先秦思想演变史,无疑可以说是由信仰走向理性,且由价值理性降及工具理性的历史。在法家哲学理论指导下,秦国形成了喜农乐战,崇尚首功;拒斥仁义道德,拒斥《诗》、《书》、《礼》、《乐》;追求霸王之道,试图通过外在的工具理性来实现"公利"即个人为公室利益、国家利益、天下利益效命和"公功"即个人为国家建立功勋从而自己也得到富贵爵禄的社会风尚。

最后,在五帝志业宗教信仰前提下,在崇尚法家哲学的理论条件下,秦国在国家意志上抛弃了仁义道德的内在德性价值,全力转向富国强兵的外在国家公利价值,这是秦国责任伦理结构得以形成的政治前提。(参见本书第三章《秦国责任伦理主体:意志、理性、霸道》)这是因为,商鞅变法后秦国的法家学派发现人有自为之心,喜欢富贵爵禄而厌恶刑法处罚,所以,法家断言可以对人类社会进行政治治理。如何进行政治治理?法家主张用赏罚"二柄"对人类社会进行政治治理;又发现在列国竞争状态下,通过发展农业和军事可以富国强兵,于是制定了奖励农战的政策,使人民"喜农乐战"。秦国自下而上制定了一系列严格、细密、高效的政治制度,例如,家庭分户制度,什伍连坐制度,武爵武任制度,粟爵粟任制度,郡县制度,皇帝—三公九卿制度。这一套制度体系使得秦国的君民普遍承担国家责任、社会责任,这为秦国崛起奠定了坚实政治基础。

## 第二节　秦国责任伦理结构的伦理主体

在周王朝天下体系出现危机的背景下,秦襄公被周平王封为诸侯,秦国作为一个新国家登上了中华历史舞台。秦国经过秦文公、秦德公几代人的经营,到秦穆公的时候,已经成为西部霸主。此后经历五世之乱,到秦献公时,秦国逐渐恢复了国力。尤其是秦孝公任用商鞅进行变法取得极大成功,从此秦国作为战国时代一个新兴的法治国家从西部崛起,秦国的势力发展到黄河之滨,直接剑指以魏国为首的东方诸国。与东方国家崇尚仁义道德说教的传统礼治不同,在法治支配下的秦国君民朝气蓬勃、积极进取,承担并完成法律赋予他们的社会责任和历史使命。作为秦国责任伦理的主体,秦国的最高决策层具有成就霸王之业的雄心壮志;秦国的文臣武将足智多谋,精于计算,善于组织农业生产和军事斗争;秦国的各级官吏秉公执法,清正廉洁;秦国的农民淳朴诚实,精耕细作,吃苦耐劳;秦国的战士闻战则喜,骁勇善战,如狼似虎。正是秦国造就的这一大批人,他们作为秦国责任伦理的主体把追求富贵爵禄的生命意志、追求利益最大化的计算理性、追求强势权力状态的霸道气质,外化为秦国强大的政治、经济、军事实力,书写了一段波澜壮阔的中华文明史。

其一,秦国责任伦理主体具有追求富贵爵禄的生命意志。生命意志是人类追求生存与发展的内在本性。这是人类追求美好生活的本能欲望。秦国责任伦理主体的生命意志首先表现为追求财富的欲望,这是就所有权或经济利益来说的,表现为对商品使用价值、交换价值、审美价值的追求。其次表现为追求高贵的欲望,这是就统治权或政治地位来说的,表现为对职权、爵位、荣誉或体面价值的追求。追求富贵爵禄的生命意志其实就是人们从事经济活动、政治活动的内在驱动力。商鞅认为,人类的活动,无论在君主一方还是在臣民一方,追求经济利益、政治利益是人们行动的内在驱动力。另外,秦国责任伦理主体的生命意志还具有趋利避害、好安恶危的意向性。知道了秦国责任伦理主体的生命意志具有追求富贵爵禄,趋利避害、好安恶危的本性,那么,秦国人实现其生命意志的价值途径是什么呢?

儒家学派的荀子主张第一种途径,认为通过礼义道德教化改变人的生命意志,实现其礼义价值;通过"化性起伪"的礼义实践功夫,达到伦理道德的至善境界。法家学派的商鞅、韩非主张第二种途径,按照人们追求富贵爵禄和趋利避害的意向性结构,通过法治途径,让人们实现其生命意志从而实现国家公利价值。具体来说就是顺应人们追求富贵爵禄和趋利避害的意向性,通过国家奖励耕战,鼓励人们追求富贵爵禄;同时,国家利用刑德"二柄",即刑罚、奖赏两种法治方法对人们进行控制和激励,从而让个人实现富贵爵禄,让国家实现国富兵强的公利价值。一个国家只有因人情、用法治才能富强,如果只空谈仁义道德,就会使国家贫弱不振。所以,秦国的政策和法律否定第一种途径即通过礼义道德改变人的生命意志,通过"化性起伪"实现其礼义道德价值;肯定第二种途径即缘道理、因人情,通过法治途径,让人们实现其生命意志,并且使国家实现国富兵强的公利价值。

其二,秦国责任伦理主体的第二重本质是计算理性。计算理性是人类追求认识自然与社会的内在本性,这是人对自然与社会在知觉基础上的知性判断或理性判断。商鞅变法以后,秦国责任伦理主体包括君、臣、民之间传统的宗法家族血缘关系逐渐衰落,取而代之的是家产官僚制下的围绕富贵爵禄的政治、经济利益交换关系,计算理性由此产生。司马迁在《史记》中记载:商鞅颁布了变法的命令,下令把十家编成一什,五家编成一伍,互相监视检举,一家犯法,十家连带治罪。不告发奸恶的处以拦腰斩断的刑罚,告发奸恶的与斩敌首级的同样受赏,隐藏奸恶的人与投降敌人同样的惩罚。一家有两个以上的壮丁不分居的,赋税加倍。有军功的人,各按标准升爵受赏;为私事斗殴的,按情节轻重分别处以大小不同的刑罚。致力于农业生产,让粮食丰收、布帛增产的免除自身的劳役或赋税。因从事工商业及懒惰而贫穷的,把他们的妻、子全都没收为官奴。公族里没有军功的,不能列入家族的名册。明确尊卑爵位等级,各按等级差别占有土地、房产,家臣、奴婢的衣裳、服饰,按各家爵位等级决定。有军功的显赫荣耀,没有军功的即使很富有也不能显荣。经过变法,无论在宗室,还是在民间,宗法家族血缘关系中的非计算性的亲情关系衰落,取而代之的是现实的政治、经济利益的理性计算关系。

作为秦国责任伦理主体的君、臣、民三者,既然是皆有自为之心的利益主体,同时,他们之间都是按照"市道"关系相处的。那么,他们之间就会遵循利益最大化原则,效用最优化原则理性的计算人与物的自然关系、人与人的社会关系,以及国与国之间的国际关系的利害得失,从而趋利避害,获得最大化的使用价值、交换价值以及审美价值。秦人从秦襄公开始,以为已受天大命;秦孝公任用商鞅进行变法之后,确定了统一天下的宏图大略。所以,从政治理性意义上的交换价值角度来说,秦人穷思竭虑谋求富国强兵,倾全国之力拼命耕战,牺牲成千上万人的生命,就是为了取得统一天下的权力,成就霸王之业!

其三,秦国责任伦理主体的霸道气质。秦国责任伦理主体的生存意志与计算理性的结合形成强势生存状态,即秦国责任伦理主体的霸道气质。这种霸道气质被法家继承发展,最终成就秦国的霸王之业。春秋时代,秦国责任伦理主体霸道气质开始于秦穆公。秦穆公征伐戎狄,开国千里,称霸西戎,完全有资格列于五霸之一。战国时代,秦国责任伦理主体的国家理想就是成就霸王之业。卫鞅三说秦孝公,帝道、王道皆不听,只对霸道情有独钟。秦昭王时代,秦国的霸业已经取得极大成功。荀子到秦国考察,应侯问荀子入秦何见?荀子认为,秦国的霸道已经取得极大成功,并对秦国缺少儒家仁义道德价值表示遗憾。荀子的政治理想是将秦国的霸道上升为王道:“故其法治,其佐贤,其民愿,其俗美,而四者齐,夫是之谓上一。”① 秦国世代追求的霸业,终于大成于秦始皇。所以,历代秦国君主并不是追求什么“自然无为”的皇道,“天下为公”的帝道,也不是追求天下一家、人人具有美好道德的王道。秦国君主追求的是公室之利、国家之利,通过公室、国家来控制当时人类最重要的生存保障系统,即粮食等生活资料;控制当时人类最重要的安全保障系统,即强大的国家军事力量;控制当时人类最切合实用的社会意识形态。秦国实行的是地地道道的纯粹霸道政治,秦朝灭亡之后,汉代在秦的基础上实行霸、皇道杂之(文景之治),霸、王道杂之(武帝之后)的政治统治。

## 第三节　秦国责任伦理结构的伦理对象

秦国人的生命理性、计算理性、霸道气质转化为一种对象化的力量:就是奋力耕战,富国强兵,郡县天下。尤其是商鞅变法,破坏了西周以降传统的仁义道德价值观,在新的法治条件下,秦人追求富贵爵禄,追求富国强兵,于是,国家公利价值观得以确立。这种国家公利价值观转化为一种改造自然和改造社会的对象化力量:农耕、军战、成就霸王之业。

秦国责任伦理的对象化活动过程,是用血汗和战火来完成的:一是农耕富国,从“垦草令”开始,这是一个产业革命,由此形成秦国的重农主义;二是军事强国,从“首功”开始,这是一种军事革命,由此形成秦国的尚武主义。秦国实行国家功勋制度,设有武爵、粟爵、治爵,激励人们为国效力,从而达到富国强兵的战略目的。商鞅变法以后,由于因人情、用法治,奖励耕战而且赏罚分

---

① 荀况:《荀子·王霸》,参看《二十二子》,上海古籍出版社1986年版。

明;"利出一空(孔)",实行军爵、粟爵等国家功勋制度,于是,秦国全民的力量被激发出来了:秦人在土地上勤苦耕作,在战场上奋勇杀敌,在国家管理上励精图治,终于聚会成一种可怕的力量,使秦国变成了让东方六国恐惧的虎狼之国!

美国前国务卿基辛格曾经说过:"谁控制了石油,就控制了所有国家;谁控制了粮食,就控制了人类;谁控制了货币,就控制了全球经济。"这是因为,石油是重要能源,它为机械的运转提供动力;粮食是重要的食品,它为生命提供营养;货币是一般等价物,它为市场运作提供交换价值的媒介。这三种东西构成当今社会人类生存的物质保障系统,一个国家如果要称霸世界,离不开对石油、粮食、货币这三种当今社会人类生存的物质保障系统的控制权。同样,春秋战国时代,人口的粮食、马匹的草料、生息的土地是当时人类生存的物质保障系统,诸侯取得了对上述物质保障系统的控制权,其实也就是获得了统治天下的霸权。

秦国为了获得对当时人类生存的物质保障系统的控制权,发动全国力量进行人类的物质对象化活动,即农业生产和军事斗争。这种全力发展农业生产和军事斗争的理论,被商鞅称为"壹教"。秦国责任伦理主体的三重本质,即追求富贵爵禄和趋利避害的生命意志;追求最大化利益的计算理性;以及雄视万夫,追求天下统一的霸道气质。这三重本质不是一种虚无的宗教幻想,也不是一种理想的道德情怀,而是要在现实世界中得到实现的物质实践过程。所以,农战是秦国崛起的秘密之所在,通过农耕和军战,秦国责任伦理主体在对象中实现了自己的生命本质,即人人所追求的富贵爵禄;同时,也实现了秦国的国家本质:即秦人世世代代为之尽责的责任目标——霸王之业。

## 第四节　秦国责任伦理结构的伦理规范

秦国进行的农耕富国、军事强国的对象化活动,所要实现的最终目标是使秦国成为霸王之国。为了实现霸王之国的目的,在五帝志业宗教信仰、公利价值哲学理念的前提下,秦国人抛弃传统血缘亲情伦理,否定传统仁义道德价值,不去追求德性上的至善伦理;秦人极力追求富贵爵禄,追求公室之利,追求国家之利;秦国给人们划出一条法治底线伦理:即刑赏机制所形成的责任伦理,并以此来处理生命所有权、财产所有权所涉及的问题。于是,秦国在社会行动方式上的伦理类型也发生重大转型,传统宗法关系为基础的德性伦理,转变为国家公利价值为基础的责任伦理。尤其在秦国商鞅变法后,通过一系列制度设置,逐步建立起一套责任伦理规范:通过家庭分户制度,秦国建立了小家庭基本责任单位,于是形成小家庭责任伦理;通过什伍连坐制度,秦国建立了乡里什伍行政组织或军旅什伍组织,于是形成什伍连带责任伦理;通过官僚制度,秦国建立了地方郡县行政机构,于是形成地方郡县行政机构的责任伦理;通过皇帝制度以及三公九卿制度的设置,在秦国建立了最高责任实体即家产官僚机构,于是形成家产官僚制责任伦理。在秦国责任伦理结构中,如果各个组织层次的责任伦理结构稳定,那么,各个组织层次就能稳定发展;如果各个组织层次的责任伦理结构失衡,那么,各个组织层次就会涣散甚至崩溃。现将各个组织层次的责任伦理结构及其伦理规范分述如下:

其一,通过家庭分户制度,秦国建立了小家庭基本责任单位,于是形成小家庭责任伦理。家庭分户问题在商鞅前后两次实行的变法中都有明确规定:商鞅在第一次变法时主要是运用税收经济手段即税赋率的规定,来让大家族分户:"民有二男以上不分异者,倍其赋。"[①]《史记正义》解释说:"民有二男不别为活者,一人出两课",即通过加倍征收赋税来强制推行以一夫一妻及其未成年子女构成的小家庭。通过家庭分户避免大家族中的余子游手好闲,使每个家庭成员都承担耕战责任。一是杀敌立军功,获得军功爵位,即"有军功者,各以卒受上爵";二是努力从事农业生产,获得粟功爵位,有爵位者享有免除徭役的一定权利,即"致粟帛多者复其身"。商鞅在第二次变法中的分户令比第一次更为严厉,运用禁止性行政命令,明确规定:"令民父子兄弟同室内息者为禁"。[②] 这条法令条文清楚指出,任何家族都严禁父子、兄弟同室而居,即使一个家族多交些赋税也不能被允许保持其大家庭的生活方式。

尤其在对待宗室大家族问题上,商鞅变法也毫不含糊:公族里没有军功的,不能列入家族的名册。明确尊卑爵位等级,各按等级差别占有土地、房产,家臣奴婢的衣裳、服饰,按各家爵位等级决定。有军功的显赫荣耀,没有军功

---

① 《史记·商鞅列传》,上海古籍出版社 2005 年版。
② 《史记·商君列传》,上海古籍出版社 2005 年版。

的即使很富有也不能显荣。让公族宗室的成员也要承担小家庭耕战责任："均出余子之使令,以世使之,又高其解舍,令有甬官食概,不可以辟役。而大官未可必得也,则余子不游事人。则必农,农则草必垦矣。"① 意思是,等同地制定发布有关卿大夫、贵族嫡长子以外子弟担负徭役赋税的法令,根据他们的辈分让他们服徭役,再提高他们免除徭役的条件,让他们从掌管为服徭役之人供给谷米的官吏那里领取粮食,他们就不可能逃避徭役,而且想做大官也未必能够获得,那么他们就不再四处游说或投靠权贵,就一定会去务农。这些人去务农,那么荒地就一定能开垦了。让个人—小家庭都承担耕战责任,即使公族也不例外,难怪商鞅变法在秦国能取得极大成功,当然,商鞅也为此付出了沉重代价。

其二,通过什伍连坐制度,秦国建立了乡里什伍行政组织或军旅什伍组织,于是形成什伍连带责任伦理。按照《春秋》大义,"君子之善善也长。恶恶也短。恶恶止其身。善善及子孙。贤者子孙。故君子为之讳也。"② 意思是,按照《春秋》大义,"恶恶止其身"即实行责任自负原则,惩罚所加,只是由犯有罪恶的个人承担法律责任,只要其他人没有罪过,就一律不受刑法处罚。可是,在秦国历史上,早在秦文公二十年,"法初有三族之罪"。即自斩罪以上皆逮捕其父母、妻子、兄弟。据《史记》记载,秦武公"三年,诛三父等而夷三族,以其杀出子也"。③ 夷三族之法实质上是一种家族连坐制,商鞅变法将秦国的家族连坐制普遍化,变成什伍连坐制,服务于秦国新时期的农战政策。"令民为什伍,而相牧司连坐。不告奸者腰斩,告奸者与斩敌首同赏,匿奸者与降敌同罚。"④ 意思是,下令把十家编成一什,五家编成一伍,互相监视检举,一家犯法,十家连带治罪。不告发奸恶的处以拦腰斩断的刑罚,告发奸恶的与斩敌首级的同样受赏,隐藏奸恶的人与投降敌人同样的惩罚。商鞅变法,在秦国实行什伍连坐责任制,把秦国全体社会成员都纳入到国家责任体系之中了。"公孙鞅之治秦也,设告相坐而责其实,连什伍而同其罪,赏厚而信,刑重而

---

① 商鞅:《商君书·垦令》,中华书局 2009 年版。
② 《春秋三传·公羊传·昭公》,上海古籍出版社 1987 年版。
③ 司马迁:《史记·秦本纪》,上海古籍出版社 2005 年版。
④ 司马迁:《史记·商君列传》,上海古籍出版社 2005 年版。

必。"① 意思是,商鞅治理秦国,设立告奸和连坐制度来考察犯罪的实情,使什伍之家同受罪责,该厚赏就一定厚赏,该重罚就一定重罚。1975 年在湖北云梦县出土《睡虎地秦墓竹简》,其中,有关于什伍连带责任的法律条文:"削(宵)盗,臧(赃)直(值)百一十,其妻、子智(知),与食肉,当同罪。"② 意思是,夜间行窃,赃钱值一百一十元,其妻子、儿子知情,还与他一起用钱买肉吃,妻子与儿子应当与丈夫同罪。另一条文:"甲告乙贼伤人,问乙贼杀人,非伤殴(也),甲当购,购几可(何)? 当购二两。"③ 意思是,甲控告乙杀伤人,经讯问乙是杀死了人,并非杀伤,甲应受奖,奖赏多少? 应奖赏黄金二两。还有一条:"有贼杀伤人冲术,偕旁人不援,百步中比(野),当赀二甲。"④ 意思是,有人在大道上杀伤人,在旁边的人不加援救,其距离在百步以内,应与在郊外同样论处,应罚二甲。还有一条:"贼入甲室,贼伤甲,甲号寇,其四邻、典、老皆出不存,不闻号寇,问当论不当? 审不存,不当论;典老虽不存,当论。"⑤ 意思是,有贼进入甲家,将甲杀伤,甲呼喊有贼,其四邻、里典、伍老都外出不在家,没有听到甲呼喊有贼,问应否论处? 四邻确不在家,不应论处;里典、伍老虽不在家,仍应论罪。可见,秦律还明确区分了角色责任与社会连带责任。

为什么要实行什伍连坐制? 商鞅明确指出:"夫农,民之所苦;而战,民之所危也。犯其所苦,行其所危者,计也。故民生则计利,死则虑名。名利之所出,不可不审也。"⑥ 谁都知道,下田从事农业要吃苦,上战场杀敌有危险。秦人并不是苦耕成癖、嗜血成性。如何使得民众遵循君王的意志,不惜生命,拼死耕战? ——赏罚而已。在奖赏方面,实行军功、粟功授爵制,武爵武任、粟爵粟任,爵位对应着实实在在的经济利益,还有实实在在的政治权利:"其有爵者乞无爵者以为庶子,级乞一人,其无役事也,其庶子役其大夫月六日,其役事也,随而养之"。⑦ "明尊卑爵秩等级,各以差次名田宅,臣妾衣服以家次。"爵位等级不同,所得到的利益相异。"有功者显荣,无功者虽富无所芬华。"爵位

① 韩非:《韩非子·定法》,参看《二十二子》,上海古籍出版社 1986 年版。
② 《睡虎地秦墓竹简·法律答问》,文物出版社 1990 年版。
③ 《睡虎地秦墓竹简·法律答问》,文物出版社 1990 年版。
④ 《睡虎地秦墓竹简·法律答问》,文物出版社 1990 年版。
⑤ 《睡虎地秦墓竹简·法律答问》,文物出版社 1990 年版。
⑥ 商鞅:《商君书·算地》,中华书局 2009 年版。
⑦ 商鞅:《商君书·境内》,中华书局 2009 年版。

不但对活着的人起作用,对死亡的人也起作用:"生以为禄位,死以为号谥。"而且通过在坟墓上种树来标志爵位的等级,"小夫死,以上至大夫,其官级一等,其墓树级一树。"① 通过一系列措施使得"民之见战,如饿狼之见肉。"②在惩罚方面,在第一次变法中,商鞅将秦国百姓重新编制,五户为一"伍",十户为一"什"。一户有罪,九家检举,否则十家连坐。军中也是如此:"强国之民,父遗其子,兄遗其弟,妻遗其夫,皆曰:'不得,无返。'又曰:'失法离令,若死我死,乡治之。行间无所逃,迁徙无所入'。行间之治,连以五,辨之以章,束之以令,拙无所处,罢无所生。是以三军之众,从令如流,死而不旋踵。"③在战士与其家人间也实行连坐制度,如果战士在军队里违犯军法,不仅自己难逃惩罚,其家人也受到牵连与之同罪。商鞅说,要通过连坐制,使每个人"行间无所逃,迁徙无所入",无法逃出连带责任结成的法网。如此重刑,战士只能从令如流,冲锋陷阵、战死沙场也不敢逃跑。后方的军工生产也实行严密的责任管理制度:"物勒工名,以考其诚;工有不当,必行其罪,以穷其情。'④ 秦国的军工管理制度分为四级,从相邦、工师、丞到一个个工匠,层层负责,任何一个质量问题都可以通过兵器上刻的名字查到责任人,出了质量问题大家都逃脱不掉责任,都要承担连带责任,这使得秦国生产的军工产品件件精良。

其三,通过官僚制度,秦国建立了地方郡县行政机构,于是形成地方郡县行政机构的责任伦理。通过在全国实行郡县制以逐步取代分封诸侯的制度,地方性行政统治代替了血缘家族的宗法统治,从而形成层级政治责任,同时也加强了君主的权势。商鞅变法颁布了"集小都乡邑聚为县,置令、丞,凡三十一县。为田开阡陌封疆,而赋税平"⑤ 的政令。商鞅变法开阡陌封疆,废除井田制,消灭诸侯分封制的经济基础,把全国的小都、小乡、小邑合并为县,设置县令和县丞,一共设立了三十一个县,在秦国普遍建立了郡县制。而县令、县丞全都由国君来任免,不得世袭。在县级政权以下还有乡、亭、里等地方机构,直至什伍编户最基层组织。这样就形成了从中央到地方,到社会最基层的行

---

① 商鞅:《商君书·境内》,中华书局 2009 年版。
② 商鞅:《商君书·画策》,中华书局 2009 年版。
③ 商鞅:《商君书·画策》,中华书局 2009 年版。
④ 吕不韦:《吕氏春秋·孟冬纪》,李双棣等译注,吉林文史出版社 1986 年版。
⑤ 司马迁:《史记·商君列传》,上海古籍出版社 2005 年版。

政管理网,传统的诸侯分权制度的范围逐渐缩小,全国的政治、军事权力集中到了国君的手中,君主集权的政治体制在秦国正式确立起来。

其四,通过皇帝制度以及三公九卿制度的设置,在秦国建立了最高责任实体即家产官僚机构,于是形成家产官僚制责任伦理。在秦国实行郡县制取代分封诸侯的制度之后,秦国最高政治决策机构还通过委托—代理关系,实行了最高领袖所有权与国家行政管理权的二权分离:秦国的一个重大的措施就是在中央政府内确立了丞相制度。虽然秦国以前就有辅佐君王的卿相;但是,只有在秦国"丞相"才是一个正式官名,而且是秦国独立创造的一个官职。丞相这个名称,及其"掌丞天子,助理万机"① 的特殊地位是在秦国确立的。《史记·秦本纪》记载,秦武王"二年,初置丞相,樗里疾、甘茂为左右丞相"。《吕氏春秋·举难》:"相也者,百官之长也",丞相上承最高统治者君主的命令,领导百官管理整个国家的事情。这就和那些有三卿或者六卿执政的诸侯国显然不同。秦国废除贵族封建制,实行中央集权的家产官僚制,以皇帝为尊,下设三公(太尉、丞相、御史大夫)、九卿,"事在四方,要在中央。圣人执要,四方来效",② 避免了诸侯混战;同时,最高政治决策机构通过委托—代理关系,实行了最高领袖所有权与国家行政管理权分离,使最高决策机构能够进行高效率的理性化决策。

实行中央集权的家产官僚制,通过分工授权落实委托代理责任,做到分工清楚,责任明确,还能防止大臣结党营私。韩非子说,"人主将欲禁奸,则审合刑名;刑名者,言与事也。为人臣者陈而言,君以其言授之事,专以其事责其功。功当其事,事当其言,则赏;功不当其事,事不当其言,则罚。故群臣其言大而功小者则罚,非罚小功也,罚功不当名也;群臣其言小而功大者亦罚,非不说于大功也,以为不当名也害甚于有大功,故罚。"③ 就是说,君主要想禁止奸邪,就要审核形名。形名是指言论和职事。做臣下的发表一定的言论,君主根据他的言论授予相应的职事,专就他的职事责求他的功效。功效符合职事,职事符合言论,就奖赏;功效不符合职事,职事不符合言论,就惩罚。所以群臣言

---

①　班固:《汉书·百官公卿表》,颜师古注,中华书局 2005 年版。
②　韩非:《韩非子·扬权》,参看《二十二子》,上海古籍出版社 1986 年版。
③　韩非:《韩非子·二柄》,参看《二十二子》,上海古籍出版社 1986 年版。

大功小的要惩罚；这不是要惩罚小功，而是要惩罚功效不符合言论。群臣言小功大的也要惩罚；这不是对大功不喜欢，而是认为功效不符合言论的危害超过了所建大功，所以要惩罚。韩非还用一个例子说明这个道理，从前韩昭侯喝醉酒睡着了，掌帽官见他冷，就给他身上盖了衣服。韩昭侯睡醒后很高兴，问近侍说："盖衣服的是谁？"近侍回答说："掌帽官。"昭侯便同时处罚了掌衣官和掌帽官。他处罚掌衣官，是认为掌衣官失职；他处罚掌帽官，是认为掌帽官越权。不是不担心寒冷，而是认为越权的危害超过了寒冷。

由此可见，一方面，秦国立国后逐步确立的责任伦理规范，要求有与之相配套的"秦法"，主要是防范和惩罚那些侵犯政治所有权、经济所有权、立法所有权的不法行为，目的在于保证秦国国家统治集团利益最大化以及为社会提供安定秩序，同时，在面对列国竞争的条件下，为秦国成就霸王之业创造条件。另一方面，秦国立国后逐步确立的责任伦理规范，对人的内在品质也具有特殊的要求，即要求有相应的"秦德"。秦国以五帝志业宗教为信仰、以获得富贵爵禄为光荣，以国家公利为最高价值；这些意识形态理念对人的内在品质的要求，即要求具有所谓"秦德"，使得秦国社会非常注重人的智慧和能力，而不是空洞的仁义道德，秦国在普天下求贤、举贤、用贤，接受了六国大量有智慧和能力的人才，同时，用优惠的经济政策吸收三晋农民，使秦国拥有了丰富的劳动力资源。"秦德"作为秦人内在品质的能力价值观，影响秦人价值选择的意向性，决定秦人的社会行动，表现了秦人追求富贵爵禄以及为国家公利价值而奋斗，成就霸王之业的生命本质。

秦国责任伦理规范的外在约束规则（"秦法"）与内在品质规则（"秦德"）一旦相互结合，就会变成秦国社会生活的共同信念，使人们在家庭、婚姻、政治、经济等社会活动中讲究为人处世的"行同伦"，即作为秦人应该共同遵守的责任伦理规范。防止不伦、乱伦、失范、悖理的行为发生。如果有不良行为发生，也往往不被主流社会所容许，要受到社会舆论严厉谴责或者国家法律的严肃惩罚。在秦国法治社会中，追求国家公利价值成为整个社会的价值目标；为了达到这一目标，秦国重视赏罚"二柄"，甚至实施严刑峻法，这成为责任伦理形成的基本机制。同时，秦国也重视人们内在品质"秦德"的培养，如在家庭人伦关系中，强调子孝父慈，夫信妻贞；秦始皇《会稽刻石》中还特别提出"防隔内外，禁止淫泆，男女絜（洁）诚"的伦理要求。在国家生活中，强调君明臣忠,有奸则举,有功则赏,有罪则罚;在社会生活中,强调农耕可富,军战可贵,强调责、权、利对称,这已成为秦国责任伦理的基本原则。正如蔡泽所说:"主圣臣贤,天下之福也;君明臣忠,国之福也;父慈子孝,夫信妇贞,家之福也。"①《睡虎地秦墓竹简·为吏之道》对官吏的德性有明确要求:"凡为吏之道,必精絜(洁)正直,慎谨坚固,审悉毋(无)私,微密纤(纤)察,安静毋苛,审当赏罚。"② 提出官吏善恶的标准:"吏有五善:一曰中(忠)信敬上,二曰精(清)廉毋谤,三曰举事审当,四曰喜为善行,五曰龚(恭)敬多让。五者毕至,必有大赏。"③ 还对责任伦理主体的角色德性提出明确要求:"为人君则鬼,为人臣则忠;为人父则兹(慈),为人子则孝;能审行此,无官不治,无志不彻,为人上则明,为人下则圣。君鬼臣忠,父兹(慈)子孝,政之本殹(也);志彻官治,上明下圣,治之纪殹(也)。"④ 总之,秦国通过富国强兵的社会实践,形成了在家庭伦理上注重孝慈、贞信的责任伦理规范;在社会伦理上崇尚圣智、贤达、能力等社会伦理规范;在国家伦理上注重清廉、正直、忠信、奉法等责任伦理规范。

综上所述,秦国商鞅变法后,伦理类型从传统宗法关系为基础的德性伦理,转变为国家公利价值为基础的责任伦理,并且逐步形成一套责任伦理结构。在秦国的责任伦理结构中,责任主体与责任对象的完美结合终于使秦人实现了自己的人类本质以及秦国的国家本质。这种人人为国家尽其责任的对象化活动,从个人来说,就是得到富贵爵禄;从国家来说,就是实现霸王之业。于是,秦国主宰了当时的对象世界:秦国创造了发达的水利工程体系、交通运输体系、国家安全防御体系,创造了严密的行政管理体系、法律体系,还有独特的文化信仰意识形态体系,尤其是秦国控制了粮食、草料、土地等人畜生命所需要的生存资料的保障系统,正因为如此,秦国军队才能所向披靡,让敌人闻风丧胆。可见,秦国扫平六国,统一天下,所有这些伟大的成就都是在现实世界的责任伦理结构中,而不是在宗教的幻想,或者道德的理想中实现的。

①　刘向:《战国策·秦策》,缪文远等译注,中华书局 2006 年版。
②　《睡虎地秦墓竹简·为吏之道》,文物出版社 1990 年版。
③　《睡虎地秦墓竹简·为吏之道》,文物出版社 1990 年版。
④　《睡虎地秦墓竹简·为吏之道》,文物出版社 1990 年版。

# 主要参考书目

### （以书名首字拼音字母为序）

C

《春秋左传注》，左丘明著，杨伯峻注，中华书局 1981 年版。

G

《古代宗教与伦理》，陈来著，三联书店 1995 年版。

《古代思想文化的世界》，陈来著，三联书店 2002 年版。

《古代天文历法论集》，张闻玉著，贵州人民出版社 1975 年版。

《国语全译》，黄永堂译注，贵州人民出版社 1995 年版。

《管子全译》，谢浩范、朱迎平译注，贵州人民出版社 1996 年版。

《郭店楚简校读记》（增订本），李零著，中国人民大学出版社 2007 年版。

《郭店楚简校释》，刘钊著，福建人民出版社 2005 年版。

《观堂集林》，王国维著，中华书局 1984 年版。

H

《韩非子》，《二十二子》，上海古籍出版社 1986 年版。

《韩非子译注》，韩非著，张觉译注，上海古籍出版社 2007 年版。

《鹖冠子汇校集注》，鹖冠子原著，黄怀信撰，中华书局 2004 年版。

《韩诗外传集释》，韩婴撰，许维遹校释，中华书局 1980 年版。

《汉书》，班固撰，颜师古注，中华书局 2005 年版。

《汉书新注》，班固撰，施丁主编，三秦出版社 1994 年版。

《后汉书》，范晔撰，张道勤校点，浙江人民出版社 2003 年版。

《淮南子全译》，刘安著，许匡一译注，贵州人民出版社 1995 年版。

J

《贾谊新书》，贾谊著，上海人民出版社 1976 年版。

《贾谊新书译注》,贾谊著,于智荣译注,黑龙江人民出版社 2003 年版。

《经济史中的结构与变迁》,[美]道格拉斯·C·诺思著,陈郁、罗华平译,上海三联书店、上海人民出版社 1994 年版。

《简帛佚籍与学术史》,李学勤著,江苏教育出版社 1993 年版。

L

《老子》,上海古籍出版社 1989 年版。

《老子注译及评介》,陈鼓应著,中华书局 1984 年版。

《老子新译》,任继愈译著,上海古籍出版社 1985 年版。

《老子臆解》,徐梵澄著,中华书局 1988 年版。

《老子·德道经》,老子著,熊春锦校勘,中央编译出版社 2006 年版。

《列子译注》,列御寇著,严北溟、严捷译注,上海古籍出版社 1986 年版。

《论语》,载《四书集注》,岳麓书社 1985 年版。

《吕氏春秋译注》,吕不韦撰,李双棣等译注,吉林文书出版社 1986 年版。

《礼记译注》,杨天宇著,上海古籍出版社 2007 年版。

《历史分光镜》,许倬云著,上海文艺出版社 1998 年版。

M

《墨子闲诂》,孙诒让撰,孙启治点校,中华书局 2001 年版。

《墨子全译》,周才珠、齐瑞端译注,贵州人民出版社 1995 年 8 月版。

《孟子》,载《四书集注》,岳麓书社 1985 年版。

《马克思恩格斯全集》,人民出版社版。

《马王堆汉墓帛书》(壹),国家文物局古文献研究室,文物出版社 1980 年版。

Q

《秦会要订补》,孙楷撰,徐复订补,中华书局 1959 年版。

《秦史稿》,林剑鸣著,上海人民出版社 1981 年版。

《秦集史》,马非百著,中华书局 1982 年版。

《秦汉新道家》,熊铁基著,上海人民出版社 1984 年版。

《秦汉仕进制度》,黄留珠,西北大学出版社 1985 年版。

《秦物质文化史》,王学理主编,三秦出版社 1994 年版。

《秦农业历史研究》,樊志民著,三秦出版社 1997 年版。

《秦军事史》,郭淑珍、王关成著,陕西人民教育出版社 2000 年版。

《秦出土文献编年》,饶宗颐主编,王辉著,台北新文丰出版公司 2000 年版。

《秦简日书集释》,吴小强撰,岳麓书社 2000 年版。

《秦文化:从封国到帝国的考古学观察》,滕铭予著,学苑出版社 2002 年版。

《秦制研究》,张金光,上海古籍出版社 2004 年版。

R

《儒教与道教》,[德]马克斯·韦伯著,洪天富译,江苏人民出版社 1995 年版。

《容斋随笔》,洪迈著,吉林文史出版社 1994 年版。

S

《书经》,上海古籍出版社 1987 年版。

《诗经直解》,陈子展著,复旦大学出版社 1983 年。

《史记》,司马迁著,上海古籍出版社 2005 年版。

《史记注译》,王利器主编,三秦出版社 1988 年版。

《睡虎地秦墓竹简》,文物出版社 1990 年版。

《商君书》,中华书局 2009 年版。

《商君书注译》,高亨著,中华书局 1974 年版。

《商君书译注》,石磊、黄忻译注,黑龙江人民出版社 2003 年版。

《商君书全译》,张觉,贵州人民出版社 1993 年版。

《商鞅及其学派》,郑良树著,上海古籍出版社 1989 年版。

《说苑》,刘向著,王锳、王天海译注,贵州人民出版社 1993 年版。

《说文解字注》,许慎撰,段玉裁注,上海古籍出版社 1981 年版。

W

《文子疏义》,王利器撰,中华书局 2000 年版。

《文子译注》,李德山译注,黑龙江人民出版社 2003 年版。

《吴越春秋全译》,赵晔原著,张觉译注,贵州人民出版社 1993 年版。

《韦伯作品集》,[德]马克斯·韦伯著,康乐、简惠美译,广西师范大学出版社 2004 年版。

X

《学术与政治》,[德]马克斯·韦伯著,冯克利译,三联书店1998年版。

《西周史》(增补本),许倬云著,三联书店2001年版。

《荀子全译》,荀况著,邬恩波、吴文亮译注,三环出版社1991年版。

Y

《逸周书校补注译》(修订本),黄怀信著,三秦出版社2006年版。

《盐铁论校注》,桓宽撰,王利器校注,中华书局1989年版。

《扬子法言译注》,扬雄著,李守奎、洪玉琴译注,黑龙江人民出版社2003年版。

《殷商史》,胡厚宣、胡振宇著,世纪出版集团、上海人民出版社2003年版。

Z

《周易尚氏学》,尚秉和著,中华书局1980年版。

《周易经传译注》,李申主编,王博等译注,湖南教育出版社2004年版。

《周礼译注》,吕友仁译注,中州古籍出版社2004年版。

《战国策》,刘向撰,缪文远等译注,中华书局2006年版。

《战国策集注汇考》(增补本),诸祖耿撰,凤凰出版社2008年版。

《资治通鉴》,司马光著,中华书局2006年版。

《庄子集释》,庄周著,郭庆藩撰,中华书局2006年版。

《庄子今注今译》,庄周著,陈鼓应注译,中华书局2009年版。

《竹书纪年译注》,张玉春译注,黑龙江人民出版社2003年版。

《中国文化要义》,梁漱溟著,上海世纪出版集团2005年版。

《中国思想通史》,侯外庐著,人民出版社1961年版。

《中国古代社会史论》,侯外庐著,河北教育出版社2000年版。

《中国宗教与基督教》,秦家懿、孔汉思著,吴华译,三联书店1990年版。

《中国哲学十九讲》,牟宗三著,上海古籍出版社1997年版。

《中外历史年表》,翦伯赞主编,中华书局1961年版。

《宗周社会和礼乐文明》,杨向奎著,人民出版社1992年版。

《左传》,左丘明撰,杜预集解,上海古籍出版社1997年版。

# 后　记

我写作《秦国责任伦理研究》的缘起,是由于在 2001 年发表了一篇《周秦文化传统与现代企业文化建构》的论文,从文化类型上,把西周文化界定为信念文化,因为这种文化重视彼岸性的天命、德性精神、礼乐制度体系;把秦国文化界定为责任文化,因为这种文化重视此岸性的公利、理性精神、法术势管理体系。这是我对周秦伦理文化结构所作的第一次"理论猜想"。2005 年,陕西省教育厅通知设立陕西高校哲学社会科学重点研究基地,在一次学校讨论申报研究基地的会议上,我提议以"周秦伦理文化与现代道德价值"作为主题进行申报,得到参会专家教授以及学校领导的同意,于是,我在上述那篇论文基础上写了成立研究基地的申请书和可行性报告,经过陕西教育厅专家组的审议,"周秦伦理文化与现代道德价值研究中心",就在宝鸡文理学院进行立项建设了。这是一个重要契机,我的哲学价值谱系研究也从"企业价值哲学谱系"扩展到"周秦价值哲学谱系",我的研究主题也从现代社会的"经济理性"、"经济德性"价值体系,回溯到了周秦哲学史上的"信念伦理"、"责任伦理"价值体系。按照我的学术计划,先把西周一段放下,坐了五、六年冷板凳,就有了《秦国责任伦理研究》这部学术探索之作。

我探索周秦伦理文化的原因,是由于生活在关中八百里秦川,从小就在长安老家的田野里遥望终南山起伏的山峦,经常和小伙伴们在沣河之滨的小溪流里捉鱼摸黄鳝,这里是《诗经》中的山,《诗经》中的水,《诗经》中的鱼。听祖父王崇哲老先生讲丰京、镐京以及文王、武王的故事,讲周幽王烽火戏诸侯的故事,讲秦始皇统一天下的故事,于是,我经常在雨后天晴甚至在梦中遥望咸阳北原幻想中的秦王宫殿,遥望骊山断壁幻想中的当年烽火狼烟。1977 年恢复高考后,我从长安来到宝鸡师范学院读书;毕业后就留在了宝鸡市工作,以后又在宝鸡文理学院任教。学校所在的地方,正是周秦伦理文化的重要发祥地,周原遗址、汧渭之会、雍城遗址，随便在地里捡一片陶片、砖块，都可能有一段周秦的历史！说来也巧，学校在近几十年里聚集了一批热心于周秦历史和伦理文化研究的专家学者，这也是周秦伦理文化研究的重要"气场"！在这样的环境中，如果不能在周秦伦理文化研究上有所建树，那真是愧对辉煌灿烂的周秦文明，真是令人汗颜的事情！所以，我开始从"信念伦理"和"德性伦理"入手来探索西周伦理文化；从"责任伦理"和"规范伦理"来探索秦国伦理文化。这一次，希望把《秦国责任伦理研究》这部学术探索之作，变成为梦想中的一页秦瓦，一块秦砖！

我研究周秦伦理文化的动力，来自于一个宗旨和使命。那就是研究周秦伦理文化，重建现代道德价值体系，为中华文化复兴贡献力量。黑格尔认为，一个国家能不能富强，取决于这个国家的民族精神，一个国家的民族精神，取决于这个国家人民的精神气质；而人民的精神气质，则取决于人民现实生活中的伦理结构。研究周秦伦理文化，可以为中华民族的复兴提供理论借鉴。比如，秦国之所以富强，秦国之所以有如此志气、霸气、豪气，正是由于秦国特有的五帝志业宗教信仰、商鞅的法家国家公利哲学，最根本的还是秦国特有的责任伦理结构使然。在新文化运动中，陈独秀说，吾人最后觉悟之最后觉悟乃是伦理的觉悟！研究周秦伦理文化，宝鸡文理学院领导重视，专家学者肯干。周秦伦理文化与现代道德价值研究中心为专家学者讨论周秦伦理文化前沿问题，每学期举办周秦伦理文化沙龙；为营造周秦伦理文化学术氛围，每年举办周秦伦理文化大讲坛；为高年级学生研究周秦伦理文化，每年开办周秦伦理文化研讨班；为新生了解周秦伦理文化，每年在全校开设周秦伦理文化概论课；为进行周秦伦理文化学术交流，每四年举办一次周秦伦理文化与现代道德价值国际学术研讨会，第一、二届国际学术研讨会，已分别于 2007 年、2011 年暑期在宝鸡举办。国内学术界和新闻媒体称宝鸡文理学院已经成为周秦伦理文化研究"重镇"。这样的学术氛围，这样的学术使命感召，为我探索周秦伦理文化，尤其是写作《秦国责任伦理研究》提供了动力。

最后，感谢陕西省社会科学基金（08C003）以及宝鸡文理学院省级哲学重点学科的赞助，感谢人民出版社对此书的编辑出版，感谢在我写作时家人和朋友们的大力支持。

王兴尚

2011 年 9 月 4 日于长安石匣东村